U0170605

创新方法名著译丛

丛书主编/周　元

创造性设计中的协作

方法与工具

〔荷〕帕诺斯·马科普洛斯（Panos Markopoulos）
〔荷〕让-伯纳德·马滕斯（Jean-Bernard Martens）
〔英〕朱利安·马林斯（Julian Malins）　　/主编
〔比〕卡林·科宁斯（Karin Coninx）
〔希〕阿盖洛斯·利亚彼斯（Aggelos Liapis）
谭培波　史晓凌　/译

Collaboration in Creative Design

Methods and Tools

科学出版社
北　京

图字:01-2019-0982

内 容 简 介

本书描述了在与各利益相关方协作过程中如何激发灵感、发现创意并最终转化为设计概念的创造性过程,尤其强调要采用信手可得的工具如纸笔、剪刀、纸牌、照片等来解构创意,强调通过动手实现创意的身和灵的协同跃升,弥补了传统创新培训和咨询中动口不动手的缺陷。

本书适合企业工程师、高年级大学生及对创新感兴趣的相关人员阅读。

First published in English under the title
Collaboration in Creative Design: Methods and Tools
Edited by Panos Markopoulos, Jean-Bernard Martens, Julian Malins, Karin Coninx and Aggelos Liapis

图书在版编目(CIP)数据

创造性设计中的协作:方法与工具 / (荷) 帕诺斯·马科普洛斯 (Panos Markopoulos) 等主编 ; 谭培波, 史晓凌译 .—北京: 科学出版社, 2021. 11

(创新方法名著译丛/周元主编)

书名原文: Collaboration in Creative Design: Methods and Tools

ISBN 978-7-03-064211-0

Ⅰ. ①创… Ⅱ. ①帕… ②谭… ③史… Ⅲ. ①产品设计 Ⅳ. ①TB472

中国版本图书馆 CIP 数据核字 (2020) 第 021210 号

责任编辑: 张 菊 / 责任校对: 王晓茜
责任印制: 肖 兴 / 封面设计: 黄华斌

科学出版社出版
北京东黄城根北街 16 号
邮政编码: 100717
http://www.sciencep.com

中国科学院印刷厂印刷
科学出版社发行 各地新华书店经销

*

2021 年 11 月第 一 版 开本: 720×1000 1/16
2021 年 11 月第一次印刷 印张: 24
字数: 480 000

定价: 278.00 元

(如有印装质量问题, 我社负责调换)

编　　者

帕诺斯·马科普洛斯
荷兰，艾恩德霍芬
埃因霍芬理工大学
工业设计系

让-伯纳德·马滕斯
荷兰，艾恩德霍芬
埃因霍芬理工大学
工业设计系

朱利安·马林斯
英国，诺里奇
诺里奇艺术大学

卡林·科宁斯
比利时，迪彭贝克
哈塞尔特大学-技术中心-数字研究与育成中心
数字媒体评价中心

阿盖洛斯·利亚彼斯
希腊，雅典
马可波罗-皮亚里亚大道
国际基础软件公司

贡　献　者

伯克·阿塔索　荷兰，艾恩德霍芬，埃因霍芬理工大学，工业设计系

蒂尔德·贝克尔　荷兰，艾恩德霍芬，埃因霍芬理工大学，工业设计系

保罗·贝尔穆德斯　英国，伦敦，城市大学，人机交互设计中心

卡罗勒·布沙尔　法国，巴黎，艺术和美工技术学院，新产品设计与创新实验室

阿尔诺特·布龙巴赫尔　荷兰，艾恩德霍芬，埃因霍芬理工大学，工业设计系

德里亚·奥扎克埃利克·布斯克莫伦　荷兰，艾恩德霍芬，埃因霍芬理工大学，工业设计系

雅各布·比尔　丹麦，科灵，南丹麦大学，麦斯克劳森研究所

卡林·科宁斯　比利时，迪彭贝克，哈塞尔特大学–技术中心–数字研究与育成中心，数字媒体评价中心

彼得·达尔斯高　丹麦，奥胡斯，奥胡斯大学，高级可视化和交互中心

格切特·迪隆　荷兰，艾恩德霍芬，埃因霍芬理工大学，工业设计系

贝里·埃根　荷兰，艾恩德霍芬，埃因霍芬理工大学，工业设计系

乔普·富闰斯　荷兰，艾恩德霍芬，埃因霍芬理工大学，工业设计系，设计质量互动小组

马蒂亚斯·丰克　荷兰，艾恩德霍芬，埃因霍芬理工大学，工业设计系

佩林·居尔特金　荷兰，艾恩德霍芬，埃因霍芬理工大学，工业设计系

米克·黑森　比利时，迪彭贝克，哈塞尔特大学–技术中心–数字研究与育成中心，数字媒体评价中心

金·豪斯克夫　丹麦，奥胡斯，奥胡斯大学，高级可视化和交互中心

萨拉·琼斯　英国，伦敦，卡斯商学院，专业实践创新中心

朱丽亚·康托罗维奇　芬兰，埃斯波，VTT 技术研究中心

瓦西利斯·贾韦德·汗　荷兰，艾恩德霍芬，埃因霍芬理工大学，工业设计系

李钟珠　新加坡，新加坡，新加坡国立大学，工业设计系

阿盖洛斯·利亚彼斯　希腊，雅典，马可波罗-皮亚里亚大道，国际基础软件公司

詹姆斯·洛克比　英国，伦敦，城市大学，专业实践创新中心

陆元　荷兰，艾恩德霍芬，埃因霍芬理工大学，工业设计系

安德烈斯·卢塞罗　丹麦，科灵，南丹麦大学，麦斯克劳森研究所

克里斯·卢伊藤　比利时，迪彭贝克，哈塞尔特大学-技术中心-数字研究与育成中心，数字媒体评价中心

菲奥纳·麦基弗　英国，诺里奇，诺里奇艺术大学

尼尔·梅登　英国，伦敦，城市大学，专业实践创新中心

朱利安·马林斯　英国，诺里奇，诺里奇艺术大学

帕诺斯·马科普洛斯　荷兰，北布拉班特，艾恩德霍芬，埃因霍芬理工大学，工业设计系

让-伯纳德·马滕斯　荷兰，北布拉班特，艾恩德霍芬，埃因霍芬理工大学，工业设计系

图利·马特尔马基　芬兰，赫尔辛基，阿尔托大学，艺术、设计与建筑学院

杰西·莫泽-阿卡特瑞　荷兰，多莱赫日，埃因霍芬理工大学，工业设计系

让-弗朗索瓦·奥姆哈维　法国，巴黎，艺术和美工技术学院，新产品设计与创新实验室

马尔腾·皮索　荷兰，艾恩德霍芬，埃因霍芬理工大学，工业设计系

哈维尔·奎韦多-费尔南德斯　荷兰，北布拉班特，艾恩德霍芬，埃因霍芬理工大学，工业设计系

金伯利·斯海勒　荷兰，艾恩德霍芬，埃因霍芬理工大学，工业设计系

雅克·泰尔肯　荷兰，艾恩德霍芬，埃因霍芬理工大学，工业设计系

戴维·瓦纳肯　比利时，迪彭贝克，哈塞尔特大学-技术中心-数字研究与育成中心，数字媒体评价中心

目　录

第一部分　发　现

第二部分　产生想法和概念

第三部分　故事设计

第四部分　早期设计中的创造与协同工具

早期设计中的创造力与协作

帕诺斯·马科普洛斯,让–伯纳德·马滕斯,朱利安·马林斯,
卡林·科宁斯,阿盖洛斯·利亚彼斯

摘要 当代创造性设计的实践起源于两个领域,产品中心设计和用户中心设计。随着这两个领域的设计思想逐渐被工业界和学术界所接受,二者之间的界限越来越无法区分,由此演化成了当代创新设计。前期设计是指如下一些环节所发生的设计活动:从激发原始设计灵感到设计概念的形成,以及最后设计概念的封闭。之后,设计师将注意力转移到对结构、功能和交互的细节考虑,对设计理念的精炼,以及如何向开发移交前期设计成果等方面。在设计的早期阶段采用新方法,能够使产品或者系统拥有超越它本身的更广阔的社会和商业视野,有助于挖掘客户潜在需求,以及充分揭示用户体验。在整个设计过程中,来自不同组织的合作者需要紧密协作,而设计团队往往分散在不同的组织和不同的地方,这就催生了前期设计过程中能够实现协作功能的一系列工具。

1 简　　介

近20年来,我们见证了交互设计和产品设计这两个领域的融合,以及它们遇到的挑战和应对这些挑战采用的方法。产品设计师希望自己设计的产品内嵌有电子系统,赋予产品计算和通信能力,这样产品的交互性能和动态行为就和设计表单描述的一样好。而计算机科学、认知动力学、通信等专业科班出身的交互设计师,更关注那些触摸得到的具体的交互过程,其关键是交互的物质性。造型、动作、交互性和物质性是系统设计的基本内容,也是这些系统在使用时所蕴含的更为广阔的社会和商业内涵。

产品设计和人机交互导致的需求、挑战和解决方案的不断融合,必然广泛借鉴其他文化背景下已有的方法并由此不断产生新的方法。一方面,产品设计方法所

关注的基本方面包括:创意产生、创造性解决问题、通信、业务关联性、制造性能,以及物理原型的实现。另一方面,用户中心设计方法倾向于让用户参与指导产品设计和交互原型设计过程,以保证用户体验到产品可用性价值。在设计和工程传统交汇中,二者可能在项目的计划和执行阶段产生冲突,这些冲突和争论不仅体现在方法论的文字描述上,甚至在研究的现场也会发生。

这些发展趋势导致根植于以上这些不同领域的方法,需要和设计实践相结合。由此,一方面,用户中心设计这个人机交互领域的核心思想,以设计思想的名义化身为现代设计方法,强调用户参与的迭代设计过程、多视角挖掘用户新的设计概念,以及不断迭代改进这些方法直到达成最终的设计概念。另一方面,源自人机交互领域的传统用户中心设计方法,越来越倾向于渐进的创新,而不是激烈的突破(Norman and Verganti,2014)。现代用户中心交互设计方法广泛采用其他设计领域的方法,以实现突破性创新。现代用户中心设计在考虑用户需求方面略胜一筹,因为它从整体出发考虑商业、社会文化和美学价值,这促使其在设计的早期阶段,大量采用各种不同的方法、过程和工具。

目前已经有大量的设计方法可供设计师使用。本书不准备对这些方法和设计过程进行复杂的评价,而是将聚焦于一些前期设计的通用特性,并讨论这些方法适用于这个设计阶段的本质。然后,本书将重点讨论这些方法的发展脉络,并探讨一些专用软件工具如何帮助设计师进行前期设计。以下章节是本书内容的概况。

2 前期设计

有很多不同观点讨论设计过程的结构和阶段划分,还有大量的设计过程模型来证实这些观点,这些内容可见于各种设计文献(Dubberly,2004)。同时,每个设计任务都需要考虑自己的计划约束,以及自己的商业和组织条件。由于以上原因,一个预先定义好的一般性设计过程规范很难应用,假设这个规范预先规定了设计师的行为,并且这个方法有助于规划不同设计阶段所应用的方法和技巧。即使设计过程按照一条有序的活动序列进行,它还是充满了计划之外的无序的迭代、巧合,以及不同活动的灵活交叉组合,因为不同层次的抽象概念和不同的关切点会随机或者随意地出现在设计过程当中。

当然,随着设计过程中的设计意图的不断明确,不同的设计过程会出现一个共同的临时性稳定结构。以下章节中,前期设计这个术语用来描述项目开始时设计师的活动范围,确定设计师们刚刚投入这场挑战,直到前期设计定义出设计概念,并且用丰富的表现形式来体现设计概念在设计考虑和产品生产活动中的更多细节。随着设计的进行,设计师会识别出不同的可能,探索不同的路径,这些路径或许无疾而终,如此才能对设计挑战的理解越来越具体,直到清晰地描述设计概念,并且在相关人群中进行交流。本书关注设计师在不同阶段应该使用什么方法,这些方法操作的细节,以及描述这些方法的实施路线。

本书不去评论或者澄清这些方法,而是聚焦以上描述的这些新方法和工具在前期设计中的发展趋势。

- 设计是个迭代的过程,设计过程需要适应各种变化,如项目的变化、人们对问题不断加深的理解,以及相关人等在设计过程中不断发现和形成的需求。即使面向工程的设计,也要将设计过程合理地划分为明显不同的几个阶段,这就是经常用漫画表现的瀑布模型,迭代是瀑布模型本质,无论是作为应对变化的信息和需求的手段,还是细化概念和输出物的方法,瀑布模型都是一种很好的表现手段。对设计概念的描述,也要适应和服务于这个迭代过程,以使焦点总是集中在概念的本质上,并保证迭代的速度跟得上设计过程的不断演进。在实践中,勾画设计思想和概念对于保证想法的良好沟通是至关重要的,它可以使设计师能够更加具体地表达设计思想、描述实验手段,更好地理解设计挑战和设计问题。
- 设计向物质或者数字制造方法的转移,重点考虑采用现有的、体验过的及人们喜欢的产品、系统或者服务。用户体验设计这个术语已经与互联网设计这个很窄的领域关联在一起,这里的体验一词应用范围比较广,指设计如何影响现有的生活、经历和记忆(Hassenzahl,2010)。用户体验关注体验本身而不是制造/系统/服务这些外界因素,体验过程构成了设计过程中构思、创新甚至评估的基础。正如用户体验领域的学者建议的那样,描述、修改和设计体验(设计出更好的体验)的核心活动,就是讲故事。由此,人们对构建故事和交流故事的兴趣越来越浓,这已经成为一种支撑前期设计和用户与团队进行创造性合作的基本方法。
- 设计要采用不同的模式进行构思、减少可选项,以及对设计描述进行评估,设计由一系列发散思维过程组成,因为设计具有更好的分析性和结构性,有助于扩大选择、需求和外界影响的范围,引入新的信息。设计经常连续采用两种思维模型,这两种模型的详细介绍见《三个臭皮匠顶个诸葛亮:协同设计实践原则》,它和设计委员会的“双钻石”过程有关。前期设计需要采用这两种思维方法,而且必须反映在设计描述中并采用适合本阶段的工具和方法。

3 设计发现

设计师并不是与世隔绝的,他们处于由相关团队成员、专家和潜在用户编制而成的网络当中。"开放创新"这个术语,用来描述在"家里"的设计师团队为某一个客户进行的设计工作,到一个跨组织跨地理边界的不同设计师团队,共同为某一个客户进行设计的转变过程。设计师不同成员之间进行交流是一项至关重要的任务,无论是对理解他们的需求、和他们一起探求解决方案、沟通设计概念来说,还是对他们的工作进行评估。由于团队跨不同的组织,每个团队具有不同的特质、文化和方法,对这种情况每个团队所采用的方法和工具要考虑这种分散性并保证合作顺畅。设计团队往往地域不同,这就增加了其对信息和通信技术的依赖。

- 菲奥纳·麦基弗和朱利安·马林斯在《三个臭皮匠顶个诸葛亮:协同设计实践原则》一文中,讨论了设计过程中的合作和与他人之间的关联能提高整体的创新能力。

关注人们的需求和行为在设计中一直处于核心地位,也是从人机交互领域发展而来的用户中心设计方法的关键。"设计研究"和"设计民族志"之类的词语,经常用来描述设计师试图了解他们所设计对象的个体而采用的方法。人们倾向于借用社会科学的方法来得到一定程度的需求准确度,尤其是采用认知科学、人机工程及人类学的方法,将为用户行为和需求分析施加一定的负荷和考验,可以为样本分析和观察方法提供足够多的波动变化。例如,一个人会采用任务分析来详细了解人们如何完成任务,这里,人机工程和认知科学可以帮助他理解得更好,更好地理解什么样的风险会妨碍任务的执行。这些方法最初是在人机交互领域里开发和应用的,后来才在设计过程中被采用,因为这些方法能为设计指明方向,并且能更好地理解设计将遇到多大的挑战。更适合的方法是人类学方法,它能更好地帮助设计师理解产品、系统或者服务所使用的场景。人类学方法促进了系统设计方法,如 Beyer 和 Holtzblatt(1997)及 Barab 等(2004)的研究。他们对场景、行为的分析很详细,并在分析中施加了十分严格的考验。

前期设计喜欢用粗线条的方法和技巧为项目确定方向。这些方法可以是不精确的、感性的和先入为主的,但它们是获得用户洞见和项目方向的桥梁。Gaver 等(1999,2004)引入一种探求人们价值观、审美和背后情感需求的方法。这个方法是通过将试验材料和任务要求一起发给参与者来收集数据。该方法还通过刻意设置模棱两可的价值观选项,采用人类学方法为设计师收集所需要的信息。

- 图利·马特尔马基、安德烈斯·卢塞罗和李钟珠讨论了这种试验方法。这种理解客户和激发设计的方法,是一个共同发现和学习的过程,也是一种走进用户场景的工具。

- 卡罗勒·布沙尔和让-弗朗索瓦·奥姆哈维介绍了关联趋势分析法,该方法是一种在设计过程的发现阶段和信息阶段对信息收集过程进行结构化和可操作化的过程,二位还讨论了对新工具的要求。

4 产生想法和概念

前期设计需要设计师具有创造性,能挑战固有的思想,识别机会,甚至重新架构和重新描述场景。设计师要能构思出清晰表达相关人员价值的概念,要能对概念进行有效的沟通交流,收集有用的反馈意见,并且和不同相关人员交流他们的价值满足的程度。设计师要采用不同的方法来撰写设计文献,以产生新的想法和概念,或者激发不同团队的创造性。这个方法最近发展为广泛使用的设计卡片,这些卡片按照好用和好玩的原则对过程中的设计知识和其物化过程进行描述。帆布模型也获得了大众的青睐,它强调设计过程中的价值流和广泛的商业场景。

- 安德烈斯·卢塞罗、彼得·达尔斯高、金·豪斯克夫和雅各布·比尔讨论了设计卡片,这是个技术含量不高但是可触可达的方法,用以引入激发设计的源头和相关信息。
- 佩林·居尔特金、蒂尔德·贝克尔、陆元、阿尔诺特·布龙巴赫尔和贝里·埃根引入价值设计法,这是一个基于帆布模型,在设计过程中获取不同相关人员的不同期望的方法。
- 瓦西利斯·贾韦德·汗、格切特·迪隆、马尔腾·皮索和金伯利·斯海勒讨论了基于互联网的群体智慧和众创方法在前期设计活动中的现代趋势。

即使在今天的计算机时代,用以产生创意的最广泛的工具还是纸和笔。Donald Schön(1983)第一个详细描述了一种叫反射交谈的方法,交谈的材料都是针对某一种场景准备的(如人物、对象和地点)。他用素描的方法勾画出反射交谈的原型案例,他认为,设计师最初的设计理解始于定形描述场景。最初的"内心独白"式的素描,本质上起到帮助设计师更好地理解场景和各种可能性的作用。设计师接下来会变化、改进和修正他们原来的想法。通过这种方法,问题定义到方案成型可以同步起来((Dorst and Cross,2001)。

设计师在进行设计描述的时候可以采用类似素描的方法,也就是说,不要只从设计过程本身出发来认知设计。人们对交互设计的兴趣越来越浓,其背后的含义是,诸如绘图之类借用绘画的方法,不足以满足设计过程的所有方面。因此,需要引入新的描述方法作为传统手段的补充,特别是如何厘清设计的第四维信息,即时间维。素描原本是为了快速画画,现在已经延伸为一个非常轻量级的、可选择的、可变化的甚至随画随扔的设计描述方法(Buxton,2010),这使得设计师在设计过程中可以体验、推敲及自我学习。

- 富闰斯介绍了一个教学用的卡片模型,这是一种技术含量不高,又可以探求、体验和相互交流设计概念的方法。

5 故事设计

一个具有创意的产品和想法不仅应该是新的,还应该具有足够好的品质,品质要用公认(Dean et al.,2006)的三个维度进行刻画:专业性、可用性和与想法或者产品的关联性。需要注意的是,品质的维度与“是什么”、“怎么样”和“为什么”这三个问题是一一对应的,这有利于对设计体验进行结构化描述(Hassenzahl,2010)。尤其在讨论产品的关联性时,不能在不清楚产品给它的用户产生价值的场景的情况下进行讨论。这些价值不会立即显现,但是会随着时间逐渐显现出来,因此对第四维时间维的设计就变得非常具有关联性了(Buxton,2010)。有几位作者相互独立地讨论了如何交流和讨论设计想法与产品关联性问题,尤其是在具有不同风格的相关人群当中,最有效的方法是交换构想了用途和产品潜在价值的故事。以叙事方式抓住、传递和描述细节的能力,是人类与生俱来的,所以不用担心未来系统和产品在概念设计阶段会找不到好的场景。场景和故事不仅仅与概念设计相关,还贯穿于设计和开发的全过程,有时甚至延伸到市场和宣传概念的建立。

- 阿塔索伊和马滕斯介绍了故事法(storiply),这是一个利用说故事的技巧构建用户体验的设计方法,以及在电影产业中的实践。
- 黑森、瓦纳肯、卢伊藤和科宁斯在多学科设计团队中讨论了故事板并以此作为一种沟通方式。
- 布斯克莫伦和泰尔肯将重点放在如何让最终用户参与到创建和评估故事的过程中。

这些方法强调在设计师能够准确地表达出这些系统的功能和特性之前,就加强对初步概念的交流,以便设计师理解需求、态度和价值观。本书讨论了两种在设计中特别有用的使用故事的方法。

- 奎韦多-费尔南德斯和马滕斯已经构思并开发了工具 idAnimate,它将传统的草图扩展到动画的草图,并明确地使用 iPad 这类交互设备以便得到可以多点触摸的交互过程。

- 马科普洛斯讨论了一种替代或者补充的方法，在这种方法中，视频原型用来表示场景中的设计概念，或者用来说明与场景的交互。

6 设计工具

Schön(1983)在设计实践中的认识是要强调设计师的一些基本特质，即他们的行动能力，包括反应行动的能力及对行动的反应本身。这种能力在设计师的活动中表现得很明显。

- 收集和创造激发灵感的素材。
- 从收集的素材中浏览和有效选择。
- 以一种更贴近理解的方式组织素材。
- 沟通设计理念和具体的设计想法。
- 推敲设计遇到的问题和建议的解决方案。

支持设计的工具应该支持所有这些活动。本书将研究当前在设计中使用协作技术的实践成果，以及在前期设计中支持创造性和协作的工具所具有的本质。

- 贝尔穆德斯和琼斯回顾了目前在设计中如何使用工具和技术来支持协同创造和解决问题，以及评估前期设计活动中这些工具所起的作用。
- 洛克比和梅登介绍了 Bright Sparks，这是一个基于网络的软件工具，它支持流行的名人堂创意技巧。
- 马林斯和麦基弗认为设计思维就是一种方法，他们认为开发过程要将增量开发与激进创新相结合，并且要探讨最终用户在这个过程中的作用。
- 丰克认为，要将数据和信息与创造性设计联系在一起，他关注前期设计阶段的协同过程中如何使用数据。
- 利亚彼斯、黑森、康托罗维奇和莫泽-阿卡特瑞研究了前期设计中有关软件的实践情况和设计师对软件的需求，并探讨了未来的软件工具如何更好地支撑他们的工作。

7 总　　结

当代设计面临着新的和不断变化的挑战，这就需要发展新的方法和工具来支持设计师。不仅是设计活动本身在变化，这些活动发生的环境也在迅速发生变化。越来越多的设计是在多学科团队之间进行的，团队成员之间的联系大部分都是远程的(因为他们可能在不同的城市、国家甚至是大洲和时区)。本书各章从方法和工具的角度捕捉一些最新的进展情况,有助于设计师从容应对这种不断变化的需求。

虽然许多章节都提供了相关理论依据,但本书的主要目标是提供在实际设计实践中切实可行的方法。不可避免的是,只有部分工具和方法得到了广泛的验证,而另一些则更具推测性;尽管如此,我们仍确信本书中描述的工具和方法,在近年来设计人员所能提供的关于设计的研究成果中具有一定的代表性。我们希望你喜欢、熟悉并尝试一些最近的设计方法,并且当你在面对具有复杂性背景的困境时,这些方法能对你和你的团队有帮助,并帮你成功地找到设计方案。

致谢 这项工作由欧盟委员会根据第 7 项框架计划部分资助,根据协议编号为 FP7-ICT-2013-10-610725 的概念协同创新设计平台来实施。

参 考 文 献

Barab SA, Thomas MK, Dodge T, Squire K, Newell M(2004) Critical design ethnography: designing for change. Anthropol Educ Q 35(2):254-268.

Beyer H, Holtzblatt K(1997) Contextual design: defining customer-centered systems. Elsevier, Burlington.

Buxton B(2010) Sketching user experiences: getting the design right and the right design. Morgan Kaufmann, Amsterdam.

Dean DL, Hender JM, Rodgers TL, Santanen EL(2006) Identifying quality, novel, and creative ideas: constructs and scales for idea evaluation. J Assoc Inf Syst 7:30.

Dorst K, Cross N(2001) Creativity in the design process: co-evolution of problem-solution. Des Stud 22:425-437.

Dubberly H(2004) How do you design. Compend Models.

Gaver B, Dunne T, Pacenti E(1999) Design: cultural probes. Interactions 6:21-29.

Gaver WW, Boucher A, Pennington S, Walker B(2004) Cultural probes and the value of uncertainty. Interactions 11:53-56.

Hassenzahl M(2010) Experience design: technology for all the right reasons. Synth Lect Hum-Centered Inform 3:1-95.

Norman DA, Verganti R(2014) Incremental and radical innovation: design research vs. technology and meaning change. Des Issues 30:78-96.

Schön DA(1983) The reflective practitioner: how professionals think in action, vol 5126. Basic books, New York.

第一部分

发　现

三个臭皮匠顶个诸葛亮:协同设计实践原则

菲奥纳·麦基弗,朱利安·马林斯

摘要 设计是一种固有的复杂活动,依赖许多其他规程、涉众和用户的输入。近年来,产品设计师、客户、供应商和客户更加紧密地联系在一起,在设计过程中,共同工作已成为头等大事。本文探讨了设计中协作的概念,并假定建立与其他人的联系对于提高工作的创造性而言可以起到事半功倍的作用。随着跨学科团队和全球工作实践的流行,协作将贯穿所有的设计领域。这在所有设计学科中都是相关的。

一个跨学科的团队方法有利于创新,但是,团队也显得随意而怪异。既然设计本身同样不可预测,那么就需要组成协同式工作模式。本文的目的是为创新实践者和学生提供一套方法,通过这套方法,可以在当代设计实践中培养和维护一种协作工作的方法。

1 简介:克服不确定性的组织方式

设计及其对提升未来的关注充满着不确定性。一个项目的成果完全掌握在设计团队的手中。在这个过程的开始阶段,最终结果的形状或形式是未知的,只能在设计的进程中,了解设计进展的结果。事实上,设计问题本身是不可预测的,或者是“邪恶的”(Rittel and Webber,1973),这意味着没有单一正确的方法来构建或解决某个问题。因此,结果取决于解决问题的人的经验、情感和主观性。这些特征使得用一个通用的充分描述的框架来建立设计的过程模型是有问题的,因为每个设计场景都是独一无二的。

与他人合作还是竞争是管理中的一个关键问题,采用任何一种策略都有利弊(De Wit and Meyer,2005)。然而,在设计中,所有项目,无论是从产品到软件,还是从服装到建筑,再到商品带来的体验,都需要大量专家的参与。设计一直与商业密不可分,工业设计行业就是伴随着企业市场化大规模生产建立起来的(Woodham,

1997)。而且,设计的结果在现实中得到应用。然而,当影响过程的因素在每种情况下都不同的时候,当人们试图人为地影响过程结果的时候,业务依赖设计过程成果的公司、客户、供应商、制造商、创意机构等,如何确保最终设计结果适合各相关方呢?

在现代语境中,设计过程取决于交流:前进的唯一途径是共同努力以取得最佳效果。从这个角度,设计是以人为中心的学科,依赖于动态的社会环境。在过去的二十年里,这个学科经历了巨大的变化,相互关系变得越来越重要。技术、商业、文化和社会场景的重大转变,从根本上改变了商品和服务的开发、制造和销售方式,并影响了该行业生存的基本方法。在当今快速发展的变动的市场环境下(Press and Cooper,2003),在开发一款有技术含量的、网络化的和复杂的产品时,与客户、用户和网络的广泛合作、协作和沟通是至关重要的。

因此,需要围绕设计流程建立对协作的支持。对于利益相关者来说,面对面或远程地进行交流、分享想法,以及创造性地一起工作对于达成目标是很有必要的,尤其是在开发过程中涉及参与者和信息的数量不断增加导致复杂性不断增加的情况下,合作是非常必要的。本文对一些工具和方法进行了概括性描述,这些工具和方法可以帮助支持设计团队,允许相关人员在整个项目中进行交流,并且帮助管理创造性过程。

协同设计实践原则这一篇章着眼于当代设计过程的新形态、新工具和新结构。它考察了设计师和设计工作室如何接受技术、商业、文化和社会变化,以及如何适应在设计过程中不断增加的协作要求。首先,对设计过程进行了深入的研究,并建议在整个过程中进行不同类型的协作实践。每个设计场景都是独一无二的,所以包含任何协作策略的工具总是不同的。其次,设计工作室正在采用最新工具以实现成功的创造性合作。其中许多是信息通信技术(information communication technologies,ICTs),这些技术是免费提供的,它们使得传统方法如虎添翼。本文给出了一个案例来说明这些工具何时及如何使用。最后,这些想法是在一系列原则的基础上形成的,这些原则旨在帮助和鼓励设计师和学生在创作过程中发挥作用。包容接纳洞见、有信心改变方向、培养和发展想法,这些都被认为有助于培养从业者的创新精神。作者参与欧洲和美国的设计咨询公司的高质量研究活动,包括通过面试进行人类学本质的研究,根据这些研究的结果形成了这些设计原则,并通过这些原则在设计领域的教学和商业领域的教学及工作实践经验,作者全面审查了这些设计成功的案例和相关文献。

2　设计过程中的协同策略

有几个原因可以解释当今现代设计实践的变化。

首先,全球互联和即时通信使设计过程内外呈现出不同的网络结构,如网络构成的变化多种多样,包括设计师、顾客、使用者、客户、工程师、研究人员、制造商、供应商、零售商和其他人等。因此,设计团队可以分布在不同的国家甚至大洲。事实上,由于经济原因,大多数制造业现在都被外包出去了,这就引发了国际协作工作的需求(Kolarevic et al.,2000)。其次,日益复杂的生产和制造技术导致产品的技术水平和网络化水平越来越高。反过来,这又催生了一个更加复杂的设计过程,需要许多专家参与作为输入变量(Press and Cooper,2003)。最后,客户变得更加见多识广、更加强大,对某个品牌的忠诚度也没有那么高。为了保持竞争力,人们越来越需要了解他们的需求和愿望,并量身定做产品和服务,使二者达到高度一致。同样,数字通信意味着趋势变化很快,因此新产品开发(new product development,NPD)的周期也越来越快。

这些趋势使得产品开发向更加动态、快速和互联的模式发展。Dell'Era 和 Verganti(2010)的研究表明,在一个平衡的团队中协调不同来源的信息输入,往往会产生更多的创新设计成果。网络提供的好处是,可以获得更广泛的专业技能和知识、更广阔的视野,以及更好的机会去不断完善想法。

设计团队内外都需要协同策略。以用户为中心的设计侧重以人为中心的研究,试图让最终用户参与开发过程,以了解需要解决的具体需求和问题。每一种策略都会产生不同的设计结果,如它是彻底的创新,还是对以前产品的重新设计。因此,协作策略应该根据项目目标量身定制。

2.1　不同的协同形式

为了理解创造性项目中协作的准确形式和特征,在设计全过程中审查各个阶段和各个阶段的活动是很有用的。据观察,每个设计项目都有所不同,但是 Design Council(2007)的研究发现,任何设计过程一般包括四个阶段。如图 1 所示,“双钻石”模型描述了发现、定义、开发和交付四个阶段,这使得设计团队可以探索想法、测试解决方案和进行创新设计。“双钻石”模型还表明,迭代可以在各个阶段中发生,并且在过程中可能会回顾以前阶段的结果。这个命题是有用的,因为它承认了不同的思维模式贯穿整个设计过程(如发散性思维,即扩散外向集中的思维模式,或者收敛思维,也就是内聚向内的思维模式)。根据项目的阶段,协作模式也会有所不同。

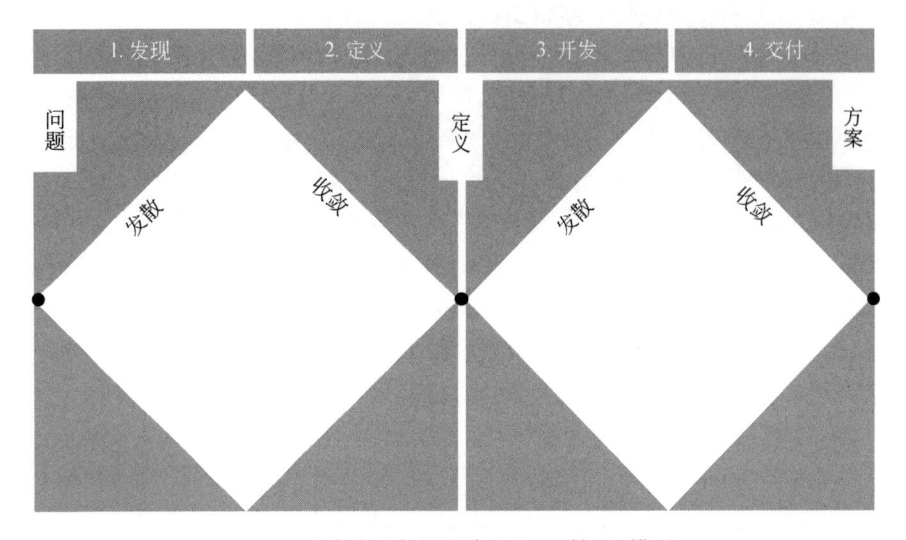

图1　设计委员会的设计过程"双钻石"模型

达成设计过程的目标需要一系列不同的活动和方法,如表1所示。例如,在发现阶段,需要产生大量的想法。一个常见的方法可能是在内部使用头脑风暴来产生想法。涉及不同学科和专业领域的相关人群的合作相当于扩大了问题框架的范围。根据项目的范围,可以与目标用户群进行实地考察研究。这种方法是发散思维的一个例子,可能会产生大量的信息。

表1　设计过程各个阶段目标小结

阶段	阶段目标	任务和协同
1. 发现	本阶段以发散思维和产生大量想法为特征,对设计中的问题进行全面的探讨、调查并质疑	内部项目团队:想法产生、头脑风暴 顾客:围绕主要目标和需求进行讨论 用户:对现状宽泛的理解
2. 定义	收敛思维,整理各种想法,最终定义出一个清晰的问题空间	所有利益相关者:达成一致需求,需求分析 用户:研究特殊需求和挑战 内部项目团队:收集想法、围绕想法讨论和头脑风暴、选择优势概念

续表

阶段	阶段目标	任务和协同
3. 开发	以发散思维为主,详细调查解决方案的各个方面和细节	创新团队:设计开发 利益相关者:协作原型和测试 制造商:迭代生产 用户:现场原型测试
4. 交付	生产、制造、市场投放,收敛思维使优势概念变成现实。反馈实现迭代和改进	顾客:围绕市场策略展开讨论 所有利益相关者:对产品投放市场的策略达成一致 用户:出厂测试、观察投放策略的效果

来源:作者。

协同可能发生在设计过程的任何阶段,表1展示了在项目全过程中,不同阶段顺利转换才能保证完成不同的任务。要成功地管理设计过程,保持与各方的关系和开放的沟通是至关重要的(Maciver,2012)。事实上,与利益相关者等合作是商业中常见的方法,研究表明,强大的设计集群比孤立的设计更具竞争力(Verganti,2006)。较之孤军奋战,将人、团队和组织结合在一起,被认为是能实现更大目标的手段。

尽管有这些好处,要建立和维持创造性的伙伴关系仍然面临许多挑战。下一节将讨论设计人员面临的问题。

2.2 协同创新网络的挑战

许多人作为输入构成了一个非常复杂的生态系统,而面对一个群体如何激发创造性,从来都是一个令人头痛的问题。有人说,设计师已经发现了应对公开协作挑战的方法(Sonnenwald,1996)。虽然在行业中,想法的交叉融合是很常见的,但当涉及他们的知识产权时,专业人士对知识产权的保护也是很正常的(Mun et al.,2009)。设计过程中的合作是常见的,但是设计师可能不被认可,也可能受到怀疑(Edmonds et al.,2005)。在某种程度上,对一些不出名的设计工作室而言,这种怀疑可能是常见的工具导致的[如电子邮件、电话会议、文件传输协议(file transfer protocol,FTP)和即时消息传递],这些工具提供给几个团队之间的交流信息是稳定不变的,而更复杂的工具(如视频会议、在线文件共享工具和在线白板头脑风暴)可以实现项目工作信息的实时共享和实时编辑。根据这些协议构建的即时交流软件平台在设计行业中广泛使用且越来越重要。Liapis 等(2014)所做的一项调查显示,欧洲设计工作室使用的软件种类很多。

人们对于合作过程本身是否能产生更多的创意和创新产品也存在怀疑。Norman 和 Verganti(2014)的研究表明,咨询用户得不到那种眼前一亮的结果,如苹果就不进行用户调查,因为他们认为用户不知道技术的潜力。相反地,也可以认为,调研对于了解公司在市场上为客户提供的现有的、创新的和相关的产品,还是有价值的(Bailetti and Litva,1995;Veryzer and Borja de Mozota,2005)。这样的发现可以让我们深入了解客户的期望,并改变组织的创新方式(Aula et al.,2005;Lojacano and Zaccai,2004)。这种方法往往会导致基于用户需求的增量开发而不是激进形式的创新(Malins and Gulari,2013)。

促进小组创造性的服务工作也是一个需要考虑的问题:与跨国家的团队合作,不同的语言和时区,使沟通变得复杂,并且在所有问题上达成共识也是不现实的。然而,现在与国际合作伙伴进行更密切的交流和合作以产生新的想法至关重要。设计师正在寻找创造性地与利益相关者合作的方法(Arias et al.,2000;Simoff and Maher,2000)。技术,尤其是信息通信技术,正成为设计组织商业运作的中心。在过去的 10 年里,设计公司不得不寻找新的方法来与一群人交流,这导致了学习曲线变得非常陡峭。此外,有如此广泛的信息和声音进入设计过程,项目管理有必要加强。接下来的第 3 节描述了在设计实践中采用的支持创造性协作的各种方法和工具。

3 支持协作和营造创新氛围的工具

新的方法和工具正在强化传统设计实践中使用的传统技术。新技术、互联网和互联网平台,正被用于协同创造性工作之中。本节中描述的许多想法都具有实际意义,而另一些概念则是灵活的概念性方法,适用于不同学科的设计。

值得注意的是,发扬民主精神是现代设计和生产工具的显著特点。专业人员使用的软件在教育领域很容易得到。因此,学生做项目有助于为现实生活中的工作提前做准备。事实上,在大学院系中已经存在的工具,如点对点通信平台和交互式课程资料,都是专业实践的组成部分。学生可以用创新的方式,如收集和分享资源,更好地了解工作室环境下的专业实践情况。

这一节描述了协同创新过程中面临的三个相互关联的挑战:收集见解、产生想法和促进沟通,如图 2 所示。它分析了现代方法论在创造性协作中如何应对这些问题。

1)收集见解:什么方法能够有效地从许多利益相关者那里收集到一系列的见解?

2)产生想法:在处理大量的信息和见解时,如何集中地产生想法?
3)促进沟通:在与分散团队合作时,沟通渠道如何打开、如何维护?

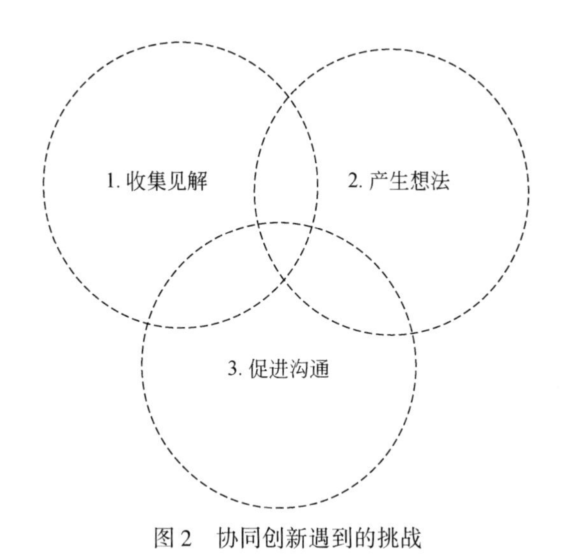

图 2　协同创新遇到的挑战

3.1　收集见解的协同方法

人是任何设计项目的核心,拥有良好的见解对于一个项目的成功是至关重要的。全能个体设计师的想法,与收集其他人见解的想法,这两种不同的需求形成了鲜明的对比。专栏 1 比较了像菲利普·斯塔克和戈登·默里这样的特立独行者所采用的方法,和像皮克斯动画工作室(Pixar)与设计咨询公司 IDEO 这样的公司采用的集体创新方法。

专栏 1　标新立异与集体方法

研究人员进行了一项研究,以确定最佳的创造力是来自特立独行的独行侠还是团队合作。由于真实的人必须使用设计的产品,设计历史学家 Forty(1986)总结说,设计作品不可能没有思想,除非它体现了广为人知的共同思想。

在这方面，成功的设计师会调整个人风格来平衡各种冲突。Lloyd 和 Snelders(2003)在研究设计师菲利普·斯塔克创作多汁萨利夫柠檬榨汁器的设计过程时认为，很多方面它都不满足榨汁器的功能属性：施加压力时腿部会弯曲、没有碗去接果汁、金属持续接触酸性果汁等。然而，它确实拥有一套非功能性的特质：它是一个引人注目的厨房用品，它是装饰性的，它可以作为交谈的开始话题。同样，Cross N 和 Cross A C(1996)研究了戈登·默里在开发 20 世纪七八十年代的 Brabham 和 McLaren F1 赛车时的创新过程，认为创新的决策过程是一个非常个性化且不可预测的过程。

菲利普·斯塔克和戈登·默里在他们的领域(他们是世界知名的)可以被认为是非常杰出和具有个人魅力的，然而，在组织中有必要调整个人风格，以体现团队中的平等主义。皮克斯动画工作室的联合创始人兼总裁 Catmull (2008)坚持认为：电影制作和其他多种复杂的产品开发一样，创意涉及大量来自不同学科的人一起有效地工作，共同解决很多问题。为了培养这样的集体创造力，Catmull 给皮克斯动画工作室灌输了一种单调的扁平文化，在那里没有等级制度，每个人都可以和每个人交谈，在那里，创意人员被授权做出决定，在 250 个强大的生产团队中，所有人都可以提出建议，而学习是通过案例分析的方式进行的。同样，在 IDEO 公司，人们认为一个跨学科团体的所有成员都具有不同的特点(Kelley and Littman,2006)。IDEO 公司合作伙伴建议，在创意团队中承认一系列不同的角色，是实现平等主义的重要途径，而这被认为有助于创造出更好的设计。

个人和高度个性化的想法和方法是典型的一门学科，就像设计一样主观，然而，IDEO 公司和皮克斯动画工作室的策略实施表明，这些方法需要调整才能和团队协调一致。

3.1.1 识别合适的合作伙伴

在这个过程的早期，如果团队还没有组织完成，在线资源可以使创意团队稳定下来。在线社区允许人们与拥有不同技能和专业知识的人或拥有资金的人建立联系，以促成一个项目。将潜在的合作伙伴和跨领域的涉众(如具有创造性的技术人才)连接起来的平台可以为特定的项目实施全球协作。例如，KICKSTARTER 连接未来潜在的创新者与投资者，帮助他们把一个想法变成现实，并已经资助了一系列创意项目，包括电影(如《美眉校探》)、游戏(爆炸猫收到 110 000 名支持者)，还有许多技术项目(如卵石手表、欧雅游戏控制台,以及表单1列出的三维打印机)。事实上,支持创新的英国独立慈善机构国家科学、技术和艺术基金会(National Endowment for Science,Technology and the Arts,NESTA)报道了这些资源如何推动了经济中的创业精神(Stokes et al.,2014)。

3.1.2 研究与路测

在整个过程中,特别是在设计的早期阶段,见解可以从许多类型的专家那里得到。例如,设计一款智能可穿戴技术的项目,一位上了年纪的人可能首先会问,谁身边有这个领域的专家信息,如医生、职业治疗师、理疗师、护工、纳米技术专家,以及潜在的设备使用者,以达到完全理解问题的目的。该方法将确保后续的产品设计过程研究正确的问题,结果跟最终用户相关,也有价值。Leonard 和 Rayport(1997)的研究报告指出,可以采用移情的方法实现创新,如顾客观察、收集视觉听觉和感觉数据、数据分析、头脑风暴及开发可能的解决方案原型。随着设计过程朝着开发阶段的方向发展,在整个过程中通过对轮廓原型的测试,保持对问题的敏锐度,并保持产品的核心属性不偏离正轨。

设计咨询公司 IDEO 公司开创了以人为中心的设计模式。其开放 IDEO 工具(Open IDEO)旨在设计出一个更美好的世界,其项目包括在全球范围内解决社会问题。该公司试图通过其网站动员全世界的用户参与,组织成员可以通过提供设计指导和人机交互(HCI)工具包提供当地信息和个人信息,让设计师能够将焦点对准复杂的问题,这些问题的信息通常是得不到的。

3.1.3 通过社区获得见解

关键的见解可以通过技术从不同人群中产生。在线平台和社区可以通过再次部署来组织研究和收集第一手数据,从而产生新的见解。在网上加入或创建群组,可以将合适的人组织在一起,并获取大量的意见。在一般的或专业的论坛上问正确的问题,可以当作从目标用户群收集意见的手段。

3.2 协同方法产生想法

设计过程的早期阶段需要综合来自不同来源的见解。在这个阶段,要解决的问题仍然是不确定的。因此,头脑风暴产生的想法是解决方案的关键,并且这些想法也是有见地的,设计团队必须评估所有的见解。当加入团队其他成员的数据结束后,将对这些数据进行分析和过滤。在这样一个创造性的团队环境中工作需要采用民主的方法,每条输入都当作是有效的。

3.2.1 收集见解和想法产生工具

在开始一个项目时,收集灵感和刺激性素材是一个很好的开端,因为它可以将想法的火花导引到以前未考虑过的新领域。时装设计师 Smith 的第一本书名为“你可以从每件事中找到灵感,找不到就再看一遍”(Smith,2003),书中提到他的许多设计都来自对日常生活的观察。正如 Smith 提倡的那样,对各种学派的影响保持开放的态度,可以使新思想和新的思维模式得到发展。像海绵一样吸收外部的当前问题视域以外的影响,可以以一种新的和不同的方式来考虑如何构建概念。

在线平台可以支持寻找刺激性素材,并对这些素材进行排序。虚拟的、基于云的图像存储库允许用户上传自己的图像,或者在情绪板中收集现有的灵光一现的图像,这样就可以在任何系统上访问他们的数据。这样的平台也可以推荐类似的图片,并将用户连接到其他有类似主题的板块。在设计团队中与他人分享这种刺激性素材的能力,有助于提高团队沟通和协作的能力。对于设计团队来说,这是一个宝贵的节省时间的平台,并且在项目结束时也可以帮助团队进行项目成果的呈现。

新闻、媒体和文化为设计团队提供了最新的设计趋势信息。专业设计机构专门负责预测和传播即将到来的趋势。然而,个人的小众体验的力量也是不可低估的。许多产品都是由设计师或企业家自己对当前产品的不满,从而渴望改进它而引起的。例如,厨房日常工具大全 OXO Good Grips 产品就诞生于公司总裁的发现,他发现他患有关节炎的妻子使用普通的厨房用具有困难,由此促成了与智能设计公司的合作,该设计催生了一系列的厨房产品,这些产品都是这些用户的用心之作。同理心模型是设计师将自己放入其他人的情景中去并感知用户当前的情况(McDonagh and Formosa,2011)的一种方法。体验用户的挑战,可以站在用户的立场来获得见解。

3.2.2 营造创造性氛围

物理环境被认为是促进创造力的重要因素。人们无法准确预测新点子何时出现,是来自会议室里的会议,还是咖啡馆里的聊天。然而,似乎最放松的时候和环境将带来最具创造性的结果,如 Roam(2009)注意到在毫无准备的情况下,在餐巾纸或信封背面草草记下的想法,是很有价值的。

社会环境对于培育和发展新生的思想是非常重要的。一些公司,如皮克斯动画工作室和谷歌公司,鼓励员工混杂交流,认为在一起娱乐是实现这一目标的良好手段。其原理是,在社交环境中不同领域的人混在一起,就有更大的可能性实现思想上的取长补短。

谷歌公司在其办公室内部的建筑设计为创新性留有一席之地,它包括了一些功能区,如远离办公桌的思想突破区、休闲活动空间,以及用布满豆袋的放松区域,期望通过身体的放松实现大脑的放松。乐高公司探索出一种严肃的游戏策略,各个小组通过用乐高玩具编故事和讲述故事的方式来解决问题。虽然不可能归纳出一个创造性的环境是如何设计的,但很明显,交流在发展思想的时候是至关重要的。此外,在早期的创造性阶段,仅分享和讨论更有可能在新的方向发展出新的想法,并有可能降低不同见解的干扰。

3.3 协作和交流设施

协作设计项目的最后一个维度是促进沟通、维护团队、协调贡献,以及保持目标和过程在可控的范围之内。当设计团队分散时,增强创造力是非常具有挑战性的。人们已经开发了在线平台,以支持复杂的创造性交流模式。例如,在线群组草图交流就是为此开发的专门的在线平台。这些平台允许用户登录后,在一个虚拟白板的空白页面上画草图,同时草图被数字化。

语音和视频网络会议是免费提供的,并且通过共享屏幕环境和可视通信来克服语言障碍。即时通信服务允许员工在工作期间进行非正式的交流。因为项目材料可以有很多种形式,如图像、图表、实物、三维原型、草图、体验之旅、线框图、网站和视频等,所以与他人分享这些材料对设计过程讲好故事是非常重要的。演示和项目文件可以通过在线平台集中地进行实时共享、组织和更新。

一个开放和透明的团队,是创造平稳和有创造性的合作关系的关键。团队内人人平等,信息和分享是充分和完整的,并且利益相关者也有获取信息的相应渠道,这有助于创造积极的团队关系,利于思想的顺利交流。管理好项目沟通渠道,有助于保证信息的获取是公平的。这些步骤有助于对想法、技巧和见解进行取长补短,并为获得创新成果创造最佳条件。

3.4 创造性协同框架

前面的3.1~3.3节讨论了创造性协同的一些挑战,并分析了能够解决这些问题的有用方法。虽然有人指出,在创造性的过程中遵循的方法和协作策略不能一概而论,但还是可以提出一个框架,以便为项目找到自己合适的协作类型。表2展示了一个案例研究,提出并总结了在假想的设计项目中可以采用的技巧和协作要求。它还指出了潜在的工具可能对设计过程中不同的活动也有用。这为在创作过程中强调模式和原则奠定了基础。

表 2　设计过程中的协作框架

<table>
<tr><td colspan="5">设计简述:设计概要——设计和开发一款可调节、有移动手臂的廉价台灯,使用连续的环保光源</td></tr>
<tr><td colspan="2">阶段/相关议题</td><td>方法/行动</td><td>协作要求</td><td>可选协作工具</td></tr>
<tr><td rowspan="7">1. 发现</td><td>问题的参数是什么?</td><td>和顾客开会,理解和细调参数</td><td>正式和非正式地与相关人会谈</td><td>虚拟会议空间,非正式即时交流工具</td></tr>
<tr><td>谁是利益相关人?</td><td>和团队成员开会</td><td>寻找专家使设计让人眼前一亮</td><td>专家会议/社区成员</td></tr>
<tr><td>需要谁输入?</td><td>和创新团队头脑风暴搞清谁是用户</td><td>招聘一些潜在用户参与调查研究(如学生、家庭服务员等)</td><td>虚拟头脑风暴环境,记录各种想法</td></tr>
<tr><td>如何才能和他人交流?</td><td>和创新团队组织使用场景之外的临时活动</td><td>头脑风暴</td><td>图像数据库/图像仓库</td></tr>
<tr><td rowspan="3">你如何组织这个过程?</td><td>最初的在线调查</td><td>收集刺激性素材,营造情感氛围</td><td rowspan="3">项目管理平台</td></tr>
<tr><td>先期引入用户研究</td><td rowspan="2">分配项目角色</td></tr>
<tr><td>团队内评估想法</td></tr>
<tr><td rowspan="5">2. 定义</td><td>你需要和谁交谈?</td><td>和顾客团队设计参数达成一致,按照优先级排序</td><td>和新产品开发团队广泛讨论</td><td>虚拟会议空间</td></tr>
<tr><td>哪里可以找到懂问题的专家?</td><td>开展现场环境下的深度用户调研(使用灯的家庭)。对用户群进行划分,用数字化形式记录他们的体验</td><td>展示最初的草图,分享视觉画面</td><td>在线虚拟草图工具(数字或其他形式)</td></tr>
<tr><td>如何找到正确的信息?</td><td>调查如下各项:照明、材料、灯源、工程、产品</td><td>用户场景下的故事板</td><td>智能化工具,允许素材不断加入故事板</td></tr>
<tr><td rowspan="2">团队头脑风暴采用什么方法?</td><td>分类、过滤故事板中的见解</td><td>与相关人共同探讨,对得到的想法分类</td><td>对小组讨论中的关键词和语义进行分析</td></tr>
<tr><td>设计团队内勾画想法,对设计性能达成一致</td><td>在工作坊中构造原型、拼出解决方案模型</td><td>允许参与者记录和发信息的数字工具</td></tr>
</table>

续表

<table>
<tr><th colspan="5">设计简述:设计概要——设计和开发一款可调节、有移动手臂的廉价台灯,使用连续的环保光源</th></tr>
<tr><th colspan="2">阶段/相关议题</th><th>方法/行动</th><th>协作要求</th><th>可选协作工具</th></tr>
<tr><td rowspan="3">2. 定义</td><td rowspan="3">团队头脑风暴采用什么方法?</td><td>在工作坊中鼓励相关人提供原型想法</td><td rowspan="3">集中为顾客做展示</td><td rowspan="3">基于云的展示软件</td></tr>
<tr><td>和新产品开发团队就概念的特性达成一致</td></tr>
<tr><td>把想法抛给顾客团队</td></tr>
<tr><td rowspan="4">3. 开发</td><td>哪些想法值得继续研究?</td><td>与照明和工程专家一起在工作坊制作详细的原型</td><td>聚焦最终用户小组讨论基本解决方案</td><td rowspan="4">与生产者的虚拟分享空间,实时对话研究</td></tr>
<tr><td>每个人都同意重要吗?</td><td>和最终用户一起测试原型</td><td>画 CAD 图发给产品工厂</td></tr>
<tr><td>原型如何在小组内分享?</td><td rowspan="2">委托加工一个产品模型</td><td rowspan="2">和生产者保持联系,分享画面给有语言障碍的客户</td></tr>
<tr><td>原型如何测试?</td></tr>
<tr><td rowspan="3">4. 交付</td><td>如何描述信息?</td><td>和顾客开会,描述完成的过程</td><td>更新故事板</td><td>项目排序和进度安排</td></tr>
<tr><td rowspan="2">如何获得我们想法的反馈意见?</td><td>分析反馈意见,迭代改进想法</td><td>收集最初的刺激性素材</td><td rowspan="2">云端展示同步更新</td></tr>
<tr><td>市场调研,重新开始迭代循环</td><td>顾客的要求体现在 CAD 文件里</td></tr>
</table>

4　培养协作创新的原则

化学家路易·巴斯德曾说过,看似偶然得到的发现更偏爱有准备的头脑。同样,托马斯·爱迪生也宣称,天才是百分之一的灵感,加上百分之九十九的汗水。这些警示提前准备重要性的句子,也同样适用于需要脑洞大开的创新,创新不是灵光一闪,这个思想在今天同样正确。在 Design Partners 公司(爱尔兰一家先进的设计咨询公司)所主导的研究中,其主要作者亲眼所见一些拉得很长的设计过程,突然被创造性突破创新打断的案例。这家咨询公司可以视为商业上成功的最佳实践标杆,因为它在 2008 ~ 2013 年经济衰退期间还在扩张,在欧洲和北美洲开设了新工作室。一位名为罗布的顾问领导的一个项目是设计一种从婴儿配方奶中既能测量配方又能抽取奶样的工具,项目能否顺利完成取决于婴儿的年龄,以及育婴公司。通过对当地一个育儿网站上的父母的采访,以及几个有孩子的团队成员的采访,设计师理解了在为哭闹的婴儿按配方冲调奶粉时,要记得数一数勺的数量。由于该产品白天或晚上都可能使用,所以它的操作必须尽可能简单。为了解设计该产品所需的细节,罗布咨询了科克大学食品与营养科学学院的计量专家,设计团队创建了意向用户的个人资料,制作了故事板,并构建了一个情绪板。在这个研究中,设计团队在客户演示的前几周开发了六个概念,这些概念由设计工程师建模,由室内模型制造师制造。许多人都把注意力集中在一套大小不同的勺子上,但没有一个人能成为赢家。在展示的前一天晚上,罗布在阅读一个在线论坛时瞥见一则洗衣粉广告。他不太清楚为什么清洁剂量杯会突然激发了他的灵感,一下就解决了他那个伤脑筋的设计难题。他设想并粗略地画出了勺子里的运动机制,这个机制可以根据不同的公式精确测量剂量。第二天一早,在工作室里,他发给同事们关于这个突破的短信。每个人都对这个新想法充满热情,直觉告诉他们,这个原理是对的,而且它也大致满足参数要求。于是团队在上午 11 点向客户介绍了这个想法的轮廓及故事的来龙去脉。结果证明这是一个成功的概念。

罗布的故事说明了两个主要观点:第一,天生的设计师所具有的热情使他们能超越障碍和界限得到最好的想法;第二,获胜的概念源自对想法的不断琢磨,罗布本人和罗布的团队及合作者和合作者团队花了数小时不断在叙述和分享各种知识,思考那些看似随机的想法。罗布和他的团队进行了一系列的研究,并利用个人经验对这个问题有了一种本性的理解。他们对几个想法不断进行研究、头脑风暴并且制作原型。他们反复推敲方案是如何解决这个问题的。他们观察并吸收了不同来源的灵感。他们通过几周的努力才使方案落地,但他们对新想法还是持开放态度,并有勇气在最后一刻改变他们的技术路线,有勇气抛弃旧想法实现新想法。

创造性的行动一直是深入调查的主题。Dunbar(1997)试图研究创新和发明的混乱程度。在长达一年的时间里,Dunbar 在实验室里对科学家进行了人种学研究,发现大多数的突破都不是意料之中的,也不是预测出来的。事实上,他发现,实验室中最重要的发现都是通过不断尝试和不断失败的过程得到的。实验出现的错误、失败和异常,以及一系列实验室开展的补救会议、实验失败和异常的小组讨论、随机走廊对话(watercooler moments)激发了团队对发现的学习与思考。此外,他得出结论,科学家自身的主观性、他们选择的趣味性,以及对是否值得进一步研究的判断,是新的发现和创新的主要前提条件。Johnson(2010)同样认为,突如其来的时刻如"闪光""灯亮""找到了"等,都是一个人对一个想法进行了长年累月的反复研究得来的,而表现形式往往以不经意的体验、聊天和失败的方式呈现。如此看来路易·巴斯德和托马斯·爱迪生的断言今天是依然是正确的。

这些故事印证了本文的基本假设，即创造力很少是单独的活动，而是一个慢慢地水到渠成的过程，并以难以预料的方式展现出来。除了难以预料的方式这一点之外，我们还是可以概括出一些模式，使得可以通过学习来促进创新和激励出新的想法。下面概述了三个广泛的原则，这些原则可以应用于每天的协同创作实践中，并帮助团队建立和保持协同创新的节奏。

4.1 原则1：跨学科方法

采用跨学科方法意味着团队所有成员对谁在团队扮演什么角色持包容态度。创建一个网络来实现协同活动，拥抱成员之间的差异，而不是寻求同质性，并坚持一种理念，认为所有的想法都可以接受，从而发展出新思想。调动用户和潜在的有见地的专家，对于获得正确的信息是至关重要的。罗布认为要表现出一种开放的态度，接受来自其他学科的知识、与不同的群体交流，并认真对待他们的输入信息，就能通过学习产生一个更好的结果。这一原则也适用于皮克斯动画工作室那样具有扁平结构的公司，其内部采用民主的方法相互学习。允许别人提出问题，可以防止一种思想先入为主，并为创新做好准备。在微观层面上，跨学科意味着不将自己限制在某一特定领域，而是对各种知识持开放的态度。设计是团队运动，虽然可能有领导，但每个人的输入都是有价值的。

4.2 原则2：改变方向，拥抱见解

我们知道，对于不确定性和不可预测性的特点，在设计过程中，要得到一个完善的解决方案，需要的是新思维。处理过程的灵活性也是一笔巨大的财富。要像海绵一样吸取新的见解，从一系列的环境中吸收影响和经验，包括专业的和个人的、第一手的或观察的。罗布和他的团队对父母的问题特别感兴趣，并希望创造最好的结果。虽然是最后一天才实现目标、转换设计思路，但还是维持了对顾客的承诺，也实现了对利益相关者劳动的尊重。通过不断地察觉、观察和思考，罗布保持了敏捷的头脑，能够在最后一刻灵光一闪激发出灵感。

4.3 原则3：孕育想法——保持、迭代、测试、改进

模棱两可是从观察中发现新东西的基础，丰富的、对场景敏感的和充满偶然性

的环境,意味着设计工作是一个慢工出细活的过程。坚持、改进和孕育想法的能力,决定了团队如何与时俱进地成长和改变,邓巴的观点是,很多科学家在还没有做出新的发现之前就被很多偶然事件打败了。正如谷歌公司那样的环境所揭示的,轻松的头脑会收获更大的创造力。许多设计团队提倡远离项目。例如,跨学科的纽约设计工作室 Sagmeister & Walsh 每 7 年就停业 1 年。合伙人斯蒂芬·施德明注意到,7 年内大部分项目和工作来源于法定节假日里休假时获得的想法和工作。同样,新的想法大都出现在罗布的空闲时间里。这时再花些时间重新审视新想法的各个方面,新思想就有了实现的可能。尝试不同的方法,制作原型、不断尝试且不止步于第一个答案,需要具有坚忍不拔的意志和对创造性足够的信心。

5 结　论

在相互依存的时代,本文考察了当代创新合作的领域和创新实践。不确定性、异质性、个人主义是其关键的主题,所有这些都与商业视角具有预期一致性。这喻示着,需要一种适合团队、项目和独一无二场景的克服偶然性的方法,基于这个典型的方法,创新才能展开。事实上,努力将小组连接在一起将提高工作成果的创造性水平。在设计过程中,这是一个特别重要的概念,"设计思维"的方法意味着通过协调人、技术和商业来解决问题。这给读者提出了许多问题:创意过程需要领导者吗?所有的声音都是平等的吗?谁做最后的决定?

创新的过程是不可预测的,因此创造最好的条件、采用正确的心态是发扬创新精神的方法。通过考察设计过程中合作发生的不同时间和地点场景,对于每一种场景下的设计,都有很多方法值得推荐。再次强调,调整战略是关键。

随着协作对开发新产品、新服务和新体验变得至关重要,将协作结构化和框架化的技术在创新过程中越来越成为强大的助推器。它促进发展新的协作类型,并激发现有的方法的活力。信息通信技术是使它更容易组织小组团队,收集、分类和描述见解,并在不同的网络群体中交流传播,可以预计,数字化技术将成为未来几年里设计过程的固有组成部分。对于软件开发人员,提供最好的接口来支持创造性活动,仍然是头等大事。

参考文献

Arias E, Eden H, Fischer G, Gorman A, Scharff E (2000) Transcending the individual human mind-creating shared understanding through collaborative design. ACM Trans Comput Hum Interact (TOCHI) 7(1):84-113.

Aula P, Falin P, Vehmas K, Uotila M, Rytilahti P(2005) End-user knowledge as a tool for strategic design. In: Joining forces. University of Art and Design, Helsinki.

Bailetti AJ, Litva PF(1995) Integrating customer requirements into product designs. J Prod Innov Manag 12(1):3-15.

Catmull E(2008) How Pixar fosters collective creativity. Harv Bus Rev 86:64-72.

Cross N, Cross AC(1996) Winning by design: the methods of Gordon Murray, racing car designer. Des Stud 17(1):91-107.

De Wit B, Meyer R (2005) Strategy synthesis: resolving strategy paradoxes to create competitive advantage, 2nd edn. Thomson, London.

Dell'Era C, Verganti R (2010) Collaborative strategies in design-intensive industries: knowledge diversity and innovation. Long Range Plan 43(1):123-141.

Design Council (2007) Eleven lessons: managing design in eleven global companies. The Design Council, London.

Dunbar K (1997) How scientists think: on-line creativity and conceptual change in science. In: Conceptual structures and processes: Emergence, discovery, and change. American Psychological Association Press, Washington, DC.

Edmonds EA, Weakley A, Candy L, Fell M, Knott R, Pauletto S (2005) The studio as laboratory: combining creative practice and digital technology research. Int J Hum Comput Stud 63 (4): 452-481.

Forty A(1986) Objects of desire: designs and society 1750-1980. Thames and Hudson, London.

Johnson S(2010) Where good ideas come from: the natural history of innovation. Penguin, London.

Kelley T, Littman J (2006) The ten faces of innovation: IDEO's strategies for defeating the Devil's advocate and driving creativity throughout your organization. Profile Books, London.

Kolarevic B, Schmitt G, Hirschberg U, Kurmann D, Johnson B(2000) An experiment in design collaboration. Autom Constr 9(1):73-81.

Leonard D, Rayport JF(1997) Spark innovation through empathic design. Harv Bus Rev 11:102-113.

Liapis A, Kantorovitch J, Malins J, Zafeiropoulos A, Haesen M, Gutierrez Lopez M, Funk M, Alcamtara J, Moore JP Maciver F (2014) COnCEPT: developing intelligent information systems to support colloborative working across design teams. In: Proceedings of the 9th international joint conference on software technologies, Vienna, Austria, 29-31 August.

Lloyd P, Snelders D(2003) What was Philippe Starck thinking of? Des Stud 24(3):237-253.

Lojacono G, Zaccai G (2004) The evolution of the design-inspired enterprise. MIT Sloan Manag Rev 45(3):75-79.

Maciver F(2012) Diversity, polarity, inclusivity: balance in design leadership. Des Manage Rev 23(3): 22-29.

Malins J, Gulari M (2013) Effective approaches for innovation support for SMEs. Swed Des Res J

2(13):32-39.

McDonagh D, Formosa D (2011) Designing for everyone, one person at a time. In: Kohlbacher F, Herstatt C (eds) The silver market phenomenon: business opportunities in an era of demographic change. Springer Verlag, Berlin, pp 91-100.

Mun D, Hwang J, Han S(2009) Protection of intellectual property based on a skeleton model in product design collaboration. Comput Aided Des 41:641-648.

Norman DA, Verganti R(2014) Incremental and radical innovation: design research vs. Technology and meaning change. Des Issues 30(1):78-96.

Press M, Cooper R (2003) The design experience: the role of design and designers in the twentyfirst century. Ashgate, Aldershot.

Rittel HWJ, Webber MM(1973) Dilemmas in a general theory of planning. Policy Sci 4:14.

Roam D(2009) The back of the napkin: solving problems and selling ideas with pictures. Penguin, London.

Simoff SJ, Maher ML (2000) Analysing participation in collaborative design environments. Des Stud 21(2):119-144.

Smith P(2003) You can find inspiration in everything-and if you can't, look again. Thames & Hudson, London.

Sonnenwald DH(1996) Communication roles that support collaboration during the design process. Des Stud 17(3):277-301.

Stokes K, Clarence E, Anderson L, Rinne A (2014) Making sense of the UK collaborative economy. NESTA report, September. http://www.nesta.org.uk/publications/making-sense-ukcollaborative-economy. Accessed 5 Sept 2014.

Verganti R(2006) Innovating through design. Harv Bus Rev 84(12):114-122.

Veryzer RW, Borja de Mozota B (2005) The impact of user-oriented design on new product development: an examination of fundamental relationships. J Prod Innov Manag 22(2):128-143.

Woodham JM(1997) Twentieth-century design. Oxford University Press, Oxford.

探索:参与的两个观点

图利·马特尔马基,安德烈斯·卢塞罗,李钟珠

摘要 不同领域的设计和研究人员应用“探索”的方法,以更好地了解他们的用户,并激发设计灵感。探索方法在被提出后的15年里,已扩展应用到各种不同的场景和不同的用途。本文首先简要介绍了什么是“探索”,然后从两个角度来考察“探索”的过程:①作为协同中的发现和学习的过程;②作为进入用户场景的工具。本文引入教育领域和职业领域中的实例来说明这些观点。基于调查结果,本文讨论了如何安排探索过程使设计研究团队沉下心来研究所关注的问题,并提出在开展专业探索工作中可能遇到的一系列问题和挑战。最后,本文提出了一组适用于各种不同需求的设计探索应该考虑的内容。

1 简　介

人机交互和以用户为中心的设计的从业人员一般采用探索这类实验方法,作为了解用户真实体验并激发设计灵感的手段。探索方法的应用各不相同,但一般基于如下几点相同的考虑:①用户参与作为自文档形成的一部分;②研究用户的个人背景和认知水平;③运用探索性思维方式和相关素材(Mattelmäki,2006)。本文首先介绍探索的概念;然后加深对探索方法的认识,认为探索是一个合作研究和学习的过程,也是进入用户世界的工具;最后,本文列出应用探索方法时要考虑的重点事项。

Gaver等(1999)首先介绍了文化调研作为一种探索设计的自文档化方法。文化调研就是收藏那些令人回味的任务,从人们的反应中抽取灵感,这些反应不是很复杂,却是人们真实生活和思想的零碎的线索(Gaver et al.,2004)。对用户而言,文化调研是刻意地反对唯科学论、开放式的,并且以设计师为中心:“这些装有地图、明信片和其他材料的包裹,专门用来激起不同社区上了年纪的人对过去的回

忆,从而激发灵感。像天文探测器或外科手术调研那样,我们不在我们要去的地方,而是随着时间的推移等待调研带回零星的数据”(Gaver et al.,1999)。一般将一套美观的调研套件发给志愿者,志愿者完成任务后再把套件寄回给研究人员。针对每个设计或者研究项目,该调研盒里的东西各不相同,但要完成的作业和采用的材料通常是故意模棱两可很难区分的,以此来激发参与者的思维和捕捉他们的经验。

从最初使用调研以来,调研技术的发展一直很活跃,设计圈里的研究人员和从业者已经扩展了调研的使用场景和用途,包括技术调研(Hutchinson et al.,2003)、移动调研(Hulkko et al.,2004)、移情调研(Mattelmäki and Battarbee,2002)、城市调研(Paulos and Jenkins,2005)、设计调研(Mattelmäki,2006),这只是少数几个案例。

自从15年前(指2000年)引入文化调研以来,调研方法已经成为一种现象。如Wallace等(2013)所说的那样,这个现象在研究文献中得到了广泛的研究和讨论。通过研究人机交互中采用调研方法得到的杰出成果,Boehner等(2007)在ACM数据库中统计出90篇关于文化调研的文献。尽管Gaver和他的同事们一直对通过实验方法获得理解持批评态度,但是调研的研究人员和从业人员还是继续以各种方式和各种理由坚持研究。人们可能会说,本质上这不是一个专门的方法,而是一套受文化调研影响的方法集。一些调研方法与原始的方法有更密切的关系,然而,正如Boehner等(2007)指出的那样,调研方法经常被认为是一种类似于问卷调查一样的数据收集方法。

Gaver等(1999)的文化调研对于激发灵感和收集信息是非常有效的。基于经验数据和文献,Mattelmäki(2005)后来发现,在产品开发和概念设计中使用设计调研有以下四个原因:①调研数据和探测的全过程可以激发设计灵感;②调研是最好的获取关于用户的情况和需求的有效信息的手段;③考虑了参与者的需求和想法,集成了反映和表达参与者需求的工具;④在参与者与研究人员/设计师之间,甚至团队内部,培养出了同理心和对话机制。

后来,为了强调使用调研过程的协作性和探索性,Brandt详细列举了使用调研的原因[参考Brandt(2006)关于探索性游戏设计的工作]。

- 支持创造性思维、探索新奇或非传统的观点、激励设计师和其他利益相关者;
- 在探索性设计过程中让各种参与者全情投入并充分授权,根据他们的体验和见解来反映和创造新的想法;
- 使多学科团队和用户的社会协作更加容易;
- 以人为中心的设计交流,涉及人之间和组织之间的协作。这些交流是增加用户理解、明确设计范围和机会，以及加强信息交流和学习的一部分；

- 进入被研究者的个人区域。调研技术主张加强对参与者主观的和移情的见解的认识，因为参与者也是设计师或者其他的合作专家((Mattelmäki, 2008)。

遵循同样的思维方式，Wallace 等(2013)给出了很笼统的关于调研技术的定义，即调研技术是一种设计工具也是一种理解方式，试图挖掘出对参与者的情感投入对于其个人的意义。

2　调研什么?

虽然调研方法没有一个明确的定义，也没有公认的流程，但我们仍然可以从前人的实践中勾画出一个调研方法的基本结构，以便为初学者提供一个切入点。

调研方法通常应用于设计过程的早期阶段，用来在这个阶段探索问题和设计方向。Mattelmäki(2006)确定了调研过程的五个步骤。

1)紧扣主题，即设计师和研究人员一起探讨主题的经验因素，计划、设计调研套件和分配任务。

2)探究用户，即用户场景下的自文档技术和体验反思。

3)设计师和研究人员的第一个解释，即对返回的调研信息进行进一步学习，提出新问题。

4)用户和设计师共同深化研究，即在用户访谈中安排材料的后续工作。

5)解释和结果，即研究人员和设计师一起对调研信息赋予意义、构建解释。这个过程产生了对用户的移情理解和描述，包括用户的场景和所探索的现象、设计思想或明确的方向，以及进一步的问题。

原有的文化调研的过程包括三个步骤，即1)、2)和5)，因为它旨在根据返回的调研数据构造设计想象，而不是了解有效用户需求(Gaver et al.,1999)。以用户为中心的设计项目，其目的是达到对用户世界的有效理解，笔者建议考虑全部5个步骤。

一个调研工具包可以是一些文字或者视频任务的组合。这些任务既记录了现在的情况(如日记，它记录了一些一般性问题和一些图片)，也记录了对未来体验的思考(通过一般性问题、视觉拼贴或绘图任务，甚至是某种形式的前期设计思想)。

值得一提的是，调研过程和工具包原则上是为每个项目单独设计并不断改进的。调研的开放性使得它适用于各种不同的情况，但每个调研本身的设计才是应用调研过程的最重要的部分。出于这个原因，调研尽量避免采用固定不变的流程。

文化调研的作者和一些追随者强调，模棱两可和一般性解释比严格的应用指南更重要。

在这些概念的基础上，我们将从两个角度来探讨调研方法，详述应用调研过程中的探索性、反思性和协作性。

首先，我们认为调研是一个协作发现和学习的过程。这种观点主要着眼于从设计师或研究者的角度来探讨。它还看重方法使用过程带来的好处，即协作探索和移情设计过程在设计团队开始考虑什么是调研工具和问什么问题的时候就已经开始了(Lee，2014)。Mattelmäki(2008)称这一阶段为"共同探索调整"阶段。这部分还讨论了调研接触的物质性，包括调研任务的特性和策划(Wallace et al.，2013)。为了说明这一观点，我们给出一个案例，案例中学设计的学生反映了他们在应用调研时的体验。

其次，我们考虑调研作为输入用户场景信息的工具。这种观点从参与者的视角出发，并强调与Wallace等(2013)的观点一致，即"调研要成功，需要花很大力气促进参与者反思，并应用一系列不同视角的方法"。调研要应用成功，需要参与者投入时间和思想，并参与探索过程。此外，还要强调用户在设计过程中的积极作用，如Sanders(2001)认为，设计师的工作应该像脚手架一样，支持人们每天产生的设计思路。调研作为一种工具就是这样的脚手架。

但是，我们已经确定了在专业环境中进行应用调研的问题，并且基于案例提供了设计调研的一组考虑因素，这些因素容易理解也容易接受，如Lucero和Mattelmäki(2007)的研究。为了给这些因素的讨论提供一个背景，我们介绍了如何在专业环境中应用调研，包括与工业设计人员一起开展的研究及应用调研的其他研究。我们的研究表明，研究人员设计调研任务时将面临的主要挑战，尤其是调研需要一定专业背景的场合，包括如下几个互相联系的方面：①降低参与者的要求；②使参与过程变得流畅和好玩，不要有太重的责任感；③对研究对象的特殊本质保持高度的敏感性；④对材料的分析采用不同的策略；⑤激励参与者。接下来，我们将用案例介绍这两个观点，在这一章的最后，我们将对在实践中如何开展调研工作提出大致思路。

3 调研过程是一个协同发现和协同学习的过程

和许多其他设计中的用户研究方法一样，调研的设计需要仔细考虑才能保证调研正常工作(Lucero et al.，2007)。作为一种自文档化的方法，调研者需要与用户进行交流，单单在调研过程中激发和吸引用户参与的能力，就超出了设计师和研究人员的控制范围。调研的目的往往是激发参与者的反思和想象,所以应该仔细设计触发的机制。调研任务通常涉及设计师的相关活动,如绘图、图像拼接、摄影或制作一般模型等,以促使用户反思他们的经验,并用不同的方式表达出来。

由于这些原因,调研任务包的设计通常需要设计师亲自制作。原则上,每个应用案例都需要单独制作,才能适应项目的特殊环境。这种调研的本质正是比尔·盖弗和他的同事们想要强调的。

> 然而,就像机器写的信件更加专横,一点也不友好,用通用方法调查产生的材料往往也是生硬和不真诚的,就跟官方的表格和市场营销的贴面宣传纸一样,死气沉沉。该方法的真正力量在于,所有的素材都是我们专门为这个项目、这些人和他们的环境而设计和制作(Gaver et al.,2004)。

有些人可能会认为调研的制作过程耗时耗力,是一份额外的负担,根据调研的标准表单看应该降得越少越好。然而,调研的本质目标是允许用户在自己的场景中进行公开的解释,并允许设计人员和用户之间进行对话和相互体恤,因此,马马虎虎制作的想法和调研过程的真实目的及具有的能力是矛盾的。事实上,调研的准备阶段对设计团队有好处,不仅仅是用户使用时更加贴切那么简单。最近的研究表明,设计团队可以在进行调研时,对用户的环境产生同理心,并对用户保持足够的敏感度(Lee,2014;Mattelmäki,2008;Wallace et al.,2013)。他们从以下几个方面探讨了调研准备过程对设计团队协同学习的影响。

- 首先,设计团队要探讨调研的通信方式和材料,使团队对主题保持足够的敏感度,并帮助他们建立对用户的移情思维。
- 其次,调研的视觉和有形结构使设计师内在的假设外化,从而引导他们对可能的设计空间进行早期探索。
- 最后,设计团队在试用期间的协作讨论和决策,使团队能够对调研目标和用户有一个共同的理解。

Lee(2014)从学生案例中探讨了上述调研准备过程的效果。她分析了2年里50个学生写的项目学习日记,这是阿尔托大学工业和战略设计专业的一门硕士课程(每年25个学生)。在这一门被称为用户激励设计(UserInspired Design)的课程中,学生学会通过移情设计方法,建立跟用户的合作并调研未来设计机会,这已经超越了传统的以用户为中心的设计范畴。

9周的课程期间,学生们在一个组,采用各种移情设计方法和协同设计方法,经历了一个综合性的概念设计过程。常用的方法之一是调研。课程期间的每一周,每个学生都要写学习日记,汇报和反思项目中的挑战、活动和成就。日记中记录有生动的故事,讲述了学生们遇到的挑战,他们如何组织应对挑战的行动,以及他们如何努力使调查工作顺利完成——这些都是故事背后的故事,我们很少能从学术论文或手册中得到的。因此,日记显示了预调研过程遇到的真实场景,以及在这个过程中学生学到了什么。

3.1 设身处地保证调研正常进行

设计的调研任务是否相关是学生关心的主要问题。调研材料的美观性(如外观和感觉)和可用性需要付出很大的努力才能得到。调研材料的美观性和可用性是激发学生参与调研的重要标准。

> 我们设计了可以附加在装调研材料的袋子上的按钮,这与我们的研究没有直接关系,而是我们为了激励青少年专门设计的一个看起来很好玩的套件。团队对于使用哪种颜色展开了激烈的辩论。例如,十几岁的女孩喜欢鲜艳的颜色,但男孩不喜欢等。举办这样的辩论是很有趣的,我们在做调研时可以想象青少年的感受和偏好(引自一位设计青少年交换活动项目的学生日记)。

学生们的日记故事表明,制作调研材料的准备工作,如讨论青少年喜欢什么颜色、制作包装盒和徽章作为调研套件,可以使小组的讨论不跑题,总是聚焦在青少年喜欢什么、是什么样等问题上。日记中学生还讨论了一天中应该在什么时候、采用何种方式带走调研套件等。这种探索性的实践工作通过与用户交流和模拟用户体验完成,学生们已经不知不觉中融入了用户的情境之中,如模拟用户触摸调研材料的感觉,并回答相关问题。

> 首先,我意识到把目标用户放在用户研究的整个过程中是多么重要。当然,这听起来是不言而喻的,这意味着,当我们制作诸如日记或社会地图之类的材料时,我们应该认真考虑这些目标用户。哪种字体多大尺寸适合用户阅读?哪种语言他们更容易理解?我们应该真正考虑用户的特征,这样才能获得正确的结果(引自关于提高老年人社会交往项目的学生日记)。

考虑字体大小或颜色可能是一个无关宏旨的问题。然而,设计团队将其行动定位于这种外围的、物理的细节,可以对用户及其环境变得越来越敏感,并建立与他们的情感联系。这种结果和 Hemmings 等(2002)在研究比尔·盖弗团队设计国内调研(domestic probes)项目时观察到的结果是一致的。Hemmings 等(2002)发现,在项目的早期阶段,沟通交流起到了核心作用。通过讨论,团队分享了他们的设计问题,达成了对调研材料质量的认识,正如 Hemmings 等(2002)报道的,“花了很多时间在争论、开玩笑、编故事、做素描、记笔记,以及谈论过去和未来的情景上”。

3.2 通过调研准备了解设计师自己潜在的理念

调研准备过程的目的是使用户群体按照设计团队的设想开展调研,如此这些先入为主的偏见就变得具体了。在学生日记的另一个案例中,一个学生小组的目标是在赫尔辛基郊区设计一种服务,以便老年人在当地社会中显得更加活跃和更具存在感。学生们想应用调研来了解老年人过去的记忆、情感经历、日常活动和美好愿望等。最初,这个学生小组每天都有一个调研任务,每天都会将这个任务要求送到老年人那里。每天都有一个不同的调研任务是学生们的策略,它让整个过程对老年人来说是令人兴奋和有趣的。

学生小组参观了一个社区的设施,老年人在那里一起度过他们的时间,小组试图招募一些老年人参与完成他们的调研过程。很快,学生小组意识到他们每天调研的策略行不通。实际情况与学生的期望不同,参与者的作息时间很紧张,不能每天与学生见面。

> 在我们自己的研究中,我们在首次与用户见面之前就已经思考了很多关于调研任务的问题……显然,我们需要调整调研套册的任务,以更好地适应他们的[参与者]的偏好。特别是,年长的女士害怕要花太多的时间进行测试。与我们之前的想法相反,他们[老年人]非常忙(引自学生日记)。

在这个故事中,忙碌的老年人使学生小组不仅重新设计他们的调研套册(学生小组重新设计包装,每天的任务装在不同密封的信封里,老年人可以每天打开一个信封)(图1),而且全方位重新识别了可以改进的地方,重新确定了设计方向。在注意到老年人非常忙之后,学生小组重新定义项目的目标,从如何“激活老年人的生活”转到“如何培养老年人向社会传播他们积极向上的精神”(图2)。

在这个故事中,调研的准备过程使学生小组能够看到用户的真实图片。制作调研的动作顺序使学生自己的设想和意图更为具体,使学生自己能认出它们。正如人类学家以自己民族的外部特征来假定别人跟自己一样(Ellis,2004),创作调研看得见摸得着的形式可以帮助设计师了解自己对用户的设想,这时调研的结果还没出来,设计想法也还没形成。

上述学生的案例表明准备调研的过程包括一遍一遍亲自制作调研套件、小组讨论和决定选择何种调研模块等,这不仅提高了调研本身与用户之间的相关性和有效性,也促进了学生对用户实际遇到的问题的深入了解。通过准备调研过程,保持对用户现场环境知识的敏感性,引导团队识别有意义的设计机会,如学生改变设计目标的案例中,设计目标从激活被动的老年人,改变为促进活跃的

图 1　重新设计的老年人调研套册

这个学生小组的设计为,在每天都要打开的文件夹内夹有独立的信封(左)。这个组的每套册子上都写有参与者的名字,这使得这个套装极具个性化。他们也把他们的设计团队的标志(3P 是这个团队的队名)贴在套册上,从而使人产生了想要对话、想要聊聊的感觉(图片提供:萨姆·邓恩,亚里-佩卡·科拉,乔安妮·林,奥托·米耶蒂宁,米拉·托卡里)。

图 2　学生小组重新定义老年人的画

学生将目标特征从被动的老年人转变为享受生活的积极的老年人。Granny Ludens 的灵感源于 Homo Ludens(会玩的人)(图片提供:萨姆·邓恩,亚里-佩卡·科拉,乔安妮·林,奥托·米耶蒂宁,米拉·托卡里)。

老年人对整个社区的影响。

这些观察使我们认识到,可以把调研的准备过程当作使对用户试探性假定和未来改进机会外在化和明显化的手段。这一观点与 Wallace 等(2013)的观点一致,他将调研设计视为“移情理解和未来设计理念的外在形式,是我们在特定环境下预感到的某些方面给我们的有形提示”。在这个意义上,调研准备可以理解为设计师对已经知道的东西的一种外在化反思,通过这种反复不断的外在化反思过程,设计师可以将他想要的东西和一个有形的目标相连。调研准备过程本身对设计也是有价值和益处的,它使设计师能够理解用户并推测可能的设计方案。

4 调研作为走进用户场景的工具

大多数发表的调研研究都是以家庭为单位开展。但是,也有一些家庭以外工作场景下的试验案例,如医院的护士和医院临床协作(Jääskö and Mattelmäki,2003)、网上工作(这里不区分是家庭环境还是工作环境)和老年人活动中心(Mattelmäki,2006)。我们在室内和室外专业环境中应用调研的经验表明,现场应用调研方法具有之前尚未提及的特征。例如,在工作场所引入调研会干扰参与者的工作进而产生负面影响。参与者要回答日记上的这些问题,就会分心无法专注于他的主要任务,于是,参与者可能不愿意参与这些研究(Carter and Mankoff,2005)。

至于专业调研,Lucero 和 Mattelmäki(2007)就在使用专业调研进行专业环境的探索。他们虽然是以一个工业设计师的案例来讨论他们的发现,但是这个发现也得到了其他项目的印证。“增强情绪板案例”(Lucero and Martens,2006;Lucero,2009)是一个研究增强现实系统如何影响实际工作的项目。该项目试图评估,喜欢使用增强现实系统改变工作场景的专业用户,他们是否工作得更好。调研通过与专业用户(如工业设计师)对话来了解情况,并为增强现实交互技术促进用户的工作寻找证据。

这项研究招募了 17 名执业的工业设计师。他们最初都同意参与这项研究,但最终只有 10 人参与了调研,并把材料送回。参与者的受教育程度(大学/学院)、年龄(24 ~ 50 岁)、性别(六名女性、四名男性)各不相同。环境也多种多样,包括从一个大公司的办公室环境,到居家的自由办公环境。参与者在他们的设计工作室连续工作七天,可以自由选择哪天开始。为了增加参与的积极性,研究者跟每位参与者都进行了单独沟通,每人都拿到了一套调研工具。所有参与者都签署了一份同意匿名的保证意见书。

调研套件里的东西可以测试工业设计师生活和设计的各个方面。我们采用 Mattelmäki(2006)对研究属性划分的标准来描述调研套件(图 3)。首先,该套件有一个“设计工作室”日记本,用于记录调研的不同方面:①“时间轴”探讨日常思想和参与者的活动;②封闭式问题包括日常规程、协作情况、工具使用几个方面;③开放式的问题,让人们讲故事和表达自己的意见;④一张规划表,允许自我表现;⑤一套“理想设计工作室”的制图习题,用以探讨工业设计师的梦想和愿望。其次,该套件包括一架一次性相机,该相机用于拍照记录环境的影响,留下调研过程中的视觉体验。相机里的照片单独包装,日记本里还有一张“图片记录表”,以便参与者追溯这些照片。研究者给出的一些小建议是,半数照片故意不做说明,也就是说,这些照片是被环境或活动的各个方面所共享的。参加者总共用一次性相机拍摄了超过200张照片。一半的参与者亲自返还了调研结果,而另一半自付邮费写上地址后,也邮回了调研套件。

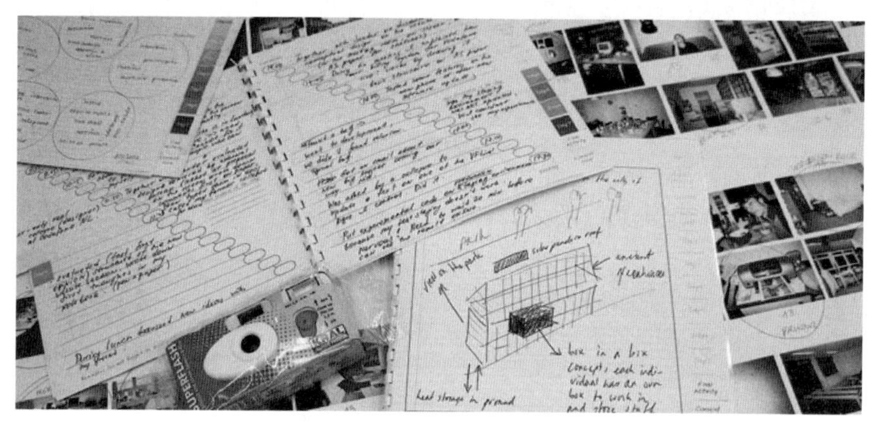

图3 工业设计师的调研套件

调研套件包括日记本、一次性相机,以及参与者在研究过程中所拍摄的200张照片。

关于从调研材料中发现的设计师工作方式,其他研究也进行了报道(Lucero,2009)。本文只介绍跟使用专业调研套件遇到的挑战相关的发现。为了解释清楚,本文使用前面描述的工业设计师的调研研究。本文还提供了一些来自其他项目的说明性案例,其中一些项目是作者直接参与的。

4.1 对参与者的高要求

一些参与者在最初同意参加研究后放弃了这项研究。完不成研究的理由有很多,最常见的就是没有时间。参与者填写日记所需的精力和时间确实是一个大问题。一位参与者在日记中总结了他遇到的主要困难:

“我必须说这是一项艰巨的工作,比我想象的还要艰巨。天天写日记对我的工作方式有很大的影响,所以我怀疑这个调查是否真的有用。”

参与者指出，日记应耗时少，且应少写。Carter 和 Mankoff(2005)说，工作的同时还要花很大工夫写日记，的确对参与者的要求高了点。

填写工作日记所遇到的挑战在其他研究中也有报道，如一项关于移动场景下如何工作的研究，研究中采用手机相机(就是移动调研)作为报告他们所见所闻的手段(Hulkko et al.,2004)。在这个案例中，参与者通过短信来接受任务，然后发短信回去并传回照片。在另一项研究中，手机相机用来研究医院(Mattelmäki,2006)，这是一个特殊的调研应用场合。在这项研究中，参与者被要求每天检查调研任务是否适合他们。比起短信不期而遇，这种方式显得没那么突兀。然而，参与者的反馈表明，即使让他自己报告应用情况，还是需要足够高的积极性和良好的记忆力。有些护士宁愿预先用邮件接收任务。因此，工作中的激励、干扰和记忆的平衡是非常微妙的。

专业调研应着眼于用时少的活动，以降低对参与者的要求。应该考虑换一种方式写日记。在设计师的研究中，参与者说用傻瓜相机拍照比写下文字更容易。Carter 和 Mankoff(2005)提出了一种同时获取照片和声音的方法，其中的细节很重要。图片容易获得也容易后期识别，而声音更适合用来做注释。

4.2 调研是一种义务

研究中的一些参与者和设计师报告提到，有时候写日记感觉像是一种义务，是他们不得不做的事情。这造成了负面影响，使参与者常常忘记写日记：

> “如果我能把这项研究作为一种额外的乐趣，更像是一次休息，我想我能以一种更简单的方式对我的工作留下一个更清晰的印象。写作给我一种需要额外注意的感觉。”

当调研成为“义务”时，参与者就没有积极性了，他们会把调研当成烦琐的工作任务(Lucero et al.,2004)。

将工具包和日记设计得好用也能增加参与者汇报工作的积极性。使用标签和易懂的插图使用户觉得写日记很好玩(Mattelmäki,2003)。建议使用图形、文字和图片等提示来激发联想。现场一张简短说明的纸条也可以在面对面交流中触发更深层次的思考。

专业的调研应该鼓励把记录参与者工作当成一个舒适好玩的过程。调研材料轻而易举就能得到，没有“义务”的感觉。调研的目的之一，就是使参与者从感觉上和行动上用新的视角反思日常经验。因此，调研应倾向于给参与者鼓励，使他们关注自己的体验，说不准参与者还认为调研是件好玩而且令人愉快的额外工作呢。

4.3 了解工作领域的特殊性

在规划调研时,应考虑工作的性质和背景。在工业设计研究中,调研安排要仔细研究选择。

为了不在设计师有时凌乱的办公桌上添乱,大多数调研材料都集中放在一本小册子里。在一项护士参与的研究中(Jääskö and Mattelmäki,2003),日记被设计为小型塑料皮的口袋(图4)。老工人的研究(Mattelmäki,2006)大部分是在学校完成的。因此,日记按照学校议程的样式,做成了一个可折叠带别针的塑料口袋,可以放在衣服口袋里或者放在做卫生的手推车里(图5)。

图4 护士调研套件里有卡片和日记

图5 老工人的调研套件

工作环境中调研任务的规划应该考虑组织和管理方面的需要。在工业设计师的研究中,一些参与者关心与工作有关的保密问题。针对这个问题,首先是告知设计师日记中包含的条款已经明确地考虑到了这点,让设计师放心。如果参与者觉得一个项目的密级更高,他可以选择参与高密级项目进行调研。在护士研究中,调研方法的主观特征及其趣味性、开放性和启发性,引起了相关医院管理者的关注(Hulkko et al.,2004)。医院管理者担心,患者的伦理权利是否得到尊重,工作时间自我报告是否会影响护理的质量。这些担心是合理的,因为在研究中,我们了解到护士们不能写很多文字,也不太拍照,要拍也得做特殊处理,如不能拍的面部。然而,即使只是部分完成了调研,从之后面对面交流的记录和讨论来看,这些调研还是激起了参与者不小的兴趣。

激起参与者兴趣只是一方面,另一方面,要仔细考虑在某些工作环境下,有些话题比较敏感。为了研究临床协作,参与者认为"描述工作中的恐慌情况"是非常不专业的。恐慌不是一个在医院和护理中使用的词。因此,挑衅性的措辞会强化某些观点,这些观点有时对完成调研会产生负面影响。

专业调研应注意所研究工作的特殊性,包括以下几方面:①调研在哪里开展;②过程管理方面的关切;③慎用挑衅性的措辞,以使调研顺利地进入工作环境。

4.4 使用调研材料的不同策略

专业调研可以有各种用途。调研套件、问题和任务在每种情况下都会有所不同。在开始调研之前,要向参与者说清调研的方法、研究的重点和研究的目标等,否则会影响参与者参与研究的效果。如果目标是集中在某一特定的经验、程序或活动上,那么调研就应该定位于现场。如果研究对参与者的特点、感受、考虑和价值观更感兴趣,那么就应该在参与者觉得有意义的时候填写日记内容。在设计师研究中,参与者在使用日记材料时,会有多种策略。参与者填写日记的主要方式如下:①把日记作为他们正常工作的新任务进行;②在每项任务结束时写日记;③任何时候想得起来时;④在一天结束时,一次写完日记。参与者采用哪种策略不需要预先多考虑。

参与者使用照片时也要做类似的考虑,这也有相关研究报道。为了记录体验,在体验发生的时刻,就应该拍照来记录真实情景。如果是后来补拍的照片,这意味着背后有一个隐藏的故事,这需要在未来面谈时找出来。例如,在护士研究中,一名麻醉护士给麻醉台拍了一张照片,写着"赶紧做手术"。研究人员对这张图百思不得其解,从手术台的一角如何来理解忙碌。在随后的采访中,护士描述说手术台上有一个关于手术情况的戏剧化的故事,并且指出了研究人员看不到的线索。日记中的记录,描述了这个事件,当时发生了什么,以及护士在这个事件之后的感受。这张照片后来解释通了,手术台代表忙碌的细节,对护士而言是不言而喻的,但是研究人员并不知道。

专业的调研应该足够灵活,允许并鼓励使用不同的策略让参与者与他们一起工作。

4.5 参与者的积极性

在设计师研究中,大量的工作和资源注定会创造一个令人鼓舞的调研工具。小册子本身设计的方式也很讲究,设计师都希望这是手工量身定制的。收到调研材料后,设计师们的评价和反应也是很积极的。一位参与者说:"这太好了,看起来和摸起来就是一本日记。"这本小册子是为了通过视觉刺激来激发写作热情而设计的。手写字体用来实现与参与者心灵相通,激发他们把填写日记当作是与别人分享他们愉悦的体验,小册子更是建议用圆珠笔手写蓝色文字来强调这一点。我们成功地把这个思想传递给了设计师,因为有两名参与者问"你是手写的吗?"参与者对调研工作的全情投入,使得调研设计的努力是值得的。调研材料的美学和个性设计,以及对参与者积极性的正面影响,在其他研究中也有报道(Lucero et al.,2004)。

在护士研究中,一些参与者喜欢有人从多个角度来对他们的工作进行研究。这种整体的观点与公司开发人员通常工作的方式截然不同。通常,开发人员要求先对技术或可用性做评估,并专注于具体的任务或实践。一些参与者说,调查研究是有价值的,因为他们觉得自己也学到了一些新东西。值得一提的是,在调研中,有些参与者对调研目标的关注点、开放性和探究性感到困惑和不确定。这种现场研究的方法与他们熟悉的自然科学研究方法不同。为此,在临床协作研究(Mattelmäki,2006)中,增加了专业内容以增加手术中心参与者的积极性。同样,关于任务的正反两方面的评论都要听。

护士的调研任务中带有视觉元素及拼图作业。虽然这些作业有小的差异,但完成这些任务(Mattelmäki,2005)时该从哪些方面进行思考才合理,显然激发了一些参与者的积极性。一位护士说,完成视觉任务使他获得了一种崭新的、视觉导向的思维模式,这一点他很欣赏。两名护士后来说,虽然调研完成了,但是她们还一直在对调研任务进行反思。

护士调研套件里(图4)有一组开放性问题的带插图的卡片。卡片中的一个任务是特别鼓舞人心和成功的。插图有五个人物:玛丽莲·梦露、弗洛伦斯·南丁格尔、一个炫耀肌肉的运动员、美国电视剧中的一个人物罗斯医生和一个个性鲜明但富有创造力的芬兰猪卡通形象。卡片里对护士们的问题是,“你工作的地方有这些人吗?”所有的参与者都能对照出他们的同事,并幽默地描述他们工作中的同事关系。

专业的调研应该通过提供鼓舞人心的调研材料来激励参与者,特别是对正在进行的研究,材料内容要聚焦到研究的特定工作领域上来。如果参与者感到所提的问题和相关信息是专门为他们裁剪的,他们会更加上心(Fogg,2003)。使用参与者的专业术语可以让参与者和设计师产生情感共鸣。专门为研究手工制作调研套件里的材料,对提高调研的可信度有重要的影响(Mattelmäki and Battarbee,2002)。

5 调研工作正常开展注意事项

上面提到的两个有关协作调研的观点,帮助我们扩展了在设计过程中如何开展调研工作的认识。第一个是关于学生的案例,学生参与制作调研材料,可以帮助他们和用户建立情感共鸣,并保持对用户场景具有足够的敏感度。第二个是关于专业调研的案例,调研要使用户投入应该考虑哪些因素。这两个例子清楚地表明,设计团队的协作学习、一同走进用户世界,不经过设计团队深入细致的考虑和保持高度的敏感性,断不可能轻易实现。总之,本文对如何进行调研工作提出以下建议。

- 调研要和参与者的场景协调一致:在制作调研材料之前,和参与者召开了一次非正式会议,这可以使调研的设计和环境更好地匹配。特别是当在特定的工作环境(如专业调研)中应用调研方法时,调研设计应着眼于那些耗时不多的活动,从而减少对参与者的要求。抓拍照片和录音被认为可以代替写日记。
- 设计团队在制作调研材料的过程时,应关注其中的新发现和小组讨论:设计师通过制作调研材料,可以获得场景知识和建立试探性的设计假设,包括与参与者的非正式会议、小组讨论和调研设计的材料研究。需要注意的是,这里的新发现使设计师在调研记录返回之前,就提前获得关于用户的基本知识以及新的设计机会。
- 调研设计可以反映他们的预先设想和初步设计假设:探测问题、任务类型和材料设计是设计师对课题的预先理解和初步设计关注的结果。如果设计师不考虑他们的假设是如何引导他们进行调研设计的,那么他们可能会失去识别一次新设计的机会。换言之,制作调研材料是设计师认识和反思自己的设想和对项目初步假设的一次机会。

- 调研可以为用户的日常生活提供一个"愉快的额外收获",这可以激发他们的积极性和灵感:调研中的文档记录应该是一个愉悦而好玩的过程。这些材料应该是容易得到,甚至可能很有趣,参与者视之为日常生活或者工作之外的惊喜。
- 调研应该足够灵活,鼓励使用不同的完成策略:调研设计应允许参与者以他们认为有意义和与他们息息相关的任何方式进行。例如,在专业环境中,参与者或他们的管理人员关心的是伦理、保密及时间资源。提交报告的时间和方式应该灵活,以避免出现以上那些问题,如保密问题。写报告的方法应该足够包容,让参与者能够在保持个人隐私的情况下回答问题。我们建议的一个解决办法是,采取快而乱的填写策略,即在工作中随手记录有意义的见解或经验,之后再做深入的信息挖掘和思考。
- 客户定制的调研方案可以增强参与者的积极性和承诺:定制的手工调研材料会令参与者印象深刻,这使得他们的参与更有价值。

调研的目的之一是使参与者在设计主题、他们的经验和实践之间产生共鸣。基于此目的,调研一般会邀请参与者参与共同设计的过程。为了促进这一过程,参与者可以提供线索,如"想的事"(Papert,1980)可以将设计师式的思维模式变为能够表达自己未来体验的需要和梦想的一种思维模式。

对于专业环境来说,支持设计移情的对话也是很重要的。这可以通过自制的个人调研套件来实现。当把精力投入定制的研究材料中时,我们希望鼓励参与者抽离正式的专业角色,去表达他们的个性和他们工作中的主观经验。

延伸阅读

Boehner K,Vertesi J,Sengers P,Dourish P(2007)How HCI interprets the probes. In Proc. of CHI'07, ACM Press,1077-1086.

Gaver W,Dunne T,Pacenti E(1999)Cultural probes. Interactions 6(1),January,ACM,21-29.

Gaver W,Boucher A,Pennington S,Walker B(2004)Cultural probes and the value of uncertainty. Interactions 11(5),September,ACM,53-56.

Lucero A,Lashina T,Diederiks E,Mattelmäki T(2007)How probes inform and influence the design process. In Proc. DPPI'07,ACM Press,377-391.

Mattelmäki T(2006)Design probes. Dissertation. University of Art and Design Helsinki,Finland.

Wallace J,McCarthy J,Wright PC,Olivier P(2013)Making design probes work. In Proc. of CHI'13, ACM Press,3441-3450.

参 考 文 献

Boehner K, Vertesi J, Sengers P, Dourish P(2007) How HCI interprets the probes. In: Proceedings of CHI'07, ACM Press, 1077-1086.

Brandt E(2006) Designing exploratory design games: a framework for participation in Participatory Design? In: Proceedings of PDC'06, ACM Press, 57-66.

Carter S, Mankoff J(2005) When participants do the capturing: the role of media in diary studies. In: Proceedings of CHI'05, ACM Press, 899-908.

Ellis C(2004) The ethnographic Ⅰ: a methodological novel about auto ethnography. AltaMira Press.

Fogg BJ(2003) Persuasive technology: using computers to change what we think and do. Morgan.

Gaver W, Dunne T, Pacenti E(1999) Cultural probes. Interactions 6(1): 21-29, ACM.

Gaver W, Boucher A, Pennington S, Walker B(2004) Cultural probes and the value of uncertainty. Interactions 11(5): 53-56, ACM.

Hemmings T, Crabtree A, Rodden T, Clark K, Rouncefiled M(2002) Probing the probes. In: Proceedings of PDC'02, pp 42-50.

Hulkko S, Mattelmäki T, Virtanen K, Keinonen T(2004) Mobile probes. In: Proceedings of NordiCHI'04, ACM Press, pp 43-51.

Hutchinson H, Mackay W, Westerlund B, Bederson BB, Druin A, Plaisant C, Beau-douin-Lafon M, Conversy S, Evans H, Hansen H, Roussel N, Eiderbäck B(2003) Technology probes: inspiring design for and with families. In: Proceedings of CHI'03, ACM Press, pp 17-24.

Jääskö V, Mattelmäki T(2003) Methods for empathic design: observing and probing. In: Proceedings of DPPI'03, ACM Press, pp 126-131.

Lee J(2014) The true benefits of designing design methods. Artifacts 3(2): 1-12.

Lucero A(2009) Co-designing interactive spaces for and with designers: supporting mood-board making. Doctoral dissertation, Eindhoven University of Technology, The Netherlands.

Lucero A, Martens J-B(2006) Supporting the creation of mood boards: industrial design in mixed reality. In: Proceedings of TableTop 2006, IEEE.

Lucero A, Mattelmäki T(2007) Professional probes: a pleasurable little extra for the participant's work. In: Proceedings of IASTED-HCI 2007, ACTA Press, pp 170-176.

Lucero A, Lashina T, Diederiks EMA(2004) From imagination to experience: the role of feasibility studies in gathering requirements for ambient intelligent products. In: Proceedings of EUSAI 2004. Springer, Berlin/Heidelberg, pp 92-99.

Lucero A, Lashina T, Diederiks E, Mattelmäki T(2007) How probes inform and influence the design process. In: Proceedings DPPI'07, ACM Press, pp 377-391.

Mattelmäki T(2003) Probes-studying experiences for design empathy. Empathic design-user experience in product design. IT Press, Helsinki, 119-130.

Mattelmäki T (2005) Applying probes- from inspirational notes to collaborative insights. CoDesign 1(2):83-102, Taylor & Francis, London.

Mattelmäki T(2006) Design probes. Dissertation, University of Art and Design Helsinki, Finland.

Mattelmäki T(2008) Probing for co-exploring. CoDesign 4(1):65-78.

Mattelmäki T, Battarbee K(2002) Empathy probes. In: Proceedings of PDC 2002, CPSR, pp 266-271.

Papert S(1980) Mindstorms-children, computers and powerful ideas. Basic Books, New York.

Paulos E, Jenkins T (2005) Urban probes: encountering our emerging urban atmospheres. In: Proceedings of CHI'05, ACM Press, pp 341-350.

Sanders EB(2001) Virtuosos of the experience domain. In: Proceedings of the 2001 IDSA education conference.

Wallace J, McCarthy J, Wright PC, Olivier P(2013) Making design probes work. In: Proceedings of CHI'13, ACM Press, pp 3441-3450.

通过联合趋势分析方法和趋势系统进行前期设计

卡罗勒·布沙尔,让-弗朗索瓦·奥姆哈维

摘要 本文介绍了为丰富前期设计活动而采用的方法和工具,特别是在信息阶段,这个阶段是最重要的灵感来源。本文提出了作为前期设计的联合趋势分析法,实现了对信息的结构化和可操作化:联合趋势分析法是一个设计过程的基础方法模型,它还提供了工业方面的应用指南。本文基于前期设计中设计师活动的研究,建立了这个过程的正式模型,该分析法已用于趋势(TRENDS)系统中信息设计阶段的部分数字化。

1 简　介

1.1 前期设计模型

设计科学的研究人员倾向于对设计过程建模并优化它。设计过程主要表现为连续的步骤(Pahl and Beitz,1984;Andreasen and Hein,1987;Jones,1992;Hubka and Eder,1996;Ullman,1997;Baxter,1995;Ulrich,2000;Cross,2000;Dorst and Cross,2001;Howard et al.,2008)。其他一些模型将设计过程描述为一个连续的基础设计周期过程(Lebahar,1993;Gero and Kannengiesser,2004;Boehm,1988;Blessing,1994;Roozenburg and Eckels,1995),模型有发散的和收敛的(Van Der Lugt,2003;Design Council,2007),也有从一个抽象空间到一个具体空间的(Suh,1999;Tichkiewitch et al.,1995)。

对于前期设计,本文考虑规划和概念构造阶段(Ulrich,2000)。在概念形成之前,这些阶段是没有明确的。实际上,这一阶段设计师们还没有或者没有系统地进行一些明确的描述。只有在非常正式的场合,如汽车设计,设计师才会使用一些精巧的情绪板。前期设计过程尽管特征不明显,但对未来的产品开发和过程优化而言,这个阶段具有战略上的重要性(Cross,2000;Zeiler et al.,2007)。这是一个确定概念定位方向的主要阶段,也是通过差异性实现低成本的主要阶段。为了优化数字链(计算机辅助设计、产品数据管理、产品生命周期管理),需要为前期设计阶段开发新的计算机支持工具。在众多设计模型中,很少有人对这个特定阶段进行描述。这种描述从本质上来说是困难的,因为早期的设计信息是相当含蓄、模糊和不明确的(Eastman,1969;Simon,1973)。早期设计信息包含了大量的异构数据,包括复杂的概念,如语义、情感和感觉。此外,最早的一些描述反映的是设计师在这个阶段的认知和情感过程。早期对设计活动的研究,已向人们明确解释在设计中如何使用技巧、知识和专家的规则。这些研究表明,语义和情感在设计过程中是非常重要的(Bouchard et al.,2007a;Kim et al.,2008)。

前期设计过程建模,对改进整个 CAD/CAM 过程链的性能是必要的。本文在这里提出了前期设计过程信息处理模型,该模型表现为一种方法论,以及一些已经在工业中使用并验证过的设计工具。该模型分为四个阶段:信息、生成、评估和实现(图 1)。根据该模型,前期设计过程是一个包含了信息、生成、评估和实现四个阶段的连续的小周期过程。实际上,前期设计过程可以看作是一个连续的迭代循环过程,每个过程循环遵循信息、生成、评估和实现四个阶段。

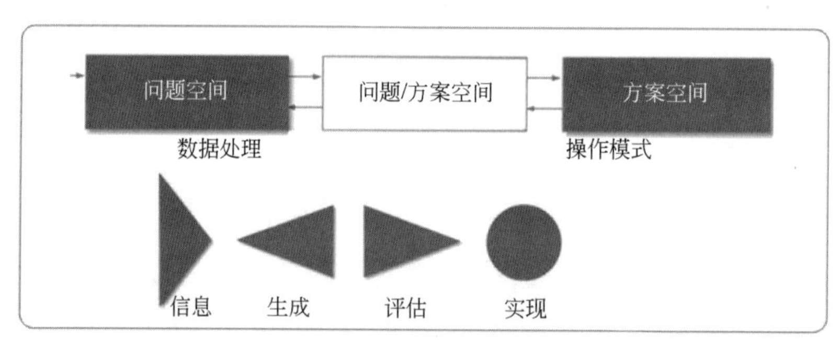

图 1　前期设计阶段信息处理模型从问题空间到方案空间(上),通过一系列发散、收敛、实现过程完成(下)

信息阶段对应着整合设计师灵感来源和数据过程。生成阶段指通过应用活动产生想法和概念。最好的解决方案是通过分析的方法,根据简单的标准选择的。评估阶段是基于对用户体验(感知、认知、情感、可用性和有用性)的测量,通过不同级别的数字或实物的模型及描述来完成的。目前,对生成和评估阶段的研究已比较深入,特别是对评价的含义进行图示解释方面,但是信息阶段具有不明确性,因此对这一阶段的研究较少。信息的不确定性是一个方面,另一方面,如果创新过程在细节设计中有很好的建模,如采用 TRIZ 方法,那么前期设计就不会是现在这样了。信息和生成阶段之间的联系还没有很好地建立起来。实现阶段在许多科学领域和工程中都进行了很好的描述,所以这里所做的研究更多的是关于前三个建模不充分的阶段(图 2)。

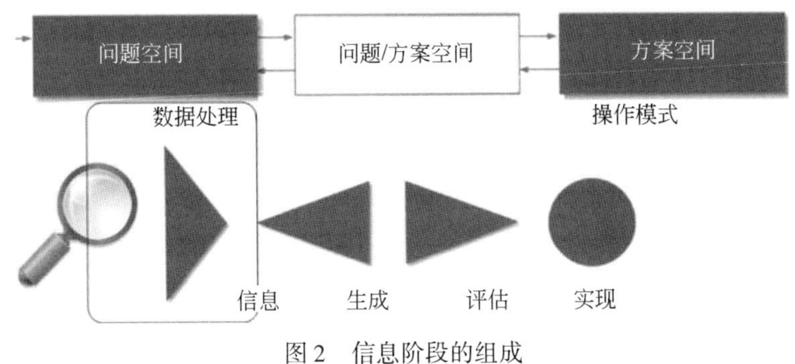

图 2　信息阶段的组成

1.2　前期设计中的 CDA 工具

建立概念构建阶段模型,是为了开发新的计算机辅助设计工具(Tovey,1992,1994a,1994b,1997;Tovey and Owen,2000;Tovey et al.,2003;Scrivener and Clark,1994a)。对这一阶段建模也有助于提高个人和团队的创新能力(Koestler,1964;Lewis,1988;Lewis,1995;Vangundy,1992;De Bono,1995;Isaksen et al.,2000;Bonnardel,2000;Syrett and Lammiman,2002;Alberti et al.,2007;Buzan,2009)。草图是概念阐述和评价的主要载体(Schön,1983;Tovey et al.,2003;Van Der Lugt,2000,2001,2003,2005)。素描和形状生成仍是建筑和产品设计领域的研究热点(Schön,1992;Scrivener and Clark,1994b;Do et al.,2000;Van der Lugt,2005;Goldschmidt,1994;Goldschmidt and Tatsa,2005;Goldschmidt and Smolkov,2006;Suwa and Tversky,1997;Purcell and Gero,1998;Bilda and Gero,2007)。此外,另一个研究领域是采用语义分析的方法对概念进行评价(Osgood et al.,1957;Osgood,1979),后来发展为感官分析和最近的情感分析、经验评估(Smets and Overbeeke,1995;Norman,2004;Green and Jordan,2001;Desmet,2002,2008;Desmet and Schifferstein,2010)。以用户为中心的设计在产品和服务领域是非常普遍的(Norman,1998)。虽然设计生成阶段研究的模型和分析非常好,但是激发灵感阶段的研究差强人意,

这主要是由于这个阶段具有不明确的特点(Eckert and Stacey,1998,2000;Büscher et al.,2000;McDonagh and Denton,2005)。计算机辅助设计与制造工具在工业界的详细设计阶段广泛使用(Hsiao and Liu,2002)。设计过程的不断数字化,迫使设计不断向产品开发方向转移。要进一步缩短设计过程的时间和投放市场的时间,就需要加强前期设计阶段的工作。前期设计建模,由于其主观、感性、含蓄和模糊的特点是非常困难的。感性工程为语义和情感的精巧分析,提供了一个数字化融合的科学框架。开发了不同版本的设计和评估的工具和算法(Nagamachi,2002;Berthouze and Hayashi,2002;Hayashi and Hagiwara,1997;Hsiao and Liu,2002;Ishihara et al.,1995;Schütte,2005;Schütte et al.,2006)。工具可以实现设计的快速变化,减少设计时间,使设计师将注意力从没有创意和烦琐的任务中解脱出来,投入最有创意的任务中(Resnick,2007;Kim et al.,2009)。

2　信息阶段的形成

2.1　前期设计阶段中的信息

信息阶段涵盖了从激发灵感到观察动作,以及完成设计概要所进行的所有探索过程。这一阶段激发新想法直到新概念出现。不同媒介的信息的影响各不相同,如网络、杂志、展览等,这为寻找灵感奠定了基础。相关的图像的选择取决于色彩是否协调、风格、物体类型、情感影响、意义和价值观等。设计师通过观测过程实现对数据的简单的采样,即在日常生活中观察特殊数据的表现(Bouchard,1997)。虽然大家对设计师认知过程的建模很感兴趣,但到现在为止对信息阶段的研究还是很少(Eckert and Stacey,2000)。这个阶段通过参照之前的或者其他来源的信息,预知新解决方案的到来(Lloyd and Snelders,2003)。接下来顺理成章的是一系列的定点研究,这些研究聚焦于问题理解(Cross,2000)、目标定义(Wallas,1926;Schneiderman,2000;Amabile,1983)和功能完善(Osborn,1963;Schneiderman,2000)。这一阶段还包括类比推理,即从邻近的部分中提取设计元素,然后在概念生成期间将这些元素放到候选概念中。创造性人才都是环境的产物(Ansburg and Hill,2003),因此方案的新颖程度和这一阶段密切相关。灵感来源在场景定义中起重要作用(Eckert and Stacey,2000),它们激发设计师的创造力,激发其内心独白的欲望。这些灵感来源也许不在候选概念之列,甚至跟功能、结构或情感无关(Bonnardel and Marmeche,2005,Lim et al.,2006)。

2.2 设计信息和专家规则

设计信息可以分为高层次(语义、情感、感觉描述符、社会学价值)、中层次(概念、部门名称)或低层次信息(形状、颜色、纹理)。抽象层次的使用打通了一条从人工智能领域通往应用形式主义(Black et al.,2004;Bouchard et al.,2009)和市场营销的途径(Valette - Florence and Rapacchi,1990;Valette - Florence,1993a,1993b,1994)。抽象层次还反映了设计师实现的专家规则,他们具有非常特殊的能力,能够将高度抽象的信息与非常具体的对象属性联系起来。在营销领域,认知方法目的链(Valette-Florence,1994;Bouchard et al.,2007b)的目的是在高层次和低层次设计信息之间,通过价值—功能—属性链,形成一种对应关系。我们在设计机车车架的项目中,对这个价值—功能—属性链展开了研究。例如,在提高仪表盘的技术创新水平上,概念设计方向是家庭成员、凝聚力、整个家庭、足不出户、和平、平滑。

很少有人研究设计师对设计信息的分类过程(Büscher et al.,2000;Bianchi-Berthouze and Hayashi,2002)。然而,设计师有自己的分组策略,即根据颜色、纹理、形状、语义这些方面是否致密和协调构建分组策略。这种操作难以理解,这是由操作具有的主观性、多维性及视觉信息的整体性决定的。设计师或多或少地建立了一些视觉、词汇或多种感官信息的模糊分类或者多级分类。分类需要具有专门的技巧,其类别都是根据具体情况设定的。分类正确与否,是由不同感性参数的一致性(形状、颜色、纹理、语义、价值)、语义和底层特征之间的同质性,以及高层和底层语义之间的和谐性共同决定的。由设计师确定的这些类别或者子类别形成一个空间,设计师在这个空间中找出某种和谐性,这种和谐性可以复用在未来的设计方案中。这些类别和子类别之间具有一些模糊性,从这些模糊性中抽取相关的协调性,然后这些协调性将用于未来的解决方案。首先根据颜色是否协调对图片进行分组。然后根据形状和纹理进行细分。从文字到图像,或者从图像到文字,这个分类的过程是动态和流畅的。最后用名称和一些关键字对类别进行标注。和谐性的规则不仅适用于颜色、纹理、形状,也适用于语义之间的关系(Bouchard et al.,2009)。

图 3 的案例中,我们从颜色的协调性可以看出,这组图片中具有饱和度很高的紫色、粉红色、橙色。形状的相似性也很容易看出,如图中圆形的物体像块扭曲的塑料。当我们盯着这些图片看的时候,一些特殊的关键词油然而生,如波普风格的艺术、20 世纪 70 年代、塑料等。还可能有一些子类别。例如,根据亮色

纹理的不同,波普又分为时髦版和豪华版。给每个类别一个独特的名字和关键词,用贴纸标签进行注释。有时这些名字直接来自杂志。从文字到图像的注释或者从图像到文字的注释,都是一个动态的不断迭代的过程。建议取名字要结合语义形容词、对象属性和社会学价值观几个方面。从情感影响、审美角度和连贯性等几个方面来选择最合适的类型。

图 3　波普分类

2.3　联合趋势分析法

设计师在前期设计活动中的任务是寻找灵感来源及其他信息,我们把这个信息阶段归结为一个模型——联合趋势分析法(Conjoint Trends Analysis method, CTA)(Bouchard et al.,1999,2008)。这种方法基于本文确定的设计规则和程序,旨在预测工业设计的趋势。CTA 能够在草图活动之前做出明确的新颖的中间描述,即语义映射和情绪板。首先,CTA 研究设计师灵感的各个方面,然后对这些方面进行类比推理。其次,CTA 在情绪板中将图像和关键词对应起来。CTA 的价值,从理论的角度来看,是它在正式的高层次的描述(价值观、语义)和低层次的属性(形状、颜色、纹理)之间建立了紧密的联系,同时增加了数据处理的数据量。这些关系体现了设计师的专业知识。

CTA 包含三个主要阶段。第 1 阶段是识别影响因素,第 2 阶段是趋势识别(情绪板阐述),第 3 阶段是趋势集成(新产品设计过程中的趋势集成)。

2.3.1 第 1 阶段:识别影响因素

随着类比的各个方面向正统的、功能的或者技术的属性转移,趋势就寓于这个转移之中。识别潜在的影响因素,是 CTA 应用的关键一步。影响因素是指类比源(如动物)的某些因素,它们被抽取出来,然后转移为产品设计(如汽车设计)的一些正式或功能的属性。CTA 的第一个阶段是识别那些能够直接从类比源抽取出来的影响因素。这些类比源通常是一些文字、图片或其他引起感官刺激和体验的东西。变形生物作为汽车设计的类比源,就是一个众所周知的案例。变形生物在生物里拥有改变形状的能力,这一点可以用来进行新产品设计。识别影响因素的一种快速简便的方法是做语义映射。

语义映射是设计师建立的一种二维的视觉表达,很多产品图片构成了影响因素的视觉部分,设计团队包括设计师、工程师、人体工程学专家以及市场营销人员。这种表述可以再次强化影响因素。影响因素是设计师运用类比推理激发新概念最终产生的因素。设计师对语义映射的理解,使得设计师从视觉上就能识别这些因素,而这些因素对要设计的产品可能产生影响。在可视化的语义映射图上,也清晰而详尽地提供竞争对手产品的信息。这种方式有助于设计师对产品定位,并引导未来的产品设计(图 4 和图 5)。

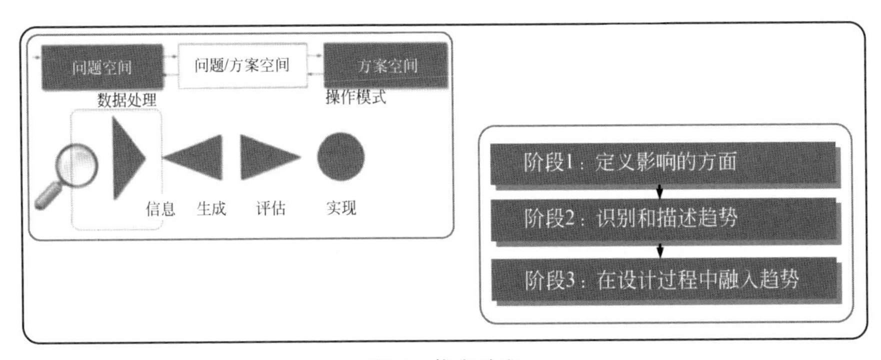

图 4　信息阶段

构建语义映射需要遵循以下步骤。

1)在参考域收集产品图片(数百张)。

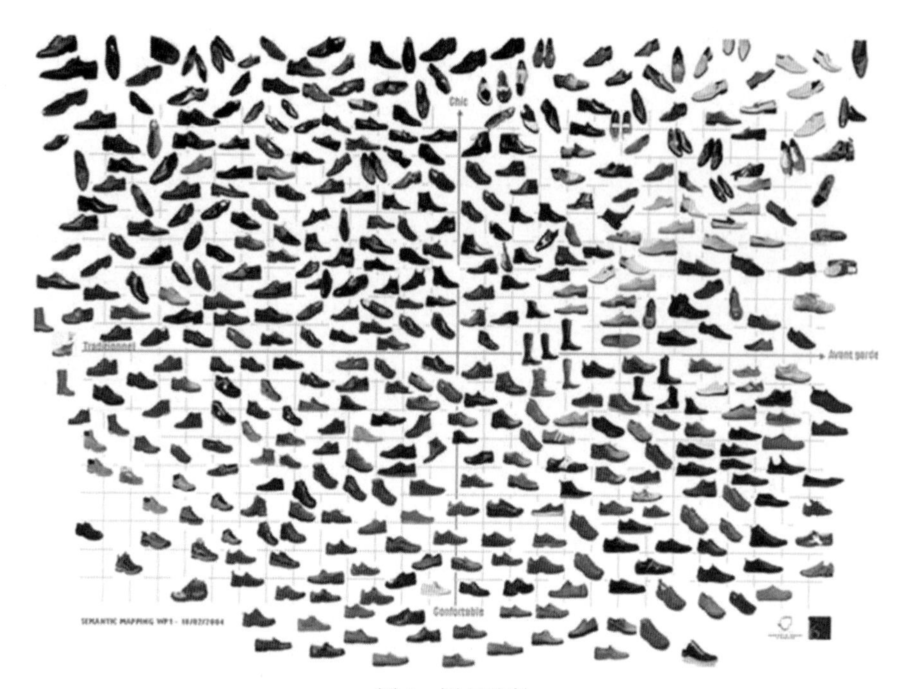

图5　语义映射

男鞋,轴线为传统-前卫和舒服-时髦。

2)注释收集的产品的语义特征。

3)根据语义轴直观地处理图像(语义轴被认为是最强的或最有辨别力的维度)。

4)通过观察提取影响因素:如“产品一直从昆虫获得设计灵感”。这一步至少需要设计师具备基本的能力和技巧。

5)用一个汇总表或者列表总结所有以上影响因素。

2.3.2　第2阶段:情绪板阐述

第2阶段的目标是将数字或物质的情绪板变为现实。做法是,首先为情绪板建立一种明确的气氛或环境,然后将客户的价值转移到这些环境的属性上,这些属性包括形状、颜色、纹理、语义、价值观,并提取一个相关属性的属性盘(图6)。

此阶段基于对图像和相关文本的内容分析,不断搜索单词和图像,然后在收集来的各种源之间建立价值、功能和属性的关联。随着第一阶段识别影响因素的完成,图像采集的任务也就完成了。识别影响因素的过程既包括收集概要设计的相关数据(风格、语义、价值),还包括收集各种灵感源的文字和图片(主要来自杂志

图 6　CTA 过程的清晰阐述：语义映射（左）和情绪板（右）

或网络）。所有这些信息，按照意义相近块进行相关分类，意义相近指标包括风格、价值和语义。这些意义相近块用情绪板表示，设计团队用图和文字的组合来表示这些情绪块。这里，设计师的技巧在这个阶段也是至关重要的，它将保证粒度的一致性，并使用和谐原则来建立特殊的情绪块。从各种影响因素中分类出来的信息，揭示了产品设计的自然发展趋势。

按如下步骤构建情感板。

1）收集第 1 阶段中各影响方面的图片和关键词，以简短的描述充实规范第 1 阶段的列表（风格、语义、价值、目标人群）。

2）通过关键词（包括抽象描述符号和值）和形式属性（颜色、形状、纹理）对图像进行分类。

3）将连贯而同质的关键词和图片放在一起构成气氛集或者环境。一致性遵循协调原则，如颜色（颜色对比或互补规则）、形状、纹理、语义和可用性等。

4）氛围描述。使用自定义的特征关键词（抽象值、语义和形式属性之间的关系规则）对氛围进行文本描述。

5）详细说明属性盘中的属性：形状、颜色、使用、纹理等。从步骤 3）所构成的氛围中，把协调的几个主要属性挑出来放在属性盘中，跟氛围相关的元素要强烈而明显，如相关的颜色和纹理，以及最终的使用方法和交互原则。

6）属性盘的描述。属性盘是用文字描述的。

2.3.3 第3阶段:新产品设计过程中的趋势集成

设计过程的第三个阶段是集成实现,即将属性盘选择出来的协调属性如形状、颜色、使用、纹理等,转换到产品设计方案中。在概念产生的过程中实现信息集成。通过概念草图进行集成,首先考虑形状,然后考虑使用原则,最后考虑颜色和纹理。根据协调性原则,从属性盘中提取一个要素集成到概念之中。这些协调性是由形状、颜色和纹理组合而成的整体,具有美感、功能性、连贯性和平衡性。

形状灵感的集成可以通过形状插值或变形来实现。例如,当汽车设计师要把运动车设计得具有攻击性时,他通过设计车头的轮廓让人联想其他东西的形状,如动物的形状。另一个案例是一些笔的流线型形状。形状元素集成分为两个不同的层次:二维草图和三维数字或物理模型。设计团队必须意识到这两个步骤之间可能存在的信息缺失(从草图到实物)。事实上,随着概念不断地物化实现(原型、试生产、生产),最终实现的产品可能改变了原来定位的内涵。

对于彩色,选择属性盘中的对比色或者互补色进行协调,然后从设计场景中抽取出来重新解读。颜色和纹理的应用,可以用手工快速素描或者三维软件工具来实现。使用原则的集成,如果指的是数字接口,就是比较复杂的,需要考虑全局场景才能做出来。

在生成概念时,情绪板经常在头脑风暴的第一阶段当作激发灵感的源头使用。产生概念所用的发展趋势,要根据公司的市场战略来选择。这一战略可能是一个引领战略,在这种情况下,发展趋势应该代表前沿方向;或者是跟随战略,此时发展趋势应该是更加成熟的方向。

设计过程的趋势集成按以下步骤进行。

1)选择第1阶段(形状、颜色、纹理、用法)属性盘中的协调性氛围。

2)加入形状和用法等,通过插值、变形技术等方法产生概念。

3)将色彩与纹理集成到概念中。

4)使用情绪板的关键词对概念进行反复推敲论证。

5)在接下来的设计和开发阶段,要最大限度遵从初始的设计定位,并符合所选的发展趋势。

2.4 CTA 的局限

1998年至今,CTA已经广泛应用于市场营销、设计和创新领域。CTA被应用于不同的应用领域,证明其对专业设计师也是有用的和相关的。CTA 的应用使信息阶段的理论模型得以完善,并暴露了该方法的一些缺点。这些缺点将导致寻找、收集和处理信息的困难和巨大的工作量。为此,开发了一款基于互联网信息、部分数字化了的 CTA 工具。这个称为 TRENDS 的工具系统在本文的其余部分描述。

3　TRENDS 工具:早期设计的数字化信息阶段

3.1　信息阶段的计算机辅助工具

设计师在设计活动中构建数据库越来越重要(Restrepo et al.,2004;Büscher et al.,2000;Restrepo and Christiaans,2005;Stappers and Sanders,2005),但没有他们需要的搜索引擎。事实上,这些信息系统是基于概念的搜索,而不是基于语义和情感的搜索。研究人员认为,未来用于创意的信息系统应按知识表达和可视化的方式导航,以一种好玩的方式来分享和开发新的知识表现方式(Schneiderman,2000;Bonnardel,2000;Keller,2005;Nakakoji,2006)。此外,图像搜索应该有一定的偶然性,因为搜索采用了抽象的值及抽象描述符。考虑到所有这些目标,本文设计一款新系统,它实现设计师在整个设计过程中的协同认知过程。为此,首先需要按照算法的需要描述设计师的专业知识,然后是要遵循 CTA 结构要求。该 TRENDS 工具可以通过扩展各种影响的图像语料库,实时提供详尽的结果。它通过提供一些鼓舞人心的材料来促进概念生成时的创造性。设计师的数据收集,是通过虚构的设计方案,并提取 CTA 以前项目的应用数据实现的。

设计师使用的影响因素见表 1。表 1 显示了与汽车设计师进行一系列访谈后确定的 1997 年和 2006 年的影响方面。有趣的是,在两种情况下观察到的影响方面或多或少都是相同的。这意味着这些方面对设计师而言是相对稳定的,表明用计算机来处理相关信息是合适的(Bouchard et al.,2008,2009)。

表 1　汽车设计师的影响方面(70% 相同)

年份	1997	2006
设计师	40 人(10 位专业人员,30 位学生)	30 人(30 位专业人员)
人群	法国人、英国人、德国人	意大利人、德国人、说英语的法国人

续表

年份	1997	2006
方面	1. 汽车设计和机车行业	1. 汽车设计和机车行业
	2. 工艺、航空业	2. 结构
	3. 结构	3. 室内设计和家具
	4. 室内设计和家具	4. 时尚
	5. 音响	5. 轮船
	6. 产品设计	6. 飞机
	7. 时尚	7. 体育产品
	8. 动物	8. 产品设计
	9. 植物	9. 电影院和商业
	10. 科幻	10. 大自然和乡村环境
	11. 虚拟现实	11. 交通(汽车、货车)
	12. 美术	12. 音乐
	13. 电影院	13. 美术
	14. 音乐	14. 奢侈品牌
	15. 旅游	15. 动物
	16. 食物	16. 包装和广告

资料来源:Kongprasert 等(2010);Bouchard(1997);Bouchard 等(2007a,2008);Mougenot 等(2007)。

设计师根据不同抽象程度处理的另一张数据信息分类表如表 2 所示。表 2 的这个结构用来建立设计中的本体(图 7)。

表 2　设计信息和抽象级别

级别	类别	代号	描述	举例
高级(H)	价值	Hv	表示中级价值或者行为价值的词	安全、好好生活
	语义词	Hs	在知识工程领域那些跟颜色、形式或者质地相关的让人印象深刻的形容词	好玩、浪漫、攻击性
	类比	Ha	其他领域里的东西,集成到研究领域来	兔子→速度
	风格	Hy	所有级别的特征共同勾画出不一样的风格	边缘设计、经典的

续表

级别	类别	代号	描述	举例
中级(M)	方面名称	Ms	代表某种特定趋势的方面或者子方面的对象名称	运动
	场景	Mc	用户社会环境	与家同乐
	功能	Mf	功能、用途、组件、用法	模块化
低级(L)	颜色	Lc	数量或文字表示的颜色值	绿色、淡蓝色
	形式	Lf	整体形状或者组件形状、尺寸	方形、波浪形
	质地	Lt	模式(抽象或者图示)和纹理	塑料、金属

资料来源:Bouchard 等(2007a,2009)和 Kim 等(2009)。

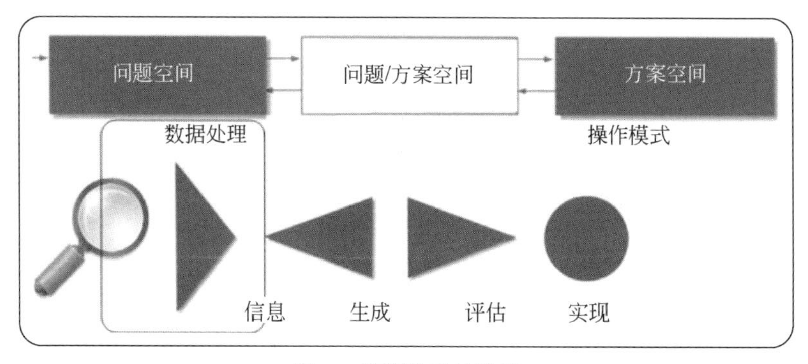

图 7　信息阶段的计算

3.2 TRENDS

这一部分介绍 TRENDS,这是个使用网上材料应用 CTA 进行设计的试验工具(图 8)①。它实时为设计师提供可以激发灵感的词和图片。这个工具可以为各种

① 这个工具是由一个名为 TRENDS(Trends Research Enabler for Design Specifications)的欧洲项目开发的。这个项目一直由几个科学或工业伙伴合作开展:法国国家信息与自动化研究所-法国巴黎罗康库地区,PERTIMM 公司,卡迪夫大学,利兹大学和 ROBOTIKER 公司。最终用户是菲亚特研究院和意大利博通汽车设计公司。

用户定制配置文件,如设计人员、营销人员、人机工程师等。它可以通过语义描述或者图像样例,实现图像回溯。它还可以采用图像处理方法实现半自动分类和属性盘生成,以及对文字和图像进行统计分析等。该 TRENDS 系统的价值在于,能连接不同级别的抽象信息,并对该信息的处理提出新的处理方法。文本和图像的数字转换,使 TRENDS 系统可以根据颜色协调性进行自动分组,采用聚类算法以协调规则作为过滤,自动生成颜色协调的属性盘。对网站上图像相关的形容词进行主成分分析,可以实现半自动语义映射。采用相似性原则或者词语是否出现,实时统计监测词或者图像激励灵感的水平。TRENDS 系统处理设计信息的内容和结构见表 2。这些信息按照抽象级别由低到高进行分组,即从低级(形状、颜色、纹理)到高级(语义、价值)的顺序。和谐性原则可以用在任一个级别(颜色和谐)之中,也可以用于连接两个不同的级别(语义搜索)。

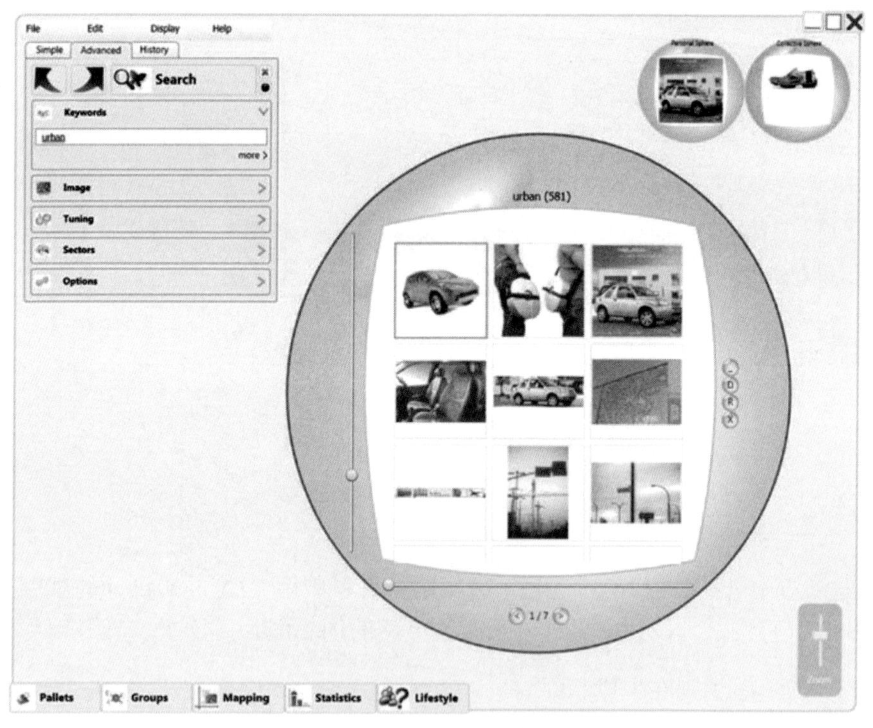

图 8　TRENDS 原型(示意)

我们实现了以下功能:随机图像搜索、语义文本搜索、基于内容的搜索(根据与图片的相似性),或混合文本/图像搜索。

TRENDS 原型中的功能通过图形用户界面访问。它的搜索引擎连接一个约有 2 000 000 张图片的数据库。这个数据库的结构以影响方面为索引进行排列,使用 CTA 可以准确查到想要的影响方面。这些数据是根据这些影响方面从一系列网站中获取的。该系统的体系结构相当灵活。它支持与各种组件进行通信(文本搜索引擎、图像搜索引擎、接口、数据库等。一些演示视频在 www. trendsproject. org 上,或联系 caroll. bouchard@ gmail. com)。

4 结　论

设计科学的研究要面向工业的需求:在更短的时间内增加更多的设计解决方案,更好地满足用户的需求。我们在前期设计中对工业信息过程进行建模,但很多信息客户自己也不明确。我们将每个前期设计过程分为四个阶段:信息、生成、评估和实现。信息阶段是在联合趋势分析方法的阐述和实验框架中建立的。四个阶段的逐步形式化,有助于通过计算机来辅助处理甚至自动化处理这些阶段的信息。然而,前期设计阶段最重要的还是要保持设计活动的趣味性,为此需要提供界面友好的设计工具,保证在那些烦琐的或条件限制的场合下,人们还是觉得使用这些工具好玩而被吸引。我们的研究是采用 TRENDS 软件,实现前期设计阶段的信息的数字化。这个阶段本质上是不明确的、不精确的、主观的和情感的,也是个人的、团队的,以及多学科的。这使得在这个阶段实现流程和规则的形式化与计算很困难。我们是通过采用半自动化工具来应对信息阶段的这个挑战。

5 展　望

通过模型描述实现信息阶段的形式化和普及化,并为此开发计算系统,这种做法现在已经扩展到生成和评估等其他阶段。初始模型逐步得到丰富,不断集成各种方法和工具,这些方法和工具可能来自感性工程、人工智能、认知动力学、应用创新,以及并行工程。感性工程的模型有助于人们对认知与情感的关系、计算规则等进行反思,这些规则在生成和评估阶段也可能存在。这么做的学术目标是定义新的计算机辅助设计系统,以丰富和改进设计成果。模型需要越来越多地应用并行工程,以节省时间、降低成本,并提供更多的设计结果。人们对用模型来研究前期设计中的认知和情感过程充满兴趣,同样对面向设计的精致的形式主义、数字化信息的识别和算法的选择充满兴趣。特别是,人们对使用者和设计师深层次需求之间的关系不断进行形式化描述,不断采用正在形成的新技术,从情感上看,有助于新工具的开发。这就需要关注设计科学、认知心理学和人工智能这些领域的发展变化。最近,基于知识和轨迹分析的评估方法也可以用来丰富设计活动中的新算法。这个方法建立的新模型,不仅整合了那些隐性数据,也试图把那些元模型联合起来形成更高阶的模型。设计信息的丰富也得益于诸如社会学和神经科学的新进展。对多感官和多模态刺激前的相互作用和生理反应的日益精细的分析,使我们对目前还不清楚的过程也可以建模。最后,应该考虑将信息、生成、评估和实现的每一阶段,看作一个不断转换的元模型,通过增强和沉浸式技术,将四个阶段的整体看作一个独一无二的数字化设备。

致谢 我们感谢 TRENDS 项目的合作伙伴对这个工作所做的贡献(见 www. trendsproject. org 菲亚特研究院、意大利博通汽车设计公司、PERTIMM 公司、法国国家信息与自动化研究所、卡迪夫大学、利兹大学)及欧洲委员会的支持。

参 考 文 献

Alberti P, Dejean PH, Cayol A(2007) How to assist and capitalise on a creativity approach: a creativity model. CoDesign Int J CoCreation Design Arts 3(Suppl 1), Affective Communications in Design Challenges for Researchers, pp 35-44. ISSN: 1571-0882.

Amabile T(1983) The social psychology of creativity. Springer Verlag, New York.

Andreasen MM, Hein L(1987) Integrated product development. IFS(Publications) Ltd., Bedford.

Ansburg PI, Hill K (2003) Creative and analytic thinkers differ in their use of attentional resources. Personal Individ Differ 34(7): 1141-1152, http://doi. org/10. 1016/S0191-8869(02)00104-6.

Baxter MR(1995) Product design, a practical guide to systematic methods of new product development. Chapman & Hall, London/New York, p 308p.

Berthouze N, Hayashi T(2002) Mining multimedia and complex data. In: Zaiane O, Simoff SJ, Djeraba C(eds) Subjective interpretation of complex data: requirements for supporting Kansei mining process, 2797th edn. Lecture notes in computer science series. Springer, Berlin, pp 1-17. ISBN: 3-540-20305-2.

Bianchi-Berthouze N, Hayashi T(2002) Mining multimedia and complex data: KDD workshop MDM/KDD 2002. In: PAKDD workshop KDMCD 2002. Revised Papers. In: Zaïane OR, Simoff SJ, Djeraba C(eds), Springer, Berlin/Heidelberg, pp 1-17. http://doi. org/10. 1007/978-3-540-39666-6_1.

Bilda Z, Gero JS(2007) The impact of working memory limitations on the design process during conceptualization. Des Stud 28(4): 343-367.

Black JA, Kahol Kanav JR, Priyamvada T, Kuchi P, Panchanathan S(2004) Stereoscopic displays and virtual reality systems XI. In: Woods AJ, Merritt JO, Benton SA, Bolas MT(eds) Proceedings of the SPIE, vol. 5292. SPIE, Bellingham, pp 363-375Supporting Early Design Through Conjoint Trends Analysis Methods. 69.

Blessing LTM(1994) A process-based approach to computer-supported engineering design. Universiteit Twente, Enschede.

Boehm BW(1988) A spiral model of software development and enhancement. IEEE Comput 21(5):61-72, http://doi. org/10. 1109/2. 59.

Bonnardel N (2000) Towards understanding and supporting creativity in design: analogies in a constrained cognitive environment. Knowl-Based Syst 13(7-8):505-513.

Bonnardel N, Marmeche E(2005) Towards supporting evocation processes in creative design: a cognitive approach. Int J Hum-Comput Stud 63(4-5):422-435.

Bouchard C(1997) Modelling the car design process. Design watch adapted to the design of car components. ENSAM thesis.

Bouchard C, Christofol H, Roussel B, Aoussat A(1999) Identification and integration of product design trends into industrial design. In: ICED'99, 12th international conference on engineering design, Munich, 24-26 August, vol 2, pp 1147-1151.

Bouchard C, Mougenot C, Omhover JF, Aoussat A(2007a) A Kansei based information retrieval system based on the Conjoint Trends Analysis method. International Association of Societies of Design Research, IASDR 2007, Design Research Society, Hon-Kong, 11-15 November 2007.

Bouchard C, Mantelet F, Ziakovic D, Setchi R, Tang Q, Aoussat A(2007b) Building a design ontology based on the Conjoint Trends Analysis, I* Prom Virtual Conference, July 2007.

Bouchard C, Omhover JF, Mougenot C, Aoussat A, Westerman S (2008) Trends: a contentbased Information retrieval system for designers. In: Third international conference on design computing and cognition(Dcc'08), Georgia Institute Of Technology, Atlanta, 23-25 June 2008.

Bouchard C, Kim J, Aoussat A (2009) Kansei information processing in design., In: Proceedings of IASDR 2009, IASDR, Brisbane.

Büscher M, Friedlaender V, Hodgson E, Rank S, Shapiro D (2000) Designs on objects: imaginative practice, aesthetic categorisation, and the design of multimedia archiving support. Digit Creat 11(3): 161-172, http://doi. org/10. 1076/digc. 11. 3. 161. 8870.

Buzan T(2009) The mind map book. Dutton, New York. Paperback Edition.

Cross N(2000) Engineering design methods strategies for product design. Wiley, Chichester.

De Bono E(1995) Mind power. Dorling Kindersley, New York.

Design Council(2007) Eleven lessons: managing design in Eleven Global Companies-Desk Research Report [online]. Available from: http://www. designcouncil. org. uk/Documents/Documents/Publications/Eleven%20Lessons/ElevenLessons_DeskResearchReport. pdf.

Desmet PMA(2002) Designing Emotions. Delft University of Technology, Delft. ISBN:90-9015877-4.

Desmet PMA (2008) Product emotion. In: Hekkert P, Schifferstein HNJ (eds) Product experience. Elsevier, Amsterdam, pp 379-397.

Desmet PMA, Schifferstein HNJ (2010) Experience driven design techniques. Den Haag: Lemma (in print).

Do EY, Gross M, Neiman B, Zimring C (2000) Intentions in and relations among design drawings. Des Stud 5:483-503.

Dorst K, Cross N (2001) Creativity in the design process: co-evolution of problem-solution. Des Stud 22(5):425-437.

Eastman CM (1969) Cognitive process and ill defined problems: a case study from design. In: Prooceedings of the first joint international conference on I. A., Washington, DC, cité in Garrigou A, 1995.

Eckert C, Stacey M (1998) Fortune favours only the prepared mind: why sources of inspiration are essential for continuing creativity. Creat Innov Manag 7(1):9-16.

Eckert C, Stacey M (2000) Sources of inspiration: a language of design. Des Stud 21(5):523-538.

Gero JS (2002) Computational models of creative designing based on situated cognition. In: Proceedings of the fourth conference on creativity & cognition-C&C '02. ACM Press, New York, pp 3-10, http://doi.org/10.1145/581710.581712.

Gero JS, Kannengiesser U (2004) The situated function-behaviour-structure framework. Des Stud 25(4):373-39170 C. Bouchard and J.-F. Omhover.

Goldschmidt G (1994) On visual design thinking: the vis kids of architecture. Des Stud 15 (2): 158-174.

Goldschmidt G, Smolkov M (2006) Variances in the impact of visual stimuli on design problem solving performance. Des Stud 27(5):549-569.

Goldschmidt G, Tatsa D (2005) How good are good ideas? Correlates of design creativity. Des Stud 26(6):593-611.

Green WS, Jordan PW (2001) In: Green WS (ed) Pleasure with products, beyond usability. Taylor & Francis, London. ISBN ISBN 0415237041.

Hayashi T, Hagiwara M (1997) An image retrieval system to estimate impression words from images using a neural network. In: 1997 IEEE International conference on systems, man, and cybernetics. Computational cybernetics and simulation, vol 1. IEEE, Orlando, pp 150-155. http://doi.org/10.1109/ICSMC.1997.625740.

Howard TJ, Culley SJ, Dekoninck E (2008) Describing the creative design process by the integration of engineering design and cognitive psychology literature. Des Stud 29(2):160-180.

Hsiao SW, Liu MC (2002) A morphing method for shape generation and image prediction in product design. Des Stud 23(6):533-556.

Hubka V, Eder E (1996) Design science. Springer Verlag, London (also in German).

Isaksen SG, Dorval KB, Treffinger DJ (2000) Creative approaches to problem solving: a framework for change. CPSB, Buffalo. ISBN, ISBN 0-7872-7145-4.

Ishihara S, Ishihara K, Nagamachi M, Matsubara Y (1995) An automatic builder for a Kansei Engineering expert system using self-organizing neural networks. Int J Ind Ergon 15(1): 13-24, http://doi.org/10.1016/0169-8141(94)15053-8.

Jones C(1992) Design methods, Second edition. Edition John Wiley & Sons, Inc.

Keller AI (2005) For inspiration only- designer interaction with informal collections of visual material. Ph. D. thesis, Delft University of Technology, The Netherlands.

Kim JE, Bouchard C, Omhover JF, Aoussat A(2008) State of the art on designers'cognitive activities and computational support with emphasis on information categorisation. In: Yoo S-D (ed) EKC2008 proceedings of the EU-Korea conference on science and technology, Springer proceedings in physics, vol. 124, pp 355-363.

Kim JE, Bouchard C, Omhover JF, Aoussat A, Moscardoni L, Chevalier A, Tijus C, Buron F(2009) A study on designer's mental process of information categorization in the early stages of design, IASDR Conference, Seoul, Korea, October 2009.

Koestler A(1964) The act of creation. Pan Books, London. ISBN ISBN 0330731165.

Kongprasert N, Brissaud D, Bouchard C, Aoussat A, Butdee S(2010) Contribution to the mapping of customer's requirements and process parameters, 2-4 March, Kansei Engineering and Emotion Research Conference KEER 2010 Conference, Paris, France.

Lebahar JC(1993) Aspects cognitifs du travail du designer industriel, Design Recherche nı3, février.

Lewis JR (1995) IBM computer usability satisfaction questionnaires: psychometric evaluation and instructions for use. Int J Hum Comput Interact 7(1): 57-78.

Lewis KL(1988) Creative problem solving workshops for secondary gifted programming. Unpublished masters project, State University of New York College at Buffalo; Center for Studies in Creativity, Buffalo.

Lim D, Bouchard C, Aoussat A (2006) Iterative process of design and evaluation of icons for menu structure of interactive TV series. Behav Inform Technol vol. 25, Nı6 (8220). ISSN 0144-929X, Taylor & Francis, pp 511-519, December 2006.

Lloyd P, Snelders D(2003) What was Philippe Starck thinking of? Des Stud 24(3): 237-253.

McDonagh D, Denton H (2005) Exploring the degree to which individual students share a common perception of specific trend boards: observations relating to teaching, learning and team-based design. Des Stud 26: 35-53.

Mougenot C, Bouchard C, Aoussat A (2007) A study of designers cognitive activity in design informational phase, ICED 2007. In: 16th international conference on engineering design, Paris, August 28th-31st 2007Supporting Early Design Through Conjoint Trends Analysis Methods. 71.

Nagamachi M(2002) Kansei Engineering in consumer product design. Ergon Des 10(2): 5-9, http://

doi. org/10. 1177/106480460201000203.

Nakakoji K(2006) Meanings of tools, support, and uses for creative design processes. In: International design research symposium'06, 156-165, Seoul, November, 2006.

Norman DA(1988) The psychology of everyday things. Basic Books, New York. [Reprinted MIT Press, 1998].

Norman DA(2004) Emotional design: why we love(or hate) everyday things. Basic Books, New York.

Osborn AF(1963) Applied imagination: principles and procedures of creative problem solving. Charles Scribner's Sons, New York.

Osgood CE(1979) Focus on meaning: explorations in semantic space. Mouton Publishers, The Hague.

Osgood CE, Suci G, Tannenbaum P(1957) The measurement of meaning. University of Illinois Press, Urbana. ISBN ISBN 0-252-74539-6.

Pahl G, Beitz W(1984) Engineering design. Springer, London.

Purcell AT, Gero JS(1998) Drawings and the design process. Des Stud 19:389-430.

Resnick M(2007) Sowing the seeds for a more creative society. Learn Leading Technol 35:18-22.

Restrepo J(2004) Information processing in design. Delft University Press, Delft.

Restrepo J, Christiaans H(2005) From function to context to form. In: Proceedings of the 5th conference on creativity & cognition-C&C '05. ACM Press, New York, pp 195-204, http://doi. org/10. 1145/1056224. 1056252.

Roozenburg NFM, Eckels J(1995) Product design: fundamentals and methods. Wiley, Chichester.

Schneiderman B (2000) Creating creativity: user interfaces for supporting innovation. ACM Trans Comput Hum Interact 7(1):114-138.

Schön DA(1983) The reflective practitioner: how professionals think in action. Basic Books, New York, (Reprinted in 1995).

Schön DA(1992) Designing as reflective conversation with the materials of a design situation. Knowl-Based Syst 5(1):3-14.

Schütte S(2005) Engineering emotional values in product design, Thesis.

Schütte S, Alikalfa E, Schütte R, Eklund J (2006) Developing software tools for Kansei engineering processes: Kansei Engineering Software (KESo) and a design support system based on genetic algorithm. In: Proceedings of the QMOD conference, Liverpool, UK, August 2006.

Scrivener SAR, Clark SM (1994a) Chapter 1: Introducing computer- supported cooperative work. In: Scrivener SAR (ed) Computer- supported cooperative work, Avebury Technical, Ashgate Publishing Ltd, Farnham, pp 51-66.

Scrivener SAR, Clark SM(1994b) Sketching in collaborative design. In: Interacting with virtual environments. Wiley Professional Computing, Chichester.

Simon HA (1973) The structure of ill structured problems. Artif Intell 4: 181-201, cité in Garrigou A., 1995.

Smets GJF,Overbeeke CJ(1995)Expressing tastes in packages. Des Stud 16(3):349-369.

Stappers PJ,Sanders,EB-N(2005)Tools for designers,products for users? The role of creative design techniques in a squeezed- in design process. In: Hsu F (ed) Proceedings of the international conference on planning and design,NCKU,Taiwan.

Suh NP(1999)Applications of axiomatic design. Integration of process Knowledge into Design Support, ISBN 0-7923-5655-1,Kluwer Academic Publishers,Dordrecht.

Suwa M,Tversky B(1997)What do architects and students perceive in their design sketches? A protocol analysis. Des Stud 18(4):385-403.

Syrett M,Lammiman J(2002)Creativity. Capstone,Oxford.

Tichkiewitch S,Chapa Kasusky E,Belloy P(1995)Un modèle produit multivues pour la conception intégrée,Congrès international de Génie Industriel de Montréal-La productivité dans un monde sans frontières,vol. 3,pp 1989-1998.

Tovey M(1992)Intuitive and objective processes in automotive design. Des Stud 15(1),PP23 à 4172 C. Bouchard and J. -F. Omhover.

Tovey M(1994a)Computer aided vehicle styling: form creation techniques for automotive CAD. Des Stud 1.

Tovey M(1994b)Form creation techniques for automotive CAD. Des Stud 13(1).

Tovey M(1997)Styling and design: intuition and analysis in industrial design. Des Stud 18(1):5-31.

Tovey M,Owen J(2000)Sketching and direct CAD modelling in automotive design. Des Stud 21(6): 569-588.

Tovey M,Porter S,Newman R(2003)Sketching,concept development and automotive design. Des Stud 24(2):135-153.

TRENDS Consortium,TRENDS SCIENTIFIC REPORT D2. 3-Procedure for statistics realization.

Ullman D(1997)The mechanical design process,2nd edn. McGraw-Hill,New York.

Ulrich KT(2000)In: Steven D(ed)Product design and development,2nd edn. Eppinger,Denkendorf.

Valette-Florence P(1993a)Les démarches des styles de vie concepts champs d'investigation et problèmes actuels,Recherche et applications en marketing,N11.

Valette-Florence P(1993b)L'univers psycho-sociologique des études de styles de vie apports limites et prolongements,Revue Française du marketing,n1141.

Valette-Florence P(1994)Introduction à l'analyse des chaînages cognitifs,Recherche et Application en marketing,vol. 9,n11,pp 93-118.

Valette-Florence P,Rapacchi B(1990)Application et extension de la théorie des graphes à l'analyse des chaînages cognitifs: une illustration pour l'achat de parfums et eaux de toilette, Papier de recherché.

Van Der Lugt R(2000)Developing a graphic tool for creative problem solving in design groups. Des Stud 21(5):505-522.

Van Der Lugt R(2001)Developing brainsketching, a graphic tool for generating ideas. Idea Safari, 7th European conference.

Van Der Lugt R(2003)Relating the quality of the idea generation process to the quality of the resulting design ideas. ICED '03. In: 14th international conference on engineering design. Stockholm, Sweden.

Van Der Lugt R (2005) How sketching can affect the idea generation process in design group meetings. Des Stud 26(2): 101-122.

Vangundy AB (1992) Idea power. Amacom, a Division of American Management Association, New York.

Wallas G(1926)The art of thought. Harcourt, Brace & World, New York.

Zeiler W, Savanovic P, Quanjel E(2007)Design decision support for the conceptual phase of the design process. In: IASDR'07, conference by the international association of societies of design research, Hong-Kong, November 2007.

第二部分

产生想法和概念

用卡片进行设计

安德烈斯·卢塞罗,彼得·达尔斯高,
金·豪斯克夫,雅各布·比尔

摘要 在本文中,我们将重点介绍一种叫设计卡的设计技巧,它由一种特殊的设计材料制成。设计卡可用于设计过程,从最初的构思到后来的概念形成到设计概念的评估的不同阶段。本文提出了三种不同的技术,即复合卡、灵感卡研讨会和视频游戏卡,并介绍了它们的用法。介绍完三个技术之后,本文讨论了设计卡的一般特征,这些特征使它们成为协同设计的必备工具(即有形的思想容器、组合创新的触发器和协同合作的启动器)。

1 简 介

本文将重点介绍采用特定设计材料制成的设计卡的设计技巧。这种技巧有助于设计师将多个参与者组织在一起进行观察,并产生新的令人兴奋的想法。

设计卡是一种技术含量低的、有形的、好用的设计技巧,它将信息和灵感来源引入设计过程并将这些信息和来源与其他的媒介分开。对大多数参与者而言,卡片是现买现卖的,即它可以作为不同参与者群体之间的共享对象。设计卡看得见摸得着的特质,使它能够作为道具,鼓励并支持设计以一种所有参与者都看得见的方式进行,并且这些设计卡易于重组,操作简单。设计卡可用于设计过程从最初的构思到后来的概念形成到设计概念的评估的不同阶段。根据不同设计情况,卡片技术可以使用不同的规则集。Wölfel 和 Merritt(2013)简要描述了几套不同的设计卡,指出了这些卡片之间的主要特点和不同点。本文将展示三种不同的技术,即复合卡、灵感卡研讨会和视频游戏卡。在展示这三种技术之后,本文再讨论这种设计卡的一般工作原理。

2 三种设计卡

2.1 复合卡

好玩是一种精神状态,即人们做的事情比较琐碎、没有明确的目的并且比较轻松愉快。好玩可以设计成(互动)产品和服务,以提取有意义的用户体验(Lucero et al.,2014)。在设计和评估交互产品与服务时,图1所示的游戏体验卡(复合卡)(Lucero and Arrasvuori,2010,2013),就能让设计师及其他关系人,做到好玩。

图1 复合卡工作坊

一副复合卡由22张卡组成,每张卡描述一种不同的好玩的体验类型(图2)。每张卡片的上半部分是对人的情感的抽象描述,用黑白人脸图片让使用者把注意力集中在情感上。下半部分展示日常生活中的具体例子,用彩色的手的图片来表达可能的交互行为。22张卡片覆盖了好玩的各个方面,正面到负面、个体到群体、瞬间到久远等(Lucero et al.,2014)。设计师、研究者、从业者和学生都成功地在他们的项目中使用过复合卡。

2.1.1 打印卡片

使用复合卡之前要做三件事。按重要程度,第一件事是要清晰识别设计问题。问题描述和使用情境越具体,复合卡用起来越容易。将不同的好玩的类别组合起来,卡片就是一个强有力的工具,可以帮助设计团队发散思维,并从不同方面对问

图 2　22 张复合卡中的 3 张牌，代表好玩中的负向（如残暴）、个体（如发现）及社会（如冲动）

题进行探索。但是，如果设计问题过于宽泛，复合卡可能只是带来了更多的选择，这反而会导致困惑和挫折，特别是对学生而言。

第二件事和第三件事在网上完成。我们起初印刷了 200 副复合卡，分发给全球不同大学和研究机构，但是这些物理的卡片已经用完了。因此，现在只有数字版的复合卡，人们可以从 www. funkydesignspaces. com/plex/where 下载高分辨率的 PDF 版本。卡片用彩色激光打印机打印才可保证出来效果最好，然后手工切成 22 张一套的卡片。为方便起见，复合卡也提供了西班牙、德国、法国和波兰版本。

2. 1. 2　使用复合卡

刚开始使用复合卡时，参与者通常采用单独、成对或者 3 ~7 人小组的方式，来产生想法。人们随机抽取卡片，然后讨论卡片所属的类别，桌子上的卡片没抽完的话就再抽一张接着讨论，直到人们再也想不出新想法为止。应用复合卡时，有两种使用方法，头脑风暴法和复杂情景故事法，被用来指导复合卡的使用并规范使用过程。

2. 1. 3　头脑风暴法

第一种方法是复杂的头脑风暴法，该方法旨在迅速产生大量的想法。参与想法产生过程的参与者（有时也称为玩家）配对分开，每对手拿一副复合卡。第一个玩家随机出一张卡，面朝上放在桌上，这样两个玩家都能看得到卡［图 3（a）］。这张卡构成种子卡。两个玩家分别从剩下的 21 张卡里抽出 3 张卡，每人只看自己抽出的卡，不看对方的卡。之后，玩家开始共同构思想法。

(a)第一个玩家随机抽一张卡(如同情),即种子卡，面朝上放在桌上

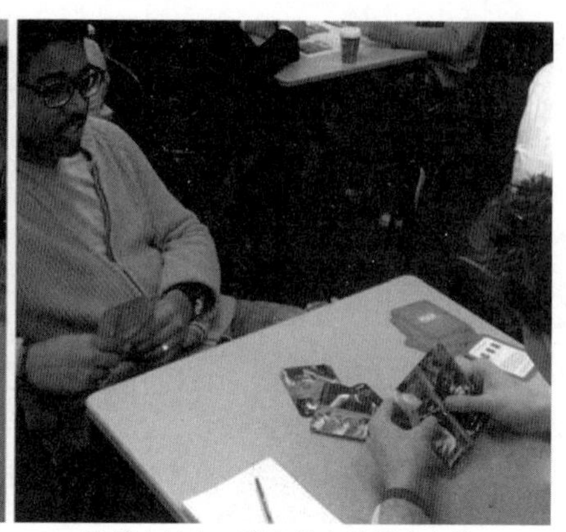

(b)每人抽出一张卡放在种子卡上后，玩家共同构思想法

图 3　头脑风暴法

第一个玩家开始根据种子卡解释得到的想法。第二个玩家听着,然后思考自己的卡该分到哪类。如果第二个玩家觉得他对这个想法有更深入的理解,他可以从手中拿出一张卡,放在桌子上,然后解释如何修正这个最初的想法。当第一个玩家认为他手中的卡得到的想法可以继续,他就再从手中拿出一张卡放在桌上。桌上有三张卡后,玩家可以自由讨论这个想法[图 3(b)]。根据桌上的三张卡,两位玩家都认可这个想法的含义,就给这个想法写一段文字描述。当所有的卡都放回卡盒,重新洗卡后,玩家就可以进入新一轮的想法产生过程。一轮一般 5 ~ 10 分钟,因此半小时内可以做完 3 ~ 6 轮。如果两组的总人数不相等,就三人一组,允许第一名玩家出第四张卡,然后再开始讨论得到的想法。头脑风暴开始时,每人手握三张卡,这让他们可以选择先放哪张卡到桌子上,并由此扩展从种子卡得到的想法。

2.1.4　复杂场景故事法

第二种方法为复杂场景故事法,该方法需要较长时间(相比于头脑风暴法),产生的想法更加完整,主要关注想法的质量和全面性。跟头脑风暴法一样,玩家配对。每对玩家从 22 张卡中随机选 3 张卡,将卡面向上放在桌子上。在网上下载 A3 尺寸的模板(图 4),玩家一起使用 3 张卡来创建场景故事。

场景故事(或应用故事)首先由与第一张卡相关的动作触发,然后第二张卡将故事引向一个新的方向,最后用第三张卡和最后一张卡来结束。玩家可以改变最初描述卡片故事的顺序,直到他们找到一个合适的组合,可以帮他们构建一个场景

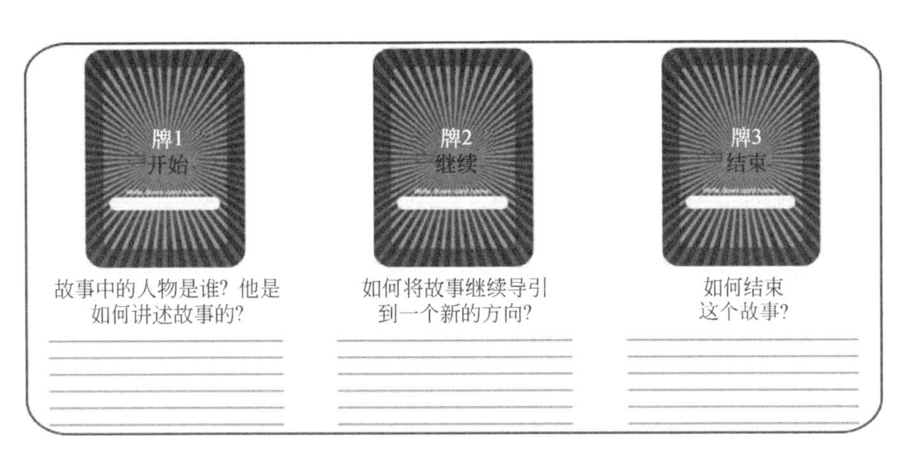

图4　复杂场景故事法模板，由问题导引出场景

故事。该场景故事可以以文字形式，或者一个三帧卡通条的形式记录在模板上［图5(a)］。完成一轮复杂场景故事需要10～15分钟，因此半小时能做2～3个场景故事。

(a) 玩家记录根据3张牌构造的场景故事

(b) 玩家从桌上随机抽取的7张牌开始

图5　复杂场景故事法

这个方法的变种，是玩家首先随机挑选7张卡放在桌面上［图5(b)］。然后选择其中3张卡来创建场景，并按选择的顺序排列。同样，如果两组的总人数不相等，就三人一组。

2.1.5 使用卡片后

一般来说,生成想法遇到的挑战是对想法的文档化。在应用头脑风暴法时,面对放在桌子上的一张新卡,所产生的新想法和最初的想法可能大相径庭。然而,只有最终的想法才能被记录下来,即只有出完最后一张卡时,这个想法才被认为是完整的。除非整个会议都录有录像,否则,从会议开始就有趣的内容,光靠文字记录是远远不够的。复杂场景故事法解决这个文档记录的办法是,让玩家使用 A3 模板写下他们的想法。

正如刚才所说,复合卡覆盖了好玩的各个方面,但其中一些人可能不会马上以一种好玩的心态进入角色。分类一般被认为是一种强有力的方法,但也充满了争议或具有相当的困难,如残忍、颠覆、痛苦或冲动等,虽可以帮助一些人用非同寻常的方式进行思考,但却会妨碍另外一些人的思考,这些人可能会扔掉一些卡。当第一次使用复合卡时,主持人应该鼓励他们去尝试那些困难的卡,因为这些卡有时会激起某种疯狂的新想法。

复合卡最初是为了帮助人们增加设计过程的趣味性,因而注定会在设计过程的早期阶段使用。然而实际上,卡片却在整个设计过程中被使用。我们看到团队把他们的卡钉在墙上,以此来提示他们原来的想法。卡同时也作为检核清单和指南,用来对最终产品进行评估(Lucero et al.,2013)。

专栏1 复合卡建立过程

2~20 人的规模:
- 一台笔记本电脑和一台投影仪,用来介绍设计问题
- 大家都能围坐的桌子

头脑风暴法
- 每对玩家一副复合卡
- 钢笔若干
- 纸或贴纸以便记录
- 5~10 分钟 1 轮,半小时 3~6 轮

复杂情景故事法
- 每对玩家一副牌
- 钢笔若干

- A3 故事模板每组 1～2 张
- 1～15 分钟 1 轮，半小时 2～3 轮

选择何种复合卡技术

- 头脑风暴法长于开始探讨想法
- 复杂场景故事法长于使想法完善

2.2 灵感卡研讨会

灵感卡研讨会(Halskov and Dalsgaard,2006,2007)(图 6)是一个协同设计活动,有专业设计师和参与者参加,参与者具有设计领域的专业知识,活动中,领域见解和技术见解结合起来,共同产生设计概念。这种方法经常在设计项目的早期阶段采用,在这个阶段,设计师手边还没有可以落实的候选解决方案。另外,参与者发现自己的思维被卡住,需要修正一个不满意方案或者寻找一个最新的解决方案时,这些项目也可以开展灵感卡研讨会活动。

图 6　灵感卡研讨会

灵感卡研讨会主要用于设计过程的早期阶段,在这个过程中设计师和他们的合作者缩小了关于潜在的未来设计方向的分歧。灵感卡研讨会的参与者通常是设计师和领域专家,灵感卡研讨会的目标是从两种灵感卡中开发设计概念,即技术卡和领域卡。灵感卡研讨会有四个步骤:准备、介绍、组合共创和展示。

2.2.1 卡的准备

主要的准备活动包括选择和产生技术卡与领域卡两种灵感卡。卡片上的数字索引跟卡一样大,卡上印有一张图、一行标题,以及可选的短文本片段。

技术卡通常由参与活动的设计师制作,代表着跟设计概念直接或者间接相关的技术。技术卡可以代表某种专门特定技术,或者某种著名组件的交互式安装过程。例如,如图 7(a)所示的滴水文字,技术卡中就描述了它是热成像跟踪技术的一种特殊应用,这种技术用来跟踪一个用户的轮廓,使用户可以和显示器上从上往下滴下的虚拟文字进行互动。为实现技术卡的制作和选择,我们设计了一个网站(www. digitalexperience. dk)网站上可以找到交互式激发灵感的系统和系统安装方法。网站上的每一篇文章都包含一个创新技术或应用程序的简短介绍,设计师也可以创建自己的技术集,之后可以打印出来。

(a) 技术卡

(b) 领域卡

图 7 灵感卡

技术卡在不同项目中可以重复使用,领域卡表示新概念设计的特殊的领域信息,很难重复使用。领域卡可能与领域场景、人员、环境或主题相关。领域卡通常是根据领域专家对领域的研究或者领域专家的专业知识而构造的。虽然经常是灵感卡研讨会的设计师在制作这些卡片,我们的经验表明,在卡片的制作过程中引入领域专家,是极富成效的做法。图 7(b)是为百货商店制作的领域卡,它代表了领域专家找出来的销售得最好的区域,这是设计中关注的最重要的卡片内容。

这两种灵感卡都是在研讨活动前制作完成的。选择和准备卡片可能需要几个小时,时间长短跟设计项目所处的状态有关。在某些项目中,如果事先已经确定了重点选择的领域或技术类型,则灵感卡的选择就简单直接;对于技术和领域都未敲定的项目,灵感卡的选择和制作就颇费时间。

2.2.2 研讨过程

(1)介绍

灵感卡研讨会从介绍技术卡和领域卡开始。依次介绍每张卡,通常会辅以图片或视频剪辑,以确保大家理解。一般来说,每张卡需要1~3分钟。通常,设计师介绍技术卡,领域专家介绍领域卡。一个有经验的使用过这个卡的人被指定为主持人,他负责保持研讨会不跑题。

(2)组合共创

在随后的合并和共同创造中,参与者分成4~6人的团队。在这个步骤中,一个或多个参与者团队将卡片组合在一起,把这些卡片制成一张海报,用以产生和记录设计概念(图8)。根据我们的经验,我们推荐大约10~12张领域卡和10~12张技术卡。太少的卡片可能限制创造性概念的产出数量;太多的卡片会导致参与者失去对手头选项的整体认识,并花大量时间在成堆的卡片中找有用的卡片。我们主张在联合共创阶段,4~8名参与者为一组。如果参加的人太多,我们建议在自我介绍之后分成几个小组。小组可以在最后的概念展示和讨论阶段再并在一起。

图8 使用灵感卡组合共创设计概念

组合共创之后通常以召开一个讨论会开始,会上参与者对卡片达成共识。卡片怎么操作没有一定之规,只要参与者认为卡片能组合出最多的概念即可。参与者可以从选出的主题或者场景开始,或者换个角度,从喜欢的技术卡开始。再或者,他们可以选择有趣的技术作为出发点,然后和最终要处理的情况去对应。除了这两种类型的灵感卡,我们还建议准备一些空白卡,参与者如果想在研讨中另辟蹊径,重新构造一种特殊的灵感激发类型,可以自己填写。

研讨会的组成形式必须是开放的,只要参与者认为能够融合更多的想法,形成有趣的概念即可。因此,任何数量的卡片都可以混在一起来构造设计理念。卡片贴在海报大小的纸板上(图9),研讨会组织者鼓励参加者在海报上写上描述和简要场景,以便进一步勾画和阐明概念。

图9　贴满组合卡片的海报,以产生和捕捉设计概念

在这个阶段,如果想法构造的进展不顺利,主持人就应该发挥更重要的作用。主持人可以引导讨论,并提出问题让每个人都参与进来,以防一些参与者事不关己。主持人还要密切关注已经创造出来的概念,如果参与者太专注于某张特定的领域卡或技术卡,主持人就要提醒参与者换一个方向看看。最后,主持人要确保所有的概念都得到充分的描述。一个常见的陷阱是参与者构造一个概念太快,为了赶进度,构造了尽可能多的概念,导致在后续的设计阶段中,难以理解概念。遇到这种情况,主持人需要主动介入,要求参与者为海报上的概念添加更多内容。

(3)展示

在组合共创步骤之后,参与者稍事休息,再回过头反思这些产生的设计概念。在只有一个组的情况下,每张海报都在会议室讨论。在几个团队同时组合创建海报的情况下,每个小组都展示其设计理念。这一步的目标是确保参与者对概念的理解是相同的,而不是评估概念是否恰当或是否能够实现。

(4)研讨会后

灵感卡研讨会之后,并没有具体说明应该做什么。然而,由于研讨会的目的是产生设计概念,通常接下来是把研讨获得的概念组装在一起。在1小时的组合共创时间里,灵感卡研讨会一般能产生6~10个概念,依据我们的经验,这些概念需要记录和重组,以便参与者随后可以重新审视和评估这些概念。在我们参与的项目中,我们将这些概念编成目录,在所有参与者之间共享。然后我们将与其他没有参与共创概念的参与者交流,讨论这些概念的可行性和潜力,这个过程的目的通常是选择出一个概念子集。

通常,这些研讨会之后的工作可以使概念更加细化,概念开发更加完善。例如,研讨会得到的多重概念可以合并为一个更精准的概念,然后送到设计过程的下一个阶段,通过场景还原、仿真、原型等方法,得到进一步完善。

专栏2 灵感卡要求

3~15人规模:

- 计算机和观看视频的投影机
- 一张大桌子,能坐下4~6人的小组成员
- 墙面可以贴海报

领域卡和技术卡:

- 每组各两副技术卡和领域卡
- 研讨会中需要的空白卡

其他材料:

- 笔、胶水
- 便签和A3海报大小的纸

视频剪辑:

- 每个技术卡一段短视频

时间估计:

- 备卡:2~6小时
- 介绍:30分钟
- 联合共创:60~90分钟
- 演示:20分钟

2.3 视频游戏卡

视频游戏卡(图10)为设计团队提供了一种有趣的方式来从用户研究中获取录像。视频游戏卡的开发目的,是加强以用户为中心的设计师和以工程为中心的开发团队之间的合作,使开发团队在产品或者原型开发过程中对用户的问题负责任(Buur and Søndergaard,2000)。制作录像的设计师或研究人员,从他们的材料中选择短片,并为每一段短片制作一张图片卡来做代表。这允许参与者每人随机挑选几张卡片进行研究。参与者可以在桌子上通过对卡片分组来提出主题,他们可以协商哪些卡片属于哪个主题。一个有4~16人参与的视频游戏卡通常可以覆盖20~150个视频短片,需要3~5小时。

图10 视频游戏卡

在设计项目的早期阶段(如现场研究和访谈录像),视频游戏卡有助于团队理解录像的内容并形成早期的想法。视频游戏卡在对材料的理解上,得出的主题通常会别出心裁,即找到值得进一步探索的问题和设计调研的机会。在以后的项目阶段,构建原型(对视频进行可用性评估)时的重点将是识别问题、对问题进行优先级排序,以及找到解决方案。视频游戏卡使得人们对需要关注的问题的理解比较集中。

2.3.1 准备视频材料和卡片

视频游戏卡是最适合研究视觉活动的视频材料,即用视频游戏卡进行交流时关掉声音(通过现场观察对视频可用性进行评价)。游戏主要是说话的录像,如访谈的录像和讨论的录像,它可以更好地解释话语的方法,如亲和图(Lucero,2015)。

在准备视频短片和卡片[图11(a)]时,设计师或研究人员,需要先浏览一遍整个记录资料,然后剪辑出最有意义的活动。剪辑的视频通常是0.5~2分钟,涵盖的事件不要太多,一个完整的事件最好。视频的剪辑没有特别的原则。设计师按专业兴趣剪辑即可,即他们可以选择那些他们觉得困惑、奇怪、有特点或者跟项目关注点有关的部分进行剪辑。这一步,他们不需要解释他们剪辑所选择的视频。从视频短片观察到的结果,一定会超出研究人员的想象,因此视频不会使讨论局限在一个非常具体的方向上。但是,视频划定了探索领域的范围,即参与者无法讨论他们看不见的东西,所谈即所见。

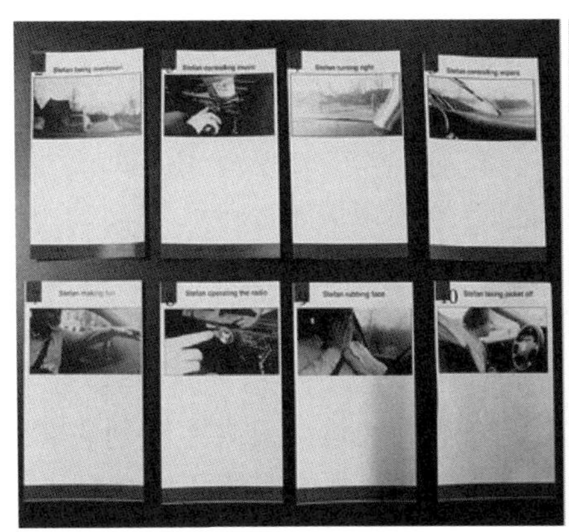

(a) 从用户研究中表达和选择视频记录片段

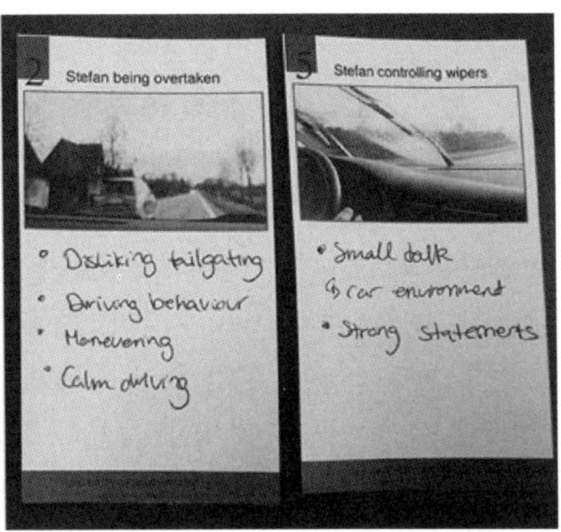

(b) 观看每个剪辑片段后,附有注释的两张视频卡

图11　视频游戏卡的准备

短片的数量将根据材料和游戏中参与者的多少而有所不同。视频游戏卡通常最好用30~100个短片序列,每个参与者在合理的时间内可以观察10~20张卡片。视频短片应作为单独的数据文件,以便他们可以按任意顺序观看,可以使用任何计算机编辑软件进行剪辑。为了加强短片和对应卡片之间的联系,短片和卡片采用同一个名字命名。

卡片和短片的命名很重要,因为它会影响讨论是否流畅。建议使用短片中人物的名字命名,利于移情(也就是说,谈论"拉尔斯"和谈论"这个人"的感觉不同),而且活动描述应该是中立和简短的,避免特殊含义的暗示。

对短片进行编号使得参与者在讨论正酣的情况下,很容易找到一段指定的短片。如果短片和卡片不是同一人制作的,就需要提前做好编号。

2.3.2 游戏桌的布置

进行视频游戏卡活动的房间的布置,对设计讨论的范围也有影响。我们的认识是,如果房间太大参与者拿不到卡片,研讨时就不会玩这个游戏;如果他们想表达观点时必须站在小组前面来,他们也不会玩这个游戏。游戏的参与者需要坐在容易拿到卡片,又容易被拍摄的地方。

除了房间的布置之外,参与者被邀请进入游戏的方式,也会影响游戏的开展方式。一开始就建立一个有趣的有目标的氛围,是很重要的。我们给参与者时间来让他们讨论自己遇到的人,并解释录像的方法。参与者只能看到完整视频材料的片段,因此提供更多的场景也很重要。片段视频可以是大头照海报的形式(这些是我们研究过的人),也可以是录视频的研究人员当场讲的简短故事。现场收集的一些小物件,也有助于建立场景。

对于录视频的新手,我们建议从一个小的互动分析练习开始,让参与者观察一张示例卡片来提高参与者对视觉内容的注意力,视频展示不同的人不同的观察方式(这是有益的),并指出观察和理解之间的差异(这是不鼓励的)。

观察是我们在视频中可以看到的事实:这些事实不需要推测人们的想法,也不需要对之前或之后发生的事情进行推测。例如,在一个厨房项目的视频短片中,一次观察可能是,“女人把厨房里的盘子交给了女孩”,这是任何人在看到它时都无法怀疑的事实。对这一个片段的解释可能是:“女儿需要母亲的帮助来摆桌子”,但我们不知道女孩会不会摆桌子,或者她是否确实需要帮助。解释往往是词不达意,因为它关注感觉形成的过程,因此解释最好留在游戏的最后一步进行。

2.3.3 游戏玩法

受孩子们“快乐家庭”卡游戏的启发,视频游戏卡含四个步骤即四张特制的卡,参与者轮流询问对方某张卡的内容,目的是收集到每个家庭完整的四张图片卡。视频游戏卡跟德国的四重奏或丹麦扑克(firkort)游戏类似。

步骤1:处理卡片(30分钟)。

卡片是随机排列的。随机选择有助于参与者专注于每个短片的内容。

步骤2:读卡片(60分钟)。

参与者将视线从手上的卡挪到剪辑的视频上来[图12(a)]。他们在观看1次或者2次短片后直接在卡上迅速记下对观察的文字标示[图11(b),图12(b)]。参与者每张卡都手写上标记,就可以“拥有”卡片,这在之后的阶段是很重要的。如果参与者配对,他们可以一起来探讨观察结果。

(a) 参与者在笔记本电脑上观看一段视频剪辑短片

(b) 参与者记下从特定视频剪辑短片中获得的观察结果

图 12　读卡片

步骤 3:放好手(30 分钟)。

当参与者回到游戏桌,每组要把卡放在桌子上[图 13(a)]。这会促使参与者开始理解短片中对他们来说什么是重要的。我们将这些组称为“家庭”,每一位(或一对)参与者围着桌子简要地展示他们的卡片家族。卡片的分组没有特别的规定,只要参与者觉得对设计活动有意义就行(如按照用户活动或者设计遇到的问题进行分组)。

(a) 2人一组用手摆放桌子上的卡片,对卡片进行分组

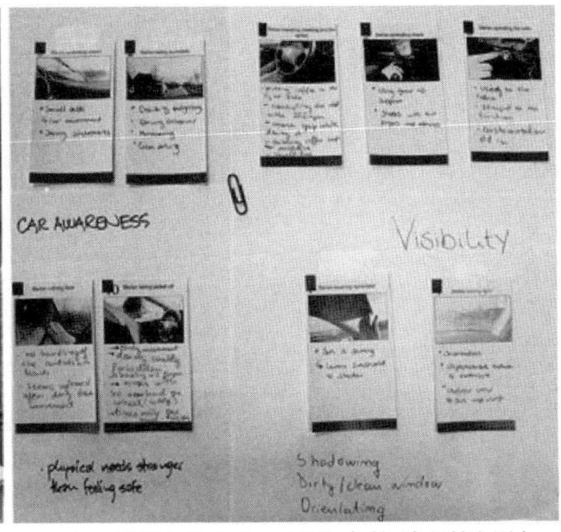

(b) 分组后的卡片,以及卡片对应的标题

图 13　产生主题

步骤4:收集卡片族(60分钟)。

每位(或一对)参与者要选择一个最喜欢的卡片组。接着,每位参与者依次尽可能详细地描述他们理解的"家庭"主题。其他参与者觉得"家庭"主题相同,也可以贡献出他们的卡。在从一个"家庭"到下一个"家庭"之前,主持人要数一下这个"家庭"拥有的卡片总数,分开记在海报上[图13(b)]。如果一张卡片可能分属两个"家庭",那卡片就做两份。然后对不同"家庭"的卡片进行重组,每张卡片都需要准确定义其属于或不属于哪个"家庭"。每位参与者通过选择他喜欢的"家庭",也为小组主题做了贡献,包括形成了贴满卡片的海报。

2.3.4 游戏结束后

在了解并获得主题的全貌后,把卡片家族的海报钉在墙板上。这可以让参与者思考游戏中得到的中间结果。然后要求参与者打乱主题的顺序,重新对主题优先级进行排序:参与者需要先讨论哪一个主题?哪些主题对设计项目是最重要的?每位指定的"家庭主人"鼓励并引导参与者参与讨论,并在海报上添加注释。因为没有一个人看过所有的短片,游戏结束时再回看一下短片,是很有用的。通常每个人都会向其他人展示和解释他们的短片,并讨论这些短片是如何能印证对主题的理解。

将在现场收集到的实物模型、原型和物件摆放在桌子上,人们可以指着它们提出问题,这种方法被证明可以很好地促进讨论。这种方法有助于把讨论导向设计理念,有助于焦点集中在设计相关的事情上。视频游戏卡可以使思维超越能感知的材料,使参与者做出如何前进和下一步做什么的理性决定。视频游戏卡也可以作为"有形的论据",在参与者展示和辩论他们的新想法时增加他们的信心。

观看视频游戏卡结束后得到的结果,即写有主题和说明的海报,要复制几份并在参与者中传阅。通常,海报上只需简单的文字就包含足够的信息,参与者可以据此对活动进行排序,并据此为各组分配下一阶段的任务:谁要深入调查什么,以及哪些设计问题要关注等。

哪里会出错?如果人们选的类别过于笼统(如"这里有一些关于产品的东西,这里有一些关于他们做的事情"),那么讨论将停留在一个肤浅的层面上。这时,主持人就要发挥重要作用了,即鼓励参与者更详细地描述他们观察到的东西。有时候主持人会要求参与者给一个"诗意的"标题,而不是一个白描的(枯燥的)标题,对深入讨论是有帮助的!

专栏3　视频游戏卡的基本要素

4～16人的游戏：
- 屏幕或投影机，可以观看视频
- 桌子足够大，大家都能坐下
- 墙面能够贴主题海报

观察设备：
- 计算机（供单人或两人观看视频短片）

视频卡：
- 每个视频短片在一张卡上

视频短片：
- 每位参与者观看10～15段视频
- 每段视频持续30秒～2分钟

好的组合的例子：
- 每组4人，每人10张卡（40个视频片段）
- 6人3对，每对20张卡（60个视频片段）
- 10人5对，每对15张卡（75个视频片段）

时间估计：
- 3～5小时，取决于参与者数量和卡的数量

3　为什么设计卡有用？

我们已经介绍了三种特定的设计卡，以及它们的用法。但是为什么复合卡、灵感卡和视频游戏卡有用呢？三种设计卡有一个共性，这使得它们成为协同设计的不二之选，即有形的思想容器、触发组合创新，以及合作的启动器。一旦我们理解了这些特性，我们也将能够用卡片开发出更多的方法。

3.1　卡片是有形的思想容器

卡片可以充当思想的物理载体。两个参与者之间长时间的创造性交流，其分歧部分通过设计卡片可以更容易地进行回溯，这些卡片就是一种物理标记，可以对

讨论的内容和论据进行限定。在构造想法时,一个有意思的说法是,复合卡可以当作思想和想法的书签(Lucero and Arrasvuori,2010)。同样,灵感卡的主要特点就是,它们是特殊灵感源的容器(Biskjaer et al.,2010)。

视频游戏卡把原本只存在于想象中的场景剪辑成参与者可以操作、指向、移动的物体。可以把视频理解为设计材料,即设计师可以用视频来构建理解和提出建议,而不是要进行分析的数据(Ylirisku and Buur,2007)。理解更像团队对意见协商,因为它的目的就是发现"正确"的分析结果。同样,复合卡把一个复杂和难以交流的理论框架,变成为一种容易获取的物理材料。

由于视频模棱两可的特性,视频游戏卡也可以"读"出多种含义。视频所记录的世界是如此复杂,以至于不同的人必然注意到不同的东西。所见多所得就多。融合这些不同的观测结果,就有可能找到新的观点。视频游戏卡帮助每位参与者在将观点呈现给其他参与者之前,可以准备得更加充分。

3.2 卡片是组合创新的触发器

创造学的学者称设计卡为组合创新。研究人员指出,现有概念的重新组合是创造力的核心。Koestler(1964)在 *The Act of Creation* 中提出,双联矩阵在一些领域成为构造创意的中心,双联矩阵的含义是,来自不同域的两个概念按照其意义组合在一起,就能形成一个全新的概念。另一个有影响的创造力学者 Boden(2004),在她的组合创新的研究中,不懈地追求对这条思路的理解。在组合创新中使用设计卡,可以非常具体也非常容易地把不同概念放在一起。

例如,在灵感卡研讨会中,需要准确选择卡片,以便通过双联矩阵导出全新的概念。人们常赞赏复合卡产生惊人的和有趣的想法的能力,而且这些想法是一般方法得不到的。在好玩有趣不是首选主题的情况下,复合卡特别好用,如关于老年人和过失关系的研究中,检查老人过马路时周围是否有提示标志等(Lucero and Vetek,2014),就很有启发意义。在这种主题很发散的情况下,随机挑选灵感卡的方法也可以实现矩阵的双联。

3.3 卡片是合作的启动器

尽管新技术不断普及,纸张仍是许多协同工作的关键组成部分。Luff 等(2004)讨论了纸张的功能可供性对人类行为是至关重要的,这些讨论的很多论述也适用于设计各种思维卡。卡是可动的,所以它很容易被重新定位并与其他物件放在一起,而微移动可以通过精巧的方式实现定位,以支持相互访问和协作。卡经久耐用,可以保留卡面上艺术品的形状和字符。卡还可以通过特殊方式进行注释,允许参与者跟踪注释的发展演化,并确认是谁做的注释。在视频游戏卡中,卡片的注释有助于转移材料的所有权——即使视频是别人拍摄的,我们也经常听到参与者谈论这是“我的卡”。头脑风暴法的A3模板鼓励人们做笔记、写下卡的名字,以及画简单的草图来记录想法。不同的人从不同角度对同一张卡片会领会出不同的内容,也可以拿起一张卡片使它成为大家评论的焦点(Luff and Heath,1998)。

卡可以支持和强调轮流操作,就像几个参与者在玩纸牌一样。这是灵感卡研讨的突出特点,参与者往往会拿起一张卡片传给别人,有时放在桌子中央,用以展示想参与对话的渴望;同时,我们观察到在一次灵感卡研讨会中,参加者轮流展示一张他们觉得特别有趣的卡,即使方法本身并没有规定活动的顺序,但人们还是不自觉地选择轮流坐庄的办法。卡片起到参与者之间共享物体的作用,因此有利于协作。共同创造活动可能有点吓人,特别是对那些不习惯设计和构思的参与者来说,可以通过对一个具有共同标记的物体进行讨论,将单个参与者的注意力转移到团队的讨论中来。通过降低参与门槛、设计一些卡片,可以让普通人更容易参与合作创造活动。

4 结　论

我们提出了三种类型的卡片设计,分别叫作复合卡、灵感卡和视频游戏卡。我们讨论了它们的使用方法,以及我们相信它们利于协同设计的原因,即卡作为有形的思想容器,不仅支持组合创新,也使协作得以落地。本文讨论的三种设计卡,可以在设计过程的开始阶段,作为辅助工具混合使用。例如,可以制作一些视频游戏卡,在灵感卡研讨会中作为领域卡使用。同样,复合卡可以作为领域(或经验)卡(如定义某种想要的经验,但是没有具体场景)或技术(或情感)卡(如让人涌现出某种情绪,但是心中没有具体的一项技术)应用于灵感卡研讨会中。

延伸阅读

Buur J, Soendergaard A (2000) Video card game: an augmented environment for user centred design discussions. In: Proceedings of the DARE'00, ACM Press, New York, pp 63-69.

Halskov K, Dalsgaard P (2007) The emergence of ideas: the interplay between sources of inspiration and emerging design concepts. CoDesign 3(4), London, 185-211.

Lucero A, Arrasvuori J (2013) The PLEX Cards and its techniques as sources of inspiration when designing for playfulness. IJART 6(1) Inderscience, Geneva, 22-43.

Wölfel C, Merritt T (2013) Method card design dimensions: a survey of card-based design tools. In: Human-computer interaction-INTERACT 2013. Springer, Berlin/Heidelberg, pp 479-486.

参考文献

Biskjær M, Dalsgaard P, Halskov K (2010) Creativity methods in interaction design. In: Proceedings of DESIRE 2010: creativity and innovation in design, Aarhus, Denmark.

Boden MA (2004) The creative mind: myths and mechanisms. Psychology Press, New York.

Buur J, Soendergaard A (2000) Video card game: an augmented environment for user centred design discussions. In: Proceedings of the DARE'00, ACM Press, New York, pp 63-69.

Halskov K, Dalsgaard P (2006) Inspiration card workshops. In: Proceedings of the DIS'06, ACM Press, New York, pp 2-11.

Halskov K, Dalsgaard P (2007) The emergence of ideas: the interplay between sources of inspiration and emerging design concepts. Co Design 3(4), London, 185-211.

Koestler A (1964) The act of creation, University of California Press, Berkeley and Los Angeles.

Lucero A (2015) Using affinity diagrams to evaluate interactive prototypes. In: Proceedings of the INTERACT'15, Springer International Publishing.

Lucero A, Arrasvuori J (2010) PLEX cards: a source of inspiration when designing for playfulness. In: Proceedings of the fun and games'10, ACM Press, New York, pp 28-37.

Lucero A, Arrasvuori J (2013) The PLEX cards and its techniques as sources of inspiration when designing for playfulness. IJART 6(1) Inderscience, Geneva, 22-43.

Lucero A, Vetek A (2014) NotifEye: using interactive glasses to deal with notifications while walking in public. In: Proceedings of the ACE'14 ACM Press, New York, Article 17, 10 pages.

Lucero A, Holopainen J, Ollila E, Suomela R, Karapanos E (2013) The playful experiences (PLEX) framework as a guide for expert evaluation. In: Proceedings of the DPPI'13, ACM Press, New York, pp 221-230.

Lucero A, Karapanos E, Arrasvuori J, Korhonen H (2014) Playful or gameful?: creating delightful user experiences. Interactions 21(3), New York, 34-39.

Luff P, Heath C (1998) Mobility in collaboration. In: Proceedings of the CSCW'98, ACM Press, New York, pp 305-314.

Luff P, Heath C, Norrie M, Signer B, Herdman P (2004) Only touching the surface: creating affinities between digital content and paper. In: Proceedings of the CSCW'04, ACM Press, New York, pp 523-532.

Wölfel C, Merritt T (2013) Method card design dimensions: a survey of card-based design tools. In: Human-computer interaction-INTERACT 2013. Springer, Berlin/Heidelberg, pp 479-486.

Ylirisku S, Buur J (2007) Designing with video. Focusing the user-centred design process. Springer, London.

结合用户需求和利益相关者需求：价值设计方法

佩林·居尔特金，蒂尔德·贝克尔，陆元，
阿尔诺特·布龙巴赫尔，贝里·埃根

摘要　在新的设计环境中，由于设计问题的规模和复杂性增加，在设计过程中，与外部合作伙伴的知识集成和协作愈加受到重视。设计师必须与利益相关者密切接触，这于设计师是非常重要的，如那些影响，或受到设计阶段早期的问题或解决方案影响的人、社区和组织。迄今为止，在设计实践中使用的大多数方法都是以用户为中心的，目的在于理解用户和设计用户体验。利益相关者参与设计过程，是设计领域的一个新课题。设计师开发设计解决方案的方法和手段，必须考虑不同利益相关者的观点，这是设计要面对的一个限制条件。

为了帮助设计人员在设计过程中考虑到利益相关者的想法，本文提出了价值设计方法，该方法旨在设计过程的早期阶段集成用户见解、业务见解和利益相关者的期望与角色。本文介绍了价值设计画布方法。价值设计画布是一个可视化的探索，可以应用于协作多方利益相关者设计研讨会。在组织多方利益相关者设计研讨会时，本文就如何应用该方法和应注意的方面提供了建议。

1 简　　介

设计是一种创造性活动。它也是一个跨学科的产品开发过程的一部分，要求拥有不同的技能和知识的人/组织进行合作，合作通常包括概念产生、产品设计、原型制作、产品测试、产品生产和市场推广(Ulrich and Eppinger,2004)。当一个公司单独进行产品开发时，决策通常是在该公司内进行，整个过程中协作只发生在同一个组织的不同部门之间。然而，新科技和新经济的出现，将改变这种有些封闭的、线性的产品开发过程,需要更多的合作和灵活的创新手段(Gardien et al.,2014)。

工业革命至今,人们已经确定了四个经济发展阶段,即工业经济、体验经济、知识经济和目前新兴的转型经济,这个阶段划分是设计实践的大环境(Brand and Rocchi,2011;Gardien et al.,2014;Pine and Gilmore,1999;Drucker,1981)。这些阶段在价值构成、谁参与了价值创造的过程及经济价值的创造和分配的过程等方面各不相同(Brand and Rocchi,2011)。此外,在这些经济发展阶段,设计的性质和过程各不相同。产品设计最基本的是要满足功能需求,首先是考虑设计体验,然后转化为知识和服务的设计;其次是一个新兴的专注于社会变革的设计(Sanders and Stappers,2008)和协同生产的设计(Drucker,1981)。有人认为,不同的阶段需要不同的设计过程、方法、工具,以及不同的设计技能和能力,来实现个人和社会关注点上不同的设计。虽然企业在早期阶段也有设计方法和设计手段,但这些方法和手段用于一个新的设计阶段时,还需要对这些方法和手段进行创新,企业才能获得更多的价值(Gardien et al.,2014)。

新兴知识和转型经济的主要驱动力在很大程度上是产品开发和服务交付过程中的信息交换和协作(Drucker,1981)。例如,随着产品和服务的集成,许多服务提供商之间的交易,也将被集成到可持续的产品发展中去(Basole and Rouse,2008)。同时,社会问题需要不同组织和用户群体的共同干预才能解决,这一点得到社会的重视,也为产品设计提供了尚未探索的市场机会。许多解决方案,都将产品开发过程中的消费者和消费者群体连在一起,将二者作为共同的问题解决方,价值由双方共同通过创新的手段创造,这一点也正受到关注。因此,人们在不断放弃孤立地看待企业的视角,企业在不断放弃单打独斗处理新产品开发过程的各个方面的做法,而是选择和许多组织一起进行新产品开发(Prahalad and Ramaswamy,2004;Binder et al.,2008)。企业采用更开放的创新方式,通过创新网络与外部合作伙伴(即其他公司、竞争对手、非营利组织和用户/用户社区)分享和收集信息。产品和服务的开发及最后交付用户,都是通过一个复杂的过程、交换和关系实现的(Basole and Rouse,2008;Gardien et al.,2014)。

在网络创新中,用户价值是通过与网络上许多合作伙伴的直接和间接关系创造的。设计方案及其实现,是以利益相关者之间的关系确定的,利益相关者需要输入他们的知识、资源和对项目的期望(Basole and Rouse,2008;Den Ouden and Valkenburg,2011;Tomico et al.,2010)。因此,确定互补的知识和资源以产生价值(如何),并把正确的合作者结合在一起(谁),这二者对于确定解决方案同样重要(什么)(Brand and Rocchi,2011)。

这种情况下,设计师面临一些挑战,需要在实践中采用新的方法。首先,设计问题的复杂性要求设计人员在设计过程中考虑更广泛的技术和社会背景。其次,在这个新的领域进行设计时,需要在设计过程中充分考虑和包容利益相关者的诉求,即人、社区和组织,是谁正在影响(或被影响)着问题或者解决方案(Gardien et al.,2014)。该设计方法研究的重点,是了解用户及用户的使用环境(Sanders and Stappers,2014)。然而,在新的设计环境中应对挑战,需要超越以用户为中心的设计视角。设计方法有助于设计师收集和集成外部知识到设计解决方案,并考虑利益相关者的期望及处理设计问题时所需要的角色。

设计学科内外的新兴研究重点,是符合这种超越以用户为中心的设计,以支持共同创造价值和网络创新实践需要的包容性和综合性的方法。表1展示了设计研究、业务和利益相关者管理领域的焦点的演变,以支持共同创造价值和网络创新实践。

表1　设计研究领域、业务和战略管理领域的趋势概述

领域	研究和方法重点	
	从哪里来	到哪里去
设计研究	从整体视角深入理解用户和环境变量	通过用户和利益相关者的直接参与来探索设计需求和问题的本质
	把用户作为研究主体	把用户作为有经验的伙伴和专家
	设计师和研究人员具有专家思维,他们以用户为中心进行设计	设计师和研究人员有参与的心态,他们与用户一起设计
	方法如人种学研究、语境研究(Ireland,2003)、人物研究(Pruitt and Adlin,2010)、场景和故事(Carroll,1995;van der Bijl-Brouwerr and van der Voort,2013)	方法如文化探针(Gaver et al.,1999)、生成工具包(Sanders,2000;Sanders and Stappers,2012)、概念图(Visser et al.,2005)
		新兴的方法:参与式创新和协同设计
业务和战略管理	聚焦公司交易	聚焦创新网络的价值交换
	基于公司的交易业务活动分析(Osterwalder and Pigneur,2010)	通过设计思维的综合方法(Brown,2009)
	公司视角的利益相关者管理(Bryson,2004)	创新网络中的利益相关者管理(Roloff,2008)

在设计研究领域,针对用户群体不明确的复杂设计问题,需要通过探索性的

方法在设计过程的早期阶段了解问题的性质。这就要求在设计过程中,用户直接参与设计,于是,原本把对用户的理解当作研究对象的研究,就转变为用户自己作为有经验的专家主动参与用户理解(Sanders and Stappers,2014)。设计领域里新出现一些方法,如创新设计和协同设计,人们正在寻找设计过程中用户通过合作的方式主动参与这些新设计方法的途径(Buur and Matthews,2008;Mattelmäki and Visser,2011)。

业务和战略管理领域,也同样需要支持网络化创新过程的方法。虽然大多数研究都集中在公司的交易方面(Osterwalder and Pigneur,2010),但最近的研究表明,以网络为视角的研究正在增长(Mason and Spring,2011)。对于网络创新方法,需要以方案和业务两个方面综合考虑设计方案。因此,要探索一种替代常用的设计引导的方法,转向支持战略和业务的设计,如运用设计思维或原型方法(Osterwalder and Pigneur,2013)。

在概念开发阶段集中考虑对业务的见解,并在概念设计过程中尽早让相关人员参与,是在利益相关者众多的条件下,解决设计问题的有效方法。概念设计方法研究正在向新的方向转移,即越来越多的参与性、综合性和设计引导的方法,正在转变支持价值共创和网络创新实践的方法,而这也是设计人员为达成新目标所必须采用的新方法。为了支持设计师通过给予相关者一个合适的角色,从而丰富设计理念,我们开发了价值设计方法。下面的部分将介绍这个方法,并通过一个案例来解释方法的应用。

2 价值设计方法

价值设计方法提出的出发点,是基于利益相关者的期望和关系来构建设计方案。它的目的一方面是确定影响设计方案的因素,让利益相关者参与;另一方面是主动地激起利益相关者参与的热情。然后,利用由此得到的见解来丰富设计方案,并确定解决方案的业务要素。该方法适用于设计的早期阶段,即只有一个初始设计概念,需要从专家和相关的利益相关者集成知识的时候。

该方法通过利益相关者之间的两两比较,以迭代的方式开发设计方案,比较包括三个方面:①设计考虑(如用户和使用特性);②利益相关者考虑(如他们的动机是什么,他们对设计方案的贡献是什么);③业务考虑(如需要什么来实现方案)(图1)。这些考虑通过使用场景将三个方面整合在一起。该方法将场景作为一种动态的思考工具,而不是传达一个设计建议的终稿,即场景随着对它不同视角的评价,不断演化并变得越来越详尽。

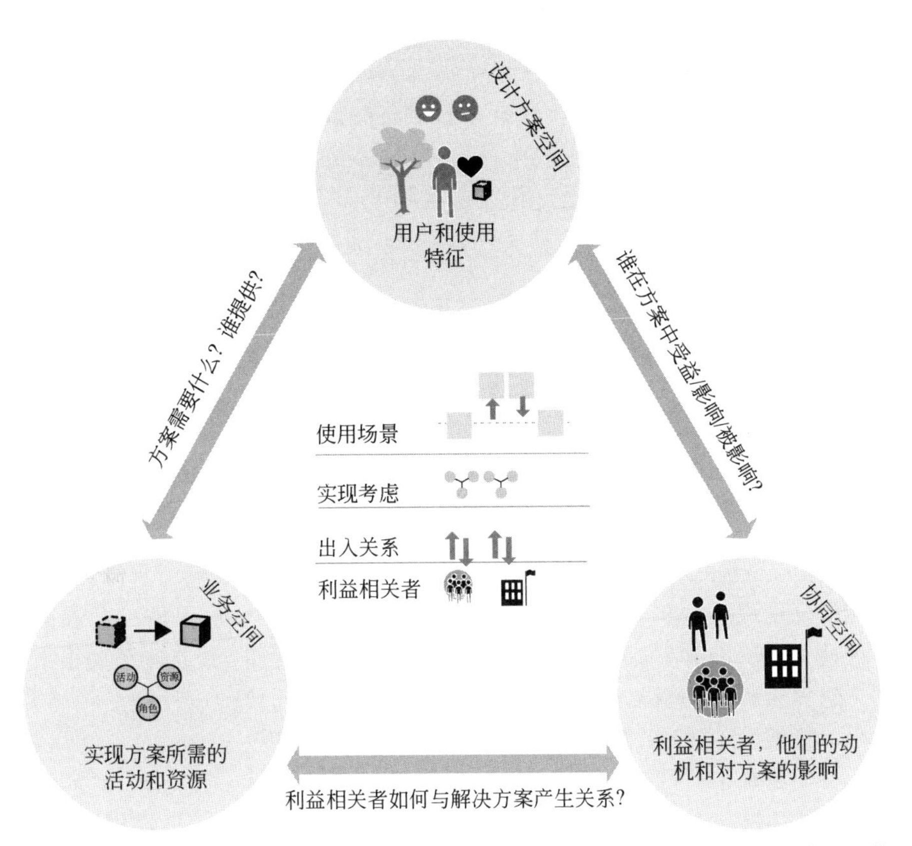

图1　价值设计方法基于用户场景的不断演化,对设计、利益相关者和业务进行成对比较

该方法的输出是一个精炼的概念,包括以下几方面:①使用场景的用户体验概念;②识别利益相关方及其参与方案的条件;③实现设计解决方案的业务上的见解,以及相关者的角色。

价值设计方法分为四个阶段。

1)简述与分析;

2)确定价值;

3)整合;

4)巩固与评价。

价值设计方法的核心阶段是整合阶段,此阶段将设计方案的3个考虑因素整合在一起。前两个阶段,类似于其他设计过程,是为整合阶段物色参与者人员,最后一个阶段描述和优化输出结果。

我们跟随一个研究过程,了解一下这个方法(Gultekin-Atasoy et al.,2015),案例中,该方法用于利益相关者构思研讨会,并收集有关迭代改进的建议。价值设计方法的步骤,用名为价值设计画布的纸质探板,直观地呈现出来。这个基于纸张的探板也有助于记录讨论。主持人可以在讨论过程中,使用纸条进行注释,并将其放在探板的相关格子里。相关事项和关切点,挨个放在探板上,以方便讨论。探板的布局可以根据讨论要求进行调整,即根据场景的详细程度或持续时间进行调整。

本文提出的价值设计方法,跟现有两个方法密切相关,即价值流模型(Den Ouden and Brankaert,2013)和业务模型画布(Osterwalder and Pigneur,2010)。

价值流模型是一种识别利益相关者及其重要价值的方法。它有助于在合作中,在每个利益相关者的投入和产出之间建立积极的平衡,并保证他们的参与是值得的。它是一个可视化工具,展示不同利益相关者之间的价值交换。这里,价值设计方法与价值流模型密切相关,却又不同。价值设计方法,是基于用户有见地的建议,采用迭代的方式,为不同的利益相关者创造可以共享的价值。这样,设计师就可以在设计用户体验和给各个利益相关者创造共同价值之间,开辟一条新路。这是一种特别适用于解决棘手问题的过程方法,在这类问题中,设计师预先根本不知道用户想什么和利益相关者想什么。价值流模型可以与价值设计方法相结合,直观地揭示价值设计过程中利益相关者之间的价值交换。

业务模型画布被广泛地认为是描述和设计业务模型的有用工具。它的优点是简单性和易用性。业务模型画布使用 9 个要素,包括客户细分、分销渠道、客户关系、价值主张、关键伙伴、关键资源、关键活动、成本、收入,描述了如何创建一个价值主张并交付给最终用户,以及如何创造财务收益。价值设计方法在整个过程中都使用了这些要素。它创建了一个面向特定目标用户群体,通过网络协作实现新业务模型的过程方法。因此,业务模型画布的不同元素,可以在价值设计方法的不同阶段找到。因此,业务模型的 9 种元素,可以用作输入,来描述业务模型画布的最终业务模型。

换言之,价值设计方法部分是基于现有的创新方法设计的,其目的是创建一个与许多利益相关者一起设计用户体验方案的过程。

价值设计方法已被用于参与者的不同组合情况下的设计,包括专业设计师开展的设计(研究)项目(Gultekin-Atasoy et al.,2013,2014)。为了说明交互设计学生如何使用它,本文的案例介绍了学生在设计过程中如何使用这个方法,以及如何根据专家反馈发展其设计概念。

2.1 价值设计方法的应用

一个硕士设计师在毕业设计中,采用价值设计方法,改进设计概念。设计理念称为 Lusio,是一个互动的去中心的平台,由多个对象组成(Hooft van Huysduynen,2014,见图 2)。Lusio 是专为小学的孩子设计的,目的是支持像校园或健身课程那样的社会体育游戏。其设计目标是,支持开放性的游戏,在玩耍中获得各种形式的反馈。每个对象都有相同的规则,并能与集合中的其他对象通信。孩子们可以通过将物体倾斜、旋转或晃动这些动作调节打在物体上的灯光的颜色,促使孩子们参与社交活动。

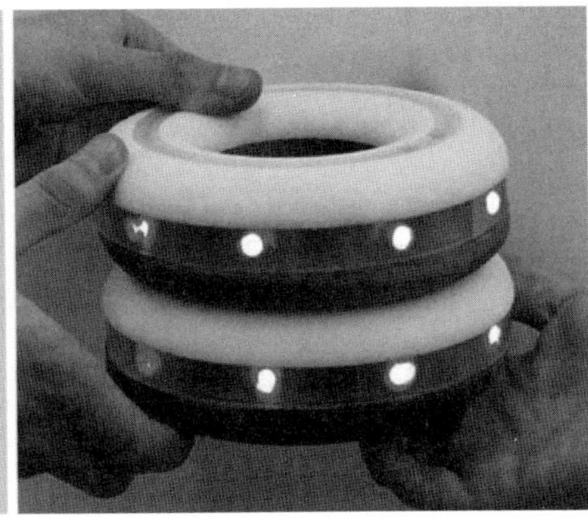

图 2　Lusio 原型(Hooft van Huysduynen,2014)

设计师在设计过程中,采用设计方法完成研究。她通过几次迭代,开发了一个交互式原型,并在学校内部和学校外部,开展了用户使用情况的研究(图 3)。

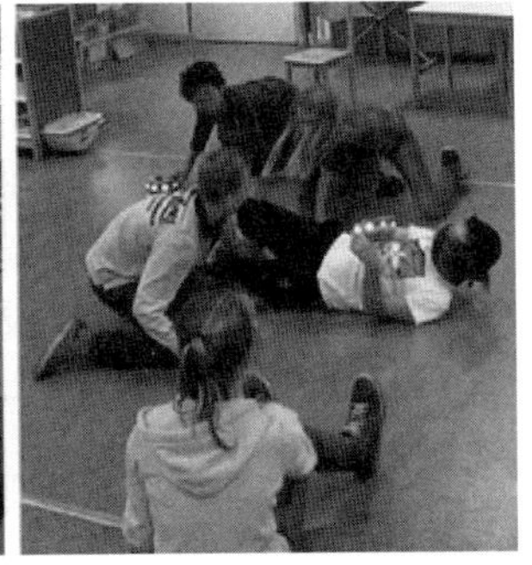

图 3　在体育课堂上,通过倾斜、摇晃或滚动等不同动作,用户观察到的不同截图(Hooft van Huysduynen,2014)

这些一次次迭代的过程,为设计师提供了关于玩耍行为的理解,即通过不同的运动平台的交互特性,来塑造用户的行为。然而,设计师的考虑,主要集中在孩子们如何与设计互动。其他因素,如其他利益相关者将如何从他们的角色和设计中受益,则不在考虑之列。例如,在学校环境中,游戏类产品的实际"用户"将是孩子自己,但教师可以决定游戏的时间和内容,或者学校可以决定是否使用该产品。这些利益相关者如何利用和受益于解决方案,将为产品定义一个更为广泛的使用环境,因而可能影响设计的经验,以及最终影响产品是否能取得市场成功。

设计师希望与专家一起评估产品概念,以改进概念。为此,设计师组织了一个价值设计研讨会,期望从业务和利益相关者的观点来丰富产品概念。这次会议的参加者包括设计师本人、2 名来自一家开发儿童游戏解决方案的公司的雇员、1 名体育专家,以及 1 名专门从事游戏系统设计的工业设计师。另外还有 1 名主持人负责组织和记录会议讨论的内容。会议长达 4 小时。在本文接下来的部分,我们介绍了方法的阶段划分,首先解释如何应用这个方法,然后通过案例来阐明讨论内容和收集到的见解。图 4 展示了讨论中使用的价值设计画布中的布告板提示符。布告板是专门为满足该讨论的需要而设计的,在这种情况下,通过限制贴纸的数量,并将各个分散阶段的相关评论关联起来,来激发 4 小时讨论的热情。接下来本文将展示各阶段的布告板。

2.1.1 简述与分析

本阶段始于设计概要,概要中介绍了设计问题和概念。这些信息包括对用户的描述、设计场景、设计挑战、迄今为止构建的概念描述及是否有任何相关人参与解决方案。应当指出的是,概要所提供的信息不一定是完整的,采用简述与分析方法,可以获得对问题各个方面的更深入的了解。本阶段中使用视觉材料和/或模型,对于深入了解问题是有益的。

下面是分析阶段。在这个阶段,采用以用户为中心的方法,对设计问题进行分解。分解的依据是,定义的用户特征、具有周边条件的用户场景、市场上可用的解决方案及用户周围可能成为利益相关者的人和组织(图 4,区域 1)。这一阶段定义了基本使用场景,标识了使用场景中典型的用户活动(图 4,区域 2),并构造了使用场景。挑战也要确定下来,如问题领域、未满足的需求及利益相关者之间的利益冲突等(图 4,区域 3)。这些挑战是寻找设计机会的起始点。

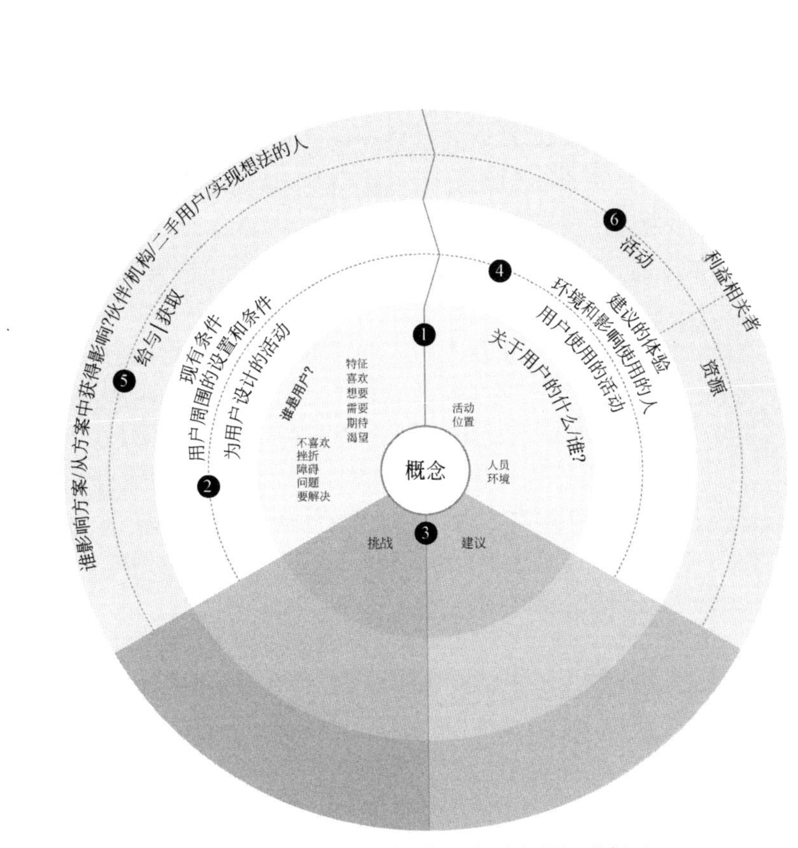

图 4　价值设计画布,作为会话中的视觉提示

号码对应着分析和合成阶段讨论的主题:①用户和使用环境;②用户环境下的活动分析;③每个阶段的设计挑战和应对挑战的方法;④情景故事法的初步应用;⑤利益相关者的关系;⑥现实中的利益相关者的角色。

在设计案例的讨论中,首先,主持人介绍讨论的目的和方法的阶段划分;然后,设计师介绍设计动机和设计概念,介绍时采用交互模型和图解说明两种辅助手段。设计师简要介绍了设计过程,重点从用户调研和面临的设计挑战开始,一直到如何做出清晰的设计思考结束。提供这些方面的信息,有助于小组共同理解讨论的起因。设计师简要介绍了识别出来的两个用户组:年龄在 4 ~6 岁和 10 ~12 岁的两个小学生组。方案中没有涉及其他的相关人,该信息在后续阶段不再做详细说明。

分析阶段,研究小组首先确定了两个用户群的玩耍偏好,这是根据之前的研究、自己的经验确定的。然后定义了影响用户体验的场景特点:小一些的孩子更喜欢根据一些基本规则自己一个人玩,大一些的孩子更喜欢根据更复杂的规则在合作或竞争的氛围中和大家一起玩。

虽然设计师在一轮一轮的设计中,在一定程度上满足了各种玩耍的偏好,但专家从他们自己的专业知识（在这种情况下就是认知角度）出发，对可能的使用情况提供了更详细的评估。例如，4～6 岁的孩子的感官系统的发育时间不同，因此提供不同形式的反馈方式（声音、视觉、触觉）就显得很重要。同时支持社会和运动技能的发展，可以作为设计孩子玩耍时的一个重要的考虑方面。

对环境活动范围的分析也让人大开眼界：校园和体育馆的设置都有明显的特点，设计这些特点本身就是一个挑战。一方面，校园有一个更大空间的外部环境，孩子在没有监督的情况下可以自由玩耍。另一方面，体育课也可能在一个空间紧凑的室内环境上，从教学考虑，儿童参与的是有监督的规范的活动。从这些讨论中可以识别出的设计挑战是，如何满足不同年龄组的孩子的玩耍偏好？如何支持监督和无监督活动？当同时考虑体育课和校园里的体育活动时，设计师发现了另一个设计挑战。两个年龄组的玩耍时间不同：在校园里年幼的孩子玩耍的时间是 1.30 小时，而大一些的孩子玩耍的时间只限于 15 分钟。这里遇到的挑战是：如何在短时间内组织一场公开的比赛（图 5）？

图 5　研讨会的配置，有原型和布局

2.1.2　识别价值

识别价值阶段连接前面的分析阶段和后面的综合阶段。选择那些解决了最重要设计挑战的设计方案，这些方案转换为不同级别的初步价值描述，这种描述称为价值框架（Den Ouden，2012），框架包括以下方面：用户价值（为什么设计对用户是有意义的）、市场价值（为什么设计比现有解决方案更好）及相关者价值（为什么设计对利益相关者具有吸引力）。这些价值将作为使用场景的评价标准。可以使用

A1 大小的纸张来布局价值设计画布的提示符(图 6),具体分析从分析阶段收集到的不同层次上的见解。随着讨论的进行,新的价值也将随之确定。

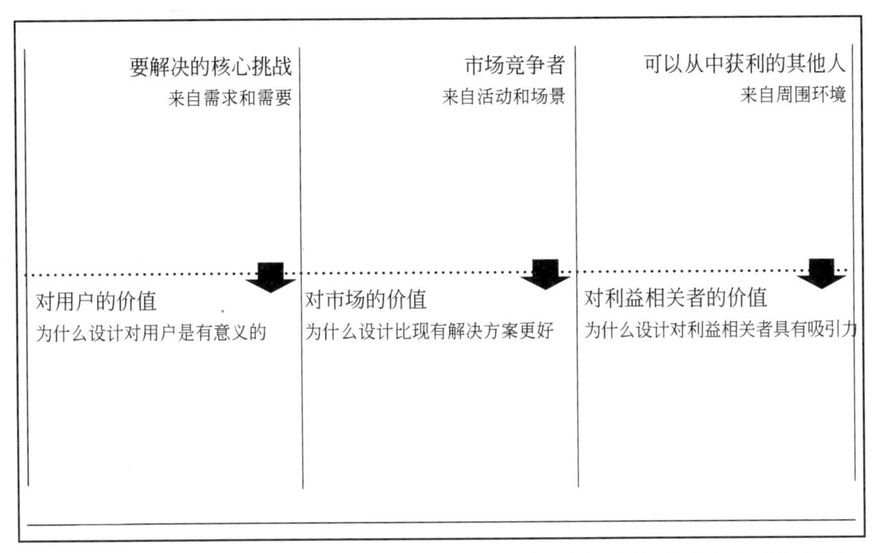

图 6　A1 纸张大小的模板,用于价值识别阶段,将用户价值、市场价值、利益相关者价值考虑进去

在这个阶段的设计案例中,参与者讨论了哪种设计挑战更难解决,以及增加的价值是什么。表 2 概述了讨论中发现的各种价值。例如,对不同年龄组提出不同要求,对上好体育课是有价值的。产品市场价值被确认,即通过娱乐互动发展两个不同年龄组的运动和社交技能,这是该产品和现有的体育器材和教学器材完全不一样的。

表 2　讨论中确定价值的例子,分为三个不同级别:用户价值、市场价值、利益相关者价值

用户价值(为什么设计对用户是有意义的)	市场价值(为什么设计比现有解决方案更好)	利益相关者价值(为什么设计对利益相关者具有吸引力)
好玩	整合功能,社交活动+玩要+主动锻炼身体	学校教育的价值
	玩要之外:发展了运动技能	教师课外活动指南
挑战	激发身体活动	学校灵活的解决方案:室内外均可使用
男女都适合	通过游戏互动支持两个不同年龄组身体运动和社交技能的发展	

续表

用户价值(为什么设计对用户是有意义的)	市场价值(为什么设计比现有解决方案更好)	利益相关者价值(为什么设计对利益相关者具有吸引力)
互动的不同程度		
自由创造感兴趣的项目		
体育课上学来的身体锻炼游戏		
发展更多身体技能		

2.1.3 综合

综合阶段是该方法的核心。综合阶段由4个步骤组成,在每个步骤中对设计概念在设计空间、协作空间和业务空间之间的转换做详细分析。

步骤1,定义(动态)使用场景。

作为起始步骤,需要开发一个使用场景,将用户价值和市场价值进行结合,正如识别价值阶段描述的那样。构建这个初始使用场景的过程描述了本阶段的主要使用步骤(场景框架),其中包含典型使用场景中的用户操作。这种通过可用场景进行开发的方法和技术,可以使得开发的方法和技术的适用范围更广泛。如果人物角色和使用场景以前已经设置了,则可以在过程中直接被采用。使用场景是讨论的基础,它用来检查三种设计方面之间两两比较的结果。该场景作为设计过程的一部分,通过逐步添加或删掉场景中的一些步骤而不断发展。有些步骤可能会被其他步骤替换,或者添加新的步骤,通过这个过程,使用场景的描述越来越详细。

价值设计画布提供了设计案例中的基本使用场景(图4,区域4)。通过配对比较得到的两个不同年龄组的场景,布置在画布的相邻部分。评估典型玩耍场景下的主要使用步骤的组成,结论是,两个年龄组的场景,以及监督和不监督的场景,都是不同的。然后,他们考虑不同类型的活动之间的差异,发现了产品的互动品质。接着这个初始讨论构建了一个一般性的使用场景,这是通过识别用户(儿童)、目标(体育活动)、使用环境(体育课、户外/室内),以及活动开始(来上课)和结束(最后时刻玩耍的情景设计)时刻来完成的。最后,构造了一个5~6个步骤的使用场景。在评价阶段,场景分成两个更细的场景,各自代表不同的情况,来检查场景之间的不同。

步骤2,配对考虑:设计和协作空间。

在这一步骤中,需要定义协作空间,根据是可以参与方案的利益相关者。根据识别价值阶段识别出的利益相关者价值内容,定义一个初始的相关者集合。之后,基于使用场景中描述的情况,将与使用场景相关的利益相关者也添加到这个初始集合中。这是通过确定是否有利益相关者可以影响使用场景,或他们是否受解决方案影响完成的。

例如,在设计案例中,设计师阐明了教师在学校环境中对于产品使用所起的作用。专家指出,根据学校的类型不同,可能存在两种类型的教师:有或者无体育教育背景。两种类型的教师可以影响另一个利益相关者,如学校董事,也就影响了董事对解决方案是否投资的决定。因此,设计师必须建立一个确认指导书,以指导教师对儿童使用产品有益的可能方式。识别出的其他一些利益相关者是理事会,他们决定在校园里安装/使用什么器材,而教育设备公司,可以作为开发体育器材的知识合作伙伴。

步骤3,配对考虑:协作和业务空间。

在确定利益相关者之后,通过确定他们之间的关系,来评估这些利益相关者参与方案的动机。利益相关者作为解决方案合作伙伴,是否参与方案是根据出入关系决定的,即利益相关者分别可以为解决方案提供什么,以及他们可以从解决方案中获得什么。这些关系可以是物质的(如投资),也可以是非物质的(如曝光)。如果利益相关方的出入关系不平衡,换句话说,利益不符合他们的贡献,那么利益相关者的承诺可以被认为是脆弱的,或不现实的。根据利益相关者在方案中的角色,一些利益相关者要被排除在方案之外,这是基于不平衡的给予关系决定的。通过识别具体关系的级别,设计师将会发现新的设计挑战。考虑利益相关者及他们能给出的方案设计机会,就可以丰富设计概念。平衡给予和接受的关系,也可能引发隐藏的相互矛盾的观点,或可能导致创新的想法出现。

在设计案例中,设计师在早期阶段中定义可能的利益相关者,放置在画布的相关部分。对画布中的每个利益相关者,都要确定由其发出的或者指向其的关系。例如,对于教师,他们提供了关于活动类型的专业知识和反馈,对他们的动机要进行评价。专家的见解,是根据他们过去在设计过程中当教师的经验得到的,由此得出的结论是,如果在解决方案中公开承认他们的贡献,并且公开承认他们的贡献是有益于整个社会进步的话,专家们是非常有动力投入这个设计的。

步骤4,配对考虑:业务和设计空间。

在步骤3中,考虑了利益相关者在实现方案时可能的作用,详细描述用户场景,将给予和接受的关系与商业模式的某个部分连接在一起,也即将实现设计的活动和所需的资源连接在一起(Hakansson, 1992; Osterwalder and Pigneur, 2010)。这一步允许参与者表达他们的诉求,如需要采取的行动、需要哪些资源及哪些伙伴可以在相关步骤中做出贡献等。也允许他们评估某些设计特征是否有必要。然后,根据识别的局限性和可能性,场景部分将被详细地描述,或者做出改变。

在设计案例中,参与者强调了这样的事实:①创造新的玩耍的机会,可以丰富孩子们的玩耍体验;②对体育教学的建议是,可以进一步发展开放式活动的理念。

指南和玩耍场景,可能在与体育老师和设计公司的合作中创建。因此,开发玩耍规则,被当作实现设计方案的关键活动识别出来。教师可以通过提供体育活动的知识作为重要的资源参与这个活动。活动中,设计师将开发一个玩耍用的数据库,教师的反馈将记录在数据库中,说明哪些孩子更偏爱哪些活动。

讨论实现这一理念所需的行动,也有助于设计师找出缺失的行动和挑战性步骤。例如,将理念放在市场上实施,首先需要为学校环境下的应用取得一张使用许可证。这是设计师以前没有考虑过的问题。此外,设计师还讨论了该产品具体功能实现上的问题,如在初始阶段可能需要投资、公司以什么样的条款投资这些想法,以及大学的角色,大学其实是这个共享的理念的拥有者,只要设计师的想法能够商业化的话。

2.1.4 巩固和评价

在这最后的综合阶段,将之前讨论的各种考虑汇聚在一起进行评估。最后确定的使用场景,要与如何实现这个想法的讨论结合起来。使用场景、设计挑战和下一步考虑的要点,都记录在价值设计画布上,并且考虑不同阶段的决策之间的联系,权衡利弊,对这些概念做出评价。

巩固和评价的布局图(图7),将按照产品规格、使用场景、商业模式概念和利益相关者角色几个方面,分成几条平行的长条。将讨论不同的方面放在一起,使参与者对设计决策有一个总体认识。

在设计案例中,参与者共同定义了使用场景的最终形式。由于两个年龄组的用户涉及有监督和无监督使用场景的不同,详细的使用场景被分成了两个,参与者讨论了两种情况之间的差异,以确定设计决策是否能够满足这两种情况的要求。在最后一步中,将使用场景与实现场景结合在一起,并评估利益相关者在设计方案实现过程中的作用。确定设计和实现决策之间的联系,也明确了教师在设计反馈中的作用。设计过程的下一阶段将遇到的未知的问题和挑战,也一并记录下来。

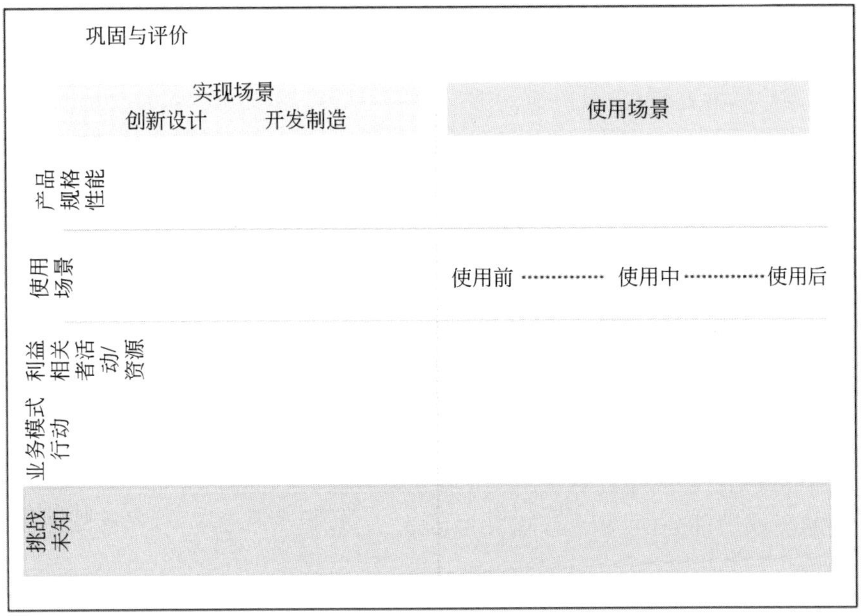

巩固与评价

实现场景
创新设计　开发制造

使用场景

产品规格性能

使用场景

使用前 ··············· 使用中 ··············· 使用后

利益相关者活动/资源

业务模式行动

挑战未知

图 7　A0 尺寸的巩固与评价模板,用于价值设计

将使用场景和实现场景汇总在一起,进行最终的概述。

2.2　设计师对价值设计方法的评价

在展示设计案例之后,我们接着评估一下通过半封闭式访问得到的设计师在设计过程中应用价值设计方法的好处。作者在报告中说,该方法有助于设计师把自己的想法与专家的想法协调一致,有助于深入研究设计的某些方面,也有助于确定将设计投入市场时公司所起的作用。报告中,她专门指出了几点。

- 讨论过程使她了解了专家的意见,对设计背景的理解更加具体,如区分两个年龄组之间的特征的不同,以及在监督的室内体育课环境和无监督的户外学校环境中,室内和室外两种使用情况也是不同的。
- 使用场景帮助她将这些知识与实际使用情况联系起来,这样,他们就可以给设计师制定设计准则,以评估某些交互规则是否可行。例如,不仅要关注孩子如何玩产品,还要考虑课堂环境下教师的作用。
- 关于业务认识和相关者作用的讨论,使她理解了,一旦公司和其他利益相关者承担了角色,那他们的期望是什么。例如,她认为讨论中有一点很明确,即公司自己对采用电子元器件不感兴趣,但他们对如何打开市场感兴趣,所以他们会很高兴看到设计符合他们的战略投资方向。因此,关于开发电子元器件应用这一项,他们会引进一个第三方。同时,设计师对设计规范的尺度有多大,也已经有了足够的认识,这样,才能允许其他利益相关者参与设计概念的讨论。

- 规范化的过程,使设计师的讨论紧扣主题,只要不用方法就会跑题,如讨论一些与题无关的利益相关者的需求,甚至无端地认为利益相关者也会影响方案的使用和实现。

讨论之后,设计师将其从讨论中得到的见解,集成到最终的设计版本中。她根据讨论中得到的两个场景,调整了交互规则,从而改进了设计,并通过使用场景来表达其设计概念(图8)。设计师还设计了一个包装盒,所有的组件都装在盒子里面,老师看得见。包装里还有供老师使用的实用指南(图9)。

在接下来的部分中,参考以上介绍的案例,我们来评估这个方案的优点和局限性。

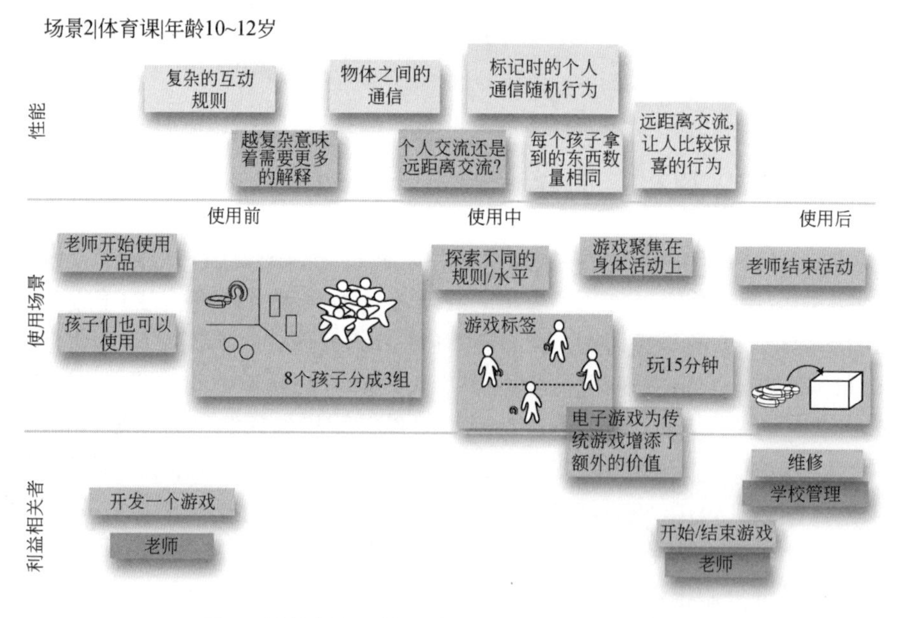

图8 设计师在最终设计报告中所使用的场景模板

场景的内容是在讨论期间获得的。设计师使用流式布局来对贴纸进行数字化,产品系统特征、使用场景和与使用实例相关的利益相关者做成平行的三行。

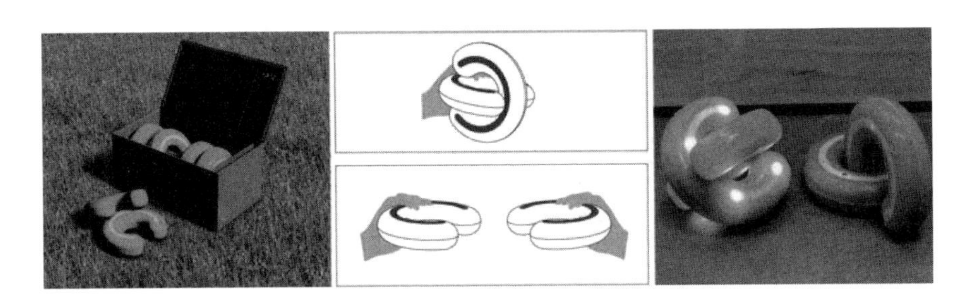

图9 Lusio 的最后概念

有一个存储盒,包括 Lusio 套装和卡上的游戏说明,体育老师可以在课堂上使用。在互动时,根据复杂程度不同,两个玩具可以分开玩,也可以合在一起玩。

3 讨 论

本文提出的价值设计方法,是设计师与利益相关者一起研究其设计决策的一种方法,既能聚集知识,又能从设计概念的几个不同角度整合见解。

本文介绍的案例,展示了如何应用价值分析方法。案例中,设计师通过专家反馈评估其设计,并考虑商业和利益相关者的想法来改进设计解决方案。我们讨论了价值分析法的优点和局限性,并在下面的章节中说明价值分析法应用的指导原则。

3.1 优点和局限性

设计师发现这种方法有用,可以帮助其实现知识的聚集。案例中,设计概念在设计过程开始时没有过度发散,而是详细地描述了新的交互规则,并扩展集成了新的服务。部分原因是设计概念是具体的,设计师在讨论开始的时候就提出了概念原型,而且这个概念某种程度上已经满足了用户的需求。因此,可以预期,如果在讨论开始时对用户的理解不成熟,或者不具体,最后产生的设计概念可能会偏离原始方案很远。

该方法也适用于促进不同背景和兴趣的利益相关者一起参与想法产生过程。该案例中,设计师是和一家市场相关的公司的专家一起组织讨论的。这些专家对用户和市场都十分了解,因此有助于设计师更深入地了解跟业务和市场相关的知识，这也是设计师对自己的要求。还可以邀请学校代表或可能感兴趣的利益相关者参加讨论，以解决交互设计遇到的挑战。例如，如何激励孩子积极参加身体活动。这样，讨论将有助于理清学校作为解决方案合作伙伴的要求，或根据对社会的影响来评估设计方案。

在第2节的讨论中，前期参与设计的只有一个利益相关者（公司），但一般而言，还有一些其他的重要的利益相关者。如果价值设计方法允许所有明确的利益相关者直接参与，因对解决方案的关注点不同而导致的很多矛盾的观点就会浮出水面。在这种情况下，如果以建设性的方式处理冲突，则冲突的观点可能提供宝贵的见解。因此，在利益相关者直接参与的情况下应用该方法，需要足够的时间来讨论利益相关者充当的角色。可通过更深入的知识交流，通过阐述利益相关者是给予还是接受的关系之间的利益平衡，或通过其他参与者、活动和资源考虑是否采用其他设计解决方案，来开发替代解决方案。这也使利益相关者对彼此立场的理解保持一致。

与许多其他参与式方法一样，价值设计方法也是一个具有开放性和参与性的方法，价值设计方法中对提出的想法进行开放式讨论，通过共同思考来发展这个想法。对于参与者来说，分享这种想法也是很重要的，他们可以围绕挑战性的设计问题进行建设性讨论。

方法的过程不会得出完全经过验证的业务模型，但它建立了设计决策与业务决策和利益相关者角色之间的联系，这种联系对下一步构建有很多利益相关者的业务模型，是有好处的。价值设计研讨会可以作为一系列研讨会的一部分，将设计决策不断发展为更具体的商业模型。

我们已经将价值设计方法的早期版本应用于专业设计师和创新研讨会中，其中专家和利益相关者一起来应对面向社交的设计挑战，如激励孩子变得积极主动，或者设计生活实验室（LivingLab）之类的概念，让大家拥有更积极的生活方式（Gultekin-Atasoy et al.，2013，2014）。这些研讨会是在项目中进行的，目的是使大学、公共部门和公司一起开发具有商业价值的解决方案。参与者认为，该方法有利于从不同的利益相关者的贡献中发现新的设计机会，并了解彼此对解决方案的看法。

3.2 与现有方法的集成

价值设计方法利用使用场景作为讨论的依据。虽然价值设计方法提出了建立和调整使用场景的基本步骤，但这个过程并没有完全定义如何开发详细地使用场景。详细的用户角色和使用场景开发,被认为是设计过程中开发深层次认识的一个宝贵工具。我们建议读者参考情景开发的现有方法(Carroll,1995;van der Bijl-Brouwer and van der Voort,2013)和故事思维方法,如 Ozcelik - Buskermolen 和 Terken(2016)在第 8 章中的共建故事法(co - constructing stories)或 Atasoy 和 Martens(2016)在第 9 章中的多幕故事法(storyply),他们对开发场景和故事的方法都有详细描述。价值设计方法与这种场景和基于故事的方法兼容,并将是进一步评价设计概念的有用的补充方法。

本文给出一个简短研讨会的案例,利用专家知识来确定业务需求、利益相关者期望和可能的角色。更复杂的设计问题,可能需要重点研究因利益相关者参与讨论带来的业务方面的见解。例如,利益相关者分析方法(Bryson,2004),将对有许多利益相关者参与的项目有用,如医疗保健领域的项目。Den Ouden(2012)的价值流模型,提出了一种在创新生态下,确定相关者之间关系的方法。价值流模型可以作为一种有用的可视化工具,来确定利益相关者关系网络的复杂度等级。业务模型生成(Business Model Generation)方法(Osterwalder and Pigneur,2010),是一个确定方案中业务因素的有用模型,可以接着价值分析方法使用,以进一步细化方案的业务模型。

最后,请读者专注于如何熟练使用工具。价值设计研讨会的形式降低了价值设计方法的使用要求;但是,组织研讨会和管理小组过程的基本技能是必需的,这样才能保证研讨会顺利进行。应用价值设计方法时,应考虑时间压力对产生想法的影响。一方面,投入更多的时间,将得到更详细的概念和讨论;另一方面,投入更多的时间,会妨碍参与者的参会热情。在价值设计方法前面的应用案例中,我们发现,一场简短的研讨会,最少需要 3 小时的时间,但话题稍一放开,很容易一天就过去了。在组织研讨会时,应考虑到讨论中所有环节所需的时间,包括与其他与会者的寒暄、破冰方式、方法应用和评价时间,甚至休息时间。最长的讨论时间段长度建议为 45 ~50 分钟,以保持参与者投入的积极性。时间压力可以分散到其他阶段中去,但是决策阶段需要保证足够的时间来讨论和思考产生的想法。在具有挑战性的问题或冲突出现的情况下,设计师需要给予参与者足够的时间进行讨论,以找到替代的解决办法或直接解决问题。

3.3 方法的未来发展

本文介绍的价值设计画布可以灵活应用,可以在画布的指定位置用使用贴纸。画布形成的布局会向参与者展示他们预期的讨论过程是什么样的,而每阶段布局图上有限的空间也对评论条数进行了限制。因此,它还表达了讨论主题的范围。虽然这种方法在简单易用性上有一些优点,但它也有一些局限性。首先,便签上的条目的内容深度不同,这要求不能有太多限制和条条框框的指导。其次,探讨机会的程度有限。该方法的当前版本,将被开发成一个基于卡片的工具集,各种要素将一起展示在布局图上,以支持对现有机会的灵活评估,同时激励参与者根据卡片上的提示给出更直接的输入信息。这有望在更大程度上支持创造性的讨论过程。另一个值得关注的发展方向是,将这个方法原理做成数字平台。这样可以考虑更多地使用场景中的维度,以及基于这些考虑动态地添加/删除场景框架元素。价值设计方法对于会议期间和之后做文档也是很有价值的,它允许参与者分享讨论的输出结果并在多个不同讨论中使用这个结果。

4 结　　论

在复杂的设计项目中,有许多相互关联的组成部分,在概念开发过程中应加以考虑。因此,设计人员需要在设计过程的早期阶段,就收集领域知识和专家知识。设计师可能很难想象所有可能相关的信息。这是目前设计师在设计场景下所面临的挑战,但这同时也促进了现代设计方法的发展,有助于考虑利益相关者的期望和他们对方案的实际贡献之间的关系,以及他们对有形和无形的价值进行交换所做的贡献。建议通过协商和参与的探索性过程,将设计方案、商业模式和利益相关者的角色一起设计。

本文提出的价值设计方法有助于设计人员在过程的早期收集专家的信息,从而获得手头上设计问题的全貌。这使得设计人员在解决复杂设计问题时会增加对问题的敏感度。该方法特别适用于设计人员在考虑设计问题时,将那些在产生想法过程中可能被遗漏的问题,如业务维度或利益相关者的角色等,一起在设计中考虑进去。它使设计人员能够在更广泛的场景中考虑设计概念,超越了一般仅对用户产品交互性能的关注。

致谢　价值设计方法,是佩林·居尔特金在攻读博士期间,在欧盟区域间新的盈利项目(EU Interreg NWE ProFit Project)中的研究。我们要感谢黑立克·胡夫特·范·海兹爱伦为本文提供的案例研究材料。我们还要感谢这项研究的参与者。

参考文献

Atasoy B, Martens JB (2016) STORYPLY: designing for user experiences using storycraft. In: Markopoulos P, Martens JB, Mallins J, Coninx K, Liapis A (eds) Collaboration in creative design: methods and tools. Springer, New York.

Basole RC, Rouse WB (2008) Complexity of service value networks: conceptualization and empirical investigation. IBM Syst J 47(1):53-70.

Binder T, Brandt E, Gregory J (2008) Design participation (-s)- a creative commons for ongoing change. CoDesign 4(2):79-83.

Brand R, Rocchi S (2011) Rethinking value in a changing landscape: a model for strategic reflection and business transformation. Philips Design, Eindhoven. Available: http://www. design. philips. com/philips/shared/assets/design_assets/pdf/nvbD/april2011/paradigms. pdf. Retrieved April 4, 2013.

Brown T (2009) Change by design. Harper Collins Publishers, New York.

Bryson JM (2004) What to do when stakeholders matter. Public Manag Rev 6(1):21-53.

Buur J, Matthews B (2008) Participatory innovation. Int J Innov Manag 12(03):255-273.

Carroll JM (1995) Scenario-based design: envisioning work and technology in system development. Wiley, New York.

Den Ouden E (2012) Innovation design: creating value for people, organizations and society. Springer, London.

Den Ouden E, Brankaert R (2013) Designing new ecosystems: the value flow model. In: de Bont, den Ouden, Schifferstein, Smulders, van der Voort (eds) Advanced design methods for successful innovation. Design United, Den Haag.

Den Ouden E, Valkenburg R (2011) Balancing value in networked social innovation. Paper presented at the proceedings of the participatory innovation conference, Sønderborg, Denmark, pp 303-309.

Drucker PF (1981) Toward the next economics and other essays. Harper & Row, New York.

Gardien P, Djajadiningrat T, Hummels C, Brombacher A (2014) Changing your hammer: the implications of paradigmatic innovation for design practice. Int J Des 8(2):119-139.

Gaver B, Dunne T, Pacenti E (1999) Design: cultural probes. Interactions 6(1):21-29.

Gultekin-Atasoy P, Bekker T, Lu Y, Brombacher A, Eggen B (2013) Facilitating design and innovation workshops using the value design Canvas. In: The proceedings of participatory innovation conference, Helsinki, Finland.

Gultekin-Atasoy P, Lu Y, Bekker T, Eggen B, Brombacher A (2014) Evaluating value design workshop in collaborative design sessions. In: The proceedings of the NordDesign 2014 conference, Helsinki, Finland.

Gultekin-Atasoy P, Lu Y, Bekker MM, Brombacher AC, Berry JH (2015) Exploring the complex: method development by research through design. In: The proceedings of the 11th European academy of design conference:value of design research. Paris Descartes University,Paris,22-24 April 2015.

Hakansson H (1992) A model of industrial networks. In: Industrial networks. A new view of reality. Routledge,London,pp 28-34.

Hooft van Huysduynen H(2014) Do you want to play? Final master project report,Eindhoven University of Technology,Department of Industrial Design. Eindhoven,The Netherlands.

Ireland C (2003) Qualitative methods: from boring to brilliant. In: Laurel B (ed) Design research: methods and perspectives. MIT Press,Cambridge,pp 22-29.

Mason K,Spring M (2011) The sites and practices of business models. Ind Mark Manag 40 (6): 1032-1041.

Mattelmäki T,Visser FS(2011) Lost in Co-X:interpretations of co-design and co-creation. In:Diversity and unity,Proceedings of IASDR2011,the 4th world conference on design research(Vol 31),Delft, The Netherlands.

Osterwalder A,Pigneur Y(2010) Business model generation. University of Warwick,Coventry.

Osterwalder A, Pigneur Y (2013) Designing business models and similar strategic objects: the contribution of IS. J Assoc Inf Syst 14(5):237-244.

Ozcelik- Buskermolen D, Terken J (2016) Co-constructing new concept stories with users. In: Markopoulos P,Martens JB,Mallins J,Coninx K,Liapis A (eds) Collaboration in creative design: methods and tools. Springer,New York.

Pine BJ,Gilmore JH(1999) The experience economy:work is theatre & every business a stage. Harvard Business Press,Boston.

Prahalad CK, Ramaswamy V (2004) Co- creation experiences: the next practice in value creation. J Interact Mark 18(3):5-14.

Pruitt J, Adlin T (2010) The persona lifecycle: keeping people in mind throughout product design. Morgan Kaufmann,London.

Roloff J(2008) Learning from multi-stakeholder networks:issue-focused stakeholder management. J Bus Ethics 82(1):233-250.

Sanders EN (2000) Generative tools for co- designing. In: Collaborative design. Springer, London, pp 3-12.

Sanders EB-N,Stappers PJ (2008) Co- creation and the new landscapes of design. CoDesign 4 (1): 5-18.

Sanders L, Stappers PJ (2012) Convivial design toolbox: generative research for the front end of design. BIS,Amsterdam.

Sanders EBN,Stappers PJ(2014) Probes,toolkits and prototypes:three approaches to making in codesigning. CoDesign 10(1):5-14.

Tomico O,Lu Y,Baha E,Lehto P,Hirvikoski T(2010) Designers initiating open innovation with multistakeholder through co-reflection sessions. In:Proceedings of IASDR 2011. Delft,The Netherlands.

Ulrich K, Eppinger SD(2004) Product design and development. McGraw-Hill, New York.

van der Bijl-Brouwer M, van der Voort M(2013) Exploring future use: scenario based design. In: de Bont, den Ouden, Schifferstein, Smulders, van der Voort (eds) Advanced design methods for successful innovation. Design United, Den Haag.

Visser FS, Stappers PJ, Van der Lugt R, Sanders EB(2005) Contextmapping: experiences from practice. CoDesign 1(2):119-149.

众包用户与设计研究

瓦西利斯·贾韦德·汗,格切特·迪隆,马尔腾·皮索,
金伯利·斯海勒

摘要 众包可以定义为一项任务,通常由一名员工公开向一群用户发出呼叫,共同完成这项任务。尽管众包近年来不断增长,但它在设计研究和教育领域的应用,相对于它的潜力而言还很不够。本文首先介绍不同类型的众包;然后依照一般的设计循环介绍文献上的案例,以及教育背景下的案例,来说明众包如何支持设计工作者。基于这些案例,本文提供了一个使用众包进行设计和用户研究活动的技巧列表。

1 简　　介

近年来,众包呈现爆炸式发展趋势。虽然,大多数人可以从大众媒体上熟悉众筹的故事,但是众包却是在悄无声息但扎扎实实地快速成长。在撰写本文的时候,亚马逊的土耳其机械人(Amazon's Mechanical Turk,AMT)项目有300 000多个任务(被称为HIT,"人工智能任务"),需要工人来完成。Elance和oDesk(注:全球最大的两家外包网站)声称,项目中有来自180多个国家的800万员工共同完成价值7.5亿美元的工作。正是这种服务的激增,影响用户和设计研究人员,并在许多方面提出挑战,以重新定义设计或用户研究在所有现有服务中的作用。本文目的是探讨研究人员和设计人员过去应用服务的方式,并探索未来更多地利用这些服务的可能性。

一个在学术文献里引用最多的关于众包主题的文章 *The dawn of the e-lance economy*(e-lance和自由freelance正好相反)由麻省理工学院斯隆商学院的两位学者Malone和Laubacher于1999年发表。虽然这篇文章实际上并没有提到众包这个术语,但作者实质上非常详细地描述了包众背后的核心思想。他们使用的"temporary company"(临时公司)一词,指来自世界各个角落的个人通过互联网连

接可以组成一个临时组织,在一个特定的项目上工作,当项目结束时,他们就可以组成其他组织。“众包”这一术语第一次正式出现是在 Jeff Howe 于 2006 年发表在 *WIRED* 杂志上的文章中,该文章标题为 *The rise of crowdsourcing*。Howe 这一新术语用于描述 IT 行业中的外包活动。外包与众包不同,外包通过分发工作来降低成本,通常是发给发展中国家的一个特定的公司,但是众包,是向大量通过互联网连接的人群,而不是传统上有组织的公司,发出工作请求。更具体地说,在这两种情况下,工作都是委托给一个组织以外的群体,但外包是针对雇佣关系,通常是固定的专业组织或个人,而众包则针对的是一个不为本组织所知,且不一定是专业人员的公众群体(Li,2011)。

除了认为众包是面向未知人群的授权关系之外,还有一些人认为众包是比仅仅授权任务更广泛的东西。他们认为,众包是“一种战略模型,它吸引有兴趣有动机的个人组成的群体,这个无组织的群体提供解决方案的质量和数量,甚至比传统的商业形式提供的更好”(Brabham,2008)。该众包模型是一种利用全球分销服务方式,来解决问题和实现生产的有效方式。也有一些人认为,尽管这个术语以前没有使用过,但众包的历史很长。Grier(2011)举了一个例子,他认为,现代的众包与 18 世纪中叶组织起来的小组共同完成计算的过程是有关系的。

众包在最近的信息时代的历史可以追溯到 iStockphoto,据说 iStockphoto 是第一个众包服务的例子,属于创意产业。通过 iStockphoto,人们在注册后可以花很少钱就得到高质量的海量的图片,这些图片是由大量用户上传的。iStockphoto 并不是一个孤立的案例。20 世纪初的另一个较早的案例是 Threadless。Threadless 公司创建了一个网站,用户可以上传他们设计的 T 恤。然后大量用户自己会投票决定哪一款是最流行的设计,公司对这些流行的设计进行生产,然后,网站的用户们就变成了这些产品的客户。因此,在这种情况下,决策过程本质上就是一个众包的过程。类似的案例还有,公司的广告制作,以及决定哪些广告要播出等。具体的案例,从 Converse,一个运动鞋公司,通过在 ConverseGallery. com 的用户招揽居家生意,到马铃薯薯片巨头 Doritos, Doritos 的用户创建案例是一个在超级碗(Super Bowl)大赛中的广告,超级碗是一档美国最火的电视节目(Brabham,2008)。

1.1 典型工作流

一个典型的众包平台的工作流(图 1),有两个用户群:请求者和工人。请求者在平台上分配一个任务,并把任务的报酬,通常是货币奖励,以及需要技能和期限一并发出来。此任务发布给系统中的所有工人。在某些情况下,请求者可以过滤和选择具有一定特征的工人,如具有平面设计经验的人。通常,一群工人将一起竞争这个任务,以提供最佳的解决方案。工人可以要求请求者对初始任务描述得更加清楚。然后请求者选择最好的一个任务描述,并且通常会给些评论,然后要求工人对新的描述以及解决方案进行重新调整。一旦工人提供的解决方案被请求者接受,工人就会得到报酬。

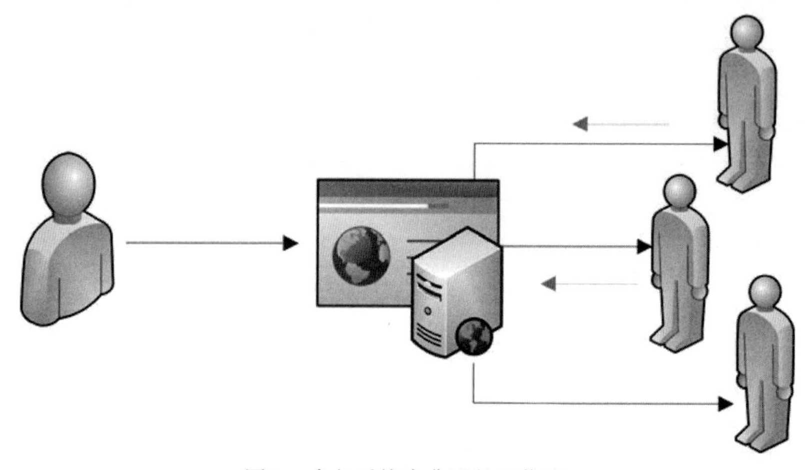

图1 众包系统中典型的工作流

一个发起人发起任务,这项任务被公布给所有工人。注意,不需要所有的工人都对任务做出反应。

设计的潜在方案数量和激励类型,有可能改变设计实践的结果。众包的好处是多方面的。描述众包的维度包括任务类型、激励和平台本身。已经有几个案例表明,对于典型的设计研究任务,众包的好处是快速、负担得起,并拥有一个巨大的、稳定的、不同种类的工人池。上述优点简化了良好设计的几个核心原则,如理解用户的需求、创建替代方案和迭代设计。此外,由于设计包括不同的和分散的活动,我们坚信,众包可以弥补设计人员的知识和技能之间的鸿沟。通过调研学习来更好地理解用户的需求,和拿一张纸勾画出设计原型,这两种活动是完全不同的。用户研究的基本问题是,落实调查结果的可靠性和有效性,而在纸质草图原型的情况下,根本的问题是探索不同的设计方案。现在,设计师可能需要完成多种不同的任务,而这些任务并不一定有用。众包在某些任务中对设计师有帮助,可以帮助他们收集数据,以确认或否定某些决定,最终目的是得到更好的设计。在本文中,我们希望提高人们对已经用于设计目的的众包服务的认识,展示这些众包服务能为设计带来什么,并最终向有意使用众包的设计师提供一些值得注意的事项和技巧。由于现存有许多相关的众包系统,本文将提出众包系统的三种分类方法。

1.2 众包的类型

1.2.1 从产业驱动角度分类

一个实用的、产业驱动的众包分类可以在网站 crowdsourcing. org 中找到。crowdsourcing. org 将众包分为六大类领域。这些类别是对与众包相关的公司和服务进行了一个概括性描述(Blattberg,2011)。这六类分别如下:①众筹;②众创;③工具;④分布式知识;⑤云劳动;⑥开放式创新。众筹类服务帮助用户获得众人的在线财务支持,以资助非营利和营利的原创作品与相关企业。众创类列出了利用创造性人才库来设计和开发原创艺术、媒体或内容的服务。工具类列出了用以支持分布式群体之间协作和共享的应用程序和软件工具。分布式知识类列出了从分布人群中收集知识或信息的服务。云劳动类列出了提供在线劳动力池以完成简单和复杂任务要求的服务。最后,开放创新类列出了帮助产生、开发和实施想法的来源。虽然这种分类在某种程度上是主观的,但它确实从产业驱动角度反映了对现有服务的分类。

1.2.2 从组织驱动角度分类

当从工人与发起组织之间的关系来看众包时,众包可以分为两类,即内部类和外部类。在 Corney 等(2009)对众包进行分类时,基于完成任务的人的特点,将服务和众包任务分开。他们将众包任务分为“任何个人”任务、“大多数人”任务和“专家”任务。内部众包是指必须专家参与的众包任务,也即只有公司内部的员工才能参与完成概念性设计。本文进一步将外部众包分为两类:①通过公司的虚拟交流环境进行众包;②通过专业服务供应商进行众包。在第一类中,公司自己创建了一个虚拟的协作平台,通过这个平台,最终用户被邀请进来创建一个账户,并分享他们的想法。例如,我们后面要讨论的戴尔 Ideation 平台,就属于第一类。在第二类中,中介成为众包活动的一部分,中介成为设置任务的客户(公司或个人请求者)和要求完成任务的人群之间的一个桥梁。第二种类型的一些案例将在 1.4 节介绍。

1.2.3 从系统驱动方式分类

当用社会技术系统观点看待众包时,就会出现一个不同的分类体系。Geiger

等(2012)在分析了50个众包系统之后,得出一个众包系统的二维分类方法(图2)。第一个维度是“系统从群体中寻求的贡献是关注相同点还是关注不同点”;第二个维度是“这些贡献是紧急的或不紧急的”。这些维度产生了四种类型的系统:人群处理系统、人群评价系统、人群解决问题系统和人群创造系统。

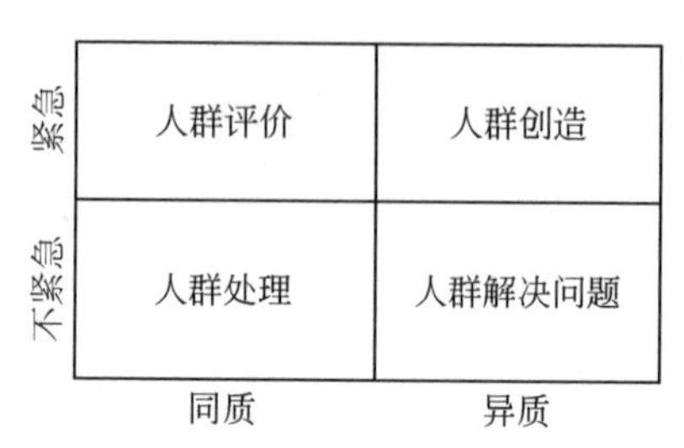

图2　系统驱动的众包系统(Geiger et al. ,2012)

简而言之,人群处理系统背后的主要思想是,将大任务分成相等的任务块,称为微任务,然后将个人的贡献结合起来,形成最后的结果。著名的人群处理系统的案例是验证码(Recaptcha)系统(von Ahn et al.,2008)。人群评价系统主要思想是,个人贡献代表某一特定议题的投票权,只有累积足够数量的选票,才能产生集体效应。著名的人群评价系统的案例是互联网电影资料库(Internet Movie Database, IMDB)或者易趣网的信誉系统。群体解决问题系统背后的主要思想是,个人贡献的价值取决于评价标准,无论是客观、明确的标准还是主观标准。一个具有客观标准的人群解决问题系统的著名案例是Netflix奖(Geiger et al.,2012),一个具有主观标准的案例是99designs。人群创造系统背后的主要思想是,大量的不同的贡献可以聚集为一件复杂的产品。人群创造系统的一个著名案例是YouTube,它包括所有其他用户生成的内容系统。

1.3　各节综述

本文的结构安排遵循设计循环。每个循环包括四部分:需求建立、想法产生、原型构建和结果评估。我们对这种设计循环的这种分类,部分地借鉴了交互设计的思想(Rogers et al.,2011),部分来自创新管理的思想(Dow et al.,2013)。描述众包平台的两个主要的相关人的术语有很多,所以本文使用术语“工作者”来指执行任务的人,使用“请求者”来指计划需要完成任务的人。此外,在本文中,我们所举的案例,来自一个为期2周的研究生众包课程,课程是埃因霍芬理工大学的用户交互项目(UserSystem Interaction, USI)开发的。本课程的主要学习目标是如何在设计创新解决方案时使用“人群”。交互项目课堂共分五个小组,每个小组具有3名不同学术背景的受训者,项目试图利用众包平台帮助受训者形成一个概念,并构造原型特征。受训者的设计决策,是基于几个众包平台得到的结果。

1.4 利用众包平台的案例研究

为了更好地理解案例,我们将首先简要描述所使用的众包平台。我们要强调的是,这项工作的目的不是提供所有服务的详尽清单。相反,它是为用户和设计人员在选择服务时提供指导性建议。

1.4.1 Mindswarms

Mindswarms(mindswarms.com)是一个具有吸引力的众包服务平台,因为它以视频的形式,打开了一扇门,让人们进入用户的世界。Mindswarms 允许研究人员从全世界的客户那里收集短视频作为反馈信息,视频用网络摄像头和移动设备制作。

对于那些要求用户参与或要求用户谈论所处环境的问题,该平台的服务是非常有用的。使用该服务需要为请求者和工作者设置一个账户,并建立一个他们自己的工作者社群。这个过程以筛选出来的最多5个问题(每个问题200个字符)开始,其中4个是封闭问题1个是开放问题。根据结果,可以选择一个或几个工作者录制短片,以回应请求者提出的有关的概念或者问题。工作者录制一个视频可以得到10美元的报酬,如果对同样的研究录多段视频,可以得到50美元的报酬。如果没有达到规定的标准,工作者会被打上标记并要求重录一次视频,或者重新选择一个工作者录视频。工作者响应的时间取决于视频的录制是否顺利。

1.4.2 Microworkers

Microworkers(microworkers.com)可以像 YouTube、推特和谷歌那样通过众多渠道收集数据。Microworkers 为请求者和工作者各建立一个账户,Microworkers 也有自己的工作者社区。在全世界的广大地区,Microworkers 可以根据很多标准选择目标用户。Microworkers 的任务是,让工作者按照说明书使用其他服务,并把用过的证据提交给请求者。这些服务的每一项占7.5%的经费,另加75美分用于服务审批。付给工作者的每项任务的费用是不同的,在0.10~2.50美元不等。工作者随后收到一个评分,只有当收集到的答案符合请求者的标准时,请求者才支付报酬。Microworkers 自己也不容易看得见结果,因为有很多外面的服务连接在系统上。

1.4.3 Crowdflower

Crowdflower(crowdflower. com)使请求者能够创建调查并分发给工作者。它需要一个账户,这个账户可以同时作为请求者或工作者使用。调查是开放给一组预先选定的群组,预选是根据一些有限的人口特征,或者直接根据工作者在 Crowdflower 上的贡献积分进行的。Crowdflower 对国家的选择也很宽泛,被选上的国家的工作者都可以响应 Crowdflower 的请求。Crowdflower 的高级用户有额外的选项,每个月可以获得额外报酬 12 ~ 100 美元不等。免费账户允许请求者输入口头数据、图像和外部链接。请求包括评级、开放式的问题、多选问题、复选问题和下拉问题等几种选择项,选择项根据问题类型如调查、业务数据及微博分析等来决定。工作者完成每个调查都会得到报酬。系统响应时间往往与支付的金额直接相关,从几分钟到几小时甚至几天不等。如果工作者是一个发送数据不满足要求的垃圾邮件发送者,他就可能被标记出局。在活动结束后,收集的数据可以在网站上看得见。

1.4.4 DesignCrowd

DesignCrowd(designcrowd. com)是拥有全球近 50 万平面设计师的一个开放市场。请求者将其设计工作发布到 DesignCrowdd 上的社区,工作者可以提交多种类型的设计作品。对于在 DesignCrowd 上发布的项目,可以从订阅的图形设计师那里获得的设计作品数量不限。所有提交的作品都有报酬,获胜者和第二名获得的报酬更高。获胜者和第二名的参赛作品由请求者选择。请求者可以预先确定整个项目的金额。该项目可退款或承诺付款。如果请求者不喜欢任何一款提交的设计作品,请求者可以不给钱(DesignCrowd 的服务仍然是要付费的)。承诺付款的项目即设计团队保证为他们所发布的项目付款。DesignCrowd 需要创建一个账号为设计团队发布项目,并让大量参与者提交作品。请求者也可以要求选定的工作者更改其原始设计。

在简要介绍了后面几节将要提到的众包服务之后,本文将讨论众包如何帮助设计师建立对需求的认识。

2 使用众包建立需求

Rogers 等(2011)将设计循环过程中的交互设计描述为四类:第一类是“识别和确定需求”。强调这一类是很重要的,因为研究表明,不正确地使用需求可能导致软件开发中的项目失败。缺乏用户参与是这类失败的主要原因(Taylor,2000;Viskovic et al.,2008;Standish Group,1999)。因此,与用户直接接触以更好地了解其场景和需求,是设计循环的一个重要部分。

虽然最初的众包是根据工作的内容和“工作者”的能力进行任务划分的,但也能完成各种与工作无直接关系的数据收集任务,以服务于设计循环的相应阶段。众包允许请求者在很短的时间内,和一个巨大的、分散的人群建立联系,找到他们的需求和偏好,然后将这些需求和偏好转变为软件设计的要求。此外,众包还可以让工作者参与设计过程的各个阶段,从而有助于设置和调整需求。

事实上,有专门满足这种目的的服务,如执行调查、观看发布的视频,以及调取计算机日志等。本节将回顾相关案例,研究如何利用众包来抽取用户需求。抽取用户需求本质上是用户研究中的内容,所以,本文的研究不会仅仅局限于某个特定的系统,而是会扩展到更广泛的领域。最后,我们举一个案例研究中的案例来具体说明。

2.1 文献中的案例

一开始人们认为众包可以提高抽取需求的质量、综合性和经济可行性(Hosseini et al.,2013)。尽管众包具有收集需求的巨大的潜力,但很少有人明确地做过这种尝试(Adepetu et al.,2012;Lim et al.,2010a;Glinz and Wieringa,2007)。CrowdREquire 是一种概念化的众包平台,它是专门为收集需求而构建的(Adepetu et al.,2012)。在这种概念化的服务中,人们只需要把明确的需求贡献出来,就是众包任务的内容。CrowdREquire 希望人们从知识、观点和经验的对比中提出要求,否则没有对比就很难通过其他途径获得明确的要求。正如作者所说,这项服务的目标,是对提交此类需求定义的客户,给予及时和完整的响应。

另一个有趣的需求工程方法,是注意到利益相关者在项目中的重要性。利益相关者是需求的一个重要来源(Glinz and Wieringa,2007),一个不完整的利益相关者列表,会导致一个不完整的需求列表。这种观点催生了 StakeNet 工具的开发(Lim et al.,2010a)。在这个工具中,专家通过征求其他利益相关者的建议,来识别合格的利益相关者。然后,根据这些利益相关者的信息建立一个社交网络。最后,根据这个网络的特征,对利益相关者进行优先级排序。在大型软件项目中使用StakeNet的成果显示,它可以准确地识别利益相关者,并对利益相关者按照其对项目的重要程度进行排序。专家需要从利益相关者那里寻求建议,因此在大型项目中,这种要求成本会很高。为了克服这一点,本文作者开发了一款可以在过程中使用的工具StakeSource(Lim et al.,2010b)。StakeSource有4种工作方式:识别利益相关者、对利益相关者进行优先级排序、发现潜在的问题,以及显示利益相关者的信息,任务和专家的信息通过其他途径联系在一起。StakeSource就是采用众包的方式,对利益相关者这个基本群体进行排序,得到利益相关者列表。这个群体可以向系统推荐新的利益相关者,这时,StakeSource就会给其他利益相关者发送电子邮件,征求他们对新进人员的看法。StakeSource减少了专家对人的影响,也降低了推荐者对利益相关者排序的影响。这个案例引出了一个有趣的应用,即通过众包,对利益相关者自己进行分类。知道一个完整相关者清单,就会得到一个完整的需求,因此,StakeNet在收集需求时是有用的。

如果要把抽取用户需求扩展到用户研究的范畴,众包似乎也能做些探索性研究。如果做对了,就说明,受控的实验室的试验和不受控的众包试验,在完成各种任务时的效果是一致的(Kittur et al.,2008;Heer and Bostock,2010)。例如,Heer和Bostock(2010)利用众包实现图形识别任务。众包试验是参与者做出关于位置、长度、形状或者图片的角度等的选择,结果和受控的实验室得到的结果一样。这也适用于请求者找到合适的对比亮度设置这类操作。然而,操作系统和监视器的细节会影响结果,在进行这样的试验时要把这些信息记录下来。因此,需求也可以通过众包完成,但要注意有很多现场才能感知的心理因素在里面。

2.2 案例研究

为了具体说明如何使用众包来引出用户需求,我们将从我们开展的4项研究中拿出1个作为案例来说明(图3)。我们的案例是关于礼物的。如何买礼物是许多人都会遇到的头痛的事。两个众包服务的案例被用来帮助设计团队了解买礼物有哪些方面的困难。

第一个案例是Crowdflower。挑选50名工作者,并要求他们填写一份调查表。更具体地说,他们被要求填写他们发现为别人买礼物时最难的是什么。研究结果表明,相对于给自己买礼物,最难的是给不同年龄段的人买礼物;而且研究发现,选择礼物最关键的考虑因素是接受礼物的人的个人兴趣爱好。此外,价格和创意也

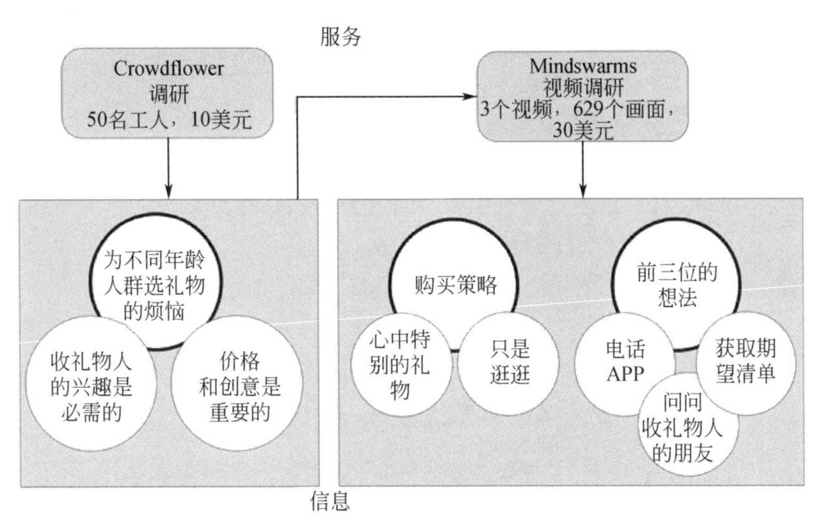

图3　本案例研究中所采用的过程,用以抽取一个礼品推荐 APP 的需求

Crowdflower 的调查表明:①人们给不同年龄段的人买礼物时的难度,比给他们自己买时要高。②购买礼物时,价格和创意注定是重要的,收礼物的人的兴趣却是必需的。基于这些信息,通过 Mindswarms 收集视频画面的结果,揭示了一些重要的购买策略。有些人会买带有特定礼物心意的东西,而有些人只是出去逛一逛。

是非常重要的。基于选定的工作者和调查的选项,Crowdflower 很快就帮助设计团队收集到一组最初的用户需求。

第二个案例是 Mindswarms。基于以前的结果,这项服务被用来引导出更集中的反应。在 629 帧画面中,选择了 3 帧画面。所选择的答复的数量主要限于团队的预算。对画面的分析揭示了一些行为和策略之间的关系,如一些人心里想着要某个特定的礼品,就去那家店买,如果店里有,他们就买了;如果没有,他们会回到首页,换一种买礼品的思路。与此同时,还有其他一些人也跟这些人一样,边思考边在网上浏览,直到做出购买决定。作为这项研究的一部分,工作者还对改进送礼过程提出了一些建议。排名前三位的建议是:①下载一个介绍当地礼品的智能手机应用程序;②向朋友和家人介绍关于礼物接收者的偏好;③从礼物接收者那里获取一份希望礼品的清单。请求者随后对这些信息进行了头脑风暴,从而得出了更明确的方向。结果是,请求者对礼品的类别增加了特殊的要求。例如,Mindswarms 还应该包括书籍、花卉、能够按照价格/流行度排名、关于礼物接收者的人口和社会信息及购买礼物的信息。

2.3 总结

本节试图证明,可以使用众包来引出用户需求。虽然众包看起来很自然,但很少有人明确用过众包。我们列举了为引出需求而专门开发的服务的案例,以及为了同样目的而创建了一个利益相关者网络。最后,描述了一个使用众包来提取用户需求的案例,通过两轮的众包服务,就能得到开发礼品推荐系统足够有价值的信息。设计团队一旦提取出用户需求,接下来就可以进入下一阶段构建解决方案了。

3 利用众包方法的理念

Dow 等(2013)描述设计循环的第二阶段为"想法产生",在这个阶段,设计者根据已经确定的需求,收集各种想法,对想法进行聚思广益。本节中,我们介绍人群如何在线上完成设计阶段的头脑风暴/想法产生的过程,如何将这些想法放到桌面上,并不断增加想法的数量。本节的结构按照上节介绍的众包的组织分类进行。如前一节所述,我们首先回顾了文献中的相关案例,然后介绍一个我们自己的研究案例。

3.1 文献中的案例

有几家公司已经利用众包在"想法产生"这一阶段完成了产品和服务的设计,如诺基亚公司、星巴克公司、戴尔公司、IBM 公司和乐高公司。Aitamurto 等(2013)在与诺基亚创意众包团队合作白皮书中,区别了使用众包实现"想法产生"的几种方式。最重要的是要区分与外部合作者的众包与内部众包,其中内部众包主要描述公司内部员工之间创造想法的过程。

在 Aitamurto 等(2013)的区分基础上,我们再将创意竞赛和微任务服务加入到创意产生当中去。根据这个划分,本节描述众包在设计循环的创意阶段是如何创造价值的,然后再给出公司或者相关服务的案例,案例既有内部众包,也有客户(公司)自己的外部众包,以及通过外部服务实现的外部众包。所选择的案例,既诠释了大公司使用众包的见解,也给出了相关学术文献对众包的反思。人们在设计的创意阶段可以小规模地使用几乎所有公司案例所描述的那些众包方法。

3.1.1 内部众包

IBM 公司也有一个内部众包实现概念设计的案例。从 2001 年开始,IBM 公司每年都组织一项名为“果酱(jams)”的活动,Bjelland 和 Wood(2008)将该活动描述为一组相互关联的公告板,以及 IBM 公司的一组内部网页,其中有几万人 3 天内就能在这里产生有价值的新想法,这足以证明 IBM 公司内部众包的价值。2006 年,IBM 公司向员工家庭成员、商业伙伴、客户和大学研究人员开放这个活动,并组织了一次在线的“创新果酱”,有超过 15 万名参与者。“果酱”由几个主要步骤组成,包括准备、创意产生(果酱阶段 1)、回顾果酱阶段 1 的思想、概念提炼(果酱阶段 2)、回顾果酱阶段 2 的想法,最后是关于新业务单元的建议。Yu 和 Nickerson(2013)证明,果酱的两阶段法,对收集想法是绝对有价值的。他们首先通过一个顺序组合系统产生结果,即在这一系统中,参与者将第一阶段产生的好想法组合到第二阶段中去;另外通过一个叫 Greenfield 的系统来产生想法,这个系统里面的人不知道之前的人有什么样的想法;然后对两种结果进行对比研究。实验中参与者被要求设计一种简单、安全、制造成本低廉的闹钟。对顺序组合系统和 Greenfield 系统产生的想法,采用 Finke(1990)具有独创性和实用性的创造力评估方法对想法进行评估。结果发现,在顺序组合系统之后,参与者的想法更具创造性。

3.1.2 客户(公司)自己的外部众包

戴尔公司给出了一个公司级的案例,即通过外包,从公司以外的个人产生概念设计(Aitamurto et al.,2013;Bayus,2013)。戴尔公司创建了一个永久的虚拟协作平台——Dell IdeaStorm,终端用户可以创建一个账户并分享他们的想法。其他用户可以对该用户发起的主题发表评论,并投票选出他们最喜欢的想法。在第一个 4 年,戴尔公司通过 Dell IdeaStorm 就得到了 15 400 个想法,并发布在平台上。然而,Aitamurto 等(2013)发现,公司如何吸收一个想法,取决于用户和公司之间的知识差距,以及用户社区降低想法模糊性的能力。此外,他们还描述了该平台在很大程度上,已经成为一个客户反馈意见的地方,而不仅仅是发布大生意信息或者发表创新想法的地方。深度研究戴尔 IdeaStorm 社区表明,一个被公司采用实施了的好想法的创建者,很少能够重复他们的成功。相反,他们后来提出的想法,都跟之前的想法类似(Bayus,2013)。采用这种方法搭建平台的还有其他一些公司,如星巴克公司的 MyStarbucksIdea、诺基亚公司的 Ideasproject 和乐高公司的 Lugnet。

除了提供重复创意机会的永久平台之外,一些公司还设立了一次或年度的设计竞赛。伊莱克斯设计实验室(Electrolux Design Lab)是一个年度学生竞争的案例,它是一个为未来家居构建新想法的全球竞赛。很有挑战的一个案例,是在美国联邦公共交通管理局(Federal Transit Administration)的一个试点项目——为位于犹他州的盐湖城(Salt Lake City,Utah)设计公交站(Aitamurto et al.,2013)。在试点过程中,竞赛总共提交了47项设计。这个试验表明,对于具有专业要求的设计,竞赛提交的设计方案价值较高,明显高于业余参与者提交的设计。因此,在为不同参与者组进行概念设计竞赛时必须牢记这一点。

3.1.3 通过其他平台的外部众包

有时,中介是众包活动的一部分,作为请求者和工作者之间的第三方。中介分为两类,即专门收集创新理念的服务,和促使客户提供多种类型微任务的服务。

专门从人群中收集想法的服务,有OpenIdeo、InnoCentive和NineSigma等。这些平台以公共创新服务的方式向人们开放,人们可以组建一个问题解决专家的社区以解决客户面对的一些问题。OpenIdeo创建的社区是开放的,任何人都可以加入,但是InnoCentive创建的社区是封闭的,加入它的社区之后,为解决问题创建的是一个封闭的环境(如只对员工开放)。在网站InnoCentive上展示有超过1650个外部挑战项目,以及数以千计的员工遇到的挑战问题,奖金在5000~1 000 000美元不等。

一个开放的创新服务,如果把公司遇到的问题在线开放给大众,在一定程度上可以找到问题的解决方案(Simula and Ahola,2014)。例如,只要不披露发起者的名字,那关于公司未来计划的敏感信息的安全是有保障的。此外,凭借平台在网上发布挑战的经验,这些服务可以帮助公司尽快获得最相关的解决方案。例如,发起者可以根据给定的信息量、任务类型、困难程度及交流类型等,很快找到最合适的工作者。详情请参阅本文结尾处的提示部分。

一个更方便的服务平台是Tricider,一个在线的头脑风暴和决策工具。它提供了列出问题并邀请人们回答的选项。之后每个人都可以投票赞成或者反对提交的想法。该服务更容易访问,因为它不需要注册,既不建议问题,也不建议潜在的解决方案。然而,没有口碑的社区的规模很小,而且项目需要先付钱才能收到20个及以上的想法。

产生想法的过程只有一个,但是为此构造的任务有很多,这种类型的服务平台有Crowdflower、Microworkers和亚马逊的Mechanical Turk(AMT)等。微任务服务允许任何人都可以发起一个任务,如发起一个调查任务、一个数据分类任务,并根据完成任务的工作者人数调整或者创建任务的内容。在那之后,工作者可以注册这个服务,以选择是否接受这项任务。任务可以在不同的网站上完成,完成的方式可以是向远程服务发送确认信息,或者在远程服务的虚拟环境中完成。一些服务,如 Microworkers,提供选项来拒绝不满意的工作者,直到找到让人满意的工作者人数。想法产生这个选项,是做一个简短的调查,在这个调查中,问题描述得越宽泛越好,收集的想法可以是面向一个开放问题的,也可以是多个描述详细的小问题。

Dow 等(2013)使用亚马逊的 AMT,来为学生讲授众包如何用于创意产生阶段。除了学生团队中的头脑风暴外,每个小组还要求工作者每人产生 5 个想法,平均每个小组有 140 个想法。小组头脑风暴使学生们的积极性被调动起来,可以产生大量的想法,尽管这些想法的质量不高,而且还有重复。

3.2 案例研究

我们将继续描述我们自己研究的一个项目案例,以展示年轻设计师如何在项目的创意阶段使用众包方法。这个具体项目的目标,是关于安全和隐私的用户需求,即在用户使用智能手机进行在线支付过程中,改进用户对安全的体验(图 4)。

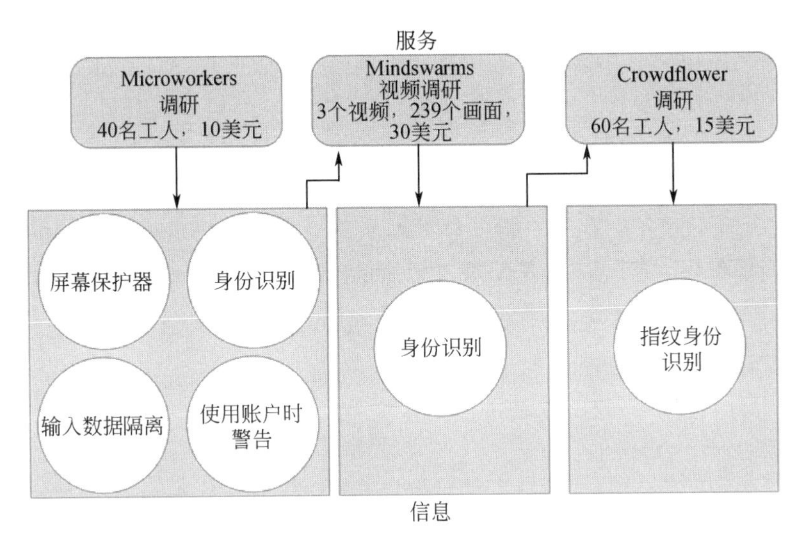

图 4　所采用的服务和得到的信息

基于上述通过外部服务的众包描述,使用两种服务来收集想法。首先,通过 Microworkers 招募 40 名工作者,每人对于在线隐私问题有提出 2 种以上方案的经验。这项任务的介绍很少,使它尽可能简单:

“这个问题是关于网络隐私的。我们想请你考虑,使用智能手机在线支付(如购物)时,如何更好地保护隐私。我们正在寻找各种想法,让用户更加了解并改善对在线隐私保护的体验。没有错误的答案,不要让技术限制你的想法,要有创造性。”

产生的想法的范围从网络连接的安全信息弹出窗口,到指纹和语音识别以确认付款。请求者发现,使用 Microworkers 所具有的拒绝那些不满足任务要求想法的选项功能,是一大优势,因为很明显,并不是所有的提交的想法都有相同的质量,而且花在任务上的精力也不相同。此外,通过互联网人群的众包方式进行调查,是一种省钱的方式,因为每两个想法才 0.56 美元。

在由 Microworkers 产生想法的同时,团队也产生了自己的想法,并关于这个话题召开了一场公开的头脑风暴会议。最后,当比较所有的想法时,人们发现,网上工作者的想法有实质性重叠,工作者想法和团队的想法也有重叠。然而,这两个来源都提供了各自独特的想法。这一点,以 Brabham(2008)对众包提交解决方案质量和数量的评价标准来看,在目前的情况下,众包提交的方案大多表现出较高的数量,而不是质量。

第二种使用的服务是 Tricider。虽然 Tricider 的任务描述和 Microworkers 的一样,并且在 Tricider 上还设置了最好想法 5 美金的奖励,但从 Tricider 上并没有得到更有用的想法。项目总共收集到两条想法,其中一条显然是在开玩笑。由于响应它的人数很低,响应的质量差,Tricider 没有继续在项目里使用。同一个案例研究中的另一个以提升足球场的用户体验为目的的项目,用 Tricider 收集到了 9 条想法。研究者赞赏服务中有一个能包含团队本身想法的选项(比如以内部在线头脑风暴会议的形式实施),以及有投票选想法的机会,但也承认用户基数太小,因此团队就需要做更多的工作,来发布任务招募工作者。

3.3 总结

本节试图说明,在设计循环中,众包可以有不同方式来增加想法的数量。我们讨论了内部众包的案例,主要面向公司内部员工;外部众包面向客户,其中公司和其他组织通过虚拟协作平台或者设计竞赛完成,中介服务协助把任务传递给人群。最后,本节对使用众包产生想法的一个案例进行了描述,案例要求对所期待的任务、所需要的服务,以及合适的输出进行描述。在完成构思阶段之后,通常设计团队将对这些想法的实现方式进行设计。

4　使用众包来设计替代方案

原型是具体的、有形的物件,作为设计师、开发人员、客户和最终用户之间相互理解沟通的桥梁。原型作为一种工具,有助于增加设计过程的创造性,其中设计师可以通过原型,与设计团队的其他成员之间创建和分享想法。然后,设计师可以利用这些信息从最终用户那里,得到关于所开发产品的反馈信息。各种不同的敏捷用户中心设计方法(agile user centered design,UCD)都是通过迭代进行原型设计,周期短,设计师可以通过原型把产品的复杂性或者细节输出给开发人员,这比需求的文本描述要好得多。

根据所需的保真度,原型也可以众包。然而,据我们所知,在学术文献中没有关于利用众包服务进行原型设计的具体案例。因此,在本节中,我们将介绍我们的案例研究经验,这是一个众包故事板的案例,可以认为该案例是一个低保真的原型。

4.1　案例研究

本项目的目的是寻找普通人鼓励节约用水、减少水浪费的解决方案(图5)。

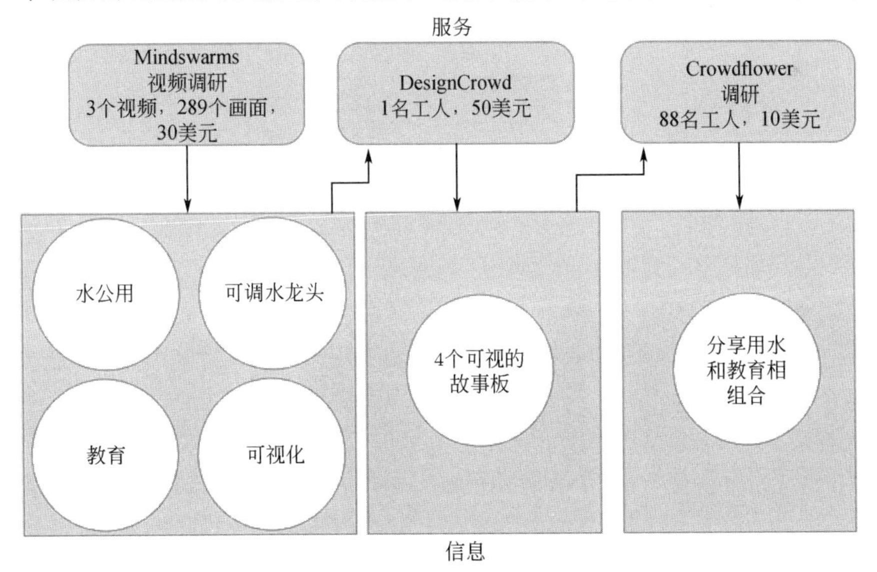

图5　在使用 DesignCrowd 提取故事板的需求之前,采用 Mindswarms 上的调查和视频回复来提取需求,然后在 Crowdflower 上对收到的故事板需求跟工作者一起进行评估

最初,Mindswarms 问 88 位工作者他们在家里如何用水。选择了三个视频,以深入了解水的使用情况。对这些数据的分析引出了四个想法:水资源共享、各种模式的水龙头、教育和用水可视化。

随后,DesignCrowd 上的工作者被要求对每个想法设计一个故事板。最后的故事板是由一个来自印度尼西亚的熟练设计师完成的,该设计师获得了最高的报酬(AC50)。请求者可以看到平面设计师的画板,并基于画板上的设计做出选择。请求者直接通过电子邮件与平面设计师联系,并设置提交的最后期限。平面设计师需确认她能否在最后期限内完成请求者的要求。

设计师在接受任务 24 小时就提交了故事板的第一个草稿。设计小组对草稿进行审查,并给出一些反馈意见。在另一个 24 小时内,设计团队收到了第一个草稿原型的最终版本。这四个设计概念涉及鼓励人们节约用水的不同方法。其中两个可以在图 6 和图 7 中看到。

你和邻居住在乡下

在这个社区有一个节约用水的平台,你可以从这个平台看到你的邻居用水多少

你加入这个平台,你就可以看到你的邻居用水多少,也可以看到你自己用水多少

这会促使你节约用水,因为你希望比你的邻居做得更好

图 6　故事板概念——邻居用水会影响并鼓励节水

礼节图绘制学员:郑志远、阿雷蒂・帕齐鲁、玛利亚・古斯塔夫松。

我的水龙头有几种模式,这意味着我可以根据洗的东西不同控制水流大小

对于刀叉,我选择"最小"模式,因为洗这些东西不需要太多水

对于盘碟,我选择"中等"模式

对于锅,需要的水多,所以我调到"最大"模式

图 7　故事板概念——水龙头事先确定了不连续水流的控制级别

礼节图绘制学员:郑志远、阿雷蒂・帕齐鲁、玛利亚・古斯塔夫松。

这些原型故事再次被张贴在一个众包网站上,通过大众的反馈来获得最有吸引力的节约用水的概念。这个故事板由 Crowdflower 服务提交给工作者(数量为 289 人),他们认为水的分享和教育结合在一起,应该更好。关于对众包的评估,将在下文中进一步讨论。

使用众包服务,需要向设计过程提供输入,从构思生成到实际概念选择阶段都需要。通过众包生成想法时,研究人员通过高质量的可视化(在他们自己的技能之外),作为实际的概念选择的输入。

还有许多其他的众包平台,如 DesignCrowd,它提供类似的设计方案选择和设计技巧,如 99designs(99designs. com)、CrowdSPRING(crowdspring. com)、Choosa(choosa. net)、Hatchwise(hatchwise. com)、Logomyway(LogoMyWay. com)、Eyeka(eyeka. com)。设计团队在为原型化任务选择众包服务时,应该考虑他们所拥有的时间、所需的工作质量及最低成本等。

4.2 总结

本节介绍了一个案例研究,其中众包支持设计团队从众包服务中获得各种设计方案。一些故事板在 2 天之内就能从一个众包服务得到。在拥有各种方案之后,通常设计团队将对这些方案进行评估。

5 对采用众包的评价

虽然评估一方面取决于特定的研究目标,但另一方面,在评估阶段每个设计师还需要明确其他一些问题。第一个要明确评估对象是什么,这可能是从低成本的原型到完整的系统。前一节介绍了众包如何帮助设计师完成这些任务。

什么时候评价是第二个问题。一般来说,这个问题可以分为两类:过程性评价和结论性评价(Lewis,2014)。过程性评价一般是设计过程中的检查环节,如检查产品的当前状态是否满足用户的需求。而结论性评价是评价一件完成的产品是否成功。众包平台将选择合适的时间适时地进行评估。

5.1 文献中的案例

说到终结性评价,Liu 等(2012)利用传统的实验室可用性测试方法,通过众包服务,评估了研究生网站的可用性。AMT 以 Crowdflower 作为众包平台招募参与者。对于传统的(非众包)测试,AMT 从学校招募了 5 名学生,他们是网站的普通用户。这 5 名学生在专业众包服务平台上没有注册,所以这 5 名学生的评价跟注册过的学生的评价不同。此外,两组被要求评估的任务略有不同。新招募的众包团队的任务是代表还没有访问过网站的潜在学生。众包测试时,首先由 11 名参与者开始进行实际测试,然后由 44 名参与者加入正在进行的实际测试。在传统测试的情况下,强制采用有声思维法。与有声思维法这种传统测试不同的是,本次测试后加的 44 人的测试是有偿的,但他们的行为网站上没有记录,因此是无声的,当然也没有人能对这 44 人的行为进行观察和研究。

关于在众包平台的帮助下进行可用性测试的效果,由于研究人员都是远程,指导和任务必须是具体而明确的(Liu et al.,2012)。此外,捕捉用户想法的调查必须考虑用户可能会作弊。因此,它的设计必须有防止作弊的考虑。在这方面,Liu 等(2012)采取了以下措施:①他们通知参与者这是学术研究;②不用多选题,而是用填空题,这需要他们主动在网上搜索信息,缺点是增加了完成任务的时间;③提供真实反馈意见的参与者有奖,随便回答问题的参与者没有报酬。

虽然由于两种条件下的任务和参与者不同,Liu 等(2012)的做法很难概括,但还是可以提出一些有用的见解。首先,收集数据所花费的时间,与众包平台相比要少得多。得到众包测试中 44 个参与者的结果用时不到 1 小时,而传统的测试是每个参与者需要 30 分钟。尽管 2 个测试发现的实际可用性问题有差异,但是两者有一个明显重叠的地方,当然也是最主要的一个重叠。在众包测试中,澄清指令的问题是不可能的。此外,对于众包而言,需要重新输入信息来澄清不清楚的地方,是非常困难的。

在另一个案例中,Dow 等(2013)第一次发表了他们在课堂上利用众包的调查结果。在其他一些众包活动中,学生也收集了人们对他们设计的原型的反馈意见。例如,一组美国卡内基梅隆大学学生使用 Mindswarms 为 6 个故事板征集设计方案,每个方案总共 28 段视频。基于得到的那些反馈信息,就人们对这些故事板的反应,学生展示了他们的研究成果。在课程的另一部分,老师要求学生在网上创建工作原型、安装谷歌的分析软件,并招募至少 30 名 AMT 工作者执行 A/B 测试[①]。

除了上面提到的平台,在考虑总结性评价时,评估的第一个方面是成品的可用性。实验室以外的可用性测试,是众所周知的远程可用性测试(Albert et al.,2009)。如今,提供这种服务的公司出现了激增。例如,loop11(loop11. com)、

① 译者注:A/B 测试是为同一个目标制订 A/B 两个方案,让用户随机使用其中一个方案,然后收集用户体验数据,根据显著性检验分析评估出最好方案。

UserZoom(UserZoom. co. uk),UserTesting(UserTesting. com)、Youeye(youeye. com)、Usabilla (Usabilla. com)、Conceptfeedback (conceptfeedback. com)、Crowdsourcedtesting(crowdsourcedtesting. com)、Trymyui(trymyu. com)。

除了一些众包平台试图模仿传统可用性测试的过程之外,的确出现了一些根据数据的本性而开发的创新服务。例如,Usabilityhub. com 有三个可选的测试,这和传统的有声思维测试是显著不同的。第一个测试项目名为“五秒测试”。测试中,工人们只有 5 秒来观看被测试的设计。然后,工作者要回答一系列的问题,如“你认为这家公司卖的是什么产品?”或者“公司名字是什么?”。这个测试的特殊目的是测试第一印象,以及理解某个设计的难易程度。第二个测试项目名为“点击测试”。在这个测试中显示一个设计,系统记录工作者点击它的地方。这样做的目的是测试导航位置和突出位置在哪里,以及在设计中如何清晰地关联起来请求→响应的动作。第三个测试项目名为“导航流测试”。这个测试主要测试导航的设计。请求者上传一系列页面设计,并指定工作者必须单击执行的地方。工作者每一步的成功率和失败率都被记录下来。此测试的目的是测试多步骤导航流,以及用户将离开哪些页面。

在不同类型的任务之外,Usabilityhub. com 还有虚拟货币模型。用户可以使用该平台来完成任务,完成每个任务还可以获得信用。平台可以根据用户的信用分发任务。用户也可以购买信用。这是一个新的和有趣的替代传统的众包报酬的模式。在大部分系统中,补偿都是货币。在这个平台上,补偿是从设计测试中累积来的基本数据。

为了说明众包平台如何支持设计人员进行过程性评估,我们将参考案例研究中的两个项目。

第一个项目的目标是提高足球场的体验效果。总共从 Qualtrics 上的问卷调查和 Tricider 上的想法产生选择了 3 个想法:通过电话重播比赛、票选比赛选手,以及用扩展大屏重放比赛。通过 Crowdflower 服务选择了 100 名工作者进行调查,要保证这些人对这 3 个想法的理解一致。从反馈来看,几乎一半的工作者会下载这个应用程序 APP,有几个工人不下载,他们对此表示怀疑。采用利克特五级量表,APP 多数功能的评分都是 4 分。此外,采用 Mindswarms(200 筛选工人对 6 段视频)去了解别人对这个 APP 的看法,并获得实时视频作为反馈。响应的结论是积极的,证实按照这一概念来开发 APP 是正确的方向,可以达到增强访问足球比赛网页的经验。

第二个项目的目标是鼓励节约用水,这在上一节的故事板提到过,为了对该项目进行评价,将该项目重新提交给 Mindswarms(4 段视频,86 段筛选后的对话)和

Crowdflower(50 名工作者),然后众包给工作者。评价的目的,一方面是获得关于故事板的更多的描述性反馈意见,另一方面是让更多的人看见故事板。工作者们被要求选择最有吸引力的故事板,并提出他们的建议。评价结果表明,4 个故事板中有 2 个是工作者们特别喜欢的,众包平台还提出了 2 套故事板组合方案。最终的概念是一个水龙头,用户可以根据他们目前的用水需求调节水量(图 7)。

5.2 总结

本节介绍了文献中报道的案例和一个案例研究,其中众包被用来支持设计团队评估设计解决方案。越来越多的服务都可以采用远程可用性测试,不局限于简短的设计测试和远程工作者的视频响应测试。

6 对用户和设计研究使用众包平台的建议

本节列出了设计师在设计循环的众包阶段可能遇到的问题。此外,本节详细阐述了解决这些问题的技巧。

6.1 为了检查响应的质量,设计可以校对的问题

如何获得高质量的众包响应,以及如何对众包任务的质量进行一般性控制,是一个反复出现的问题。解决这个突出问题的一个办法是,除了设计感兴趣的任务外,还要设计可以校对的问题。然而,Kittur 等(2008)提到,结果的质量与给工作者设置的任务是否合适有关。参与者按照利克特五级量表进行评价,以是否是专家撰写的几篇维基百科(Wikipedia)的文章作为参照,结果显示,专家写的文章和不是专家写的文章之间只有微弱的一致性。然而,在第二个实验中,Kittur 等(2008)明确地添加可验证的问题,发现工作者和专家评审之间的一致性要高得多,而且无意义的回答更少。他们得出结论,影响评价结果的因素如下:①是否有明确可验证的问题;②任务设计得是否使评价者尽可能付出代价小;③对不准确的评价描述是否有多种方法识别。正如 Kittur 等(2008)、Heer 和 Bostock(2010)强调的那样,使用高质量的任务和可验证的问题可以提高过程中的响应质量。

可验证问题可以是一个简单的问题,如“5 + 5 是多少?”。如果答案是无意义的,那就意味着工作者不认真对待任务,要被排除在分析之外。

6.2 投入额外的精力来描述所请求的任务

低质量的评价输出结果,也可以归因于评价者对任务场景缺乏理解。在使用众包时,地理、时间和文化的差异必然会发生。因此,在制定任务目标或调查问题时,设计师需要更加敏感。设计师还需要仔细考虑研究所隐含的背景,并确保在必要时能抓得住这些背景。例如,当涉及可用性测试时,由于工作者处于自己的环境中,他们可能不会完全专注于任务。这样的结果,如在一个网站的导航所花费的时间,可能会因参与者同时做其他事情而有所不同。在这种情况下,设计师需要仔细地指导工作者,并预先确定那些可能分心的时间点和地点。因此,在众包的可用性测试中,指导说明和任务本身都要描述得具体而明确(Liu et al.,2012)。

6.3 妥善处理资金问题

相对于外包,众包平台提供的服务在付款上有优势。较高的货币兑换率对某些国家可能有利。以较少的资金,设计团队也许能够从一个低币值国家的人群中,以较少的资金获得类似质量的作品。

然而,总有一个问题,即究竟需要付出多少才能完成一项任务。在不同的众包平台上,给工作者报酬,对工作者所做任务的好坏起着主要作用。Nelson 和 Stavrou(2011)指出,AMT 所做的工作者可用性评估任务表明,工作者的表现随着报酬金额的增加而增加,直到报酬金额达到某一个数值后,金额再增加时,工作者的表现反而会下降。此外,要获取工作者的需求,Mason 和 Suri(2012)研究表明,每个任务所支付的金额直接影响调查的完成时间。付款 0.01 美元,响应时间大幅增加,而每个任务支付 0.03 ~0.05 美元,响应时间反而不会增加。

此外,工作报酬和工作产出的关系已显示出随着金额增加,增加的是参与者的工作数量,而不是质量((Mason and Watts,2009)。要确定最优的众包价位,建议对定价进行实验,降低支付给工作者的报酬到某个值,直到在这个价位上工作者认领公开任务的速度设计团队可以接受。

最后,需要知道的是,工作者参与众包平台的原因众多,不仅仅是因为钱。例如,利他、乐趣、声誉和社会化等原因在工作者中也存在(Quinn and Bederson,2011)。还有一个原因是从开源浏览器 Firefox 里发现的,即不断提高产品的性能,是人们积极参与项目的一个突出原因(Ko and Chilana,2010)。

6.4 注意选择偏见

虽然有越来越多的人连接到互联网,而且通过互联网可以找到特定的用户群,这种特殊用户群采用其他方法是很难找到的,如老年人群(Tates et al.,2009),但是人们还是需要意识到,在众包平台中,不可避免地会出现选择上的偏见。例如,Ross 等(2010)表明,AMT 基本上拥有两大用户人群:受过良好教育、中等收入的美国人,和年轻的、受过良好的教育但不如印度人收入高的美国人。

在同一时期,Brabham(2008)指出,一个在线的人群并不能保证观点的多样性,因此可能无法产生许多高质量的想法。典型的网络用户,至少在 2008 年,仍然主要是白人、中产阶级或上层阶级、讲英语的、受过高等教育的、拥有高速互联网连接的用户。说到创意,完全有找不到有用的想法,或者找到的想法,只适合年轻的白人中产阶级的风险。此外,Aitamurto 等(2013)认为,最好的想法生成方法,是封闭的网络而不是开放的社区,因为封闭圈里人的想法更容易被开发。因此,很明显,为一个想法生成任务选择合适的工作者,是具有挑战性的,需要时间和精力。

此外,很明显,工作者们需要一台能够上网的计算机,以及具备使用计算机的基本技能。此外,人们还需要明白,许多工作者参与众包,仅仅是因为需要一份额外收入。

另外,如果设计团队缺乏一些技能,而人群刚好可以弥补这一技能,那人群的使用则变成暂时需要一项技能的设计团队的切实可行的选择。

6.5 创意的伟大工具

作者们已经意识到了使用众包思想的好处。好处是,可以很容易产生大量的可能的想法(Aitamurto et al.,2013;Bayus,2013;Brabham,2008;Dow et al.,2013),事实上,相比于内部开发,众包价格便宜(Bayus,2013;Brabham,2008),而且结果可以在很短的时间内看到(Bayus,2013;Brabham,2008)。对照我们研究的案例和 Dow 等(2013)的课程,Poetz 和 Schreier(2012)发现,一群用户提供的思路的新颖性得分较高,客户受益也多,比专业人士提供的想法的新颖性还好,这表明有时外包得到的想法对设计团队或公司而言更有用。然而,专业人士的想法只在可行性上的得分稍高一些。

尽管如此,大量的想法可以从人群中产生,但也有不利的一面,设计团队有时不得不面对艰难的选择过程，以找到最相关或有用的想法，以便进一步开发和测试。筛选所有的想法可能成本高、时间长、精力多（Aitamurto et al.,2013）。这个问题的解决方案可以在众包本身中找到！人们将对提交的想法进行排名，再提交出去（如 OpenIdeo 上的应用）。

6.6 注意道德和知识产权问题

旨在利用众包来产生想法的公司和团队，应该考虑在项目开发过程中出现的法律和伦理问题。一个重要的法律问题是想法的知识产权分配（Aitamurto et al.,2013;Simula and Ahola,2014）。在几乎所有的案例中，人们审查关于众包服务中知识产权问题的条款和条件时，就会发现完整的知识产权属于请求者。然而，随着众包服务的全球化，知识产权既涉及国际法的问题也涉及现实中的问题，因此，请求者的知识产权是否确实受到侵犯很难确认。如果请求者在一个欧洲国家，一个工作者在远东地区使用这个概念的设计或部分设计，请求者需要花大量的资源去找到它，然后依法追究这个工作者。解决这一问题的一个简单办法，是将手头的任务分成小块，然后要求这些较小的部分由不同的工作者完成，但质量问题可能会出现。对工作者而言，众包平台要记住的道德问题是，工作者的想法是否得到公平的报酬，或者说，众包不能跟奴隶制经济一样（Brabham,2008;Felstiner,2011）。由于这种众包服务的新颖性，如何公平付费仍然是一个有待解决的问题。

7 结　　论

显而易见的是，众包虽然相对较新，但经常用于设计循环的各个阶段。众包案例来自营利和非营利公司、政府机构和研究人员等。众包有几种不同的使用方式，根据工作者的特性、任务种类和回报的特点不同而不同。

为了获得用户需求，众包可以面向全球用户。不同的平台提供了许多方法来查询和获取来自用户的数据，以便更好地理解用户的需求和这些需求出现的场景。

当一个人想使用众包来收集想法时，他必须记住，要选择足够分散的人群满足话题的复杂性要求，要为选择的想法做各种准备，还要考虑众包带来的法律和道德的问题。总的来说，在设计循环中，众包对于创意阶段而言，是一个有用的补充，因为在创意阶段，众包可以廉价且快速地获得大量想法。

如果设计团队缺乏一些技能，或是没有时间创建设计方案或原型，那么接触外面的众包工作者可能是一个现实的选择。外面的众包工作者可以弥补设计团队如下一些能力:视觉设计、编程、技术写作,以及其他技能。

众包工作者可以在短时间内提供多种设计的原型版本,供设计团队选择。众包产生的原型的范围可以从为整个网站进行设计,到为网站设计一种颜色的主题,或者设计一个登录页面。跟人群测试不同,众包做原型要对未来的产品有一定的保证,保证的程度由设计团队给的价钱决定。

如果想使用众包对所设计的工件进行评估,也有大量的评估服务可供选择。传统的可用性评估服务,一个更为人熟知的名称是远程可用性服务,该服务是对现有的几种服务进行重新分配合组合,如在 Mindswarms 上和原型进行交互并询问用户的看法,这种交互服务可以满足评价的要求。新的众包服务提供了新的微评估任务,为设计评估提供了新的评估选项。

致谢 我们要感谢埃因霍芬理工大学(2013 年级)的用户交互项目(user-system interaction-USI)的所有学员们,感谢他们对设计和用户交互领域采用众包的见解。此外,我们要特别感谢 Mindswarms 团队的鼎力支持,允许我们使用他们的服务,以实现我们的教学目标和前述其他服务。

引 用 文 献

Kittur A, Chi EH, Suh B(2008) Crowdsourcing user studies with Mechanical Turk. In: Proceedings of the SIGCHI conference on human factors in computing systems, April. ACM, New York, USA, pp 453-456.

The authors describe an experiment in which they investigate Amazon's Mechanical Turk and how they can get quality responses from workers.

Mason W, Suri S (2012) Conducting behavioral research on Amazon's Mechanical Turk. Behav Res Methods 44(1): 1-23.

The paper demonstrates how to use Amazon's Mechanical Turk website for conducting behavioral research and tries to lower the entry barrier for researchers who could benefit from this platform.

Description of how Google Consumer Surveys is superior to current probability based Internet panels by using what is known as a "surveywall" to attract respondents.

Aitamurto T, Leiponen A, Tee R (2013). The promise of idea crowdsourcing: benefits, contexts, limitations, September 25. Retrieved from http://www.academia.edu/963662/The_Promise_of_Idea_Crowdsourcing_Benefits_Contexts_Limitations.

The authors review crowdsourcing for idea generation ('idea crowdsourcing') both from the perspective of academic literature and actual cases from businesses to understand how and when to use crowdsourcing and with which benefits and costs.

参 考 文 献

4 Reasons you should consider crowdsourced design for your next big project (n. d.) Retrieved September 30,2014,from http://michaelhyatt. com/crowd-sourced-design. html.

Adepetu A,Ahmed KA,Al Abd,Y,Al Zaabi A,Svetinovic D(2012)CrowdREquire:a requirements engineering crowdsourcing platform. In:AAAI spring symposium:wisdom of the crowd,March.

Albert W,Tullis T, Tedesco D (2009) Beyond the usability lab: conducting large-scale online user experience studies. Morgan Kaufmann.

Bayus BL(2013)Crowdsourcing new product ideas over time:an analysis of the dell IdeaStorm community. Manag Sci 59(1):226-244,http://doi. org/10. 1287/mnsc. 1120. 1599.

Bjelland O,Wood R(2008)An inside view of IBM's ' innovation jam. MIT Sloan Manag Rev 50(1):32-40.

Blattberg E(2011)Crowdsourcing industry landscape. Retrieved from http://www. crowdsourcing. org/editorial/november-2011-crowdsourcing-industry-landscape-infographic/7680.

Brabham DC(2008)Crowdsourcing as a model for problem solving:an introduction and cases. onverg Int J Res New Media Technol 14(1):75-90,http://doi. org/10. 1177/1354856507084420.

Corney JR,Sanchez CT,Jagadeesan AP,Regli WC(2009)Outsourcing labour to the cloud. Int J Innov Sustain Dev 4(4):294,http://doi. org/10. 1504/IJISD. 2009. 033083.

Crowdsourcing your brand design: the math just doesn't work out (n. d.) Retrieved from http://forty. co/crowdsourcing-your-brand-design-the-math-just-doesnt-work-out.

Dow S,Gerber E,Wong A(2013)A pilot study of using crowds in the classroom. ACM Press, New York,USA,p 227,http://doi. org/10. 1145/2470654. 2470686.

Felstiner A(2011)Working the crowd:employment and labor law in the crowdsourcing industry(SSRN scholarly paper No. ID 1593853). Social Science Research Network, Rochester. Retrieved from http://papers. ssrn. com/abstract=1593853.

Finke RA(1990)Creative imagery:discoveries and inventions in visualization. L. Erlbaum Associates, Hillsdale.

Geiger D, Rosemann M, Fielt E, Schader M (2012) Crowdsourcing information systems-definition, typology, and design. In: ICIS 2012 proceedings. Retrieved from http://aisel. aisnet. org/icis2012/proceedings/ResearchInProgress/53.

Glinz M, Wieringa RJ (2007) Guest editors'introduction: stakeholders in requirements engineering. Software IEEE 24(2):18-20.

Grier DA(2011)Foundational issues in human computing and crowdsourcing. In:CHI 2011.

Heer J, Bostock M (2010). Crowdsourcing graphical perception: using mechanical turk to assess visualization design. In: Proceedings of the SIGCHI conference on human factors in computing systems, March. ACM, pp 203-212.

Hosseini M,Phalp K,Taylor J,Ali R(2013)Towards crowdsourcing for requirements engineering. In: Joint proceedings of REFSQ-2014 workshops,doctoral symposium,empirical track,and posters,co-located with the 20th international conference on requirements engineering:foundation for software quality(REFSQ 2014). Retrieved from http://ceur-ws. org/Vol-1138/et2. pdf.

Howe J(2006)The rise of crowdsourcing. North 14:1-5,http://doi. org/10. 1086/599595.

Ko AJ,Chilana PK(2010)How power users help and hinder open bug reporting. ACM Press,New York,USA,p 1665. http://doi. org/10. 1145/1753326. 1753576.

Lewis JR(2014)Usability:lessons learned... yet to be learned. Int J Hum Comput Interact 30(9): 663-684,http://doi. org/10. 1080/10447318. 2014. 930311.

Lim SL,Quercia D,Finkelstein A(2010a)StakeNet:using social networks to analyse the stakeholders of large-scale software projects. In:Proceedings of the 32Nd ACM/IEEE international conference on software engineering-Volume 1. ACM, New York, pp 295-304. http://doi. org/10. 1145/1806799. 1806844.

Lim SL,Quercia D,Finkelstein A(2010b)StakeSource:harnessing the power of crowdsourcing and social networks in stakeholder analysis, vol 2. ACM Press, p 239. http://doi. org/10. 1145/1810295. 1810340.

Liu D,Bias RG,Lease M,Kuipers R(2012)Crowdsourcing for usability testing. Proc Am Soc Inf Sci Technol 49(1):1-10,http://doi. org/10. 1002/meet. 14504901100.

Li Z(2011)Research of crowdsourcing model based on case study. Manag Sci 1-5. http://doi. org/10. 1109/ICSSSM. 2011. 5959456.

Malone TW,Laubacher RJ(1999)The dawn of the E-Lance economy. In:Nüttgens M,Scheer AW (eds)Electronic business engineering. Physica-Verlag HD,Heidelberg,pp 13-24. Retrieved from http://link. springer. com/10. 1007/978-3-642-58663-7_2.

Mason W,Watts DJ(2009)Financial incentives and the "performance of crowds". In:Bennett P,Chandrasekar R,Chickering M,Ipeirotis P,Law E,Mityagin A,Provost F,von Ahn L(eds). Proceedings of the ACM SIGKDD workshop on human computation(HCOMP'09). ACM,New York,pp 77-85, http://dx. doi. org/10. 1145/1600150. 1600175.

Nelson ET,Stavrou A(2011)Advantages and disadvantages of remote asynchronous usability testing using Amazon Mechanical Turk. Proc Hum Fact Ergon Soc Annu Meet 55(1):1080-1084,http://doi. org/10. 1177/1071181311551226.

Poetz MK,Schreier M(2012)The value of crowdsourcing:can users really compete with professionals in generating new product ideas?:the value of crowdsourcing. J Prod Innov Manag 29(2):245-256, http://doi. org/10. 1111/j. 1540-5885. 2011. 00893. x.

Quinn AJ,Bederson BB(2011)Human computation:a survey and taxonomy of a growing field. ACM Press,New York,USA,p 1403. http://doi. org/10. 1145/1978942. 1979148.

Rogers Y, Sharp H, Preece J (2011) Interaction design: beyond human computer interaction, 3rd edn. Wiley.

Ross J, Irani L, Silberman MS, Zaldivar A, Tomlinson B (2010) Who are the crowdworkers?: shifting demographics in mechanical turk. ACM Press, p 2863. http://doi. org/10. 1145/1753846. 1753873.

Simula H, Ahola T (2014) A network perspective on idea and innovation crowdsourcing in industrial firms. Ind Mark Manag 43(3): 400-408, http://doi. org/10. 1016/j. indmarman. 2013. 12. 008.

Standish Group (1999) Chaos: a recipe for success. Standish Group International.

Tates K, Zwaanswijk M, Otten R, van Dulmen S, Hoogerbrugge PM, Kamps WA, BensingJM (2009) Online focus groups as a tool to collect data in hard-to-include populations: examples from paediatric oncology. BMC Med Res Methodol 9(1): 15, http://doi. org/10. 1186/1471-2288-9-15.

Taylor A (2000) IT projects: sink or swim. Comput Bull January, 24-26.

Viskovic D, Varga M, Curko K (2008) Bad practices in complex IT projects. In: ITI 2008-30th international conference on information technology interfaces, p. 301.

von Ahn L, Maurer B, McMillen C, Abraham D, Blum M (2008) reCAPTCHA: human-based character recognition via web security measures. Science 321 (5895): 1465-1468, http://doi. org/10. 1126/science. 1160379.

Why Designers Hate Crowdsourcing (n. d.) Retrieved September 30, 2014, from http://www. forbes. com/2010/07/09/99designs-spec-graphic-technology-future-design-crowdsourcing. html.

Yu L, Nickerson JV (2013) An internet-scale idea generation system. ACM Trans Interact Intell Syst 3 (1): 1-24, http://doi. org/10. 1145/2448116. 2448118.

纸板模型:探索、体验和交流

乔普·富闰斯

摘要 本文介绍了纸板模型作为一种设计工具可以同时进行探索、体验和沟通设计建议。首先介绍了纸板模型基本技巧,以及提高技能和速度的几个练习;然后演示如何作为一种工具进行探索;最后,给出了两个纸板模型,用以感觉一下它的保真度水平,以及这种技术适应的设计类型。

1 简　介

本文介绍的纸板模型可以作为一个交互式产品设计的工具。它的目的是展示纸板模型如何用来制作低保真的模型以进行前期的设计探索;之后,这些设计探索引出中保真度的实验模型,以及高保真度的演示模型。本文是纸板模型的第一次尝试。在扎进纸板造型技巧之前,本文简要介绍一下在设计、设计教育和设计工具中纸板模型技术的背景。

在过去的几十年里,设计已经发生改变,随之,设计的教育也发生改变。来自实践、侧重于外观的设计的思想已经改变了,变为交互式产品设计,甚至是交互系统设计(Frens and Overbeeke,2009)。设计教育也跟着改变,教育致力于为学生提供新技能和新工具。计算机已经进入了设计领域,首先是作为一个代替文字的贸易工具,然后是技术图纸从纸张移到计算机,以致计算机后来成为一种新的探索工具,如互动工具(Obrenovic and Martens,2011)。一般来说,计算机对设计和设计教育来说,是一种福音;计算机的引入使我们对解决设计挑战有了新的进展,并有助于产生一系列新的制造工具,如激光切割机、3D 打印机和数控铣床。然而,计算机也有缺点,我相信这些缺点是我们不需要的,我们也不能让它起作用。计算机工具在一个抽象的世界里工作,在开始操作之前,需要严格定义输入信息(Frens and Hengeveld,2013)。计算机没有模棱两可的余地,也不考虑设计工件的内在经验。在设计草图里,模糊性是一种资源(Fish and Scrivener,1990),对行动体验的评价是解决设计复杂性挑战的起点,但现在这是一个严重的缺点,特别是在设计过程的前期。因为计算机可以提供更高效的工作方式,我们需要认识到,我们所设计的物质材料和方案域的方案是同时形成的。当设计师经过抽象进入设计空间时,这些设计也就同时被带进了创建的解决方案中。例如,是具有所有的技能之后进行创意好还是在没有那么多技能时直接动手进行创意好?当你动手制作的时候,你就在开始"用你的双手思考",大脑在对你所使用的物质材料的变化做出反应。你的手催化了你的想法(Frens and Hengeveld,2013)。你会为这一次的探索感到惊喜,正是这个惊喜,这个偶然的体验,我觉得是制作过程中最强大的一面。这种体验,正是纸板模型试图抓住的。

使用泡沫芯和纸板作为模型材料并不新鲜。使用这些材料制作沙盘或者模型,不论是在建筑领域还是在设计领域,都有很长的历史传统,这个方法可以用来探索产品有形的形式,或者可以用来表达无形的想法和概念。本文用这种方法来实践,并把它引进交互设计领域(物理的),如此,纸板造型就有了坚实的传统设计工具的基础(Buxton,2007)。这些技术都集成在设计过程之中,从早期低保真度的探索模型到高保真度的体验表达模型,都采用这种技术。

在转到本文的核心之前,最后我们要说一下术语。我所指是"纸板模型"技术所用的材料主要是泡沫芯,其次是纸板。

这么奇怪的选择术语背后一个很俗的原因是,在我看来,"纸板模型"描绘的是模型的认知图,这些模型是通过技术创建的,而"泡沫模型"不是认知图。"纸板模型"不用纸板而用泡沫,由于这个术语现在与我的许多活动联系在一起,所以我也不想改变这个说法。

2 纸板模型

10 年来,我一直在教授纸板建模课程,并开发了一个关于这个主题的网站来支持我的教学。本文所使用和参考的原始材料就来自这个网站,特别是在第一部分。如果合适,我建议读者参考网站上的内容,通过视频解说,涵盖了本节讨论的许多主题。纸板模型网站的地址是 http://www. cardboardmodeling. com。

2.1 纸板建模工具

纸板建模首先需要一个工具集,见图 1。这个工具集的范围主要根据个人爱好决定。下面我将介绍一个我自己用得很顺畅的基本工具集,我首先解释一

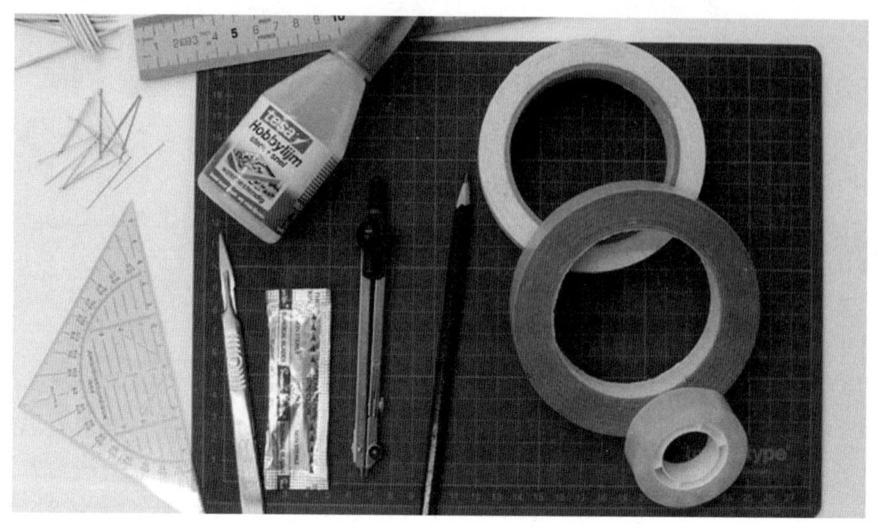

图 1　纸板模型工具集

下这个工具集为什么好用,然后提出如何扩展这个工具集的建议。[网页位置:基础/工具。]

2.1.1　基市工具

- 可换笔芯的 0.3 毫米 HB 铅笔:它用来画那些预先定义好的线条,对比度不高但清晰可见。可以用普通的木制 HB 铅笔替代,铅笔尖要细;或者用细的签字笔替代,签字笔墨水要干得快。
- 手术刀(3 号)搭配刀片(11 号),刀片要平直而锋利:手术刀锋利、灵活,因为有刀柄,手术刀握感很好。可以用头很尖的美工刀替代(如 11 号 x-acto 带柄刀片),但是美工刀的刀尖一般不尖,而且容易弯曲。手柄是圆的,因此垂直往下切割比较困难。短刀和斯坦利刀直切很好,但切割圆形(小圆)不行。
- 30 厘米不锈钢直尺:直尺带毫米标记,尺子和材料之间不能有缝,尺子不能用于切割。可以选择铝尺,但不能用塑料尺。
- 平面透明塑料三角板,带有一个量角器:用于构造垂直线和角度。
- A4 大小(或信纸)"自愈"切割垫:保护作业面,因为刀不容易切进去,所以刀片不会偏离方向。
- 一般的圆规。

- 胶水:我用的是溶剂型胶水,这种胶水不溶解聚苯乙烯中间层的泡沫芯材。这种胶水在全世界都不容易买到(如在美国很难找到)。快干胶水是一个不错的选择。
- 纸胶带(宽 18 ~25 毫米):最便宜的任何一种纸胶带(宽 18 ~25 毫米)都可以。
- 双面胶带(宽 15 ~18 毫米):它的好处是,背面不粘纸,胶带可以卷起来,可以在垫子上要多大切多大,但不会粘到垫子上。
- 圆形牙签:要圆形牙签,不要方形牙签。
- 尖头小钢针。

2.1.2　工具集的扩展

另外一种手术刀(4 号)带有圆刀片(24 号),在剥开并刮干净泡沫芯的时候,比上节带 11 号刀片的 3 号手术刀更容易。这种刀在分离多层泡沫芯(如构造曲面)时很有用。圆刀是另一种可以考虑的扩展。好的圆刀很贵,而且需要一些技巧才能用好,特别是切穿泡沫芯时,但是如果想切出许多圆圈来,买一把圆刀也是值得的。最后一个有用的扩展是一把平嘴钳,它可用来切不同长度的牙签。一把好刀是一项投资,当你一头扎进机械世界时,这项投资是有意义的。

2.2　材料

本小节描述纸板建模所使用的材料,以及使用其他材料需要考虑的事项。[网页位置:基本资料/材料。]

泡沫芯。泡沫芯是本文所述纸板建模技术中使用的主要材料。泡沫芯的结构是纸-泡沫-纸,泡沫芯有很多种类,随颜色、光泽度、厚度的不同而不同。泡沫层主要是聚苯乙烯,纸层分不同的重量。纸板模型侧重于产品规模的模型,3 毫米厚度的纸板比较理想,模型越大需要的泡沫芯越厚。另一个要考虑的问题是纸层的光泽度:纸张太光滑太平整,会导致上面很难甚至无法画出清晰的布局图,进而导致无法精确切割。因此,中等光滑的泡沫芯效果会更好,但最终还是要根据个人的偏好来决定材料的光泽度,对颜色的选择也是这样。最后考虑的是纸层的重量,纸层从很薄到很厚都有。纸层需要足够灵活,以方便弯曲(如用分层泡沫芯制作圆柱形时);纸张同时需要有足够的重量,以保证纸层作为连接件时不容易折断。而且,纸张越重,切割材料的难度就越大,手术刀的刀刃也就越钝。

纸板支架。纸板支架是本文所描述的纸板建模技术中使用的第二种材料,主要用于制作具有一定结构强度的机械或曲面。面临的挑战是,要找到一种容易切割、两边颜色和光泽度都和泡沫芯类似的纸板,不太容易。纸板支架在各个国家名称不同,因此很难制定某一种具体的类型,然而,布里斯托尔(Bristol)纸板似乎应用普遍,根据应用的不同,350~500 克的纸板做支架效果比较好。

其他材料。虽然我在本文或在我的网站上展示的大多数模型都使用白色泡沫芯和硬纸板,但彩色纸板可以使模型独具特色。不用彩色纸制造纸板模型往往更容易(也不那么危险)。另一种常用的材料是透明塑料片,常在交互式产品模型上用于模拟屏幕。

关于材料使用的进一步考虑。关于材料使用,首要考虑材料之间的配合:要不断考虑如何搭配颜色和光泽,才能更好地满足纸板模型的目标,如是让颜色和光泽相互配合还是让它们相互对照。其次考虑如何施工。如果不能在材料上画线,就很难在上面切出布局。最后,材料如果很难切割,那就很难用于制作模型。因此,批量购买材料前,要先试用。

2.3 静态模型构建技巧

使用纸板模型作为设计工具的第一步,是学习建模的技能。学习技能的关键是要掌握一系列技巧,除此之外,还要能够做模型规划,并且建模要快。纸板造型技术,是在造型速度和美学之间取得平衡。在下面,我将介绍一些基本技能,并简单描述一系列练习,以帮助进一步掌握这些技能。

2.3.1 基本技巧

许多泡沫芯的骨架结构是第一个结构单元,它一般是方梁结构,因此泡沫芯具有一定的刚度和强度。泡沫芯第二个经常出现的结构单元,是往一个方向弯曲的形状。这些基本结构归结为 2 种形式:立方体和圆柱体。在制作立方体时,人们需要构造和绘制布局图、沿着直尺切割,并制作简单但坚固的连接件。在制作圆柱体时,人们需要徒手切割、对材料分层,然后才能量身制作曲面上的小片。掌握了这些基本技巧,学会制作立方体和圆柱体,就可以开始制作纸板模型,以及完成接下来的其他步骤。

2.3.2 切出一个泡沫芯立方体

在这个小节中,我将展示如何制作一个 40 毫米×40 毫米×40 毫米的立方体,见图 2。切割之前,我再回顾一遍切割一个立方体所需要的基本技巧。

图 2　一个 40 毫米×40 毫米×40 毫米的立方体

(1)构造和绘制布局图

布局的基础是用铅笔画成的初级和次级构造线,相互垂直,见图 3。这些参考线是下一步测量和画施工线的基础(如果需要的话)。一般来说,用量角器在垂线上画垂直线不好,因为小测量误差往往会成倍累积成大误差。尝试使用轻细而清晰的线条,不要擦除结构参考线,因为,擦除后铅笔尖压出的小凹陷还是能看得见,这给人的感觉很不好。[网页位置:基础/基础。]

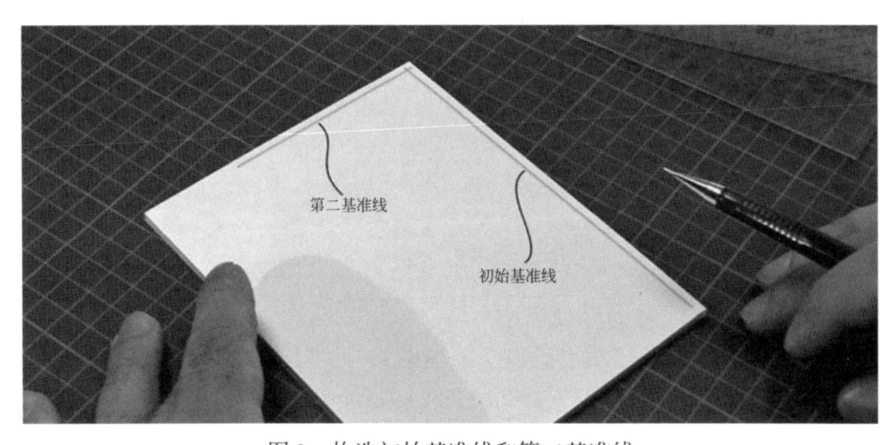

图 3　构造初始基准线和第二基准线

(2)比着尺子切削

当切割泡沫芯时,把材料切得垂直是很难做的事情之一,然而它又是必需的,因为它是正立方体模型的基础。造成这种困难的原因是,当沿着不锈钢直尺切割时,手术刀的刀刃会侧向弯曲,因为刀刃上有一个力,使其与直尺保持一致:手柄看起来垂直于材料,但是刀刃实际上不是垂直于材料的,见图4。为了解决这个问题,一个完整的切割是分几个阶段进行的:第一刀只切割泡沫夹层的顶部第一层,作为之后切割的基准。由于有这一切割的导引,就不需要很大的侧向压力,它就容易直切下去。切割完整材料至少需要2刀,手术刀上不能施加太大的力。根据经验,先切割那些细节较少的线条,再切割那些细节丰富的线条。而且,切割是从材料的边缘往材料的中心走。这两种策略可以确保在切割过程中尺子有支撑,以及在切割过程中材料保持为一个整体。[网页位置:基础/基础。]

图4　刀刃沿着直尺弯曲

注意:手术刀是用来给人做手术的锋利工具。即使手术刀不再锋利,不能切开硬纸板或泡沫芯,它仍然足以伤到人。所以,使用手术刀时要非常小心。切割时也要小心:确保手指不在割线上。把手术刀放在工作台面上时也要小心:不要让它掉下来,移动手和手臂时,千万别碰到刀片。拿着手术刀走路时要小心:要把刀片取出来或者包起来。摘下刀片时要小心:如果不用的刀片不容易松开,就用一把钳子非常小心地摘下来。[网页位置:基础/换刀片。]

(3)用铅笔在要用的面上做标记

纸板模型越复杂,布局图上的施工线就越多(如圆柱上的轴)。将侧面上画的线一直要放在模型上,这样才能保证施工线在材料切割后还能被看见。虽然这似乎有道理,但实际上它是一个非常糟糕的想法,因为这破坏了模型的外观。不将这些施工线画在模型上,而是画在模型以外的理由有三。[网页位置:基础/基础。]

- 施工线是制作模型的人需要的信息,用来帮助制作模型的人理解模型的结构。即使一个圆没有被完全切出,画出的轴也表明它是一个完美的圆,画的圆只是被认为更圆而已。因此,一个好的想法是,施工线不仅能看得见,还要很完整:圆的圆心可以通过一个小十字架甚至一个点来标记,通过这种标记轴来标记完整圆的方法,会强化人们对圆的印象,尤其是对一个制作完成的圆而言,强化效果更好。
- 切割线时,刀片有时会以一定角度穿过材料。这将导致材料的边缘略微倾斜,每个边缘都有一个大小稍有不同的角度。这使得材料的正面比反面更加准确。正面要保留用铅笔画出的你想要的形状,反面的线往往有一些被切掉了。另一个论点是,应该将材料的正面放在模型的外面。
- 你切下来的材料正面稍微圆一些,由于倒角向内,因此摸起来很舒服。被切下材料的反面同样是圆,但是由于倒角向外,有轻微的毛刺,摸着不舒服。把毛刺放在模型的内部,模型会更好。

(4)制作简单但坚固的接头

有几种方式来制作方形的泡沫接头,如斜接接头、对接接头或榫卯接头。斜接接头很难制作,因为它需要一个精确的角度,对接接头也很难制作,因为它需要把泡沫层暴露在外面。我发现,榫卯接头在制作速度和美学之间具有良好的平衡。在一块板上切掉宽度等于材料厚度的一块,然后把另一块板垂直地粘到切出的位置,保证垂直的一边和接头的一边齐平,见图5。切口部分去掉了第一层和第二层,留下了材料的第三层,注意不要用锋利的刀片接触最后这一层,因为刀削这一层往往会导致纸层撕裂或剥离。当胶水凝固时,接缝需要用小的胶带条来支撑。[网页位置:技巧/制作接头。]

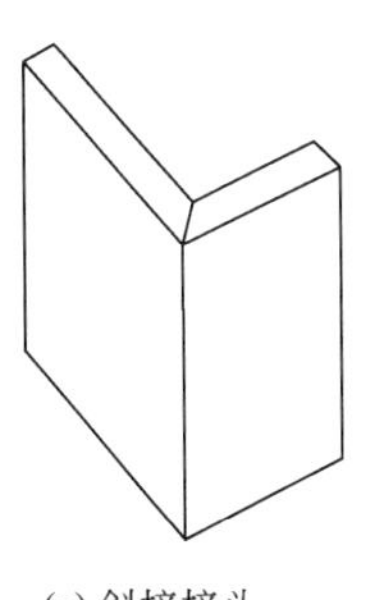
(a) 斜接接头

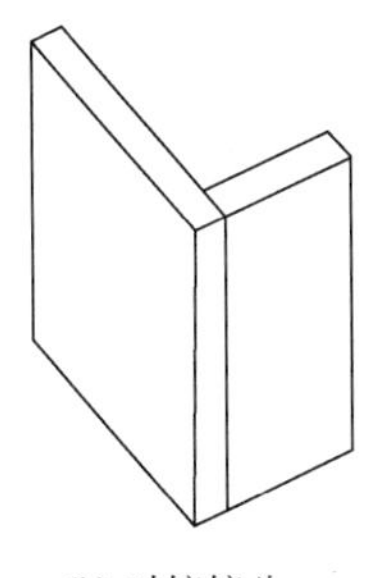
(b) 对接接头

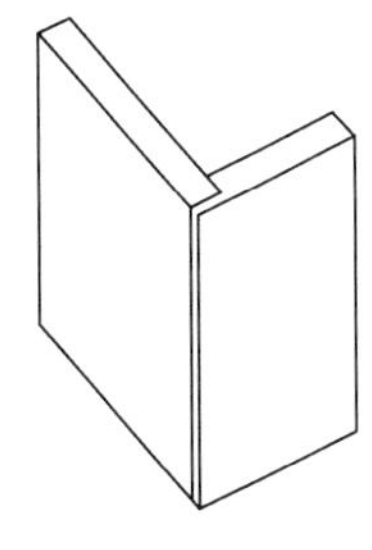
(c) 槽口接头

(d) 榫卯接头

图 5　泡沫芯上的接头

(5)浅谈胶带纸的使用

当使用胶带纸来固定接头或黏合连接时,使用之前准备好的胶带纸是很重要的。胶带纸的设计是可以撕下来的,但当它被用于纸面时,它往往粘得很紧,要撕下来的话就会撕坏纸面。这是有问题的,因为毁了模型。因此,在模型上使用胶带纸之前,很重要的一点是减小胶带纸的黏性。把胶带纸在衣服上粘几次,这样它就失去了大部分的黏性。这样做后,将胶带纸贴在切割垫子上,切成小条,见图 6(a)。这样就容易在模型上使用了。

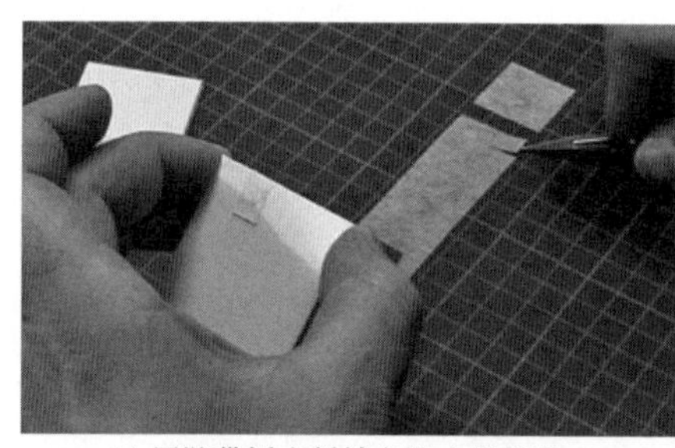

(a) 用胶带纸来封抹有胶水的接头

(b) 去掉胶带纸

图 6　用胶带纸和胶水制作接头

当完成胶结,胶水已经干了的时候,就要把胶带纸撕掉。不要让胶带纸在模型上粘得太久(一天内去除),因为胶带纸中的胶水会与模型表面发生某种反应,使得胶带纸很难被去掉。撕掉胶带纸时,要注意不要撕坏模型。尤其重要的是,不要简单地快速撕下胶带纸。胶带纸到达材料的边缘时最容易撕坏。撕胶带纸的正确方法是,从胶带的两外侧向中间方向撕,然后平行地撕到最边缘,见图6(b)。这样撕裂模型表面的风险就降到了最小。

(6)制作立方体

最后,是创建一个40毫米×40毫米×40毫米的立方体,包括四个阶段:①绘制布局图;②切割材料;③准备连接方块;④组装立方块。[网页位置:简单的模型/创建一个立方体。]

第一阶段是制作6个方块面。首先画出2条垂直基准线,与第1条基准线间隔40毫米再画一条平行线,2条平行线以40毫米为间隔做标记,然后2个标记连接起来,总共制作6个方块,见图7。

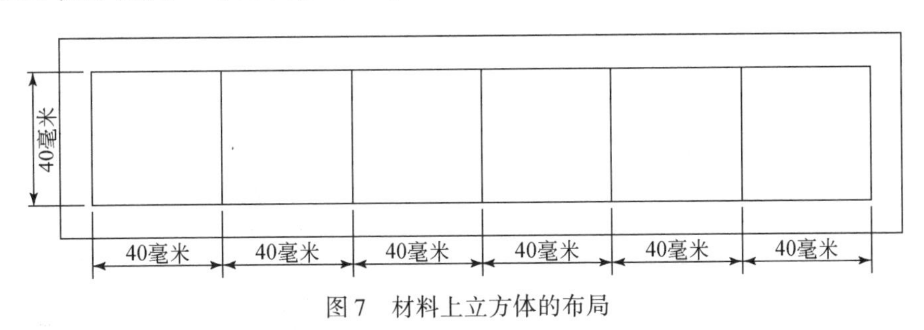

图7　材料上立方体的布局

第二阶段是用上文讨论的方法来切割所有的线。

第三阶段是制作接头的准备。两块方块为一对,共三对,拿出一对不动放在边上,另两对的背面标上切口位置。切口位置的标法是,一对在两边对着标切口,一对在所有边都要标切口,见图8(a)。

(a) 方块对:2边切,4边切和不切的情况

(b) 组合立方体

图8　用六个正方块制作一个立方体

在第四阶段即最后阶段，六个正方块组合在一起，形成一个立方体，见图8(b)。立方体的组装没有特定的顺序，可以选择任何一个方块开始粘贴。每一块粘贴装配上之后，用小的胶带纸把接头连在一起。当每个正方块粘贴到立方体，胶水干了之后，可以小心地撕掉胶带纸。

2.3.3 用泡沫芯制作圆柱体

本节展示如何制作一个高40毫米、直径40毫米的圆柱体，见图9。完成这个目标的基本技术如下。

图9 一个高40毫米、直径40毫米的圆柱体

(1)徒手切割

用泡沫制作圆或其他曲线，需要能够徒手切割。当然，圆也可以用圆刀切割。但用圆刀本身也需要技巧，尤其当只需要部分是圆形时，圆刀就不太理想了。所以，即使只是切割圆圈，也不仅要会用圆刀，还要掌握徒手切割的技能。

切割一个圆圈时，首先用一个简单的圆规在泡沫芯上画一个圆(不要忘了画轴线)。然后用手术刀(最好用新刀片)沿着铅笔画的线，只在表面上切出一个圆圈，见图10(a)。最后用手术刀切第2刀以切穿整个材料。这样的切割比较困难，因为刀片是直的，需要切割的形状却是圆的。当手术刀插入材料中时，刀尖沿着铅笔画线的可看得见的边缘切割时，切割出来的形状是一个圆锥形，而不是一个切口垂直光滑的圆形。为了解决这个问题，需要给刀片上加一个侧面的张力，让刀尖切入切割垫层，然后侧压使之弯曲。刀片弯曲着切割，见图10(b)。为完成切割，手术刀需要插入材料中，材料和手术刀一起拿在手上，然后旋转着切，才能最好地控制切割的过程。这是复杂而困难的，需要(大量)不断实践。[网页位置：技术/切割一个圆圈。]

(a) 从表面浅切割

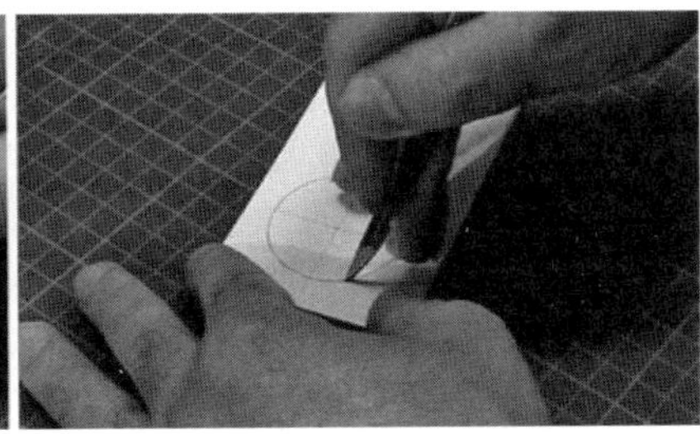

(b) 切割时,刀刃在曲线里弯曲

图 10 徒手切割圆圈

(2)泡沫芯分层切割

如果要制作的模型有曲面,而且曲面和泡沫芯材料具有相同的颜色,这就需要从泡沫上分一层出来,只用其中的(能弯曲的)纸层。先切一块足够大小的泡沫块,然后横着切到泡沫层,尽可能深而不切割到前面的纸层,见图 11(a)。之后,把切过的泡沫芯材料放到垫子上,前面向下,从四周切进去,背面的纸层剥掉。这需要仔细做,因为前面的纸层需要保持完整。在背面的纸层刮干净之后,尽量手指捏紧手术刀,刮去背面的泡沫层,见图 11(b)(直尺的边也可当刮刀)。确保刮出来的碎片不要钻到板子的底下去,否则会在正面留下痕迹。最后,用手术刀进行清理。这就得到了跟模型其他颜色一样的可以进行裁剪的纸层。[网页位置:技术/分层泡沫芯。]

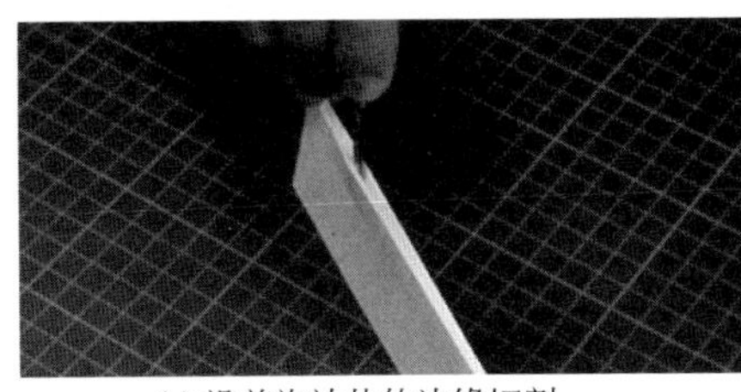

(a) 沿着泡沫片的边缘切割

(b) 刮去泡沫芯片

图 11 制作切口垂直的圆圈

(3)制作圆柱体

制作高 40 毫米、直径 40 毫米的圆柱体分为四个阶段:①绘制布局图;②切割;③准备材料;④装配。[网页位置:简单的模型/创建一个圆柱体。]

第一阶段是绘制两个圆(连同轴),以及柱面摊开后的蒙皮,见图 12。柱面蒙皮的长度要长一些,以保证给成型后的柱面留有足够的余量。圆的周长($2R$)可以用数学计算,但制作泡沫模型不是一门精确的科学,特别是在切割圆时:要多取 20~40 毫米。

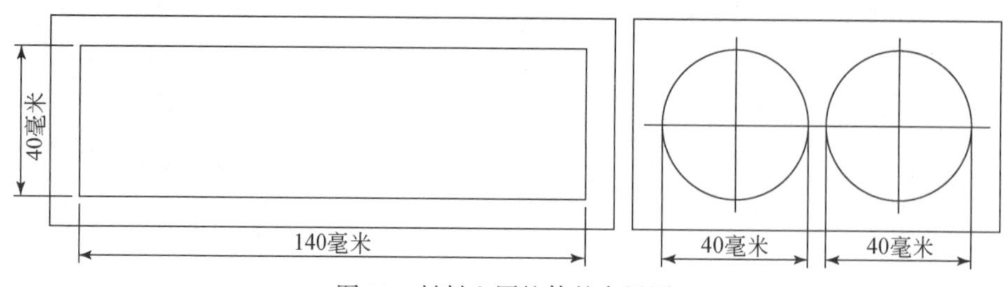

图 12　材料上圆柱体的布局图

第二阶段是按照绘制的轮廓线,切出圆柱体的上下 2 个圆盖,同时切割出圆柱体的蒙皮。

第三阶段是对圆柱蒙皮进行分层,然后测量长度。为了准确确定圆柱蒙皮的大小,首先将切出来的顶盖和底盖在背面标记 1 和 2。在切出来的蒙皮的长度方向也做上标记,这是为了确保蒙皮的长度和圆对应。将标记好的蒙皮的边绕着顶盖比一圈,就可以找到蒙皮的精确长度,在蒙皮上打上标记,见图 13(a)。对蒙皮的第 2 条边和底盖采用同样的标记方法,就可以切出蒙皮准确的长度。

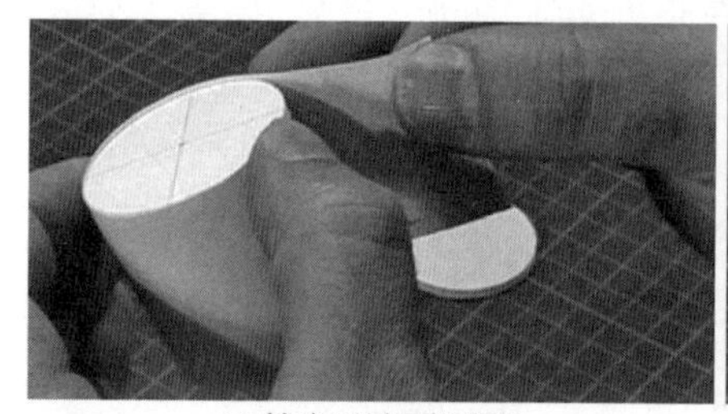

(a) 精确测量圆柱周长

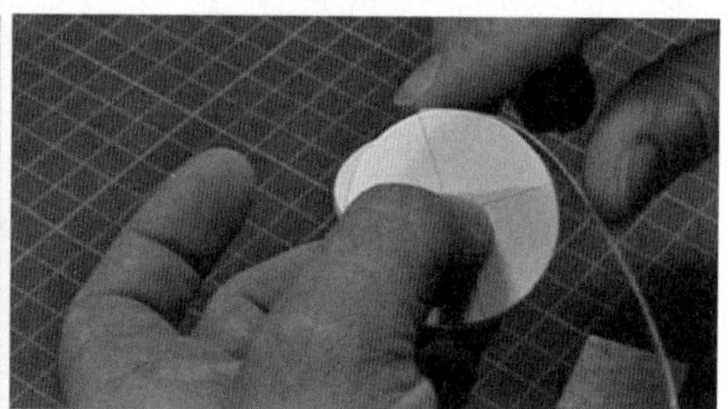

(b) 从轴线的一端开始

图 13　制作曲面

第四阶段是将圆柱体的盖子和蒙皮粘在一起。胶水涂在标记为 1 的顶盖上。只要蒙皮起点和轴的端点对准,在我的眼里圆柱就是最完美的,如图 13(b)。当蒙皮绕标为 1 的顶盖一圈之后,将蒙皮用一段胶带纸固定上,直到胶水干为止。接下来粘标记为 2 的底盖。由于蒙皮已经和标为 1 的粘在一起了,因此标为 2 的底盖的定位就不容易。要把这个底盖小心地按进去,保证胶水不翻到蒙皮上来。这个过程比较棘手,别忘了轴的端点和蒙皮的缝的端点要对齐。所以,计划好动作,底盖不要压进去得太深。之后用一条胶带纸固定圆柱蒙皮,直到胶水干为止。最后,在胶水凝固后,要撕掉胶带纸。

2.4　关于运动性能

纸板模型是面向交互设计的物理工具。面向交互设计是探索丰富的物理动作的可能性,如果不能掌握制作运动部件的技巧,面向交互设计是难以实现的。掌握前面描述的技巧之后,本节将描述如何用各种可能的动作来丰富模型。

机械的种类繁多,我并不是打算描述所有可能的机械。相反,我想展示一些常用的方法,来制造模型的滑动、铰接或者旋转部分。我以材料本身的属性为起点,希望能打开一个具有无限动作可能性的世界。

2.4.1　用纸板芯制作滑块

要制作一个独立的可以滑动的运动部件,就是用几层材料来限制运动的自由度,并规定运动起始的位置。不断增加层次,就会增大模型的体积,所以我经常用纸板芯而不是泡沫芯来制作运动部件。在这里,我展示一个可移动 15 毫米的四层 60 毫米×40 毫米纸板芯滑块,以此来介绍用纸板芯制作机械件的方法,见图 14。

图 14　一个 40 毫米×60 毫米的能滑动 15 毫米的滑块机构

(1)摩擦令人头痛

当用泡沫芯或者纸板制作结构件时,工程上的挑战更大,因为材料很差但是拉力并不小。以我的经验,大多数将这归结为,理解机械运动就是理解摩擦的工作原理,根据材料特性、压力和几何结构,然后采取相应的行动。下面我列出了一些思考。

从材料特性的角度来考虑摩擦,硬而光滑的表面比软而柔韧的材料产生的摩擦力要小:两层纸板的摩擦比泡沫芯的两个边(柔软而易弯的裸露泡沫层)的摩擦要小。构建模型时,要避免材料把对方“吃掉”。表面特性可以通过增加胶带层来调整,这可以使表面光滑或不易变形。

当施加外力不断增加摩擦力时,重要的是避免材料上的力集中而不能承受,外力也不能在受力集中的地方加强。要使机械发挥作用,就要设计它们是如何参与整个系统工作的。作为经验法则,要仔细考虑接入点的位置,尽量减小扭矩。

当从几何学的角度来认识摩擦力时,要考虑机构的作用力。直觉的假设是,结构中作用力越大产生的摩擦越小,这是错误的:一个抽屉在滑动机构中有大的作用力就会被卡住,拉抽屉就会不顺畅(臭名昭著的“粘抽屉”效应)。使机械工作的“艺术”是在力量和表面摩擦之间找到平衡点。也就是说,加在一个机械件上的作用力需要最小化,使它在材料接触点之间的表面摩擦力,刚刚好能使机械件平稳地滑动。

这就意味着机械要清晰而准确地工作,需要理解(通过试错或计算,可以选择你擅长的方法)机械中的摩擦力,以及作用于机械上的外力。

(2)制作滑块

该滑块尺寸为 40 毫米×60 毫米,由四层纸板芯组成。为了防止滑块弯曲,选用一块规格为 500 克的纸板。滑块制作过程还是分四个阶段 。[网页位置:机械/制作滑块。]

第一阶段是在纸板上画上滑块的布局图,绘制四层,见图 15(a)。每层结构功能不同。从上往下数,第一层是滑动部分,第二层通过插槽控制第一层的滑动,第三层是滑块与底座的连接部分,第四层是美观起见的盖子,见图 15(b)。

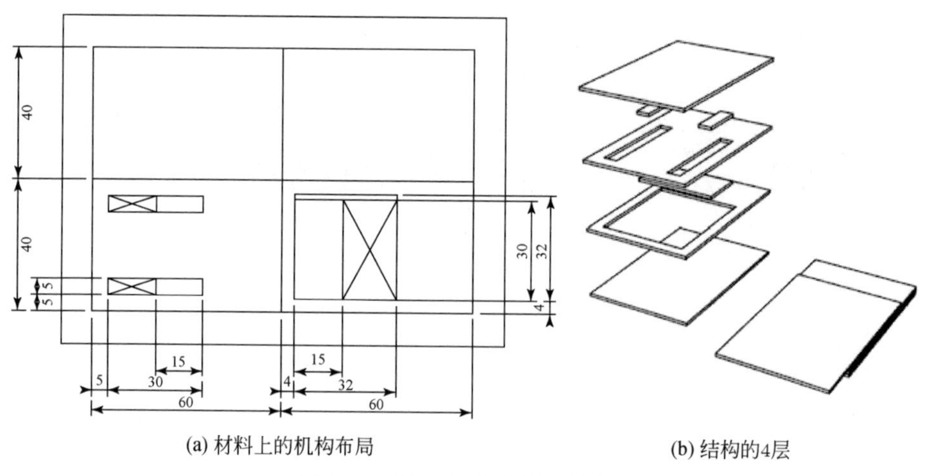

(a) 材料上的机构布局 (b) 结构的4层

图 15 滑块布局图(单位:毫米)

第二阶段是切割材料。在这里，重要的是要记住，先切大轮廓线再切细节，并记住哪些线要剪掉哪些线要留下，记住基准线不要切掉。要标记滑道，知道滑块从哪个槽里开始滑。

第三阶段是准备用于装配的材料。在这种分层构造的情况下，我们使用双面胶带作为胶水，可以很容易地粘贴各结构件。胶带贴在滑道两侧及第三层。贴好后，要仔细修剪胶带的尺寸跟部件一样大，用部件的轮廓为参考，见图 16(a)。

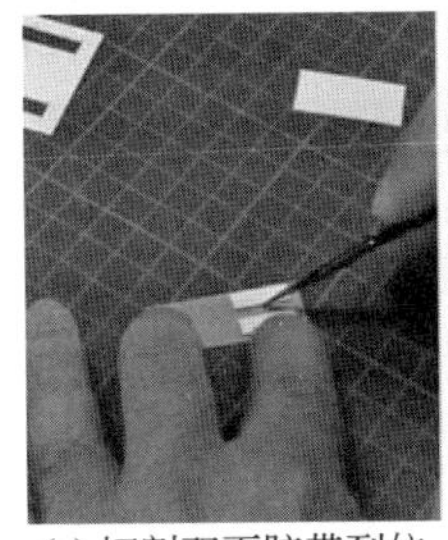

(a) 切割双面胶带到位

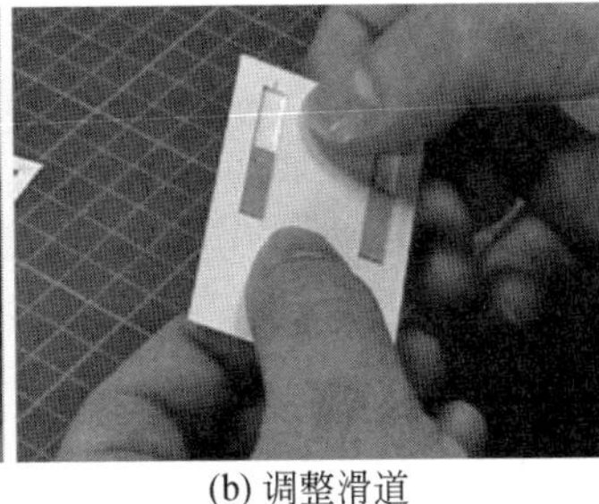

(b) 调整滑道

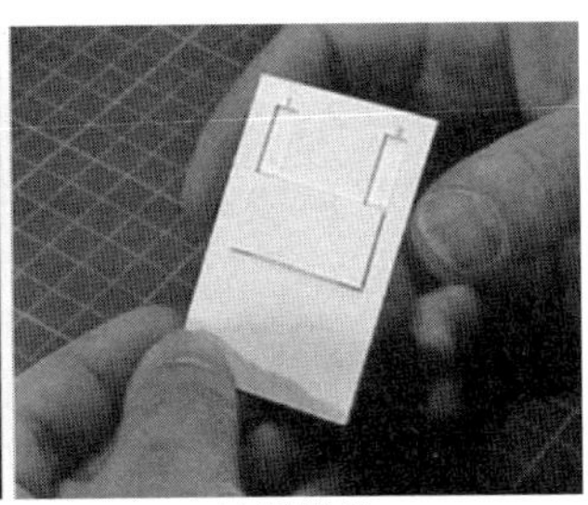

(c) 粘贴块

图 16　滑道粘贴

第四阶段是组装各结构件。这并不困难，但需要保证一次成功，因为胶带粘到机构上很快，且粘上就无法撕下来。首先，用第二层作为定位模板来将跑道粘到第一层。确保滑道和滑块对应，也要确保滑道位置正确，否则会导致工作时槽子露在外面，槽子露在外面是不希望看见的，见图 16(b)。如果滑道固定了，就在滑道上固定通过一根横梁，把第二块板固定到滑块上，使得滑块能连续自由滑动，见图 16(c)。接下来，连接第三层，最后安装第四层。

2.4.2　铰链及枢轴

在向模型添加可能的动作时，靠近滑动部件的通常是铰链或旋转部件。泡沫芯非常适合于制作铰链，使铰链能够产生规定的运动，并且通过增加钉子或增加牙签，泡沫芯可以很容易地实现转动。基本技术的解释如下。

(1) 铰链

当泡沫芯切割成只剩一层纸时，泡沫芯就是一个薄膜铰链。通过将切口整形，这个薄膜就能准确实现铰链的转轴，见图 17。

最简单的铰链是，首先在铰链的位置对泡沫芯的表面画一条痕迹。然后把材料翻过来，在背面也画一条痕迹。接着，从泡沫芯背面切入，切过背面纸层，穿过泡沫层，但不切到前面的纸层。最后把材料折起来，就是一个灵活的好铰链，这个铰链往一个方向是刚性的，而且可以转 180°，见图 17(a)。[网页位置：机械/简单铰链。]

一个更复杂的铰链是切口为45°角。这种铰链特别适用于用泡沫芯制造四连杆机构的滑块,见图17(b)和图17(d)。[网页位置:技巧/制作一个带角度的切口。]

制作双铰链,使得材料可以折叠360°,同时隐藏泡沫层。在任意一端开槽并标上号,就可以制作一个自己折叠的铰链,见图17(c)。[网页位置:机械/双铰链。]

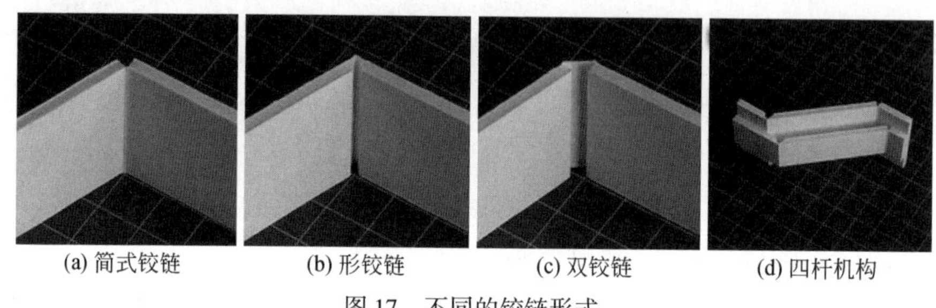

(a) 简式铰链　(b) 形铰链　(c) 双铰链　(d) 四杆机构

图17　不同的铰链形式

(2)支点

要使模型的一部分旋转,可以使钢钉或木制牙签作为支点,见图18。钢钉的使用很简单,只要把它们打进材料就可以。但缺点是很快就松动,容易撕裂材料,大小难以切到位,因为钢钉很硬。虽然有时用针是有道理的,但鉴于前面提及的这些问题,可以改用木质牙签。牙签可以粘贴到位,可以有胶带纸来固定,可以很容易地切割需要的大小。此外,牙签比较粗(约2毫米直径),不容易撕坏材料。但也因此很

图18　用圆形的牙签(左)或者钢钉(右)作为支点

难穿过材料。根据经验,使用牙签时注意以下事项:①在根据布局图制作模型部件之前,先给牙签打个孔。②用针穿个孔[图19(a)],然后将牙签插进去。插入牙签,旋转它,就像钻孔一样,见图19(b)。③在牙签穿过材料之后,确保去掉背面那些大的毛刺,有毛刺的话,就意味着你不能把材料的两面安装平齐,见图19(c)和图19(d)。

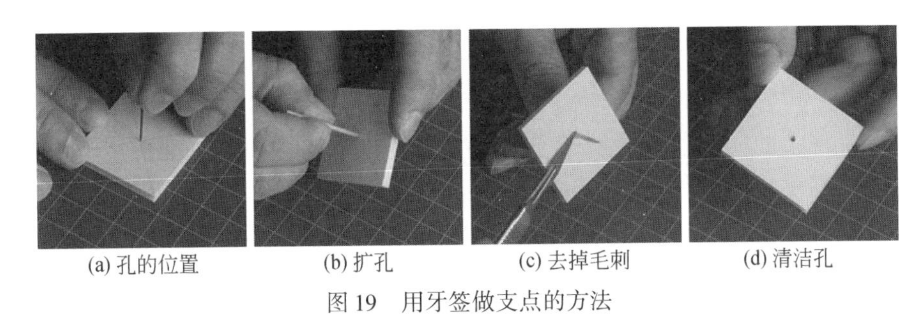

(a) 孔的位置　(b) 扩孔　(c) 去掉毛刺　(d) 清洁孔

图19　用牙签做支点的方法

2.5　其他技巧:图形的使用

作为最后的“基本技术”,我想强调图形在纸板模型和泡沫芯模型上的使用。给模型绘制上图形,是一种快速表达模型意图的方法,见图20。如果模型有很多小细节,画出这些细节比做模型本身更有意义。如在平面上要制作一个照相机的镜头、一个按钮的外形或按钮上的图标,画出来比做出来更让人信服。即使画失败了,也很容易去掉模型上的图形。这里有一些指导图形使用的经验法则:①图形需要清晰和干净,并且(我认为)不应该与材料形成强烈的对比。尽可能小心地画出图形,使用直尺、比例尺或三角板。用工具画图形,而不是徒手画图形:清晰的图形

图20　增加图形

将提高模型的真实性,即使在画图时有些瑕疵。草率的图形会降低图形的质量,而且没有任何建模技巧可以让模型恢复。添加图形比建模容易,而且耗时更少,所以不能让草率的图形断送建模所有的努力。在模型中添加字体时要特别小心,字母需要被构造和绘制,它们不应该看起来很“潦草”。②模型在泡沫芯或纸板材料上制作好后,在图形还是平的没有切割时,就往模型上面增加图形。这时,可以使用直尺或者比例尺来精确地勾画图形。如果不能自由地通过直尺或者比例尺进行精确的位置定位,想要画好一个三维模型是不可能的,至少也是非常困难的。

添加图形的另一种方法是添加(彩色)打印图形。我在这方面取得了一些成功。通常情况下,模型和图形很难形成统一。这是因为模型和打印的图形之间存在“形式语言”的不匹配。必须小心地在模型上增加一些细节,使印刷元素有机地融进去。此外,打印图形最好是模型完成之后再贴上去,特别是那些曲面形状的图形。

最后要考虑的是模型的喷涂。我本人并不赞成这种做法,因为我觉得喷涂常常会突出而不是隐藏一些细小的瑕疵,如胶合缝。然而,当你想喷涂你的模型时,要注意使用什么样的颜料,如水基漆会损坏材料的表面。

2.6 总结

第2节讨论了各种基本技巧,以及三种模型,旨在掌握静态模型和带运动部件模型的技能。当然,不能期望在仅仅制作了上面介绍的3个模型之后,就变得多么熟练,但它们提供了一个很好的开端。要进一步掌握技能,就要离开这里的一步一步的指导,离开纸板模型网站而去实际中演练;尤其重要的是,首先要学习如何规划自己的模型和机械结构。一个实践的好方法是,选择一款现有的产品来模仿它。刚开始选择的对象,应有清晰可辨的基本外形,没有太多的曲面,尝试复制一份有些地方简化了的形式,但是要抓住复制产品的本质。如果觉得有点困难,可以和需要的真实结构件一起来操练。在做了大量的模型后,就可以开始用纸板模型作为一种工具来设计。

3 纸板模型作为一种设计工具

在掌握纸板模型的基本技能和速度之后,可以将其用作一种探索工具,而不是仅仅是为制作模型而制作。这一部分比较抽象,探讨纸板模型应对设计探索阶段挑战的意义,之后,本节将给出两个练习,可以用来获取使用纸板模型作为设计工具的技能。

3.1 探索框架

设计探索往往集中在设计过程的早期阶段。本文将它定义为一个综合活动,其目的如下:①生成和提炼思想和概念;②体验和验证思想和概念;③展示和表达思想和概念。纸板建模技术,在保持保真度的前提下,实现设计探索的所有想法。纸板模型像其他设计技术一样,利用的是模糊性。一张草图的模糊性为探索开辟了一条新路(Fish and Scrivener,1990),同样,使用纸板模型作为一种设计工具,也为探索低保真度模型开辟了一条新路。虽然模型是按照某种意图设计的,但他们是按照使用效果来评估意图价值的,如实际中模型的摆放方向不同、额外增加的材料等,设计师都会从使用角度评估得出一个有意义的设计意图。这个机理跟"互动重标法"非常相似(Djajadiningrat et al.,2000),也开辟了一条新的设计探索之路。

3.1.1 低保真度/高保真度

采用纸板建模作为设计师探索的工具耗费时间是经常被拿来诟病的一点。这是基于如下假设:所有的纸板模型要做到质量最好,然而,在设计过程的限定探索任务,模型只需要回答你的问题就足够了(Frens and Hengeveld,2013),除此之外,再对模型精雕细琢就是浪费时间。

探索通常从制作低保真度模型开始,到制作中保真度模型,随着认识加深和需要更好的答案,到最终制作高保真度模型,这就不再是纯粹的探索了。使用低保真度/高保真度的概念使事情越来越复杂,这有点类似分形,它描述了设计过程从早期到最后的演变特征,对于每个具体的阶段,也有这个由低到高的分形演化过程。例如,一个高保真度的纸板模型虽然是探索的终点,但在整个模型的宏大的发展蓝图里,它需要中保真度模型为它解决悬而未决的重要问题,如使用怎样的材料,或如何精确地实现部件配合等。

底线是,探索模型的保真度,不要超过回答问题所需要的保真度。当纸板模型被用作设计工具时,需要有意识地努力使保真度水平刚好能匹配上使用有效性。

3.1.2 深度和广度

设计探索可以用概念的深度和广度来表征。这些特征可作为探索的指导原则,见图 21。

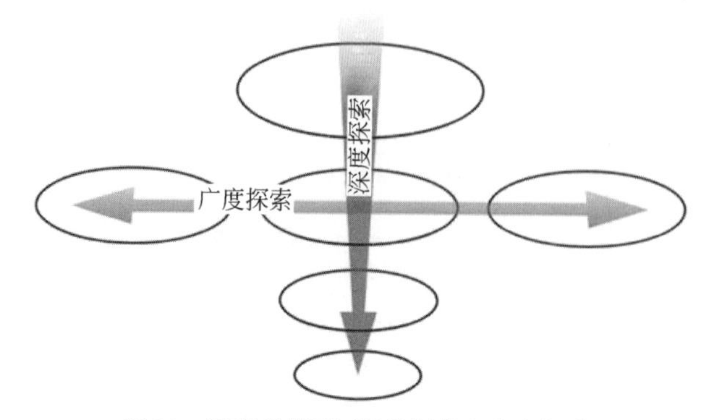

图 21　探索的模型:深度探索和广度探索

(1)深度

一个设计探索可以集中在一个问题上进行深入探讨。例如,制作一块梁形的把手,用拇指和一根手指,可以握得住长边。第一个概念(左)是从边上切出条纹,第二个概念(中)是将这些直线条纹变为倾斜的条纹,第三个概念(右)有大量的菱形纹。这是一种深度的探索,在概念上是相似的,但在实施上有所变化,见图 22。

图 22　深度探索:侧握的三种形式

(2)广度

其他设计探索方法缺乏关注焦点,其概念包含的内容非常分散。例如,第一个概念(左)的顶面添加一个把手;第二个概念(中)在其长边的两个倾斜的凹槽;第三个概念(右)是增加两个圆形切口,可以试试从一只角上能不能拿得起这个方块。这是一个广泛的设计探索,其中解决方案域的范围映射为概念上的变化,见图 23。

图 23　广度探索:握把的三种形式

虽然选择哪种设计探索的方式取决于设计师,由设计师的偏好和手头的设计挑战来决定,但还是有必要尝试将深度和广度两个维度的方法混合使用的探索思路:广度探索用于将方案域到一个给定的设计挑战对应起来,深度探索用于沿着概念的方向尝试不同的具体的实现方式。在设计过程中,两者都需要,以增强对解决方案“正确性”的信心。在现实的设计探索中,这两种方法都是混合使用的,而且经常是反复使用的。

3.1.3　还有三件需要考虑的事情

(1)我们的身体没有刻度

当进行设计探索时,人们所用的尺寸和实际尺寸可以不同。这是使用环境造成的:产品设计师经常制作类似于产品实际尺寸的草图和模型,但制作模型的人一般倾向于在更小的尺度上制作模型。用一个与最终概念的比例不一样的模型,可能是现实条件不允许,也可能是因为比例的大小并不影响探索答案的性能:机械原理的探索中,可以采用小于或大于实际尺寸的模型,这不影响从探索中得到的见解。

然而,当我们讨论交互设计时,我们要认识到,改变设计探索的比例也许是不可取的,因为它往往影响模型的体验特性,从而影响见解的质量。这是因为我们的手和身体没有伸缩性。比实际尺寸显著小或大的模型,其目的是克服探索在物理尺寸上的限制。在物理上探索可以马上得到对概念的体验。当它们被放大或缩小时,体验的大门就关闭了。

(2)卡住

纸板模型作为一种探索工具的一个常见的问题是,一些模型在制作之后很难启动并且容易被卡住,对于缺乏技术经验的人尤其如此。人们往往更清楚他们希望避开的概念方向,而不清楚他们想从哪里开始进行探索。一个启动探索过程的很好的策略是在概念方向上建立一个规避的模型。这一策略的目的是通过对歧义的研究来开辟探索的新路子,由此开始制作的过程。

(3)材料的局限性

泡沫芯和纸板材料具有局限性,这将限制模型的形式和机械性能。例如,它是几乎不可能创建双曲面模型的,而且在模型和结构件的小型化上也有限制。当用作探索工具时,纸板模型提供了一种非常特殊的形式语言,但它受其材料的限制。如果不用泡沫芯和纸板作为材料,我们建议采用更复杂的建模方式(如采用小平面、轮廓线或图形的方式),使用诸如(形状)聚苯乙烯泡沫塑料之类的材料来建模,这样可以在模型上自由雕刻很多图像。

3.2 两个练习

为了实践使用纸板模型作为设计工具,我开发了2个练习题。2个练习题概述如下。

(1)练习1:探索表达变幅杆——如何拿起一根方梁

探索一种方案,可以用一根手指轻易地拾起一根20毫米×20毫米×40毫米的方梁,并改变方梁的形状,改进手指的舒服程度。在这个练习中,在限定的时间里(45分钟),至少需要试3次(越多越好)。这种探索应该遵循制作、评价和再制作的循环方式进行。换言之,这些概念不是在泡沫芯材料上一次完成的(这将是制作一系列模型的最有效的方法),而是中间增加了很多次评估的一系列操作。

(2)练习2:探索互动方式——如何接听电话

探讨如何回答电话,或者如何接电话。这里的意图不是制作电话全方位的实物模型,而是探索与互动形式相结合的交互原则。跟第1个练习一样,你至少也要挑战3次创新概念,而且越多越好,时间有限(45分钟),与屏幕交互时还要有身体动作。

3.3 总结

在这一部分中,纸板模型被提出作为一种探索工具。很明显,使用纸板模型需要娴熟的技术,只有当技术被征服时,它才成为一种工具。上节纸板模型部分的练习是为了达到技术的流畅性而设计的。本节讨论“探索”,提出了一个探索框架,并提出了常见的两种模式。所有这一切都只是为使用纸板模型进行探索开了个头,纸板模型方法仍然需要在设计过程中不断实践,才能被内化为一个有价值的工具。

4 超越纸板泡沫芯

如果你已经对纸板建模的技巧感到满意,你就可以在纸板建模的基础上探索超越这类仅仅具有机械动作的模型。这可以通过给模型增加视频场景,或者向模型中添加传感器和激励器来完成。下面我简单地讨论一下以上两个场景。

视频场景。纸板模型是一个很好的生成视频场景的基本材料。使用后期处理软件(如 Adobe 后期处理功能 After Effects 或苹果运动功能 Apple Motion),可以让你的模型非常灵活,无论是展示动作响应的闭环还是把模型放到场景中去,都很容易实现。如果模型中含有通过身体动作来探索使用中不同身体反应的内容,这种模型需要预先做好计划。试着考虑如何通过添加软弹簧或软泡沫材料,或通过用网丝之类的材料,来临时性地驱动模型的某些部分。此外,灵活运用镜头和相机角度,可以用来提供比模型实际上更多的交互性。为了将屏幕内容带进模型,或将模型带进不同场景,可以使用色度控件。视频后处理之前,可以在你屏幕内容展示的地方或者模型上相应的位置上,增加一个蓝色或绿色的纸板小片。如果视频的背景颜色是蓝色或绿色,视频内容很容易从背景中抽出来,放置在其他背景当中。总之,事先要想清楚展示内容是什么。有时候你需要在剪辑器上做几次尝试,才能真正知道如何制作一个正确的镜头。无论何时拍摄视频,都要确保足够注意场景和模型的照明。在我的经验中,好的照明效果会使后处理更快、更好。

传感器和激励器。你可以循着另一条不同的路线,使你的纸板模型更有灵气,即增加活动交互性,也就是添加传感器和激励器,见图 24。这个模型的活动保真

图 24 安装了 2 个伺服电机的模型

度范围,与纸板建模技术本身的保真度范围一样,但它增加了的探索、体验和展示的新路径,可以仔细调整产品的行为。详尽地讨论做这件事所必需的一切,这个话题显然太远了,但我想这么做至少可以带来各种可能性。

5 实例模型与设计

本节将介绍我采用泡沫芯和纸板技术设计的两种相机设计模型。请注意,本节所示的模型是设计过程的高保真度最终结果。每一个模型都建立在满满一箱子早期草图模型的基础上。我试着展示模型和它们的交互风格,但不深究这么设计的理由。如果想了解更多关于相机交互设计及设计的理由,请参考我的博士论文(Frens,2006)。

5.1 丰富的动作镜头

图 25 显示了"丰富动作"相机,具有显示这些动作的用途及如何控制这些动作的控件。取下镜头盖,相机就打开了,见图 26(a)。要放大或者缩小焦距,就抓住镜头前的两个把手移动镜头,见图 26(b)。图像的分辨率的设置,靠控制两大小滑块,使屏幕"小"或"大"来实现,见图 26(c)。拍照时,在屏幕一侧有一个"触发"开关,自己一推就行,见图 27(a)。如果触发开关一直推着不放,屏幕就从镜头前松开,就能看见拍摄的图片,见图 27(b)。这个图像可以保存到图像卡,只要把屏幕往存储卡的方向推就行,见图 27(c)。

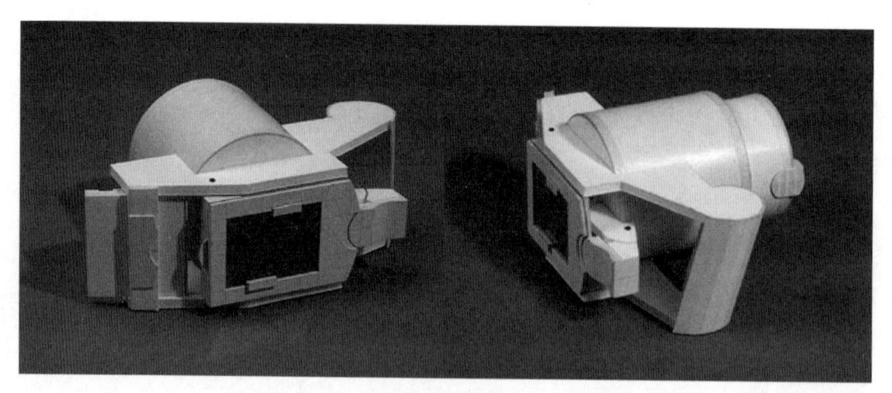

图 25 "丰富动作"相机的两个侧面

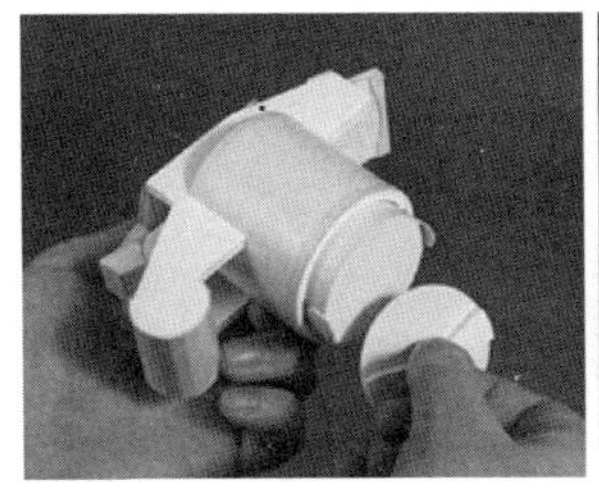
(a) 打开相机

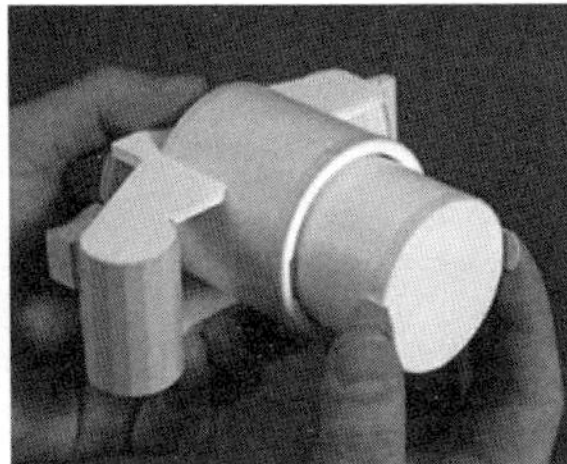
(b) 放大缩小

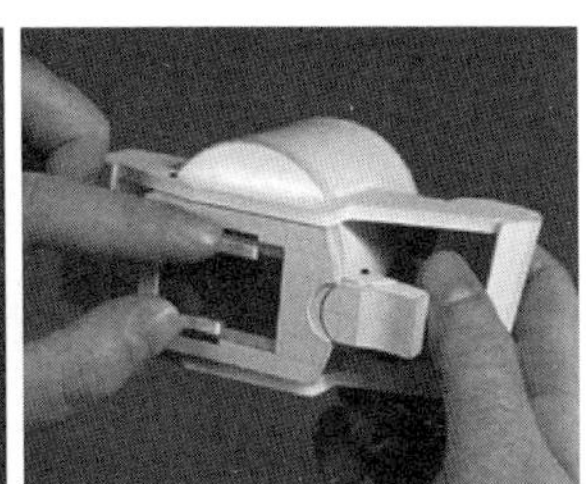
(c) 设置分辨率

图 26 “丰富动作”相机功能

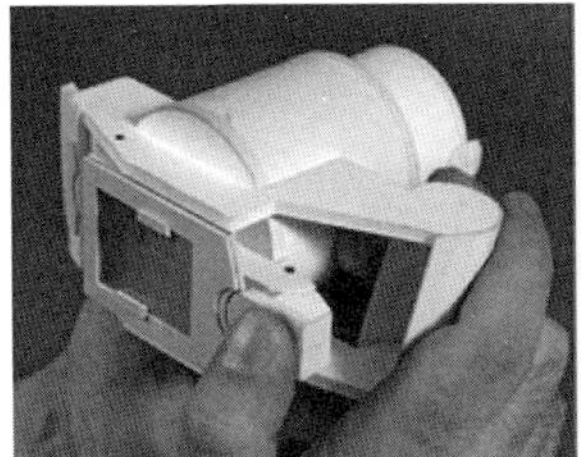
(a) 准备拍照

(b) 照完相，分离镜头

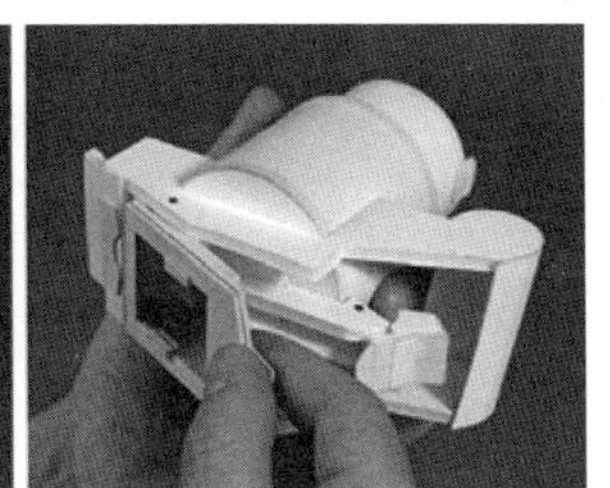
(c) 保存照片

图 27 相机功能

5.2 相机每个功能的控制

“单控相机”相机模型是指照相机的每个功能都对应一个专用的控制结构,见图 28。这款相机模型使用的控制结构分为 3 个层次,每层空间包含对不同使用模

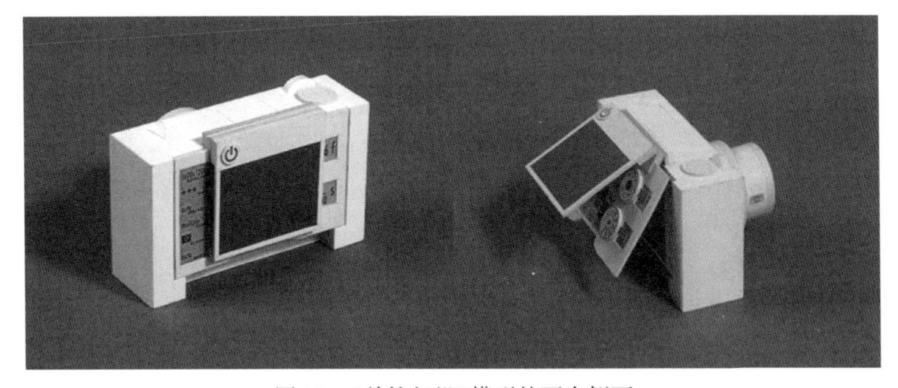

图 28 “单控相机”模型的两个侧面

式的控制。相机模型的顶面和正面位置包含控制相机的主要功能所需的控制(即取景和拍照)。更深的相机控制与改变相机设置有关,见图 29(a),在某些情况下,更改镜头内层的设置,有可能找到相机外层的新控件,见图 29(c)。

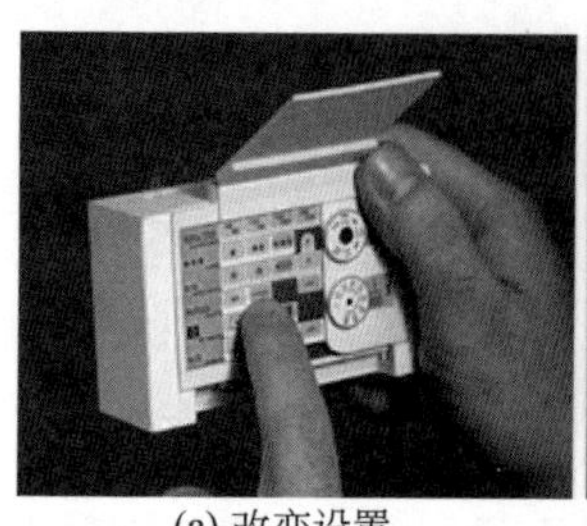

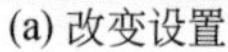

(a) 改变设置　　(b) 打开一个控制键　　(c) 手工控制孔的大小

图 29　“单控相机”模型的操作

6 总　　结

本节回归本文的标题——纸板模型:探索、体验和交流。

探索。“纸板模型作为一种设计工具”一节介绍如何将纸板模型作为一种工具来探索设计的各种可能性。当纸板模型用于设计探索时,出于速度和范围的原因,模型的保真度要和设计阶段的要求对应起来,这一点很重要。相信通过你的双手可以催化你的思想。

体验。把创意过程带进物质世界的原因之一,是可以尝试实现想法、评估想法的大小和比例、感触所使用的材质,最好的一点是,可以把模型展示给别人来衡量他们对你的设计的感受。一个手工创造的物理模型,在它制作的过程中已经产生了见解。通过设计这个物理模型,产品设计师可以立即获得设计的性能。要强调的是,这种体验类型的获取,是当前的计算机软件无法提供的。对设计师而言,可以在制作过程中获得体验;重要的是,对设计师和其他人而言,在模型制作完成之后,还可以继续获得模型带来的体验。允许设计师与其他人在设计过程中和设计完成之后进行评估,实际上就是对设计探索的验证。关于设计验证的内容,在下面的“交流”里描述。

交流。高保真度模型不仅仅可以不断体验,远比体验多的是,还传达了设计的价值和设计师的意图。这些高保真度模型代表了设计过程中的关键要素,由设计中的假设、决策、见解、设计意图汇聚而成,还可以对模型进行评估。有趣的是,纸板能制作所有保真度级别的模型,这些模型可以用来进行探索、体验和交流。还有,这些模型可以在舒服的办公桌上完成,而不需要机器设备。

参考文献

Buxton B(2007) Sketching user experiences: getting the design right and the right design. Morgan Kaufmann, Boston.

Djajadiningrat JP, Gaver WW, Frens JW(2000) Interaction relabelling and extreme characters: methods for exploring aesthetic interactions, In: Proceedings of the DIS'00, New York City, New York, pp 66-71, August 17-19.

Fish J, Scrivener S(1990) Amplifying the mind's eye: sketching and visual cognition. Leonardo 23: 117-126.

Frens JW(2006) Designing for rich interaction: integrating form, interaction, and function. Unpublished doctoral dissertation. Eindhoven University of Technology, Eindhoven, The Netherlands. Retrievable from http://www. richinteraction. nl.

Frens JW, Overbeeke CJ(2009) Setting the stage for the design of highly interactive systems. In: Proceedings of the IASDR'09, Seoul, South-Korea, pp 1-10, October 2009.

Frens JW, Hengeveld BJ(2013) To make is to grasp. In: Proceedings of the IASDR'13, Tokyo, Japan, pp 26-30, August 2013.

Obrenovic Z, Martens JBOS(2011) Sketching interactive systems with Sketchify. In ACM transactions on computer-human interaction, TOCHI 18, 1, Article 4, May 2011.

第三部分

故 事 设 计

故事:使用故事技能设计用户体验

伯克·阿塔索伊,让-伯纳德·马滕斯

摘要 设计的角色从设计对象转向设计体验。设计行业必须遵循这一趋势,但设计师目前的技能主要还是关注对象,关注其形式、功能、制造和交互等方面。然而,面对这一主观、场景依赖的和具有体验的暂时性的问题时,当代的方法和工具对设计师创造性的工作所提供的帮助是很少的。设计师因此需要通过试错法来学习如何将经验作为他们创造性想法的中心。我们确信,存在新的工具和方法,可以为设计师在这个阶段提供帮助。本文中我们认为,故事技能能提供一部分指导,提醒设计师从设计过程的一开始,就要把体验放到产品中来。首先,我们确定从产品转向体验之后的背景,并解释这个转变为设计师的创造性过程所带来的挑战。然后,我们探讨现代概念设计过程,了解其存在的不足,指出故事技能提供的机会,并提出方法来应对这个挑战。最后,本文提出一个具体的方法——故事法,这个方法由我们设计和开发,并在学生和专业人士的设计研讨会中反复进行过测试。

1 从产品到体验

设计基本上是一个探索的过程。它始于一个想法。灵感激励着设计师,通过产生、开发和测试想法,来解决问题与/或寻找解决问题的可能性(Brown,2009)。这是一个创造性的思想扩展的过程(Osterwalder,2010)。设计的一般训练,是教你如何系统性地应对一个设计挑战,并提供给你探索选择的各种技巧。将创新的想法通过概念化和适用化的过程变成人们日常生活的基础,这种训练有素的实践过程,就是对设计师工作的一个基本描述。

然而,设计师在工业中的特殊角色及其对社会的影响,在过去的几十年中发生了巨大的变化。按时间顺序将流行设计师的名称排列出来:①工业设计师;②产品设计师;③交互设计师;④用户体验设计师;⑤服务设计师。这是由于设计焦点从“以生产为中心的形式给予”向“以人为中心的经验和服务的创造”的转变导致的。

为了解释这种演变,Brown(2009)认为,在发展中国家,经济活动正从工业制造转向知识创造和服务交付。欧文(Irwin)认为,21世纪是设计的世纪,知识创造是唯一具备解决今天的问题、畅想新的未来的能力的学科,具备改变人们思考、行动和理解世界的思维方式的能力(Baskinger,2012)。Sibbet(2011)认为这种情况,是新兴经济体重视创造力和创新的结果。

当然,技术发展在这里扮演着重要角色,因为设计与技术的关联性比以前更强。技术广泛融入人们的生活,新的需求在这一过程中产生,再进入设计领域。有用、舒适、美丽等要求是不够的。设计工作需要探索解决方案,超越有用、可用、高效、有效的一般要求,向普遍(包容)的、可持续的、社会负责的、情感需要的和有意义的方向转变。因此,设计师就希望大量增加关于技术和行为的知识。需要协作的人也成倍增加。设计师不再是独行侠,设计行业的设计师比以往任何时候都更加依赖于与人协作。

为了将创新理念通过概念化和适用化融入人们的生活,设计师首先需要全盘了解这些想法。思维过程就是这样:一开始是通过发散思维产生和描述很多想法(Buxton,2007;Osterwalder,2010);然后通过收敛和综合这些选项做出一系列的决定,这些决定就是设计要遵循的概念。为了正确地处理这个过程,设计师需要适当地对想法展开讨论。因为要讨论,所以他们需要一个能够进行交流和合作的共同的基础。即使是一个人的设计工作也需要一个自我反思的过程,这个过程与讨论类似,即一个人以自我对话的形式,通过素描将思想外化表达出来(Buxton,2007;Cross,2011;Lawson,2005)。

讨论体验与讨论产品和交互有很大不同。用户体验是主观的、场景依赖的和随时间动态变化的(Moggridge,2006),而产品常规的操作原则,是不允许设计师把关于情感、情境和时间方面的体验带到讨论里面来的(Buxton,2007)。当设计师想象一件有形的产品时,他可以通过二维(2D)素描,在纸上可以看到他内心对想法的反思过程。素描所承载的东西,比设计师想象的要多。设计师也可以只用笔和纸来临摹自己的想法。设计师或者能够想出一定复杂程度的设计,或者相信自己想出方案的潜力,最终设计师都需要拿出一个有形的模型才能在三维(3D)空间里通过探索各种选项来确认这些想法。当挑战从产品转移到体验时,这个程序变得更加复杂。

我们以机械师和心脏外科医生的故事为例,来说明设计体验。一位著名的心脏外科医生把他的车开到车库。为了消磨时间,他开始观察机械师从发动机上拆下气缸盖。机械师看到他后,打趣地说:“医生医生,把这个查查。我刚刚打开了你车的心脏,发现问题,修好它,再盖上,就跟新的一样好用。那么,告诉我,我们基本上做同样的工作,为什么你赚得比我多?”心脏专家瞥了一眼机械师,斜靠着微笑说:“在发动机开着的时候试试。”

在设计师看来,体验设计师所期望的,跟故事中心脏外科医生所期望的一样。他需要在一个不间断的事件序列上进行设计,并明白不断变化会带来的影响。设计一种体验,意味着在第四维(4D),即时间上,产生、开发和测试想法。这样的挑战超过了物理产品的范畴,设计师需要考虑时间因素,因为这是体验的一个基本方面。他怎么能讨论、权衡和选择一个尚未发生的事件?他如何评价一个属于未来情境的情感体验,在体验还没发生时,这种体验就成为他设计中的一个既定的组成部分?

体验设计就是变化的状态设计。莫格里奇形容这种情况为设计动词而不是名词(Brown,2009)。欧文也赞成这种想法,他认为主题转换了,主题从一个实体设计转换为一个行为设计(Baskinger,2012)。本文认为,相比于设计名词或实体,设计动词或行为需要不同的原则、知识、相关技能和工具。

在下一节中,我们首先概述一下设计师正在使用的一些现代概念设计的方法和工具;然后,介绍故事法,介绍它如何将体验加入设计师的创造性思维中,并提出了一种实现这个目标的方法和方法的框架。

2 现代概念设计过程

正如第1节中提到的,设计工作从探索新的想法开始。这些想法(设计动作发生,由设计技能支持)的实现由设计师在概念设计过程中做出的决定引导。因此,建立体验对整个项目的影响的最佳时机,取决于概念设计阶段。然而,正如设计专业人士不断发现的那样,说起来容易做起来难。为了说明体验焦点对概念设计的影响,我们首先要介绍当代艺术当前的状态。

2.1 概念设计

概念设计是指在前期设计中,把产品、互动、服务和体验的主要特征,勾画、规划和起草出来的一种行动,目的是激发创造性思维,并规划后续阶段的工作,以启动创意思考和规划后续阶段的目标(Atasoy and Martens,2011)。为了测试、评估和改进设计思路,设计需要具体化和把思想通过有形的方式表现出来(Cross,2011)。

它可以是一张纸上的草图,也可以是一沓便签贴。在任何创造性的过程中,物化思想都是一个必不可少的步骤,意识必须要跟踪思维的过程,并反思所考虑的选项。素描也起到设计师外部内存的作用,以减少设计师创新过程中工作内存的精神压力(Bilda and Gero,2007)。

通常,概念设计过程从一个简短的介绍开始,主要介绍项目目标的初步汇总。随着项目的发展,设计团队很可能会适应这个简短开端的模式。因此,文件记录是开放式的,有助于团队创造性地探索眼前的问题,又不失远见。

首先是收集信息,设计团队根据收集到的信息探索项目背景,以及跟目标相关的机会。探索的目的是从项目领域、相关用户和场景信息中培养见解。一个快速的方法是咨询二手信息源(网站、维基、书籍等),设计团队也可以通过访谈、直接观察或自文档(如日记、调研、查询等)的方式,来获取第一手用户信息。理解收集到的信息,再成为设计团队共享的理解,可以帮助设计团队设想表达方式和未来的用户行为。因此,"变成概念"开始于与设计团队协同处理收集的内容,并构造各种命题,概念由这些命题来产生。过程产生的结果将通过概念展示的方式,与外部利益相关者分享,这些方式可以是产品的素描插图、系统流程图、用户场景、故事板等。然后是比较选择的概念与市场竞争对手的系统,评价与项目目标相关的潜力。根据项目的规模,可以采用定性的研究方法,无论是在没有用户参与的情况下,如小组评价、专家评价、启发式评估等,还是有用户参与的情况下,如焦点小组、现场调查、文化探讨和低保真度原型测试等。最后是做出决定,选择的概念经过如此长途跋涉最终走向市场(Keinonen and Takala,2006)。

2.2 现代概念设计工具

概念设计过程已纳入各种工具,以支持设计活动的每个阶段。在全流程采用工具的结果是,可以在追求有意义的产品和体验的同时,加深对交流的过程进行规范、协助设计团队的理解,并和人们产生情感共鸣(Marin and Hanington,2012)。基于本文的目的,本节集中描述在概念生成中广泛使用的一组工具,并展示由它们产生的概念。这些工具的共同目的是使设计师能够探索和讨论它们产生的各种命题。这些工具相辅相成,他们的目标是促进团队成员之间的有效沟通,给设计团队创造一个使思考不断清晰的机会。

思维导图、亲和图和旅程映射是支持协同思维过程,直观地映射话题讨论的工具的突出案例。思维过程被映射出来,会鼓励设计师通过重新审视和重组信息片段及阐述新的想法,通过协作探索和识别新的模式。

思维导图是用来组织数据,以直观表示一个话题或问题的动态要素之间的关系的工具(Marin and Hanington,2012)。它有助于建立连接,以提供一个整体的总体感觉(Brown,2009)。亲和图用于寻找思想之间的共性,根据确定的主题进行有意义的聚类(Bonacorsi,2008;IDEO,2003)。它可以帮助设计团队将其决定建立在收集的数据的基础上(Marin and Hanington,2012)。旅程映射的目的是直观地表示用户采取的步骤,以预见过程中出现的关键事件和交互过程(Hagen and Gilmore,2009)。行程映射有助于设计团队特别关注和评估体验过程中的那些关键时刻(Marin and Hanington,2012)(图1)。

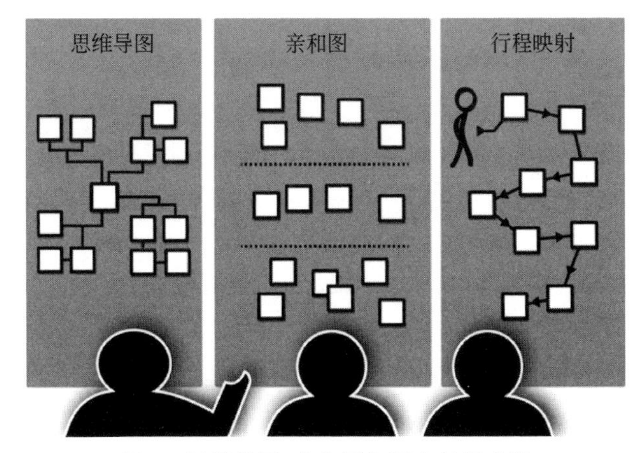

图1 思维导图、亲和图与用户行程映射

人物角色将实际用户信息浓缩为用户组的一般特征,并以虚构的个体轮廓来表示。人物角色帮助设计团队将他们的设计意图与他们正在设计的任务对应起来,并将他们的决定建立在实际用户数据的基础上(Long,2009)。

情景是人们从事产品或服务的虚构行动过程的可信叙述。情景通常是从人物的角度对未来环境进行记录,通过一个具体的场景描述用户的目标、行为和体验,以测试设计假设(Cooper,2004;Marin and Hanington,2012)。

海报(Gray et al. ,2010)是产品和/或服务的虚构广告,但仍需要设计。它是一个视觉表达,旨在阐述设计愿景和"理解服务理念与现实之间的联系"(Norman,2009)。明年的标题(Next Year's Headlines)也叫封面故事(Cover Story)(Gray et al. ,2010),它有一个类似海报打广告的目标,但封面故事更注重在一个设计想法中,产品或者服务对想象中的未来社会产生的影响(IDEO,2003)。设计师利用这些工具把自己投射到未来,想象一个虚拟的但是可信的未来场景(IDEO,2003)(图2)。

图 2　设计师采用的投射工具

情绪板(又名图像板或拼贴)是收集的图片和资料的视觉印象的组合,用于在合作者之间交流那些难以用言语表达的价值(Gray et al. ,2010;Lucero,2009;Tassi,2010)(图 3)。例如,在秋天的松林中间,一个平静的湖泊的图片可以推断出"宁静",一个成熟的绿色苹果上的一滴清晨露珠,可以代表"新鲜"和"健康"。情

图 3　情绪板与故事板

绪板涉及图像,但重点是印象,而不是解释。情绪板的目标是创建一个统一的灵感材料,以指导设计团队朝着共同的方向前进。在设计过程的早期阶段讨论这样的抽象印象,有助于设计团队建立对于其所做决策的价值的共同理解。

讲故事、故事板及"生命中的一天"(a day in the life)都是用于在概念化过程中将设计师的想法和真实场景中的体验结合在一起。这些工具帮助设计师与用户产生共情效应,以至于设计师可以深入到他们目标用户群的感受和想法中去(Fritsch et al. ,2009)。讲故事是一种声音工具,在一个灵活的场景中把各种想法关联起来,并激发讨论,使所有利益相关者,不管他们的背景如何,都能贡献自己的想法,并达到统一理解的程度(Chastain,2009;Rees,2010)。讲故事是一个众所周知的通用术语,用于各种不同的学科(包括设计)之中。这导致人们对这个术语有很多不正确的理解,我们将在下一节中努力解决这个问题,以避免误解。

故事板(又名连续板)是一种可视化的故事规划工具,最初是用在电影投产之前的计划上,在创作成员之间沟通场景(导演、摄影师、摄像师、音响师等)。故事板是通过一系列的图片来讲故事(Glebas,2008)。在设计过程中,故事板将帮助设计团队通过展示和观看一系列连续的图片,来抓住体验到的关键事件(图3)。

"生活中的一天"是一个工具,用于想象一个用户在一整天的潜在体验。聚焦白天的日常行动,有助于发现那些注意不到的细节,有助于揭示最根本的问题(IDEO,2003)(图4)。

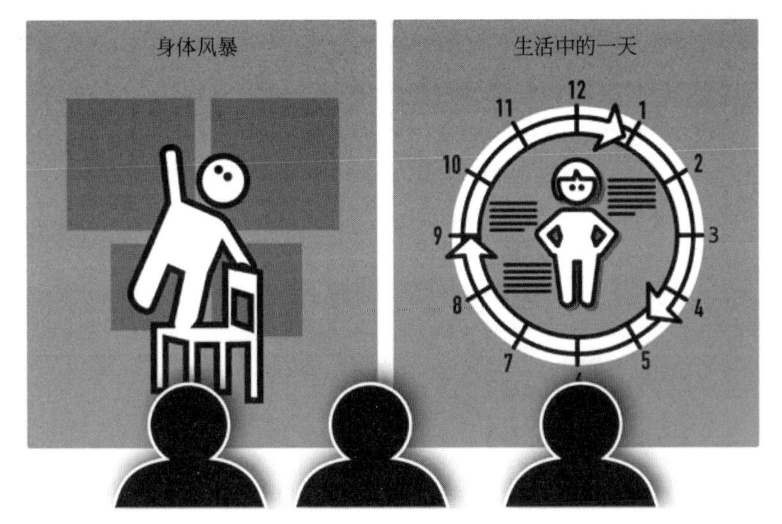

图4　身体风暴与生活中的一天

角色扮演(role playing)和身体风暴(body storming)是通过即兴创作和身体的参与点燃新的灵感的方法。角色扮演作为一个工具,其中合作者在真实或想象的情境中扮演潜在用户。角色分配给团队成员,强调与不同用户情感共鸣以加强对场景的感知,从而提供环境对用户体验的影响的洞见(IDEO,2010)。身体风暴也是一种角色扮演方法,重点在于身体与物体和环境进行交互。一般需要道具在角色扮演过程中代替产品,以给团队提供一个观察在虚构背景下用户潜在反应和行为的机会(Tassi,2010)。角色扮演这类即兴创作工具为设计师设想具体体验场景、提升体验质量提供了宝贵的机会(图4)。

上面所提到的所有方法和工具都支持在概念设计过程中实现假想场景下的协同设计,其中假想用户的活动也是在假想情境中进行的。设计团队的任务是从这个假想过程中提取新的和可信的概念,并以令人信服的方式描述它们,以影响整个设计过程。所有这些工具都在说明一个事实,即在组织创造性思维过程中首先要有一个明确的目标要求,然后通过准确无误的沟通可以提高组织的协同创造力。在经验丰富的设计团队,这些工具可以显著提高有形产品概念化能力及这些产品的交互性能。

另外,体验假想场景的时间很短,因此设计工具需要具有随着时间变化交流和反思设计想法的情感体验也随着变化的能力,但上面所有这些方法和工具似乎都没有提供足够实现这些目标的能力。下节将进一步阐述这个问题。

3 故事制作

虽然讲故事是解决设计域跟故事相关的问题时的常用词,但它没有完全表达设计师在工作中用它所要表达的意义。讲故事有多种形式。传统的讲故事的形式是说故事和写故事,20世纪讲故事的形式是电影故事(McClean,2007)。首先,我们对电影故事的兴趣比传统讲故事的方式更感兴趣,其原因我们将在下一节中解释。其次,我们的工作更多的是关于“制作”而不是“讲述”的行为。因此,当我们需要强调跟故事相关的重点和意图时,我们将使用“故事制作”这个术语。

3.1 为什么要故事制作?

故事和体验在几个关键属性上具有相似性,这一点显而易见。它们都由人物、地点和对象组成,也都在三者之间的关系随着时间的推移而展现(Buxton,2007)。这意味着,故事和体验都具有主观、情景依赖的和动态的性质。它们都具有一个顺序结构,具有开始、中间和结束的阶段,设计不仅可以制作故事和体验,同时也对它们施加影响。然而,最重要的是,故事和体验都会唤起与影响那些经历者的情绪。

我们对故事制作的兴趣,是出于其有能力创造情感上的满足和有意义的体验(Glebas,2008)。故事制作具有悠久的传统,并利用配套的很多工具来影响消费者(受众)的体验。某些分支,如电影故事制作,就需要很多领域的专业知识,来管理这个多学科的团队为着一个共同目标,而进行生产的复杂业务流程。我们看看,在用户体验设计的概念阶段,需要什么样的交流方式和业务流程,探讨是否可以采用电影中的故事制作工具,来改进这个业务流程。Glebas(2008)建议我们以故事的形式来组织体验过程,并用故事的结构化形式,来与其他人交流体验。

虽然电影制作和设计领域产生的输出不同,但在电影制作和设计过程的早期,二者都是在创造虚构/概念的背景,使用相同的工具如场景、故事板、角色扮演和故事角色等,来假想未来的体验。电影制作和设计领域这两个专业之间具有相似性,这源于二者都需要找到一种快速、廉价和灵活方式来对合作者之间的想法进行探索与交流。

尽管电影制作给设计领域带来相同的好处,但拍电影的过程似乎更先进,因为它有明确的意图和明确的策略,来激发观众的情绪(Chastain,2009)。电影制片人以专业的方式讲述故事。电影故事具有激发人的体验的力量,电影编剧(又名电影剧本作者或剧本作家)就是根据故事的想法,制作故事结构和情节的专家。因此,尝试和理解这一方法背后的结构策略,目的在于如何有针对性地影响观众的情绪。

3.2 故事结构

故事结构是决定故事呈现的顺序和风格的结构框架。情节是故事选择的事件和这些事件的时间顺序安排,这种安排是在很多种故事展开的可能性中选择出来的一种(McKee,2010)。它们是作为激起观众情绪、吸引他们注意力的策略指导(Inchauste,2010)。准确描述和使用故事结构是脚本成功地转换为故事场景必不可少的手段(视觉规划或故事板)。

实证研究表明,不同时间的故事类型可以拥有一个共同的故事结构而与文化背景和地理位置没有关系:普罗普(Propp)用形态学方法分析了许多俄罗斯民间童话故事,结果表明,这些故事有 31 个共同的常见的主题。他称它们为“故事功能”,并用它对行为进行分类,使人物可以按时间顺序在故事中出现(Hammond,2011)。坎贝尔(Campbell)研究了跨越文化和历史上各个时期的神话、寓言、民间传说和故事。他指出,在所有超越历史的伟大故事中,英雄的旅程都有一个共同的结构(Duarte,2010)(图5)。

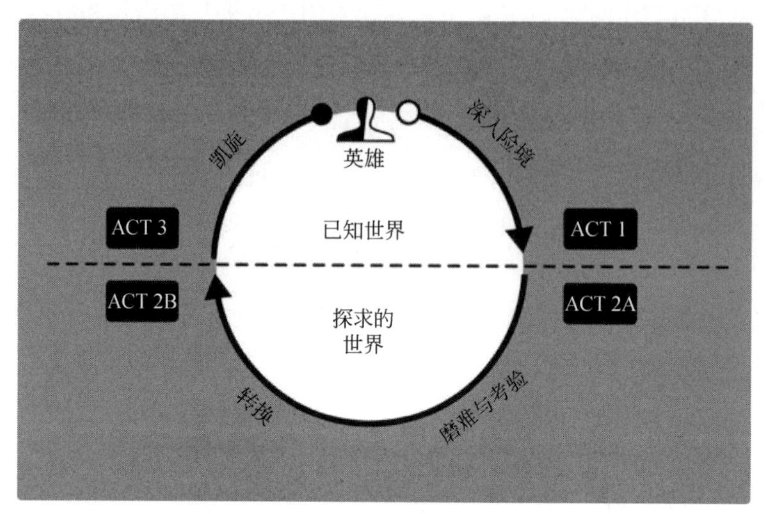

图5　一个英雄之旅的可视化结构表示

坎贝尔将英雄故事过程描述的基本公式称之为“英雄之旅”,概括如下:首先是英雄的出场,然后他被召唤去冒险。虽然英雄起初抵制这种召唤,但他在其老师的鼓励下接受挑战,这个老师使他从普通世界一步跨进一个新的未知世界的门槛。然后英雄接受各种考验,事件的高潮是英雄被迫接受非人磨难,直到英雄把折磨当奖赏,于是英雄焕然一新。最后,英雄开始体验丰富的回家旅程(图5)。吉尔伽美什(Gilgamesh)、贝奥武夫(Beowulf)、奥德赛(Odyssey)、霍比特人(Hobbit)、星球大战(Star Wars)、黑客帝国(Matrix)等,就是几个按照基本公式推导出来的实例(Inchauste,2010;Schlesinger,2010)。

显然,故事结构的历史比编剧要长得多。在诗学中,亚里士多德观察和分析了故事技巧和情感体验之间的联系。他的戏剧理论探讨了讲故事的技巧,有唤起某些观众的情感体验的能力(Hiltunen,2002)。亚里士多德体系是将行动的结构映射为一个统一的情节,其中开始、中间和结尾描述了动作的顺序。Hiltunen(2002)认为,亚里士多德的做法是了解讲故事创造情感体验的机理的一种方法,这种方法具有事先预知故事可能成功的能力。亚里士多德创造的情节已经演变为Freytag(1900)创造的五幕结构,这种五幕结构主要用于古希腊和莎士比亚戏剧的表演。

在Freytag的《曲线》《博览会》等剧幕中,随着现实的冲突引入主角和恶棍等角色。上升动作是非常紧张的阶段,它增加了实现既定目标的复杂性和不确定性。

高潮(或危机)是故事的紧张程度和不确定性达到的最高点,也是观众达到最大参与程度的时间点。落幕动作是冲突结束,英雄最终战胜了恶棍。结局是最终的结果,悬念结束,复杂问题得以解决(Wheeler,2004)(图6)。

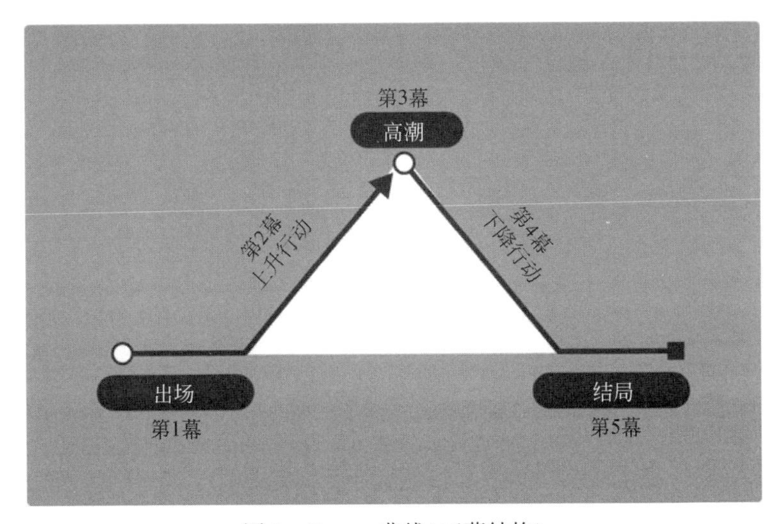

图6　Freytag 曲线(五幕结构)

Duarte(2010)在现场范式中提出了一个更现代的故事结构,这通常被称为三幕结构,是一种重复的 Freytag 五幕结构本。

根据不同的现场,三幕结构把开始场景经过中间场景和移动到结尾场景的转折点称为情节点,情节点是一个事件发生的决定性时刻,它改变了故事的方向(Duarte,2010)。第一幕向读者介绍背景、人物、冲突等,并随着英雄的未满足的欲望的展现来建立三者之间的关系(Duarte,2010;Quesenbery and Brooks,2010)。第二幕通过一系列纷繁复杂的情节展开,其中英雄遇到了阻碍,难以实现他的目标(Duarte,2010)。尽管这些危机暂时解决,但随着冲突的发展必然导致最终的危机,这是全剧的高潮(Quesenbery and Brooks,2010)。落幕将故事的松散的结尾连接在一起,提供了一个解决方案,而不是一个结束,让观众看到在高潮时主角的决定或行动的结果(Quesenbery and Brooks,2010)(图7)。

弗里曼(Freeman)解释了三幕结构的能量曲线,称为"亚里士多德情节曲线"(Sparknotes,2011),这条曲线直观表达了时间(横向)和冲突强度(垂直)之间的关系(图8)。Glebas(2008)进一步解释冲突强度为情感参与程度,冲突强度描述了在故事中观众参与或"丢失"的程度(Glebas,2008)。

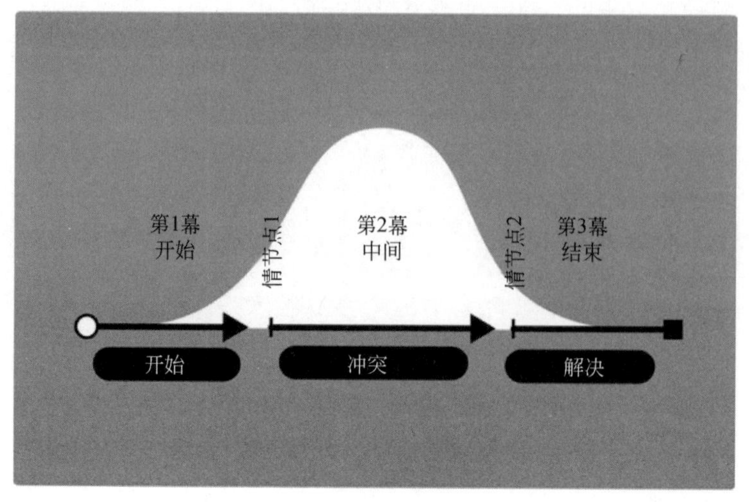

图 7　三幕结构

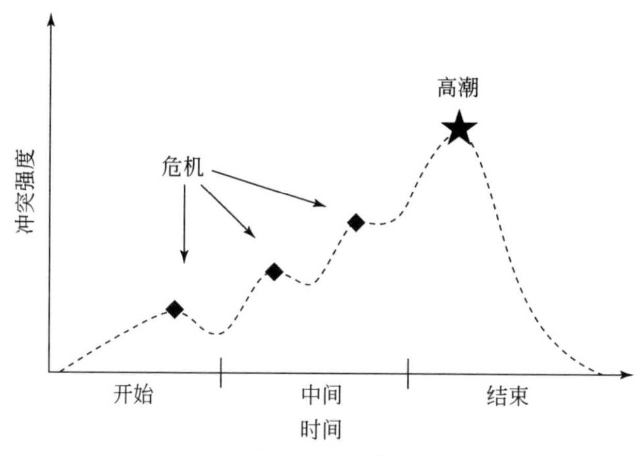

图 8　亚里士多德情节曲线

Quesenbery 和 Brooks(2010)认为，一个具有适当情节点的结构合理的故事，可以提供一条故事线，故事线的参数可以是广泛性、契合性、连贯性、似真性、独特性和观众想象力。广泛性意味着，故事涉及了所有必要的事实。连贯性和似真性确保故事是有意义的(也就是说，不会造成混乱)。契合性是指故事和环境氛围配合到位。独特性是指对观众的吸引力(即避免无聊)。一个好的故事总是让观众能进入故事的字里行间去，即能想象故事细节(Quesenbery and Brooks，2010)。

对故事的分析“工作”,源于一个共性需求,即从好的讲出来的故事中,可以提取操作上的原则。然而,重要的是要认识到,上面的策略并不提供一定就成功的公式或配方,而只能作为结构化思维的指导方针。

我们介绍了一个接触创作工具的全貌,以支持故事讲述者的创作过程。从用户体验设计的角度来看,识别的故事结构模式可以有多种方式给设计师以启发:①它们提供了创建情感满足和有意义的体验背后的策略,并明确地表达出来,这有助于提高共同意识;②它们揭示了讲故事并不完全是一种原创性的技巧;使用预先定义的指南来支持这个过程也是常见的做法;③在视觉上呈现的预期用户响应模式的改变,可以给故事的编剧和交流提供帮助。

3.3 电影与设计中的故事板

故事制作的另一个方面是视觉规划,或故事板,故事讲述者将书面脚本解释为动作的视觉序列。故事板起源于迪士尼公司的动画工作室,动画需要在演出时间内跟踪和组织大量的图片。从那时起到现在,它仍然是一种工具,它可以使合作者查看帧序列,以便快速、容易地反思、讨论、监测问题,并进行更改(Glebas,2008)。故事板从一个脚本开始,它是“一个故事的口头计划”(Glebas,2008),或是一个脚本草图的松散整理。由此,视觉艺术家在艺术总监和生产设计师(Glebas,2008)的监督下,在电影中塑造了世界的真实面貌。

在实践中,艾尔弗雷德·希契科克是最先使用故事板的人之一,其目的是在投影时,保证镜头之间的无缝连接(连续性)(Glebas,2008)。故事板为导演提供视觉帮助,并将电影摄制、摄影机角度、编排、演员站位和道具的信息,输入策划阶段。这是在实况拍摄之前,一个确定探索和实验选项的简便方式(图9)(Glebas,2008),也可以帮助制片人获得资金、拍摄道具和摆设地点的支持(Lelie,2005)。

随着特效在真人动作电影中的发展,故事板变得愈加重要,因为计算机生成的图像(computer generated images,CGI)需要结合真实的镜头(Glebas,2008)。彼得·杰克逊是当代导演之一,他在故事情节中广泛运用故事板,他称之为“电影零版本”(Botes,2003)。在电影《指环王》三部曲(The Lords of the Rings Trilogy)的拍摄过程中,除了第一个故事板之外,他还委托了一个专业故事板艺术家重新绘制自己的草图。他还使用故事卷轴,这是一个具有声音、音乐和音乐的故事板的版本(Botes,2003)。故事卷轴不仅有助于监测和解决故事中的问题,还为电影提供了情感路线图(Glebas,2008)。

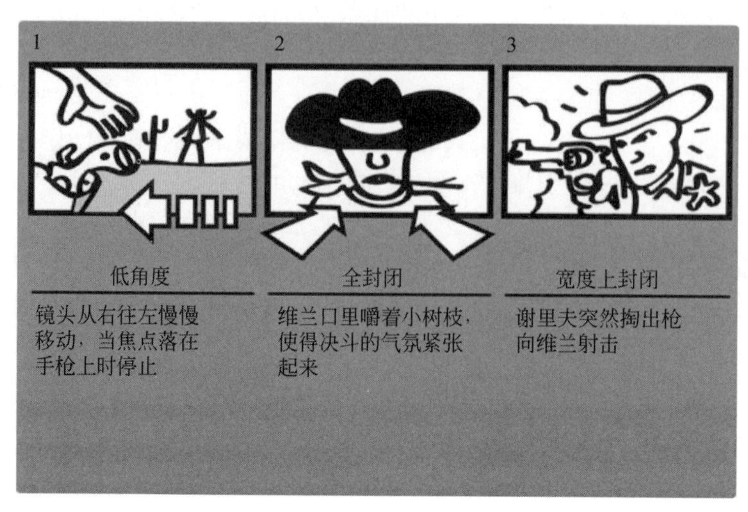

图 9　电影故事板的示例

在设计领域,故事板被用来加强设计师对交互的理解和交流,交互是随着时间在用户和产品/服务的场景中展开的(图 10)(Lelie,2005)。设计师是视觉思想者,他以故事的形式表达思想,这是一项富有挑战性但又值得做的工作。故事板促使设计师考虑动作在使用场景下动作所具有的暂时性。目标用户可能面临的挑战,还是环境是否可信,虽然环境是假设的。故事板的读者可以和眼前的设计问题产生共鸣,还可以考虑如何解决它,而不论他/她的背景或学科如何(Lelie,2005)。

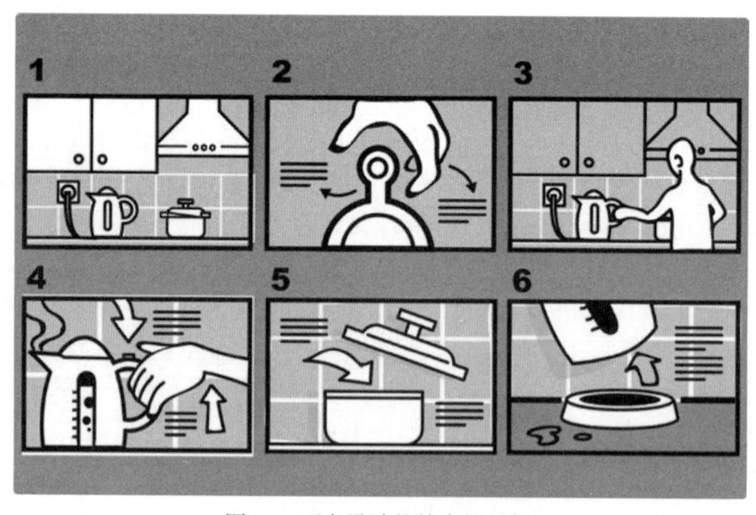

图 10　面向设计的故事板示例

在早期电影制作过程中使用的一些视觉规划和交流策略,已经部分地被采纳到设计实践中。我们想进一步关注这一点,更明确地关注用户体验设计和电影故事制作的相互影响。我们相信,理解和吸收故事情节的原则,将使设计师能够“在结构层面上工作可以实现心里的目标”(Glebas,2008)。为了测试这个命题,我们采用设计方案进行了一次研究,我们反复设计和开发了一种方法,该方法结合了上面提到的许多关键的讲故事技术,随后,我们将该方法应用于用户体验设计过程中,以便获得发现问题和解决问题的机会。

4 故事情节

体验设计需要设计团队与他们设计的人,在情感层面上产生共鸣。挑战不仅在于想象“体验的动态性品质”,还在于“不断改变对这些不断变化的情感反应”。这需要一种,允许从项目的开始就第四维度进行探索和讨论的方法。

我们认为,这种探索可以通过设计师扩大他们的创作范围及培养视觉故事制作技巧来实现,特别是电影故事制作时,第四维的探索为解决情感变化提供了无与伦比的策略指导。我们试图挖掘时间维度的潜力并将其集成在设计师的创意过程中,我们使用一种叫故事情节的概念设计方法及一套相关工具,并研讨如何在实践中使用这些工具。

在这一部分中,我们首先描述了我们实施的研究过程,然后,通过一系列的案例研究,介绍我们设计、测试和开发的方法及工具箱和工作坊。我们以反思整个过程中学到的东西来结束本节。

4.1 研究途径

我们的研究方法是通过产生知识来增强设计实践,这需要将理论和实际结合起来,手段是观察设计项目的全过程,以及其思考和制作的工具(Marin and Hanington,2012)。这通常被称为通过设计方法的研究(research through design approach)(Archer,1995;Marin and Hanington,2012)。它涉及一个创造性的和批判性的反思过程,其中文献调查和案例研究被用来发现见解,这些见解随后被纳入(下一版本的)概念设计方法中。

我们以前说过,讲故事有很多形式,如口头故事、书面故事和电影故事等。我们专注于电影故事作为我们的角色模型,它为视觉交流和协作创造过程提供了高质量的体验。我们还指出了当代工具的局限性,它只在设计虚拟场景时才支持创造性思维。为了克服这些局限性,我们寻求故事制作方法的指导,将体验融入设计师的创造性思维。故事演练是生成故事的技巧。由体验驱动的设计,需要设计团队拥有故事制作技巧,以便在时间这个第四维度上构思顺畅。

我们建立了一种叫作故事情节的方法(以前称为故事化)(Atasoy and Martens,2011),试图将熟练的实践故事与熟练的设计思维结合起来。经过一年的文献研究(由 15 年的专业设计咨询经验支持),我们开始在欧洲不同工业领域进行设计和测试框架,通过与学士、硕士、博士研究生、专业设计团队专业讲故事者、研发和创新团队等开展研讨活动来完成这项测试任务(图 11)。

图 11　与学生、受训人员和专业人员开展的几个故事研讨班的快照

在整个过程中,我们按照以下研究问题的顺序进行。

- 在概念设计中引入故事制作,是否改进了体验设计的过程?
- 故事情节是否帮助设计人员集中精力和优先考虑设计项目的体验?
- 故事情节能否帮助设计师解决主观的、情景相关的和时间相关的体验问题?
- 故事情节能否帮助设计师用一种更好(更深刻)的方式想象用户体验?
- 故事情节有助于想象——更好(更深刻)的用户体验吗?

解决这些问题,需要一个和现实相关的项目背景,其中聚焦用户体验所产生的价值可以显然提升自身价值(增加了外部有效性)。此外,为了观察真正的设计团队如何尝试该方法,我们需要一个连贯的框架和适当的环境来应用、观察和记录整个过程。为了交流方便,我们建立了一个虚拟案例项目场景——重新设计唤醒体验(re-designing the waking-up experience),并用设计师(创意工场)喜闻乐见的任何一种风格来表现,在(白)板上使用拼图、贴纸和印刷材料等(图 12)。虚拟场景中所提出的体验设计任务及所采用的我们所提出的方法,可以为我们尝试和应对真实项目的挑战做好准备。唤醒体验的表现方式丰富了我们的认识,它不仅提供了专家了解流程如何流动的视觉轨迹,还允许他们评论我们的思维和决策过程。在本文中,我们利用同样的"重新设计唤醒体验"的案例来解释下面的场景。

图 12 "重新设计唤醒体验"模型所演示的虚拟案例项目场景

其中著名的钟表生产商的客户,正在快速转移到个人移动设备上。这一场景展示了这个虚幻的公司绝望和开放的革命性想法。他们雇用一组设计师(研讨会参与者)想出一个创新的对他们有利的想法/解决方案,从而改变这场游戏。唤醒体验将目标解释为通过关注诸如睡觉、醒来、需要报警等体验来产生新的想法和概念。它鼓励优先考虑体验,而不是"产品"。

在研讨会中这种唤醒体验的成功,鼓励我们遵循类似的方式来测试我们的初步设计。我们在预先制作的模板中,建立了一个"有意义的工作空间"(Gray et al. ,2010),并将其作为参与团队成员的画布,作为发布工具/想法的容器(Osterwalder,2010)(打印输出材料、便利贴),在上面画草图及写东西。我们的目标是让设计团队快速而轻松地探索他们产生的工具之间的关系,同时保持他们进展的视觉轨迹。工具/想法容器作为意义的载体,使处理后的信息具有有形、显性、可移植和持久等特点(Gray et al. ,2010;Osterwalder,2010)。在我们特殊的工作空间中,我们采用的框架组合形式,可以允许工场中各种概念设计工具的混合使用,如头脑风暴、场景、人物生成、张榜和故事板等,以支持创造性过程。事实上,这些早期的模型奠定了故事制作工具包的基础,现在应用于学术和专业研究的实践中。方法、过程和工具包的细节将在下一节中解释。

4.2 故事方法、工具包和工场

故事方法结合了概念设计和故事规划技术,将帮助设计团队为自己及项目的潜在观众实现解决方案可视化,这些观众包括用户、客户和其他利益相关者等。该方法包含两个主要层次:后台和前台。每个阶段都有现成的模板指导,并按照模板的说明一步步工作。模板将总的任务划分为更易于管理的子活动,紧挨着活动的是为活动所提供的支持(图 13)。

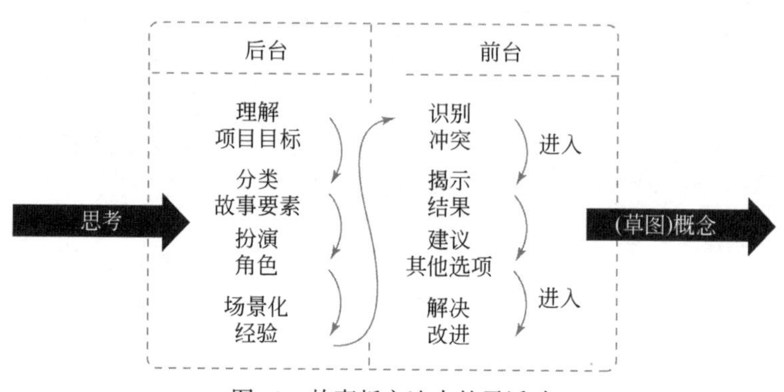

图 13　故事板方法中的子活动

沉思是一个研讨会的前期阶段,它让团队成员单独为概念设计过程做些前期准备,探索一些激发创意过程的灵感来源。设计是一种创造性工作,设计师是灵感的探索者:向内探求者(ins-plorers)。沉思是一种有意识的和系统的行动,用以寻找并捕捉可能激发新思想的兴奋点(Atasoy and Martens,2011)。该项目简要介绍了关注的重点,即影响创意意识的选择性感知,从而根据主题不同,开始增强对相关的和潜在的灵感材料的认知。设计师是视觉思想者,所以大多数激发灵感的材料基本上都由收集到的视觉材料组成(Keller,2007)(图 14)。

故事情节提供了一个工具箱,有明确的指导,以帮助参与者在创造性的过程中按照前台的指导书应用该方法,然后在后台对各种故事思维原则和设计思维原则进行组合使用。

协作过程从工作空间的后台模块开始。后台模块的第一个模板,是解释项目目标(interpret project goals),指导团队首先自我反思,然后分享和讨论他们对项目简要的理解。格式和指导旨在鼓励参与者,从聚焦体验的角度,简要地看看项目的最初介绍(图 15)。

我们观察到,模板 1 有以下用途:①给了一次写下个人对眼下挑战的理解的机会,这不仅对自我反思特别有价值,而且还可以检测视角的多样性,并在一开始就建立共同的愿景;②指令的措辞,从一开始就设置了与聚焦体验一致的调子;③给项目取个个性化的标题,不仅增强了参与者对任务的掌控权,而且有助于揭示他们

图 14 “思考桌”示意图

为了使整个团队的思考过程更加容易,参与者被要求根据讨论前确定的方向,自己准备与项目背景有关的 6 张图片(2 张人像的图片、2 张地点的图片和 2 张物体的图片)。在每场讨论的开始,这些图片被添加到一组图片中去,这个组称为“思考桌”,由 90 张(5 厘米×5 厘米)已准备好的普通图片组成,以支持创造性过程。

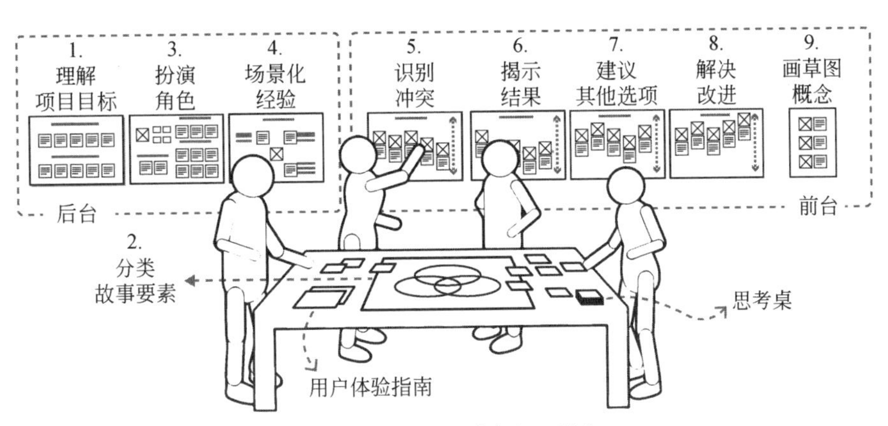

图 15 故事法研讨会和工具包

该工具包内容如下:①9 张 A0 大小的写有说明的纸模板。②思考桌:90 张 5 厘米×5 厘米的图片(30 张人像的图片,30 张地点的图片和 30 张物体的图片)。③用户体验指南:用户体验研究、贴纸与电子邮件标记的实用的和相关信息的集合,以及每个成员可以写画的标记笔。此外,研讨会需要一个工作空间,其中有面墙可以并排悬挂 8 个模板,还有 1 张桌子可以放 1 个模板,这张桌子上要摆放在整个会议期间都会使用的东西,如装饰条、贴纸、尖锐的小物件等。故事法的工具包在 www. Storyply. com 上可以很容易得到。

的优先权(图 16)。

后台模块的模板 2 称为分类故事元素(categorize story elements)。在这里,设计团队组织和解释他们收集的材料,以方便在设计过程中使用。模板平放在桌子

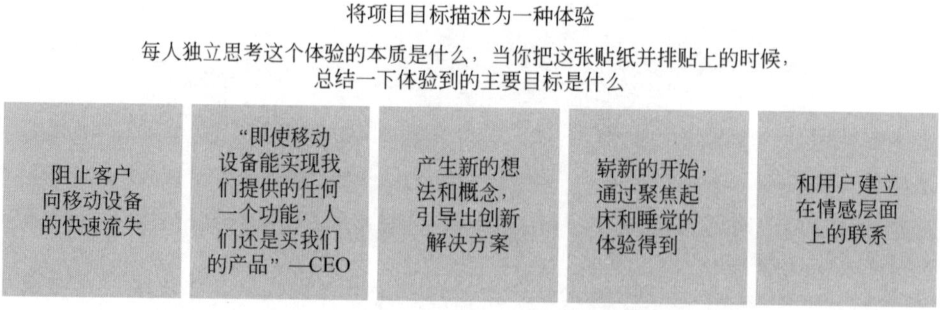

将项目目标描述为一种体验

每人独立思考这个体验的本质是什么，当你把这张贴纸并排贴上的时候，
总结一下体验到的主要目标是什么

阻止客户向移动设备的快速流失	“即使移动设备能实现我们提供的任何一个功能，人们还是买我们的产品”—CEO	产生新的想法和概念，引导出创新解决方案	崭新的开始，通过聚焦起床和睡觉的体验得到	和用户建立在情感层面上的联系

图 16　模板 1 的一部分:理解唤醒体验项目的项目目标

上,每个团队成员将他们收集到的灵感材料分成 3 个主题:任务、地点和对象。

模板 2 的主题由任务、地方和物体的三个相交集合表示,根据三者之间相关性用图片填充 3 个集合(图 17)。然后,将放置在画布上的图片以组为单位,按照情景体验的内容不同分成不同的组。我们称为模板故事元素分类(categorize story elements),因为它提供了一个候选的元素池,供参与者在以后的阶段选择。我们研究发现模板 2 能实现如下目标:①它帮助个体设计师组织他们收集到的视觉材料,并且聚焦到项目空间;②根据人、地、物优选收集的素材,作为故事元素使用;③参加者看到对方的素材,互相启发,一起挑选合适的素材,这也促进了探讨;④填充画布是一种很好的热身运动,这是一个让团队成员熟悉项目的过程。

图 17　模板 2 的一部分:故事要素的分类

模板 3 是角色构建(cast characters),设计团队设置角色,这些角色将是用户体验中的参与者。类似于角色创建(persona creation),设计团队期望能设想出可信的人物原型,来代表潜在用户的目标群体。第 1 步是给一个主角提供一张面孔图片、名字、年龄职业和位置,也给一个与主要人物和/或经验直接互动的最突出的类比人物

的一张面孔图片和一个名字。从人物到角色扮演中的一个重要区别是,主要兴趣转移到故事中人物的冲突,而不是他们的消费行为和/或决策策略。因此,第 3 步和第 4 步鼓励参与者思考角色真实生活中的动机和潜在的冲突点,这有助于识别冲突,可以让设计团队在情感层面上理解角色,反过来,他们也依此来构建体验。

我们从观察中得知,模板 3 能实现以下目标:①该过程类似于为电影故事扮演主角,所以无论其背景如何,每一个参与者对主角都是熟悉的,这种熟悉性增加了他们表演的信心。在这一过程的早期阶段,尤其重要的是获得所有参与者的全身心投入,甚至那些声称非创造性背景的人也要全情投入。②表演提供了电影中的角色认同的手段,认同是通过体验培养出来的情感依赖,而这是模板 3 的基本目标。③冲突是故事编撰中的一种专业表达,对于不写故事的人而言,有很多不熟悉的专业含义。最有意义的冲突是人们根据自己的体验想象出来的冲突。在这个阶段需要某种指导原则,故事情节方法(storyply method)提供了关于动机(即驱动)和张力点(即脆弱点)的两个需要快速回答的问题(图 18)。

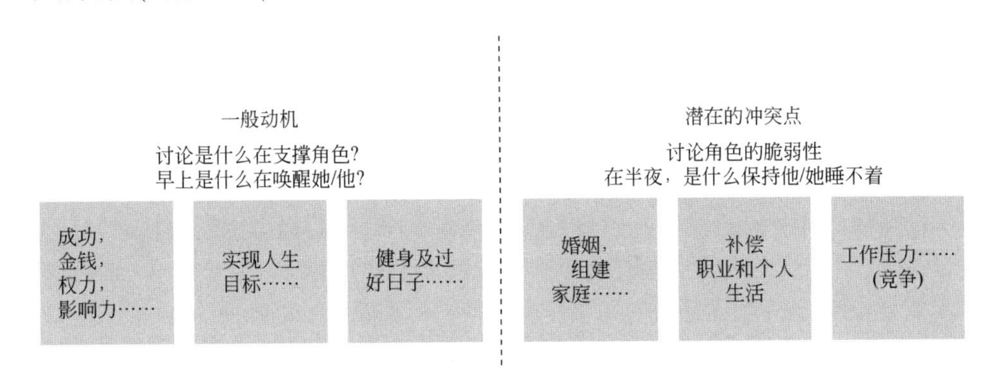

图 18　模板 3 的一部分:角色扮演的步骤 3 和步骤 4

模板 4 被称为场景化体验(contextualize experience)。它帮助团队建立体验产生的空间视觉表达。一组关于体验空间属性的引导性问题,将有助于他们找到场景中想象的触点(图 19)。任务是,把体验产生的空间尽量想象成一个充满生气的地方,然后把这个画面用非常简单的视觉表达方式勾画出来,想象自己是一只趴在天花板上的虫子,或是飞过画面的一只小鸟。

从观察中我们认识到,模板 4 可以实现如下目标:①简单而具体的问题促使参与者的想象力比在没有指导的情况下更丰富;②场景的视觉表示使场景的空间和时间上特征协调一致,使讨论的内容发生在一个更加可信的场景里,这有助于提出具体的建议。

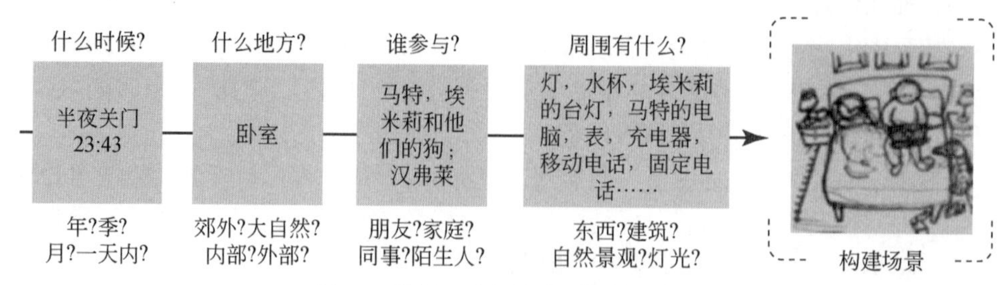

图 19　模板 4 的紧缩版:体验场景化

前台模块是设计团队生成和评估内容的第二阶段,这一阶段将采用多种方法来构建产生新概念的假设前提。这样做的结果是产生的一个或多个概念可以由用户和其他利益相关者进行评估。这个过程与故事板非常相似,但是即使是对有经验的故事讲者而言,故事板的最大挑战也是故事从哪里开始和该如何开始。本模块的故事技术成为助力这一阶段的重要工具。该过程指导和促进团队为每个步骤建立五个关键图片,每一步骤都是一个具有开始、中间和结尾的事件。

前台模块的第一步是启动整个故事框架的模板 5,并启动视觉故事构建过程本身。它被称为识别冲突(identify conflict),是各个步骤中最关键的一个步骤,其中参与者被要求想象故事空间是什么样子的(图 20)。我们从观察中得到,模板 5 可以达成如下目的:①引入冲突,即使是最老练的设计师,也会感觉得到非常清新和开放的冲突,因为它极大地促进了从设计思维到故事思维的顺利过渡;②在这之前为了进入前台模块而开展的每个步骤都是不可或缺的。

模板 6 是揭示后果(reveal consequences),并与模板 5 的过程一样,但这里的重点是要引导团队预见冲突对角色的影响,从而预见对体验的影响(图 21)。从观察中我们得到,模板 6 可以实现以下目的:①促使参与者进一步设想他们想象中的体验的后果,鼓励他们从他们自己的个人生活中带来大胆和丰富的见解;②结果的严重性会导致与主要人物的情感共鸣,从而增加情境的真实性和可信性。

模板 7 称为提出备选方案(propose alternative),这次框架将指导团队使用其在先前阶段中识别的冲突及其后果(图 22),提出自己的建议;同时,设计团队也要使用相同的五张关键图片的结构来提出他们的建议,并用相同的指标来评估建议可能的后果。

我们从观察中得知,模板 7 可以实现以下目标:①感受到前一阶段的结果所带来的冲击,这将使团队增强一份责任感,从而有机会提出他们更真实的体验;②参

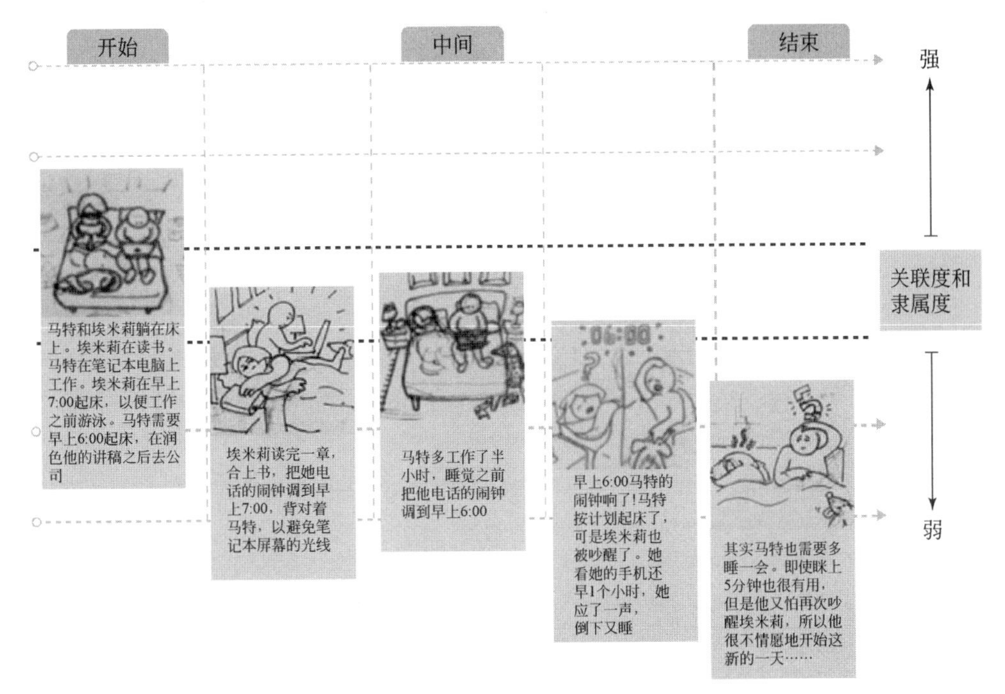

图 20　模板 5 的压缩版本:识别冲突

将贴纸代表的帧相对于右侧的选定值上下移动,逐帧评估事件。关联度和隶属度是从用户使用指南中挑选出来的,用来在这一瞬间评估体验的情感需求。这是由 Hassenzahl 等(2010)所描述的,被称为“你经常和那些关心你的人亲密接触的感觉,而不是感到孤独和漠不关心”。

与者开始比之前各步骤更自信地使用故事中的戏剧化特征。

最后,是时候看看前面所有这些模板对结果的贡献了,模板 8 方案改进(resolve improvement)是五张关键图片的最后一张,将综合前面所有阶段的成果。通过五张关键图片,设计团队理解这些事件是如何发生的及如何被当前情景所干扰的。此外,设计团队也有情感方面的需求,他们通过内省来“看到”想象中的体验,了解体验是如何随着时间推移和情感价值对应起来的(图 23)。

我们从观察中得到,模板 8 能实现以下目的:①故事中的解决方案为过程提供了适当的结束标志;②参与者开始看到该方法在未来进一步挖掘的潜力。

最后一步是把最初的想法作为过程的有形结果呈现出来。这被称为草画概念(draft concepts),其目的是尽快把转瞬即逝和模糊不清的视觉火花赶快画出来,这些原始的想法的定位,就是项目未来的样子(图 24)。

我们从观察中得到模板 9 的目的如下:①它为团队提供了一个机会,让他们注

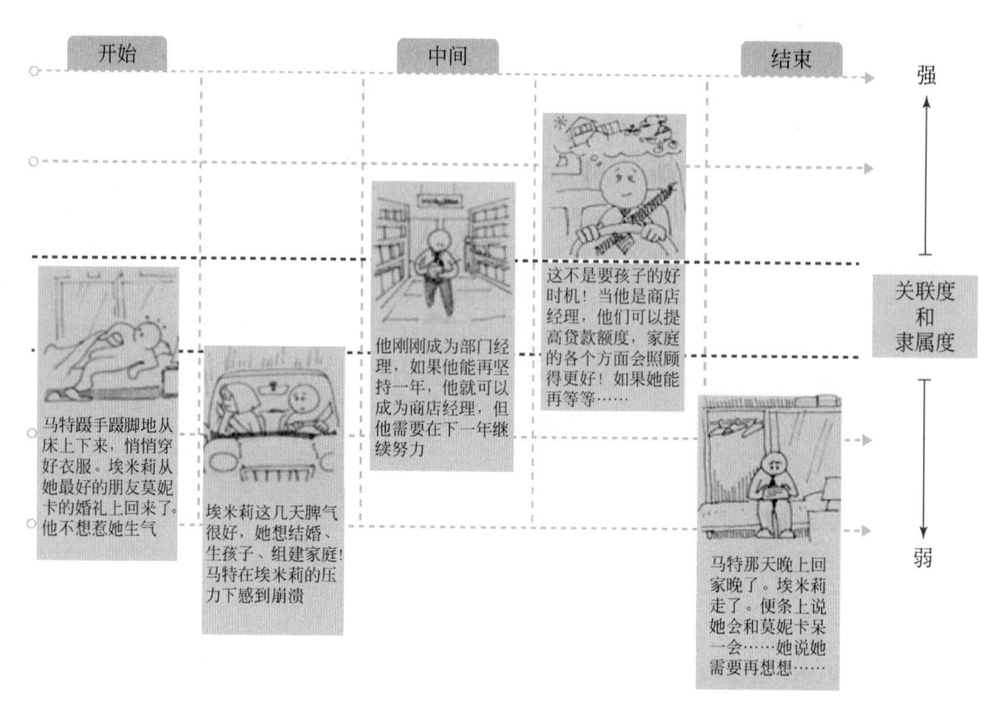

图 21　模板 6 的压缩版本:揭示后果

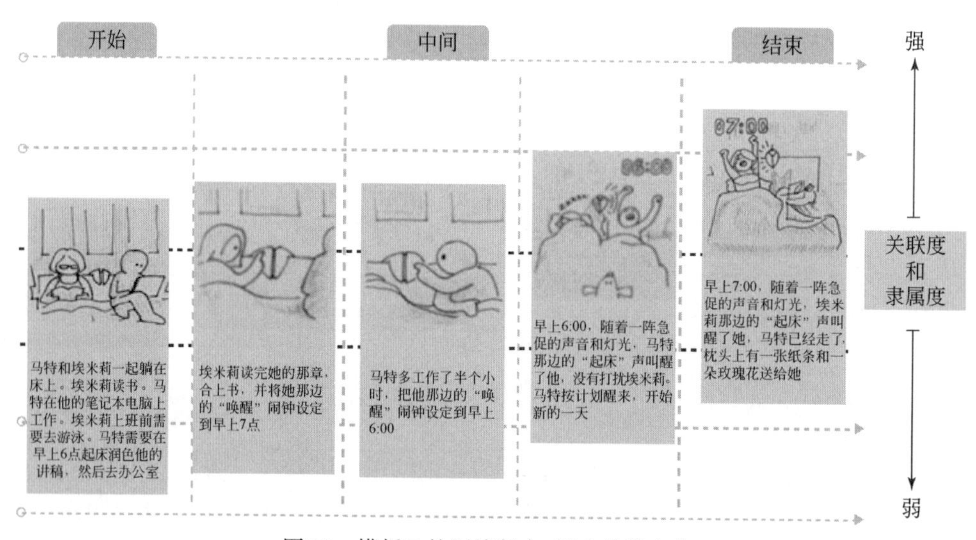

图 22　模板 7 的压缩版本:提出替代方案

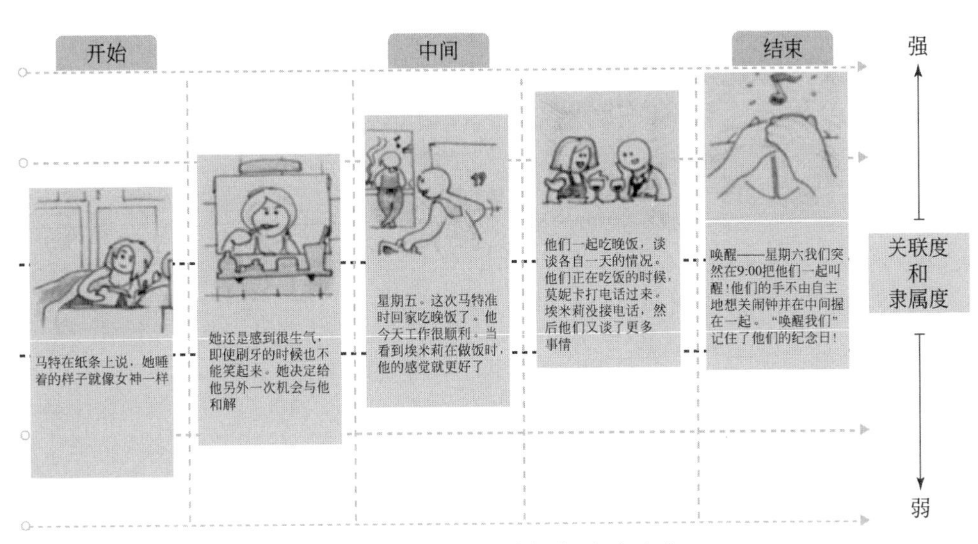

图 23　模板 8 的压缩版本:方案改进

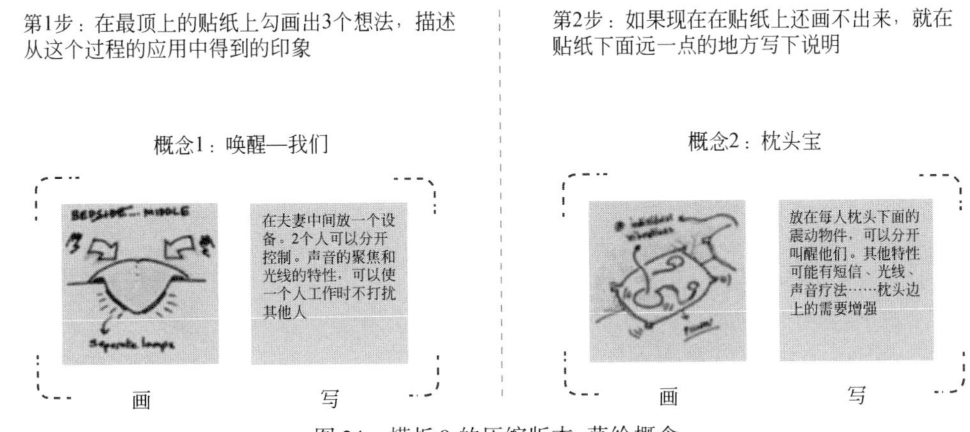

第1步：在最顶上的贴纸上勾画出3个想法，描述从这个过程的应用中得到的印象

概念1：唤醒—我们

BEDSIDE... MIDDLE

Separate lamps

在夫妻中间放一个设备。2个人可以分开控制。声音的聚焦和光线的特性，可以使一个人工作时不打扰其他人

画　　写

第2步：如果现在在贴纸上还画不出来，就在贴纸下面远一点的地方写下说明

概念2：枕头宝

放在每人枕头下面的震动物件，可以分开叫醒他们。其他特性可能有短信、光线、声音疗法……枕头边上的需要增强

画　　写

图 24　模板 9 的压缩版本:草绘概念

意到其在过程中涌现的小想法,但讨论中没有时间集中精力关注它;②小概念勾画出来的作品,可以不断提醒这个高强度的过程,并为以前看似容易做的小草图赢得了全新的尊重。因此,整个故事过程的最后结果是整个模板都填满了内容,模板的功能是由故事框架发起的想象过程和作为讨论的可视化的地图。

5　关于设计故事情节的几点思考

我们在意大利、瑞典、土耳其和荷兰的15个讲习班中测试了故事情节方法,有150名参与者(59名专业人员和81名学生/受训者),他们具有不同的背景,如设计师(工业、产品、视觉、交互、服务、战略、软件、硬件、用户体验)、研究人员、工程师、经理、电影制作人、研发专家和首席执行官。在对这些讲习班的研究中,我们把注意力集中在与我们的预期一致的方面,找出那些结果和期望不一致的方面,并找出那些不期望看见的情况。每次探讨都为下一次的研讨提供反馈,并且随着我们把收集、分析和综合的成果不断加入总体设计中,框架在这个迭代过程中也成熟起来。

与我们的总体预期相一致的一些重要方面:①故事技术的指导原则超出了探索性草图的边界,扩展到了故事思维模式。该框架允许参与者应用这些故事技术的原则来形成概念,虽然这些人不具备任何故事技术的专业知识。将概念设计过程分解为清晰可见的、有意义的几部分,在每个部分参与者可以自由地选择和跟踪他们的进展,这有助于参与者清晰地和自信地组织和分享他们的想法。②叙事能力(Pink,2005)将创造力从"必须拥有"的束缚中解放出来。故事背景提供了一个安全区域,参与者可以从技术理性的限制中走出来,跟度假一样。少数参与者对生产和/或市场营销的影响,担心他们越有创造力,越是通过故事来讨论体验,就越会忽视性能和功能。③非设计师和设计师对故事情节方法的不同特质有不同的想象和评价。设计师欣赏框架,因为框架可以将他们已经具备的能力(概念设计)与他们想要的能力(故事情节)以实用的和视觉的方式结合起来。同时,非设计师(工程师、管理者、研究人员等)对促进跨学科交流的特质更感兴趣,这为价值观讨论和支撑决策过程提供了依据。

不在我们的预期但是比较重要的方面如下:①密集的一天研讨模式有一定的缺点。理想情况下,参与者在开始研讨会之前,应该有足够的时间来处理和消化用户研究数据。这样总的时间就比一天的研讨会的时间长一些,因为与会者要同时学习和应用该方法。在某些场合,研讨会的气氛也有一边倒的时候,我们观察到大多数参与者在下午的会议中表现得不那么积极。根据这一观察,我们在两天的时间内来展开研讨比较合适,因为根据观察,参与者的活跃程度和思维能力在两天的研讨中得到了显著改善。理想情况下,只要项目还在开展,框架就被设计成与概念设计过程同时进行。②我们也见证了一个有经验的主持人,他对故事思维和设计思维原则的理解与框架期望的不同,结果是他的故事框架过程跟我们最初预期的也完全不一样。

一些重要的意想不到的观察结果如下:①令人惊讶的是,当设计师用故事思考时,非设计师对方法的怀疑比设计师消除得更快;②故事情节方法受到那些更具商业头脑和/或决策者角色的参与者青睐,这些参与者喜欢表达他们自己的想法,并喜欢和“创意者”不带偏见地讨论设计价值。

6 结　论

在本文中,我们为用故事情节方法指导用户体验设计的方法奠定了基础。我们首先从设计领域中的对象到体验的变化开始,并解释了这一转变对设计师如何应对的背景和意义;然后,我们以概念设计为中心,简述了设计师处理概念设计的过程。我们还介绍了故事情节方法作为一种手段,将体验纳入设计师的创造性思维中,并简要介绍了我们实践的结果,最终以故事情节整体框架来支持我们的体验设计。本文的第一个目标是向读者提供将故事情节方法引入概念设计背后的动机背景,并介绍了跟故事情节方法相关的文献。第二个目标是通过实际用户的参与和实际项目的测试来验证故事情节方法的正确性。

好的设计要茁壮成长,就需要不断实践技能以引入创造力。我们的研究表明,在故事编撰原则指导下,将思维过程通过实时视觉的方式映射出来,有几个好处。首先,将叙事能力嵌入到视觉思维中,促进了面向体验的讨论。因此,摆脱这种讨论的想法,更有可能实现为用户体验设计的目的。其次,概念还未形成时,复杂的创意过程面向用户和非项目相关人的设计师开放,有助于吸收他们的想法。最后,文档是逐渐出现在设计团队的前面的,它提供了构思过程的蓝图,不同的时间和不同的参与者可以在不同的场合反复迭代修改,文档使得那些没有参与概念产生过程的人也能做出自己的贡献。总之,设计团队可以在一个平台中讨论和迭代新概念,该平台提供了一种结构,允许设计师将体验的时间性的、情感的和情境的特征通过素描变得真实。

参考文献

Archer B(1995)The nature of research. Co-Design J 2(11):6-13.

Atasoy B, Martens J-B(2011)Crafting user experiences by incorporating dramaturgical technique of storytelling. In: Proceedings of the second conference on creativity and innovation in design (DESIRE'11). ACM, New York, pp 91-102.

Baskinger M(2012)From industrial design to user experience. Available via UX Magazine. http://uxmag.com/articles/from-industrial-design-to-user-experience. Accessed 3 Dec 2012.

Bilda Z, Gero J(2007)The impact of working memory limitations on the design process during conceptualization. Des Stud J 28(4):343-367.

Bonacorsi S (2008) What is :::an affinity diagram? Available via Improvement and Innovation. com. http://www. improvementandinnovation. com/features/articles/what- affinitydiagram. Accessed 16 Mar 2010.

Botes C(2003) Making of lord of the rings. WingNut Films, New Zealand.

Brown T(2009) Change by design: how design thinking transforms organizations and inspires innovation. HarperCollins e-books, New York.

Buxton B(2007) Sketching user experiences: getting the design right and the right design, Interactive technologies. Morgan Kaufmann, San Francisco.

Chastain C (2009) Experience themes – boxes and arrows: the design behind the design http://www. boxesandarrows. com/view/experience-themes. Accessed 6 Oct 2009.

Cooper A(2004) The inmates are running the asylum: why high tech products drive us crazy and how to restore the sanity, 2nd edn. Sams, Indianapolis.

Cross N(2011) Design thinking: understanding how designers think and work. Berg, New York.

Duarte N(2010) Resonate: present visual stories that transform audiences. Wiley, New Jersey.

Freytag G(1900) Freytag's technique of the drama: an exposition of dramatic composition and art. Scott Foresman, Chicago.

Fritsch J et al (2009) Storytelling and repetitive narratives for design empathy: case Suomenlinna. Nordes 2:1-6.

Glebas F (2008) Directing the story: professional storytelling and storyboarding techniques for live action and animation. Focal Press, Boston.

Gray D, Brown S, Macanufo J (2010) Game storming: a playbook for innovators, rulebreakers, and changemakers. O'Reilly Media, Inc, Sebastopol.

Hagen P, Gilmore M(2009) Stories: a strategic design tool. Available via Johnny Holland. http://johnnyholland. org/2009/08/13/user-stories-a-strategic-design-tool/. Accessed 13 Aug 2009.

Hammond SP(2011) Children's story authoring with Propp's morphology. Dissertation, The University of Edinburgh.

Hassenzahl M, Diefenbach S, Göritz A(2010) Needs, affect, and interactive products–facets of user experience. Interact Comput 22(5):353-362.

Hiltunen A(2002) Aristotle in Hollywood: the anatomy of successful story telling. Intellect Books, Bristol.

IDEO(2003) IDEO method cards: 51 ways to inspire design. W. Stout Architectural Books, San Francisco.

IDEO(2010) Work-human centered design toolkit. Available via http://www. ideo. com/work/item/human-centered-design-toolkit/. Accessed 16 Dec 2010.

Inchauste F (2010) Better user experience with storytelling – Part one. Available via http://www. smashingmagazine. com/2010/01/29/better- user- experience- using- torytellingpart- one/. Accessed 30 Jan 2009.

Keinonen T, Takala R(2006) Product concept design: a review of the conceptual design of products in industry. Springer, New York.

Keller I(2007) For inspiration only. Design Research Now, pp 119-132.

Lawson B(2005) How designers think: the design process demystified. Architectural PressElsevier, Burlington.

Lelie C(2005) The value of storyboards in the product design process. Pers Ubiquit Comput 10(2-3): 159-162.

Long F(2009) Real or imaginary; the effectiveness of using personas in product design. In: Proceedings of the Irish Ergonomics Society annual conference, pp 1-10.

Lucero A (2009) Co-designing interactive spaces for and with designers: supporting mood-board making. Dissertation, Eindhoven University of Technology.

Marin B, Hanington B (2012) Universal methods of design: 100 ways to research complex problems, develop innovative ideas, and design effective solutions. Rockport Publishers, Beverly.

McClean ST(2007) Digital storytelling: the narrative power of visual effects in film. The MIT Press, Cambridge.

McKee R (2010) Story: substance, structure, style, and the principles of screenwriting. HarperCollins, New York.

Moggridge B(2006) Designing Interactions. MIT Press, Cambridge.

Norman DA(2009) THE WAY I SEE IT signifiers, not affordances. Interactions 15(6): 18-19.

Osterwalder A(2010) Business model generation. Wiley, Hoboken.

Pink D(2005) A whole new mind: why right-brainers will rule the world. Riverhead Books, New York.

Quesenbery W, Brooks K (2010) Storytelling for user experience: crafting stories for better design. Rosenfeld Media, Brooklyn/New York.

Rees D (2010) User journey mapping. Available via Articlesbase. http://www.articlesbase.com/international-business-articles/user-journey-mapping-521154.html. Accessed 16 Mar 2010.

Schlesinger T(2010) Screenwriting seminars and script consultations with Tom Schlesinger. Available via http://www.writingfilms.com/continue.html. Accessed 29 Mar 2010.

Sibbet D(2011) Visual teams: graphic tools for commitment, innovation, and high performance. Wiley, Hoboken.

Sparknotes Editors (2011) Themes, motifs, and symbols. Available via http://www.sparknotes.com/film/starwars/themes.html. Accessed 10 Mar 2011.

Tassi R (2010) Moodboard. Available via Service Design Tools. http://servicedesigntools.org/tools/17. Accessed 16 Mar 2010.

Wheeler K(2004) Freytag's Pyramid adapted from Gustav Freytag's Technik des Dramas (1863) The structure of tragedy. Available via https://web.cn.edu/kwheeler/documents/Freytag.pdf. Accessed 20 Mar 2010.

故事板作为多学科设计团队中的通用语言

米克·黑森,戴维·瓦纳肯,克里斯·卢伊藤,卡林·科宁斯

摘要 设计,特别是以用户为中心的交互设计,通常涉及多学科团队的合作。多学科团队成员间各不相同又相互补充的观点丰富了设计思想和决策,交互设计需要所有团队成员的参与来实现一个用户界面,该系统需要仔细考虑从用户需求到技术需求的各个方面。难点在于,一个交互设计项目往往只在设计的早期阶段能让所有团队成员参与,以所有团队成员都能理解的方式来沟通设计理念和决策,并在过程的后期阶段以适当的方式使用它们。本文描述了 COMuICSer 故事板技术,它展示了一个未来系统的使用场景,每个团队成员都可以理解,尽管团队成员背景不同。我们在研究中观察到,同一个地方的研讨会中多学科团队都在一起合作创建故事板,因此我们提出了促进多学科团队协作的故事板研讨会和支持这种类型小组工作的数字工具建议。

1 简　　介

在以用户为中心的设计(user-centered design,UCD)中,创造性和协作是不可避免的,从交互系统用户界面(user interface,UI)的设计和开发过程的一开始就要考虑最终用户的需求,这也是这种协作的起点。负责交互系统的 UCD 团队,理想情况下应包含不同学科背景的成员。按照 ISO 标准中对可用性的要求,多学科 UCD 团队应该包括具有一项或者多项专门知识的团队成员,其中包括人机交互(human-computer intercation,HCI)/人因工程/人机工程学、用户界面/视觉/产品设计和系统工程/软件工程/编程,还有最终用户/利益相关者群体,以及应用领域专家/主题专家(International Standards Organization,2010)等。现在,有几个有创造性和参与性的设计技术,可以支持这种多学科团队合作中交互系统的设计和开发。然而,由于 UCD 团队成员经常对未来软件系统的最终用户需求和概念认识不同,

其表示方式和转换方式也不同,因此确保团队成员在UCD过程的第一阶段对需求和概念达到共同的理解,是一项具有挑战性的任务。

在多学科UCD团队协作时,另一个挑战是团队内部信息的准确沟通。在大多数过程中,一个缺失的环节是UCD过程需要一种方法和与之相伴的工具,以使非正式设计工件(例如场景)向更结构化和更正式的设计组件(如任务模型、抽象用户界面设计)发展,而不丢失任何信息。现有的工具和技术,通常需要特殊的符号或模型的专门知识,这就排除了那些不熟悉这些符号或模型的团队成员。此外,非正式设计组件可能缺少功能信息,因为结构化设计组件不一定包含所有非功能信息。我们提出用故事板作为一种可理解的符号来克服这些缺点。

下节提出了故事板方法,专门用于考虑多学科团队中的UCD实践。这种方法主要集中在协作故事板上,以促进多学科团队在UCD过程的不同阶段的合作。故事板协作活动还涉及具有不同技能、观点和目标的团队成员在创建故事板时所做的贡献。我们提出了一个观察性研究,提出了关于共同协作故事板在多学科团队协作时,应该重点关注哪些方面的见解,这些见解有利于这种类型的故事板研讨时合理的建议的有效提出。此外,这些建议可以作为数字故事板工具的设计输入,这些工具将支持这种类型的群组化工作。

2 以用户为中心设计的故事板

UCD过程的早期设计阶段包括用户需求分析,并通常得到包含了用户需求的若干文档,如可用性需求文档(Redmond-Pyle and Moore,1995)、代表未来系统在具体情况下如何使用的场景(Carroll,2000),未来系统关键用户假设原型的人物角色(Pruitt and Adlin,2006)等。这些文档是用自然语言写的,通常具有叙事风格,由具有UCD或HCI专业知识的团队成员创建,但这些成员不一定具有专业知识。尽管场景不同,这些文档还将被用于更具技术性的类似领域,如软件工程和敏捷开发(如必要的用例和用户故事)(Holtzblatt et al.,2004)。

虽然一些学科提供和使用记号来描述用户需求,但这些符号并不一定适用于将用户需求的信息准确无误地传递给多学科团队的其他成员(Haesen et al.,2008)。对任务和用户需求分析的广泛解释常常让多学科团队成员感到困惑(Lindgaard et al.,2006)。使用故事结合草图,在以用户为中心的早期阶段方法中,可以媲美故事板的使用,在发现错误和考虑时间和场景信息方面,这项技术被认为是能力很强的(Brown et al.,2008)。

故事板的专业使用源于电影业,并被引入其他几个行业,如广告业和产品设计

(van der Lelie,2006)。基于类似的可视化目的,故事板也在 UCD 方法中使用,在那里它们可以有不同的形式。故事板可以直观地表达使用场景,或者可以代表整个应用程序中的交互流,以澄清 UCD 早期阶段的交互性(Landay and Myers,1996)。我们专注于第一种方法,它将故事板视为一种弥补场景的技术,是根据用户使用待开发的系统的过程而进行的一种视觉描述(Kantola and Jokela,2007;Preece et al.,2002)。

在 UCD,故事板可以当作表现力强大的艺术品来澄清用户的需求。故事板擅长描述在多个场景中使用或在多个设备上使用的系统。在早期的设计工作中,故事板被用于移动系统的设计(Sonja and Wally,2005),以激发设计团队的情感共鸣(McQuaid et al.,2003),并验证新的交互式系统的概念性想法(Davidoff et al.,2007)。在下一节中,我们将描述 COMuICSer 故事板,以及它们如何被具体化并用来支持 UCD 的多学科团队。

2.1 COMuICSer 故事板的定义

COMuICSer 是协作多学科的以用户为中心的软件工程(COllaborative MultI-disciplinary user-Centered Software engineering)的缩写,发音为"co-mixer"。这个名字也指漫画,它与故事板有相似的形式(Haesen et al.,2010;McCloud,1993)。COMuICSer 涉及一种符号和一套伴随的支持工具,这套支持工具专门为支持 UCD 多学科团队而设计。我们分开介绍 COMuICSer 符号和 COMuICSer 支持工具,因为 COMuICSer 故事板可以简单地只应用铅笔和纸。然而,为了充分感受 COMuICSer 故事板的优点,建议使用 COMuICSer 支持工具。

COMuICSer 符号涉及一个故事板,它被定义为真实场景的草图序列,描述用户在特定场景中使用设备执行多个活动的过程。

真实生活场景用于描绘未来系统将被使用的环境,是 COMuICSer 故事板的主要组成部分。在跟情景相关的设计方法中,系统是或将是对使用场景的真实环境的解释。故事板中对真实场景的描述,显示出最终用户需要多学科团队的所有成员参与才可能在团队成员之间激起情感共鸣。

在 UCD,一个项目从开始其重点就是用户。因此,用户在 COMuICSer 故事板中具有突出的作用。如果可以的话,人物角色可以链接到故事板。例如,ISO 13407(International Standards Organization,2010)所述,以人为中心的设计不仅要考虑用户,还要考虑用户所执行的活动、所提供的技术或设备,以及使用系统的场景。所有这些元素都可以用 COMuICSer 故事板符号来描述。

图 1 的中心给出了一个简单的 COMuICSer 故事板的例子，描绘了一个记者工作日的几个小时。在第一幕里，记者正在书桌后面工作。这就是他每天上班的方式。然而，他经常会接到一个电话，通知他附近发生了一起意外事件，如车祸。接着，记者匆忙赶到事发地点，在他个人设备上做标记，这就是第二幕中描述的情景。之后，记者寻找公园长凳，并用他的笔记本电脑远程完成要在报纸上发表的文章，如第三幕描述的情景所示。

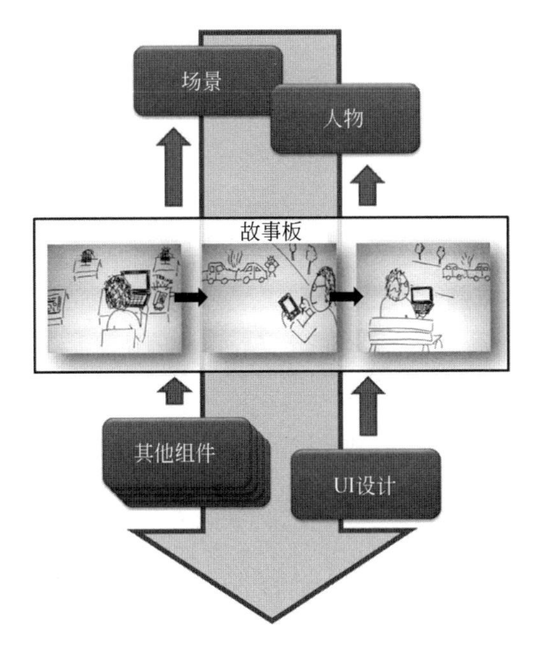

图 1　故事板及其与 UCD 过程中的其他组成组件的关系

大的浅色箭头表示 UCD 早期阶段组件的一般演化，而小的深色箭头表示组件的评估和迭代。

2.2　使用 COMuICSer 工具支持 UCD 过程的早期阶段

故事板的创建发生在 UCD 过程的早期阶段，理想的是在观察或分析用户需求、创建非正式设计资料之后，如场景和人物角色确定之后即开始使用故事板。故事板可以直接转换为用户界面设计，因为它仔细考虑了交互系统使用的场景。COMuICSer 故事板和其他对象之间的相互关系如图 1 所示。大的浅蓝色箭头显示了在 UCD 过程的早期阶段，作品的一般演变趋势。小的暗蓝色箭头表示故事板的创建是一个迭代过程，也考虑了多学科团队内部的讨论、评估和调整过程。当非正式设计对象在 UCD 过程中可用时,为了继续设计和制作交互系统的原型,需要准备正式的材料,可以使用 COMuICSer 故事板来弥合正式与非正式类型材料之间的差距。

一些商业工具,如漫画生活[①](Comic Life)、Celtx[②]、ToonDoo[③]、故事板[④](Storyboard That)和靛蓝工作室[⑤](Indigo Studio)等,都支持创建数字故事板。这些数字工具一般主要集中用于制作漫画故事,很少由多学科 UCD 团队使用。Ozenc 等(2010)提出的需求是,需要支持精炼粗糙设计和场景驱动过程的工具。活动设计师(activity designer)工具允许在用户界面设计过程的早期阶段使用故事板(Li and Landay,2008)。在这个工具中,设计师可以从具体场景中提取活动,从而将丰富的关于日常生活的情境信息引入设计场景。基于场景,团队可以创建更高层次的结构和原型。然而,并非所有信息都可以通过场景实现可视化,比如场景中的组件信息就很难可视化。

由于故事板工具用于 UCD 的能力有限,因此将故事板和 COMuICSer 符号工具集成在一起,可以促进多学科团队中的 UCD 合作(Haesen et al.,2011,2009)。COMuICSer 工具的设计理念可以支持基于场景和人物角色的 COMuICSer 故事板的创建和使用,并将场景信息传递给 UCD 过程中的其他部分(如 UI 设计和它们的交互序列)。

在实践中,可以使用笔和纸创建一个 COMuICSer 故事板。使用 COMuICSer 工具,可以实现 COMuICSer 故事板和图 1 中提到的其他关联对象之间的转换。通过以下创建 COMuICSer 故事板的过程介绍,可以看到 COMuICSer 工具的设计理念(图 2)是有用的。首先,脚本可以被写入或加载到文本框中,如通过交互设计器(图 2-1)得到的脚本。然后这个设计场景可以被分割成多个场景。可以在场景文本框中选择一个序列并创建一个新场景,该场景出现在故事板面板中(图 2-2)。所选择的场景序列被自动添加到场景的描述中。现在,交互设计器可以加载一幅图像并添加标题。场景的图片可以是扫描的草图或用户挑选的照片。故事板的完整场景通常包括人物角色和设备,这些对象的信息可以在场景中进行注释,这些注释以类似于树形或活页的方式进行。图 1 中的故事板显示了三个场景中的人物角色信息(如巴特 Bart、记者、43 岁),这些信息在属性面板(图 2-3)中设置。在第一

---

① http://www. comiclife. com-Comic Life,digital tool for the creation of comics。

② https://www. celtx. com-Celtx,digital tool for the creation of screenplay storyboards。

③ http://www. toondoo. com-ToonDoo,digital tool for the creation of comics。

④ http://www. storyboardthat. com-Storyboard That,digital tool for the creation of storyboards。

⑤ http://www. infragistics. com/products/indigo- studio/storyboards - Indigo Studio, tool for UI prototyping and storyboarding。

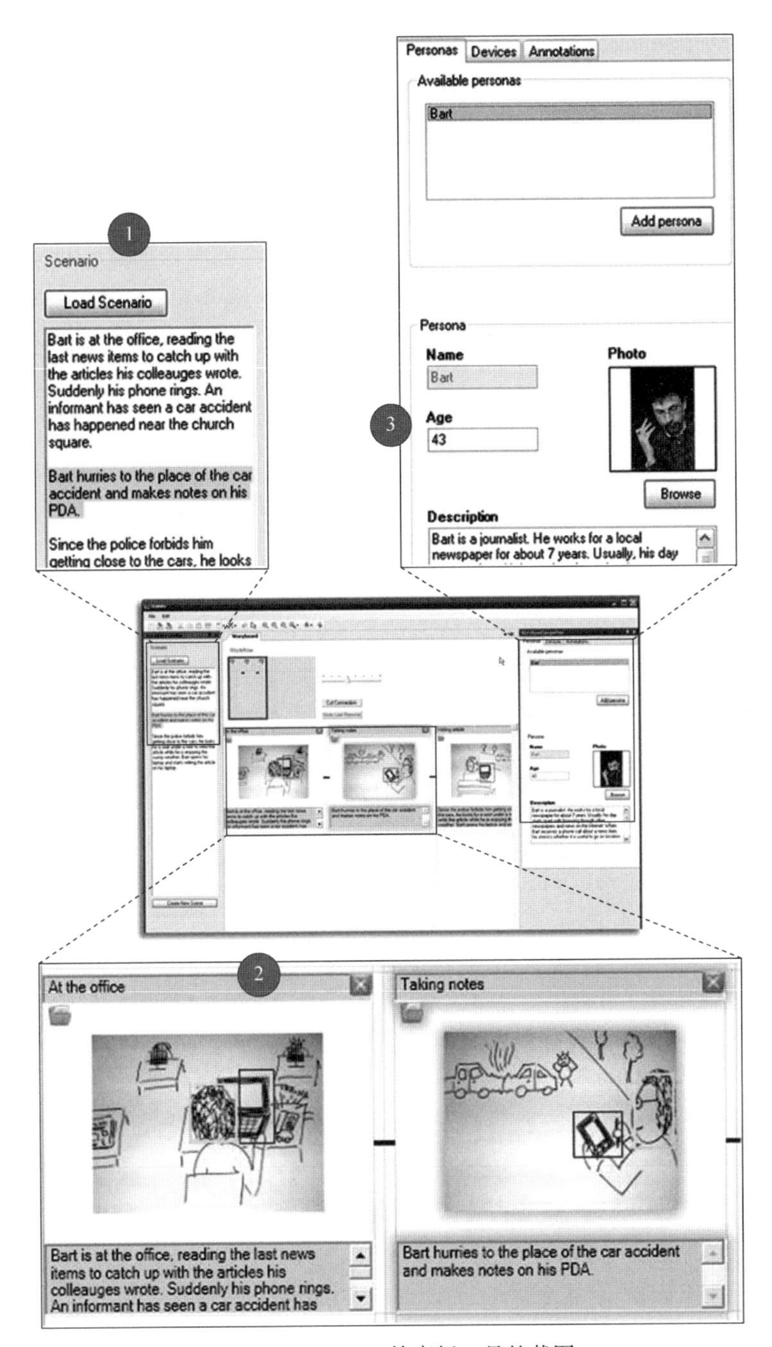

图 2　COMuICSer 故事板工具的截图

该工具通过将场景、人物和其他注释连接到故事板来支持故事板方法。

和第三场景中使用的设备是笔记本电脑,而在第二场景中使用个人移动设备。强调或标记人物角色和设备,丰富了故事板所包含的信息内容,有助于通过这些信息和其他对象进行关联(Haesen et al.,2011,2009)。例如,根据所选设备的屏幕分辨率自动限制 UI 设计空间大小,以降低信息损失的风险。

通过仔细考虑每个场景的情况,设计师和开发人员构建的应用对应着故事板中包含的场景、需求和约束等信息。交互设计师可以使用故事板来验证 UI 设计是否考虑了所有的需求。在面向用户的软件工程(User- Centered Software Engineering, UCSE)过程中使用 COMuICSer 故事板,可以增加项目需求的可见性:注释可见,这允许所有团队成员(包括最终用户)参与 UCSE 过程,并且如果新的团队成员要研究项目需求时,只要扫一眼故事板就一目了然了(Haesen et al.,2011,2009)。

COMuICSer 注释非常容易看见,适合多学科团队使用。当前得到的关于 COMuICSer 工具概念的证据,可以支持一个单独的团队成员创建 COMuICSer 故事板,它可以在 UCD 团队中共享。但如果要支持在同一地点协作的故事板研讨会中所需的协同 COMuICSer 故事板,还需要进一步的工具支持。这样的工具需要支持同地点协作实践,其中要把每个团队成员聚集在同一个界面上(如表格或白板)共同创建故事板。为了这个目的,我们调研了在同一地点协同故事板创作中的交互设计方法。

3　多学科团队中的协作故事板

COMuICSer 故事板支持多学科团队从 UCD 的早期阶段就开始参与。故事板可以由团队成员创建,然后在会议中与其他人分享。通过组织线上协作故事板,所有的团队成员都可以将他们的不同技能和观点包含进故事板,这对于 UCD 的后期阶段是有价值的。

为了了解多学科团队如何在故事板会话中合作,我们组织了一次研究,研究的环境中,团队可以使用低保真度工具来创建故事板,如纸、彩色笔、剪刀、胶水和贴纸。这些工具,虽然不是数字化的,但都是创造 COMuICSer 故事板所必需的。

3.1　多学科团队与学习的配置

总共有三个团队 A、B、C 参加了这项研究,每个团队 4 个人,从人机界面和/或用户界面设计的角度看,所有团队人员在设计或开发交互系统方面都经验丰富。为了能够考虑协作故事板的多学科特点,每个参与者在研究过程中担任一个特定的角色。我们使用了一些在 UCD(International Standards Organization,2010)中考虑的关键角色:HCI 专家、UI 设计师、系统分析师和利益相关者(最终用户或应用领域专家)。这些角色是根据参与者的技能和专业知识分配的。从研究后的问卷调查结果看,大多数参与者对自己的角色感到“舒服”或“非常舒服”。3 个参与者保持“中立”,没有人感到不舒服。

以这样的方式组装的多学科团队,和实际合作过一段时间的真实团队相比,可能有一些差异。在现实生活中,一个团队成员可以有一种技能组合,这意味着团队中的角色,不像本文中的三个团队那么容易区分。然而,为了观察 UCD 团队中所涉及的不同学科的影响,我们指导参与者扮演这个具有综合技能的角色。参与者要充分了解他们的角色,并在不同场景中合作过,因此在学习过程中没有社交上的隔阂。因此,我们相信,本文中的人员设置,与现实生活中的做法类似。

故事板研讨是在一张普通桌子(160 厘米×160 厘米)上进行的,每个团队成员坐在一个角落[图 3(a)]。我们提供了一塌 A4 纸和一个盒子,里面有人物和物品的图像。每个参与者也有一个自己的非数字“工具”盒[图 3(b)]。

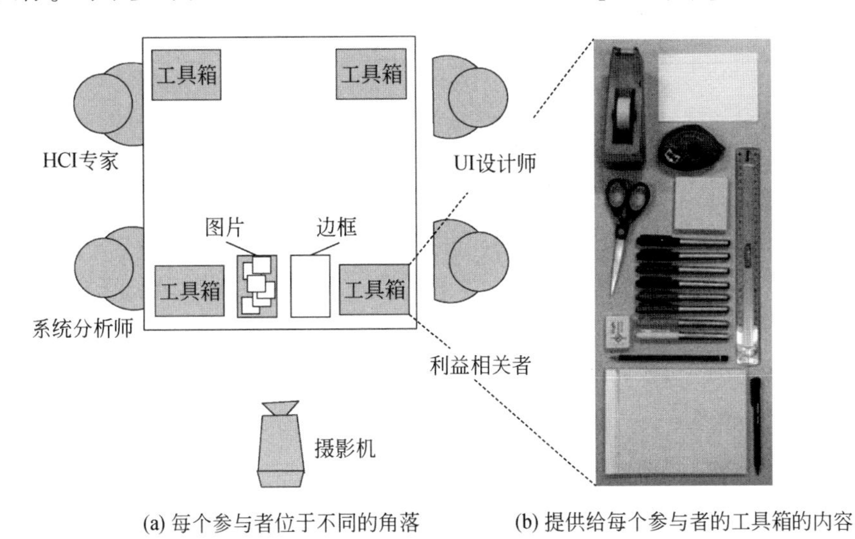

(a) 每个参与者位于不同的角落　　(b) 提供给每个参与者的工具箱的内容

图 3　观察研究的设置

研讨中为每个参与者提供任务的说明和参与者角色的描述。3 个故事板研讨中,我们使用相同的人物角色和场景作为开始,因为这些文档描述了未来软件系统的使用,并且可以与 COMuICSer 故事板关联。首先,每个参与者有 15 分钟单独准备故事板研讨内容的时间,他们可以写下或草拟重要的东西,并要记住他们自己的角色和目标。然后,团队成员被要求创建一个代表给定场景的故事板。每个团队总共有60分钟时间完成上面两个步骤。

一台摄影机记录了这些故事板研讨的情况供后续分析,分析中有两名观察员做记录。在完成故事板研讨任务后,参与者要填写一份关于他们体验的问卷,以及他们在参与多学科团队故事板任务和协作任务中的新发现。

3.2 案例:家庭自动化

给参与者提供的人物角色和场景,是有关家庭自动化系统的,用它来控制加热和照明,可以帮助家庭节省能源消耗从而节省开支。该系统可以由不同的家庭成员(不同年龄和技术能力)使用不同的设备(如触摸屏、笔记本电脑、智能手机)进行控制。该方案建议在系统设置时将人的活动轨迹融进场景中,虽然这一点没有特别强调,但是系统假设具有自动检测某些房间中是否有人存在的功能。

3.3 观测结果

在3.3节中,我们根据研究后的问卷和观察结果,介绍研究的发现。为了便于观察,图4将整个研讨过程中的身体活动进行了可视化。根据参与者的动作,我们从视频记录中自动生成这种可视化效果。因为参与者坐在桌子周围预先安排好的位置,所以我们可以大致把身体活动和特定的参与者联系起来。这种方法显然有其局限性,因为它不考虑参与者跨桌子的活动,所以我们还是依靠我们的观察来正确解释身体活动。

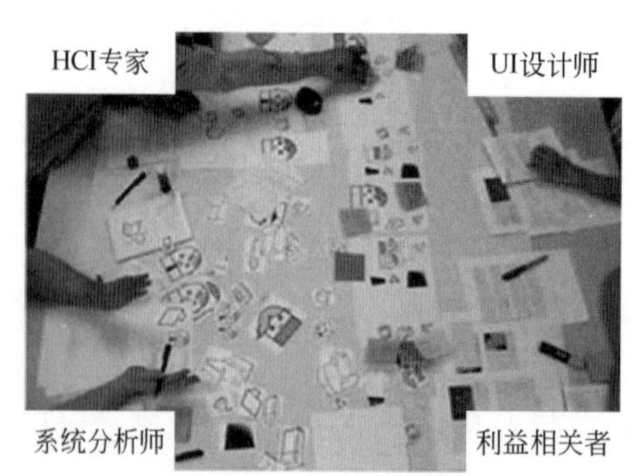

(a) 视频截图

(b) 团队A

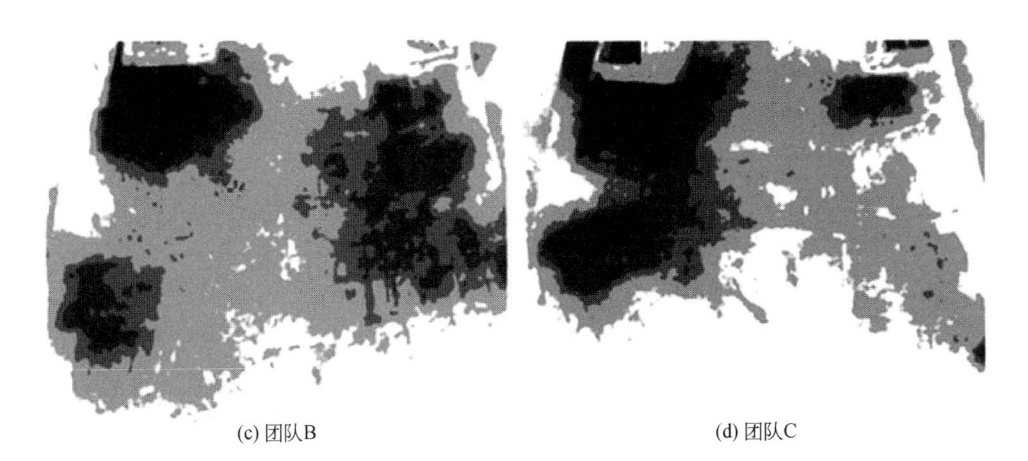

(c) 团队B　　(d) 团队C

图 4　视频快照

记录在故事板研讨期间,三场研讨中的每场研讨里面,参与者在桌子上的身体活动可视化情况,
这些图片由视频自动生成(越黑意味着身体活动越频繁)。

3.3.1　个人准备

在个人准备过程中,几个参与者特别强调了所提供的文本中的短语。每个参与者以一种特定的方式将信息结构化:一些参与者使用了符号化的列表,而另一些参与者通过图形化的组件来表示它,从图表到草图不一而足。

在内容方面,参与者的角色很明确地通过为他们准备的组件来表示(HCI 专家专注于人物角色、设备和任务之间的关系,UI 设计师关注 UI 设计和需求,系统分析师关注设备及其相互连接,利益相关者关注一般性需求和人物的需求)。在所有的研讨中,合作一开始,参与者就给其他人解释他们准备的物品,但是 3 个研讨中的 2 个研讨只有部分成员展示了他们准备的东西。故事板很少明确说明需要准备什么,但参与者在讨论过程中的确要用这些东西。

3.3.2　故事板任务

三个团队完成故事板任务所用的方法不同。团队 A 从讨论他们的策略开始,决定先在屋子的不同房间里描述设备和用户。然后,他们开始协作描述第一个场景,故事板放在桌面中间共同的位置上。第一个场景完成之后,团队没那么严格地重新分配,而是一起开始准备其他场景。要保持高度的注意力,因为参与者时不时与旁边的团队成员合作,也时不时和整合团队合作;要保证大部分工作是在桌子中间完成的。HCI 专家做好故事板和场景之间的连接工作。对于团队 A,图 4 清楚地显示了 HCI

专家的活动级别高,相邻团队之间的合作及整个团队的合作级别也高。

团队 B 首先根据利益相关者的要求对系统进行了讨论。经过约 15 分钟的讨论,团队做出了几个关于系统的决定,HCI 专家提醒团队在故事板上完成任务,并给大家示范在故事板上创建场景。小组成员都积极参与讨论。在 HCI 专家开始创建一个新的场景时,利益相关者和设计师们还一起回过头补充完善之前的场景。图 4 显示团队 B 的 HCI 专家的主导作用的活跃程度高,以及利益相关者和 UI 设计师合作完成场景的活跃程度也较高。

团队 C 基本和团队 B 一样,也是先根据利益相关者提出的要求来讨论系统。这个讨论将近 30 分钟才开始创建第一个场景。在讨论系统的设备时,团队 C 把一些图片放在桌子的中间来讨论如何选择。这里,也是 HCI 专家在不断提醒团队在故事板上讨论,并在故事板上开始创建场景。图 4 显示,团队 C 的合作程度低。系统分析师区域看似高的活动,实际上是 HCI 专家引起的,HCI 专家在创建该场景时在该区域很活跃。

在三个故事板研讨中,场景中隐含的特征引发了热烈讨论。虽然有时只是一个人注意到一个特定的要求,但在许多情况下,通过场景的可视化表达后这一细节要求也会激起一场激烈的讨论。参加者使用他们桌子前面的一部分作为个人工作空间,并且可用的图片放在桌子的中间或边上,以给人看到图片的全貌,这有点类似于 Scott 等(2004)的发现。

3.3.3 最终的故事板

最终,故事板由 7 ~ 10 幅场景组成,它们代表人物角色和设备,并显示特定设备的状态(如打开或关闭的灯)。图 5 显示了每个团队如何构造他们的故事板,以及他们使用的材料。所有团队使用一些可用的图片,来描绘故事板中的人物角色

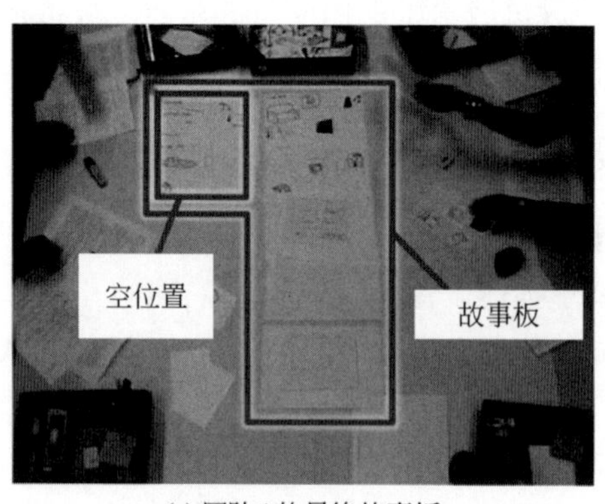

(a) 团队A的最终故事板

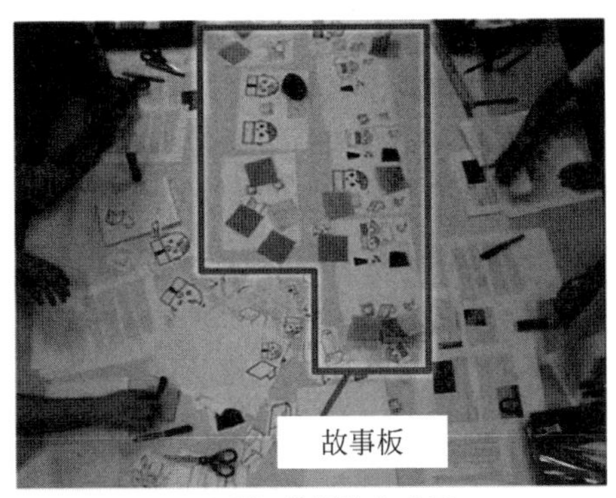

(b) 团队B的最终故事板

(c) 团队C的最终故事板

图 5　每个研讨期间记录的视频画面及每个团队的最终故事板
故事板的实际内容不那么重要,因为我们主要对多学科团队的一般故事板方法、
使用的材料和故事板的构造方式感兴趣。

和设备。团队 B 和 C 使用的图片多些,团队 A 还手画了很多图片。有两个故事板上也写有文字,用来说明场景位置或一般内容。有一个团队在故事板上增加了贴纸,以提醒团队成员一些特别的特征、困难和决定。

团队在构造故事板的场景时采用了不同的方式。团队 A 创建了所有房间及其设备的可视化表示,从而描绘了每个房间在不同场景中的情况。团队 B 和团队 C 根据场景中的事件流按时间顺序排列场景。当需要时,额外的场景被插入故事板序列中。场景标有数字序号,团队 C 中还添加了标题。

3.3.4 多学科团队

参与者在问卷中确认,自己作为多学科团队的一部分,对故事板讨论有积极的影响,因为它是不同视角、想法和考虑的组合。平均来看,HCI 专家对故事板的直接贡献是最高的。大多数系统分析师、UI 设计师和利益相关者都认为,他们的直接贡献低很多:会议期间系统分析师和 UI 设计师在准备东西,然而这些东西用得很少,而利益相关者更多的是口头参与。

我们可以将这些排序与图 4 所示观察到的身体活动(如团队 B 的系统分析师和团队 C 的 UI 设计师、利益相关者的直接贡献排名最低)联系起来,我们看到的是两个 HCI 专家率先创建故事板。此外,所有团队的 HCI 专家通过大声朗读,或找出该场景的前因后果,来控制场景之间的过渡。利益相关者和系统分析师对故事板的影响,显然要高于他们的直接贡献。这些成员在频繁讨论某些特殊方法的可行性和成本而没有积极参与故事板的创建,说明了这一差异。

4 协作故事板:建议

对团队的观察表明,一项创造性活动(如故事板)的研究结果并不容易推广。这项研究也发现了一些与众不同的方面,这对组织 UCD 的多学科团队的现场协同故事板研讨很重要。

除了建议之外,我们还考虑工具支持。在文献中提到了一些关于创建数字工具的工作,它专注于把个人或合作故事板作为软件开发过程的一部分(Atasoy and Martens,2011;Haesen et al.,2011;Truong et al.,2006)。这些工具专注于故事板的(重新)使用,这对于检查与系统需求的变更和一致性是有用的。一些工具,如 Coeno 故事板(Coeno- Storyboard)(Haller et al.,2005)和故事情节(StoryCrate)(Bartindale et al.,2012)等,它们假设一个人具有协调人的角色,并在时间轴线上组织作品。然而,没有一种工具考虑不同技能、视角和目标的团队成员各自的贡献。因为现有的工具已经证明了数字化故事板对于以用户为中心的设计和开发的好处,所以我们提出了一系列关于支持由一个多学科团队协作创建故事板的数字工具的建议。

4.1 允许分歧,支持统一

要记住的是,故事板研讨的个人准备情况很重要。例如,大多数 UI 设计师不断积累图形素材，他们经常使用这种素材作为参考和灵感的来源（Atasoy and Martens,2011）。由于纸仍然是一个无处不在的介质，团队成员应该不仅能够使用数字组件，也要使用纸质文件之类的有形的人工制品。以前的研究表明，UI 设计师仍然喜欢在设计过程的早期使用铅笔和纸（Bailey et al.,2001）。

在我们的研究中，个人准备会带来许多不同的人工制品，包括设备或任务描述、UI 设计及需求等。在制作过程中，团队也考虑了作品之间的关系。由于表达风格和观点差异很大，多学科团队的成员已经习惯了他们的特定工具和设备，所以我们并不强制他们用某种特定的方法来准备作品。惯用的工具和设备，可以允许使用个人设备，个人设备可以很方便地与其他设备（如交互表或白板）之间进行数据交换和共享。

考虑到所准备的人工制品和观点的不同，团队成员必须在几个不同场合下达成协议。例如，所有的团队，必须在家庭自动化系统中使用的设备上达成一致。一方面，所有成员都参与决策过程使得故事板变得很复杂，因此要鼓励大家积极参与。另一方面，我们也注意到，带头人可以确保过程取得足够的进展、重点得以维持，以及讨论在适当的时候停止。数字工具可以允许一个或多个团队成员成为带头人，让这些人与工具互动，以防止喜欢安静的用户参与得太少。这样的工具可以促进整个团队都同意的平衡决策。例如，为了执行整个团队都支持的决策，要取得所有用户（或法定人数）的同意，而工具就要有一个投票机制（Ryall et al.,2005）。

4.2 促进不同的构造方法

故事板的构建有两种方式：一种按照空间安排，将场景连接到一个特定的位置；一种按照时间顺序组织场景。两种结构化的方法使用起来都很方便。将三维场景映射为一张平面图，可以提供关于可用设备在某个位置和某些人使用系统的认识，而根据时间线排序场景也显示使用系统的某种特征出现的时刻。

数字工具不应局限于一种特定的场景安排，而应该允许团队自由地创建（不同的可替代的）场景及场景之间的连接。在故事情节法（storify）看来，团队可以在每个故事板框架中添加多个备选方案，这样可以讨论各种不同的用户体验（Atasoy and Martens,2011）。另外，轶事（anecdote）（Harada et al.,1996）工具允许从不同设计观点出发得到的各种设计风格存在，包括轮廓视图、时间基线视图和场景视图等。创建场景的多个备选方案，以及多个场景安排之间切换，虽然可以提供不同的观察视角，但是如果动作过于耗费时间，则团队不会利用这些功能。

4.3 设计原理的维护

可视化表示未来的家庭自动化系统,激发团队讨论一些不明确和富有挑战性的特征。虽然讨论很有趣,但是这些考虑或决定均未在故事板中表现出来。设计原理对于 UCD 后期阶段通常是有价值的,因此以这种或那种方式捕获这个讨论背后的原理是非常重要的。

Wahid 等(2010)基于研究图像和设计原理之间的关系,说明在设计师可以理解的方式提出原理表达方式的重要性。设计师可理解的方式,取决于团队的同质性和团队对问题的熟悉程度等因素。

当组织同地点协同故事板研讨时,建议抓住设计原理。数字故事板工具可以记录原理和监控所有组件。此外,数字工具鼓励团队成员将这些组件连接到故事板(如将设计器的用户界面草图连接到特定场景)。例如,丝绸工具(SILK)(Landay and Myers,1995)也可以使 UI 设计师对一个完整的设计历史进行审查、注释和编辑。坚持设计原理,结合我们先前提到的不同角色的平衡参与,可以减少一些参与者对其贡献程度的误解,因为设计的产品并没有随着故事板的结束而真的结束了。为了跟踪讨论用户的声音信息,音频或视频注释也可以连接到故事板。

为了监视所有故事板组件,工具可以跟踪它们的拥有者或来源。Haller 等(2005)明确识别在 Coeno 故事板中操作每个数据对象的人的重要性。同样,Avila-Garcia 等(2010)使用 DiamondTouch(Dietz and Leigh,2001)桌面来识别多达 4 个不同用户的输入,在决策场景中,这些用户数据对于识别、保存和跟踪团队成员做出的贡献可能是相关的。为了支持简单的日志功能和创建痕迹审查,可以加入识别身份的小部件(Schmidt et al.,2010)或照相小透镜(Ryall et al.,2006)。

4.4 分享爱好的个人空间

在准备过程中,每个参与者都创建了一个个人工作空间。在我们观察研究的范围内,当参与者共享数据时,参与者从来没有提过隐私问题。然而,在现实生活中,隐私可能会不时地成为讨论的话题(Shoemaker and Inkpen,2001),所以在多学科团队的故事板情况下的隐私问题还需要开展更多的观察和研究。

在协作故事板研讨中,几乎所有的工作都是在两个参与者之间的共享空间中进行,或者是在桌面的中间进行,即使在同时创建多个场景时,情况也一样。个人活动如在便条上写下动作、咨询指导或者准备工作等本应在个人工作空间里完成的,但是个人空间还是很少人使用。桌子的侧面主要用于放东西(如工具箱、可用的图片、已完成的场景)。空间通常是非常宝贵的,所以必须防止个人工作空间或工具箱占用了大量空间,留下共享空间太少无法支持清晰的概述(根据调查表中参与者的要求)和有效的协作。

当被问及对数字系统的偏好时,所有参与者都喜欢共享设备,如交互式桌面,因为它使得协作变得更容易,并且鼓励参与和讨论。参与者认为,桌子上一起进行的身体交互行为,可以强调什么事正在做,并使他们明确知道过程进展和各自的贡献。然而,一些参加者对草图和文字在数字系统如计算机系统桌面上输入的流畅性表示担忧。添加附加输入设备,如一支真的笔和键盘,或在计算机边上放几页纸,可以在一定程度上减轻这些担忧。

使用大型数字桌面并不总是可行的,因为这样做可能不会为所有团队成员和他们预期的任务提供足够的空间。集成个人设备可以克服空间有限的问题,因为它们可以充当个人工作空间。就跟物体空间可以用来存储未使用的东西一样,数字空间可以用来存储未使用的数字对象,还可以通过缩放来改变对象的大小。

还有一种做法是外加显示器来扩展应用环境。Ryall 等(2004)认为,如果团队的规模比较大,可以从外接垂直显示器来分享信息。Avila-Garcia 等(2010)还建议增加一个或多个垂直显示器。扩展显示器的目的是将不积极的团队成员包含进来,因为其中一个显示器可以显示桌面上正在发生的交互情况。在我们的示例中,我们希望避免成员不积极主动的现象,增加更多的显示器可能会对平衡参与的状态产生不利影响。大约一半的参与者还建议通过个人的设备来咨询准备的情况或者做记录,以便和其他人分享话题。然而,值得注意的是广泛使用个人设备可能会弱化参与者相互存在的意识,从而影响参与者参与的程度。

5 结　　论

设计通常是在多学科团队中进行的协作活动。交互系统 UCD 早期设计阶段是将非正式设计的组件转换为正式设计组件,这通常会造成困难和模糊。COMuICSer 故事板及相应的支持工具,可用来描述使用场景的细节,以及将组件和 UCD 后期阶段所需的非正式组件进行链接。COMuICSer 故事板支持具有不同背景的人参与多学科团队,重要的是同地点的协同故事板研讨会充分满足多学科团队对协作工具的需求。

我们基于同地点故事板开展了一项探索性研究,对多学科团队中的群体互动进行分析。基于这项研究,我们提出了如下建议:允许差异和支持意见统一,采用不同的构造方法,坚持设计原理,热爱在个人空间里分享信息。多学科协作团队可以在同地点故事板研讨现场中采纳这些建议,也可以在使用像 COMuICSer 这类数字故事板工具中采纳这些建议,目的是在 UCD 设计中可以让所有团队成员都参与研讨,尊重每个人的贡献和创造力。上述建议还可以和协作桌面设计模式一起考虑,通过使用多触屏桌面来实现 COMuICSer 的工具扩展(Remy et al., 2010; Vanacken, 2012)。

我们努力保持多学科团队队员的参与程度平衡,因为所有队员参与才能得到更加完整的故事板,也才能仔细考虑交互系统使用情况的不同方面。故事板研讨的结果要能反映所有的意见和组件,包括那些比较持保留态度的团队成员的意见和组件。多学科相结合的想法仍然是一个挑战,不能完全指望故事板的工具实现这个想法。因此,在本文中提出的建议,不仅为数字故事板工具的设计考虑,也考虑不采用工具时,如何组织多学科团队中的协同本地故事板研讨。

致谢 我们感谢观察性研究的参与者。本文描述的工作得到 IWT 项目 AMASSCC(SBO-0600 51)和 EU FP7 项目 COnCEPT(610725)的支持。

延伸阅读

为了进一步了解本文中的内容,可以阅读下面这些文献。

你有多大的天赋去画画或素描,以创造你自己的故事板?下面的文章介绍了如何在故事板中通过简单的勾画技巧画出你想要的任何东西。

- *Understanding Comics: The Invisible Art*, Scott McCloud(1993)
- *The Back of the Napkin*, Dan Roam(2008)
- *See What I Mean: How to Use Comics to Communicate Ideas*, Kevin Cheng (2012)

为了获得创建故事板的提示和技巧,以弄清楚用户体验设计或 UCD 过程中系统未来发展的某些方面,您可以阅读以下文献。

- *Sketching User Experiences: Getting the Design Right and the Right Design*, Bill Buxton(2007)
- *Draw Me a Storyboard: Incorporating Principles and Techniques of Comics to Ease Communication and Artefact Creation in User- Centred Design*, Mieke Haesen, Jan Meskens, Kris Luyten, Karin Coninx(2010)

参考文献

Atasoy B, Martens J-B (2011) STORIFY: a tool to assist design teams in envisioning and discussing user experience. In: Proceedings of the 2011 conference extended abstracts on human factors in computing systems, CHI EA'11. ACM, New York, pp 2263-2268.

Avila-Garcia MS, Trefethen AE, Brady M, Gleeson F (2010) Using interactive and multi-touch technology to support decision making in multidisciplinary team meetings. In: Proceedings of the 2010 IEEE 23rd international symposium on computer-based medical systems, CBMS'10. IEEE Computer Society, Washington, DC, pp 98-103.

Bailey BP, Konstan JA, Carlis JV (2001) DEMAIS: designing multimedia applications with interactive storyboards. In: Proceedings of the ninth ACM international conference on Multimedia, MULTIMEDIA'01. ACM, New York, pp 241-250.

Bartindale T, Sheikh A, Taylor N, Wright P, Olivier P (2012) StoryCrate: tabletop storyboarding for live film production. In: Proceedings of the 2012 ACM conference on human factors in computing systems, CHI'12. ACM, New York, pp 169-178.

Brown J, Lindgaard G, Biddle R (2008) Stories, sketches, and lists: developers and interaction designers interacting through artefacts. In: Proceedings of the Agile'08. IEEE Computer Society, Washington, DC, pp 39-50.

Buxton B (2007) Sketching user experiences: getting the design right and the right design. Morgan Kaufmann, Amsterdam.

Carroll JM (2000) Making use: scenario-based design of human-computer interactions. MIT Press, Cambridge.

Cheng K (2012) See what I mean: how to use comics to communicate ideas. Rosenfeld Media, Brooklyn.

Davidoff S, Lee MK, Dey AK, Zimmerman J (2007) Rapidly exploring application design through speed dating. In: Proceedings of the 9th international conference on ubiquitous computing, UbiComp'07. Springer, Berlin, pp 429-446.

Dietz P, Leigh D (2001) DiamondTouch: a multi-user touch technology. In: Proceedings of the 14th ACM symposium on user interface software and technology, UIST'01. ACM, New York, pp 219-226.

Haesen M, Coninx K, Van den Bergh J, Luyten K (2008) MuiCSer: a process framework for multi-disciplinary user-centred software engineering processes. In: Proceedings of the second conference on human-centered software engineering, HCSE'08, and 7th international workshop on task models and diagrams, TAMODIA'08. Springer, Berlin, pp 150-165.

Haesen M, Luyten K, Coninx K (2009) Get your requirements straight: storyboarding revisited. In: Proceedings of the 12th IFIP TC13 international conference on human-computer interaction, INTERACT'09. Springer, Berlin, pp 546-549.

Haesen, M, Meskens J, Luyten K, Coninx K (2010) Draw me a storyboard: incorporating principles and techniques of comics to ease communication and artefactcreation in user- centered design. In:24th BCS conference on human computer interaction, HCI'10, British Computer Society. Swinton, pp 133-142.

Haesen M, Van den Bergh J, Meskens J, Luyten K, Degrandsart S, Demeyer S, Coninx K(2011) Using storyboards to integrate models and informal design knowledge. In: Model- driven development of advanced user interfaces. Springer, Berlin, pp 87-106.

Haller M, Billinghurst M, Leithinger D, Leitner J, Seifried T(2005) Coeno: enhancing face- toface collaboration. In: Proceedings of the 2005 international conference on augmented teleexistence, ICAT'05. ACM, New York, pp 40-47.

Harada K, Tanaka E, Ogawa R, Hara Y(1996) Anecdote: a multimedia storyboarding system with seamless authoring support. In: Proceedings of the fourth ACM international conference on multimedia, MULTIMEDIA'96. ACM, New York, pp 341-351.

Holtzblatt K, Wendell JB, Wood S(2004) Rapid contextual design: a how-to guide to key techniques for user-centered design(interactive technologies). Morgan Kaufmann, San Francisco.

International Standards Organization(2010) ISO 9241-210. Ergonomics of human- system interaction-Part 210: human-centred design for interactive systems.

Kantola N, Jokela T(2007) SVSb: simple and visual storyboards: developing a visualization method for depicting user scenarios. In: Proceedings of the 19th Australasian conference on computer-human interaction: entertaining user interfaces, OZCHI'07. ACM, New York, pp 49-56.

Kathy R, Alan E, Katherine E, Clifton F, Meredith Ringel M, Chia S, Sam S, FD Vernier(2005) iDwidgets: parameterizing widgets by user identity. In: Proceedings of the 10th IFIP TC13 international conference on human-computer interaction, INTERACT'05. Berlin, Heidelberg, pp 1124-1128.

Landay JA, Myers BA(1995) Interactive sketching for the early stages of user interface design. In: Proceedings of the SIGCHI conference on human factors in computing systems, CHI'95. ACM, New York, pp 43-50.

Landay JA, Myers BA(1996) Sketching storyboards to illustrate interface behaviors. In: Conference companion on human factors in computing systems: common ground, CHI'96. ACM, New York, pp 193-194.

Li Y, Landay JA(2008) Activity- based prototyping of ubicomp applications for long- lived, everyday human activities. In: Proceedings of the SIGCHI conference on human factors in computing systems, CHI'08. ACM, New York, pp 1303-1312.

Lindgaard G, Dillon R, Trbovich P, White R, Fernandes G, Lundahl S, Pinnamaneni A(2006) User needs analysis and requirements engineering: theory and practice. Interact Comput 18(1):47-70.

McCloud S(1993) Understanding comics: the invisible art. Tundra Publishing Ltd, New York.

McQuaid HL, Goel A, McManus M(2003) When you can't talk to customers: using storyboards and narratives to elicit empathy for users. In: Proceedings of the 2003 international conference on designing pleasurable products and interfaces, DPPI'03. ACM, New York, pp 120-125.

Ozenc FK, Kim M, Zimmerman J, Oney S, Myers B (2010) How to support designers in getting hold of the immaterial material of software. In: Proceedings of the 28th international conference on human factors in computing systems, CHI'10. ACM, New York, pp 2513-2522.

Pedell S, Smith W (2005) Relating context to interface: an evaluation of picture scenarios. In: Proceedings of the 17th Australia conference on computer-human interaction: citizens online: considerations for today and the future, OZCHI'05, Computer-Human Interaction Special Interest Group (CHISIG) of Australia, 2005, pp 1-4.

Preece J, Rogers Y, Sharp H (2002) Interaction design. Wiley, New York.

Pruitt J, Adlin T (2006) The persona lifecycle: keeping people in mind throughout product design. Morgan Kaufmann, Amsterdam.

Redmond-Pyle D, Moore A (1995) Graphical user interface design and evaluation. Prentice Hall, London.

Remy C, Weiss M, Ziefle M, Borchers J (2010) A pattern language for interactive tabletops in collaborative workspaces. In: Proceedings of the 15th European conference on pattern languages of programs, EuroPLoP'10. ACM, New York.

Roam D (2008) Back of the napkin: solving problems and selling ideas with pictures. Portfolio, New York.

Ryall K, Forlines C, Shen C, Morris MR (2004) Exploring the effects of group size and table size on interactions with tabletop shared-display groupware. In: Proceedings of the 2004 ACM conference on computer supported cooperative work, CSCW'04. ACM, New York, pp 284-293.

Ryall K, Esenther A, Forlines C, Shen C, Sam S, Morris MR, Everitt K, Vernier FD (2006) Identity-differentiating widgets for multiuser interactive surfaces. IEEE Comput Graph Appl 26(5):56-64.

Schmidt D, Chong MK, Gellersen H (2010) IdLenses: dynamic personal areas on shared surfaces. In: Proceedings of the 2010 ACM international conference on interactive tabletops and surfaces, ITS'10. ACM, New York, pp 131-134.

Scott SD, Sheelagh C, Inkpen KM (2004) Territoriality in collaborative tabletop workspaces. In: Proceedings of the 2004 ACM conference on computer supported cooperative work, CSCW'04. ACM, New York, pp 294-303.

Shoemaker GBD, Inkpen KM (2001) Single display privacyware: augmenting public displays with private information. In: Proceedings of the SIGCHI conference on human factors in computing systems, CHI'01. ACM, New York, pp 522-529.

Truong KN, Hayes GR, Abowd GD (2006) Storyboarding: an empirical determination of best practices and effective guidelines. In: Proceedings of the 6th ACM conference on designing interactive systems, DIS'06. ACM, New York, pp 12-21.

van der Lelie C (2006) The value of storyboards in the product design process. Pers Ubiquit Comput 10

(2-3):159-162.

Vanacken D(2012)Touch-based interaction and collaboration in walk-up-and-use and multi-user environments. PhD thesis, Hasselt University, Diepenbeek, Belgium.

Wahid S, Branham SM, Scott McCrickard D, Harrison S(2010)Investigating the relationship between imagery and rationale in design. In: Proceedings of the 8th ACM conference on designing interactive systems, DIS'10. ACM, New York, pp 75-84.

与用户共同构建新概念故事

德里亚·奥扎克埃利克·布斯克莫伦,雅克·泰尔肯

摘要　当开发新产品、服务或应用程序的概念时,企业面临的挑战之一是这些概念对用户是否有意义。最好在设计过程中尽早获得概念有价值的证据。在反映新概念的过程中,用户参与是有意义的,因为他们是领域专家。然而,为了判断一个概念是否会带来附加价值,用户需要设想未来的使用环境。本文提出了共同构建故事(co-constructing stories)的方法,其目的是促进用户实现这一设想过程。在不到一个小时的一对一讨论中,首先,用户由当前场景下的故事提示回忆相关的真实生活体验以提高对故事的敏感度;然后,用未来的场景提示用户设想可能由该概念引发的未来体验。本文对该方法进行了解释,并讨论了它的背景和与其他方法的关系。本文介绍了一个应用本方法的案例研究。基于对本案例和类似案例的研究得到的见解,本文为未来可能使用该方法的设计师提供一些指导方针。

1　简　　介

公司在为新产品、服务或应用产生和选择想法时需要回答的一个核心问题是,当这些想法被市场采纳之后,最终是否会得到想要的结果。为了回答这个问题,相关部门(市场或用户研究部门和设计部门)需要提供这些产品、服务或应用对人们有价值的证据。人们普遍认为,收集这些证据的一个明智的方法是,通过用户研究来理解用户和使用场景。本文从早期的研究中发现,设计团队认为用户的真实故事是特别有价值的(Özçelik-Buskermolen et al.,2012)。而现有的方法,如场景映射法(context-mapping)(Sleeswijk-Visser et al.,2005),已经提供了关于用户和使用场景的丰富信息,但本文认为在进一步深入开展的协同设计或协同思考研讨中,用户的参与依然有助于概念开发或反映这些想法的潜在价值。通常,设计师对要求用

户自己提出新概念的价值是持怀疑态度的,因为一个不言自明的假设是,用户只能够考虑往前一小步,但不能反映更多超前概念的价值(Verganti,2009)。然而,我们认为,对新概念而言,在设计过程的早期阶段从用户收集反馈信息也是有用的,同时,我们提供适当的方法来完成这一过程。

结合用户故事和协同思考的路线,我们意识到设计师不仅仅是设计新产品、服务或应用,他们也在创造一种讲故事的方式,告诉我们为什么这样的产品、服务或应用会对人们有价值。本文提出的共建故事方法,旨在将用户真实的故事和设计师所创造的(隐含的)故事结合起来,形成丰富的概念故事,最终使设计过程的结果更好,具有更高的在市场上取得成功的可能性。共建故事法是一种早期形式的评价(交互)设计概念的设计研究方法,用于指导用户体验。评估的内容是,新的设计理念是否正在向正确的设计方向发展。该方法有助于了解人们是否及为什么认为新概念将为他们的日常生活提供附加价值,了解设计师是如何进一步开发这些概念,从而使用户得到的最终产品是有价值的。该方法包括两个主要阶段:第一阶段的目的是引出相关的现实生活的故事;第二阶段的目的是引出用户如何设想他们的未来经验,这些经验是新概念引导出来的。该方法利用讲故事和参与的方法,引出用户的深度反馈和对设计概念的具体建议。故事被设计师用来为对话和呈现概念提供舞台,并通过用户传达他过去和预期的未来体验。

本文将首先讨论开发该方法的动机,对现有的讲故事和/或参与的方法和技术进行综述。然后,本文将介绍共建故事法,并报告一个应用该方法的案例。最后,本文为设计师提供一些指导原则,也许他们会有兴趣在未来使用该方法。

2 动　　机

设计时,设计师不仅要创造产品和服务,还要创造一个故事以解释为什么这个产品或服务对人是有用的和有价值的。共建故事方法旨在收集用户的信息,使设计师丰富故事,使故事更具说服力和可靠性,从而为设计过程提供输入。

开发该方法的动机源于两个观察结果。首先,以前的研究指出,在设计过程的早期阶段,设计师更喜欢获得用户在真实生活情况下针对具体场景切实可行的反馈(Özçelik-Buskermolen et al.,2012)。设计师认为,用户的真实生活故事是值得信赖的、信息丰富的和鼓舞人心的。其次,设计师需要设想未来的使用环境,以了解未来的使用情况将如何受概念的影响。赋存道具(endowed props)法(Howard et al.,2002)、设想使用工场法(envisioning use workshops)(Bijl-Brouwer et al.,2011)、故事法(Atasoy and Martens,2011,2016)等方法有助于设计师设想未来的使用环境,并与用户建立情感共鸣。共建故事法为设计师提供了用户参与创建这样的故事的过程的可能性。当早期的概念被呈现给用户以获取反馈和建议时,设计师要帮助用户想象他们就是处于未来的场景之中,并判断这个概念是否及如何给他们的现实生活带来附加价值。通过共建故事法,设计师帮助用户在相关联的情境中激起用户对过去体验的回忆,从而促进用户设想的未来场景可以实现。我们相信,复活过去的体验,将为用户提供一个坚实的基础,使他们能够建立他们对未来的愿景,并阐明他们对新的设计概念的看法。因此,本文使用这种机制作为共建故事法的支撑。

3　共建故事法

共建故事法在一个新的设计概念形成过程中使用,当设计师质疑设计概念是否正确及他/她如何能够进一步开发它的时候,使用这种方法是非常有效的。另外在设计师/研究者和用户之间举行的一对一研讨中,该方法也非常有效。

3.1　会议的设立

共建故事法会议包括两个阶段:敏化和预想(图 1)。敏化阶段帮助用户恢复

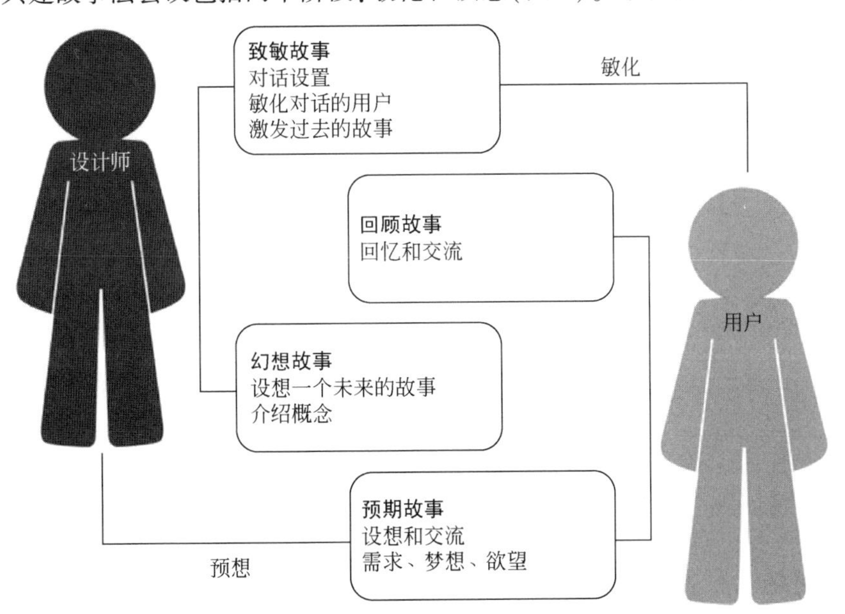

图 1　共建故事法会议

他们过去的经验,使相关的使用场景更具体,以便他们在设想阶段可以更好地预想未来。敏化阶段的目标类似于上下文映射方法中的敏化过程(Sleeswijk-Visser et al.,2005),主要差异是敏化阶段的持续时间和方法不同。在共建故事法中,敏化阶段是研讨会议的一部分,并由设计师呈现的致敏故事开始。敏化旨在为对话奠定舞台,并介绍用户感兴趣的语境。故事结束后,设计师询问用户是否识别故事,为什么或为什么不,并邀请用户继续讲述自己过去的经历。一个并非指导性的原则是,尽量鼓励用户讲述一些有关过去经历的故事。提示材料,如草图的相关使用环境,图片和地图,可帮助用户组织想法并将想法传递给设计师。敏化阶段应为设计师提供用户故事,揭示过去的经验,丰富设计师对当前体验和使用场景的特征的理解。

预想阶段从设计师讲述的幻想的故事开始,在设想的场景中引入概念。当故事结束时,设计师通过询问用户在故事中喜欢什么和不喜欢什么来唤起用户对该概念的第一印象。然后,设计师要求用户设想其作为概念的使用者。设计师邀请用户复述其在敏化阶段所讲述的故事:如果你当时有这个概念,这个故事会是什么样子?有什么会是一样的,有什么会是不同的?你对此有何感想?为用户提供提示材料,如素描模板、图片、地图等,以帮助用户传递其设想的体验。设计师用开放式、非指向性的问题来主导这个设想过程。有了这些问题,设计师鼓励用户根据自己的需要、梦想和愿望补充故事的基本概念,概念的内容代表着预期的未来体验。设计师在预想阶段要假想几个体验故事,这些故事使用户丰富了概念的内涵、提升了概念的价值。

研讨结束时,邀请与会者比较当前和未来的情况,并讨论这两种情况的正面和负面的影响。明确地要求潜在的负面影响有助于识别潜在的风险。整个研讨持续大约 45 ~60 分钟。

3.2 研讨准备工作

在为会议准备材料之前,设计师应该先了解他的设计空间。设计师应该明确他的目标用户是谁,以及概念会给那些用户带来什么好处。此外,设计师应该明确说明概念相关的使用情况是什么。这将得到最初的概念故事(或故事)。接下来,设计师开始准备研讨所需的材料:2 个故事板和相关提示材料。

3.2.1 准备故事板

共建故事法要使用通过故事板创建的 2 个故事;这 2 个故事是采用类似故事

情节法创建的，故事情节法对2个故事作了大致相同的阶段区分，一个包括识别冲突和预想后果2个阶段，一个包括提出建议和设想改进2个阶段（Atasoy and Martens，2016）。

第一个故事被称为敏化故事，目的如下：①设置对话的阶段；②介绍感兴趣的场景；③唤起用户过去与场景相关的体验。敏化故事是一个开放的故事，呈现出用户可以识别的现实人物、情境和体验。当故事结束时，参与者被问到以前是否遇到这样的情况，以及故事在那个场景下如何继续下去。敏化故事鼓励用户详细讲述其过去的经历。

第二个故事板代表了预想的故事。这可能是第一个故事的延续，其中包括新的设计概念。它传达了设计师关于新的设计概念将如何被人们使用的设想。重要的是，参与者理解这个故事，并和描述的场景产生情感共鸣，但用户不应该被这个故事淹没，也不应该有被鼓励成为批评者的感觉。

设计师可以使用不同的工具和方法来创建故事板，这取决于他们的个人技能和有没有时间。设计师可以选择速写、制作和编辑照片，或者创建视频原型的方法来制作故事板。无论他们使用什么工具和方法，我们建议设计师记住，故事应该帮助用户与这个故事产生共鸣。无论是在设计故事主线时还是在准备故事情节中，设计师应该避免任何可能阻碍移情的细节。如果设计师没有其他更好的方式来创建故事板，如采用以前文档中的素材，我们建议设计师重点看一下故事梗概；因为这样的故事梗概有助于促进有效的情感共鸣，并促使用户为研讨出力。我们建议设计师在屏幕上呈现故事板，如通过制作简单的有声动画，以便和用户一起观看故事，设计师希望用户在没有任何压力的情况下看完故事板上的故事情节。此外，在屏幕上一起看动画，使用户和设计师处于平等的地位。

3.2.2 准备提示材料

提示材料是指一些人工制品，如素描模板、图片、地图和模型（图2）。提示材料在敏化阶段中使用可以帮助用户回忆起某些场景，以及其过去在这些场景中的体验，并在预想阶段帮助用户预想他们的未来场景，以及他们将如何在这些场景中使用这些新概念。另外，提示材料帮助用户组织他们的思想。一些用户认为使用提示材料来澄清和说明他们的故事是很方便的。提示材料创造了注意力的关注点，以便用户不必一直盯着设计师。应细心准备提示材料，以避免其为用户制造交互的障碍，提示材料应该支持用户回忆过去的体验和预想未来的体验。

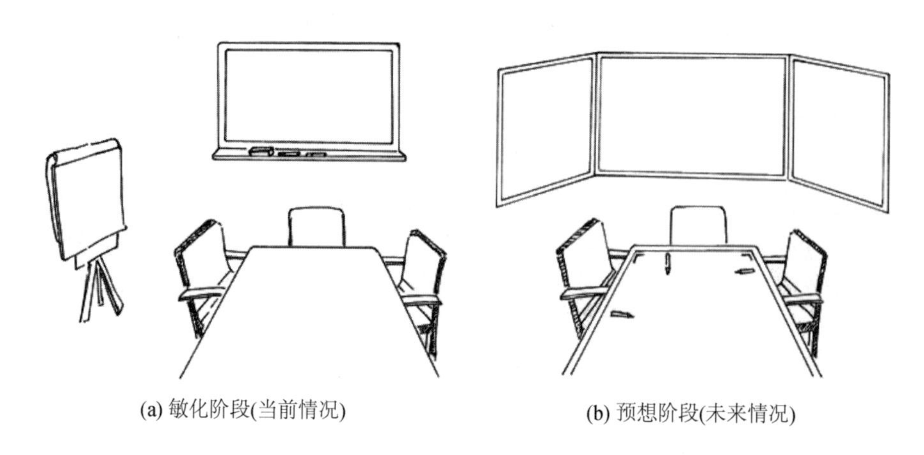

图 2　提示材料的模板

可以观察在交互式会议室(具有智能屏幕和多点触摸桌面)里举行的协同设计研讨的价值。

3.2.3　选择设置

在进行研讨之前,设计师还应决定他将在哪里会见用户。设计师应该营造一种轻松的氛围,让用户感觉舒服。设计师也应该控制研讨的节奏。我们建议使用摄像机或麦克风录制对话,以确保对话不会因为需要记笔记而中断。此外,使用摄像机,不仅可以获得语言信息,还可以捕获视觉和手势信息。

3.3　主持研讨会

共建故事法的要求、故事和提示材料有助于设计师主持会议。例如,会议主持人帮助用户回忆过去相关场景下的体验之后,邀请用户设想未来的体验。通过向用户展示一个故事,而不是立即开始提问,不仅可以帮助用户理解概念和感兴趣的场景,而且可以起到破冰的作用。然而,为了维持对话的进行和获得相关的见解和用户反馈,需要加强主持人对研讨过程的主导。

在敏化阶段,设计师的目的是在与设计实例相关的场景中,引出用户过去的经验。在这个阶段,设计师应该先帮助用户进入其经历过的特定情境中。设计师可以通过询问一个特定的事件,如询问用户第一次或最后一次经历的情况或者询问用户感到最沮丧或高兴的时刻,来帮助用户将精力集中在特定的情境中。例如,如果敏化阶段的焦点是在组织协同设计会议上(因为设计师将在协同设计会议上提出设计概念),设计师可以要求用户回顾最近协同设计会议讨论的内容。然后,设计师应该帮助用户生动地解释场景,诸如询问用户在哪里、环境是什么、和谁在一起、在做什么、喜欢什么、为什么如此沮丧或高兴等。

在预想阶段,设计师的目的是通过强调反馈的合理性,来获得用户对设计概念的反馈。在这个阶段,设计师应该帮助用户想象其将如何在日常生活中使用新概念。首先,设计师应该通过询问用户对概念的第一印象。这有助于用户思考和谈论这个概念。然后,设计师要求用户思考其在敏化阶段所讲述的情况,并设想如果有了这个概念再讲这个故事时会有哪些不同(好还是坏)。设计师可以通过提醒用户在敏化阶段讲述的故事的细节,来帮助用户思考。设计师应引导非导向性提问和开放式问题的对话,为参与者多说话铺平道路。设计师还应该注意倾听用户的意见,不带偏见,不评判和/或拟定用户的意见。

在会议结束时,要求用户比较其现实生活经验(在敏化阶段所讲述的故事)和预想的未来体验(在预想阶段所讲述的故事)。设计师询问用户在两种情况下喜欢什么。设计师可以提醒用户所说的事情,如"你在给我讲这个故事的时候也谈到了"。为了能够做到这一点,设计师应该在整个研讨过程中仔细聆听。在研讨会结束时,设计师简要向用户汇报并感谢用户的贡献。

我们建议设计师自己举办这些研讨会,因为我们以前的经验表明,设计师如果直接与用户对话,会从用户那里学到更多的东西。设计师自己举办研讨会可以使对话转向他们感兴趣的方向,并且更容易地理解结果。然而,举办这样的研讨会,需要一些技能和实践。预备研讨会也许可以帮助设计师实践他们的交流技巧。设计师也可以选择与研究者合作来准备会议。这样研究者可以主持研讨,而设计师则可以进行观察。

3.4 分析和使用结果

共建故事法引出了过去和未来的体验故事。这些故事可以根据设计师的情况、需要和兴趣,以不同的方式使用。第一种方式是在下一步的设计过程中使用原始材料来激发灵感(Sanders and Stappers,2013)。在这种情况下,设计师沉浸在用户讲述的故事中,以获得共鸣和灵感。第二种方式是使用用户的具体反馈和建议来指导设计决策。第三种方式是分析故事,并使用重复出现的元素,如人、地点、对象、活动和动机等,作为创造总的用户故事的灵感。道格·李普曼的讲故事游戏(Quesenbery and Brooks,2011)、Atasoy 和 Martens(2011,2016)的故事情节工具等,可以帮助设计师创造总的故事轮廓。最后,设计师可以使用由用户讲述的故事来了解对用户来说重要的事情:因为故事是关于过去(真实)和未来(设想)的体验,用户通常提供关于概念如何产生可能有价值的经验的信息。提取这些信息的结构化方法是采用定性的数据分析方法,如主题分析。主题分析的指导原则可以参考Boyatzis(1998)、Braun 和 Clarke(2006)、Richards(2005)、Taylor-Powell 和 Renner(2003)。主题分析需要相当长的时间,并不是所有的设计师都可能希望/需要进行这样全面的分析。在所有的情况下,用户所讲的故事都应该使设计师的设计概念更加丰富。

3.5 与其他工具和方法的关系

共建故事法建立在以前的工作场景、故事内容和参与式设计模式的基础上。因此,共建故事法的一些元素也出现在现有的工具和技术中,然而,为什么和如何将这些元素组合在一起,共建故事法的做法是独一无二的。

像虚构调查法(fictional inquiry)(Dindler and Iversen,2007)和讲故事小组法(storytelling group)(Kankainen et al.,2012)一样,共建故事法旨在唤起人们对未来的憧憬。然而,与虚构调查法和讲故事小组法不同的是,共建故事法并没有询问用户任何关于未来的梦想,而是询问用户自己预期、由设计概念主导的未来。共建故事法帮助人们关注自己的生活,想象他们自己将如何体验新的概念。这就是为什么共建故事法被用于个别研讨中,而与上述在群组情况下使用的方法不同。

类似于生成技术(generative techniques)(Sanders,2000)、上下文映射法(Sleeswijk-Visser et al.,2005)和共同反思法(co-reflection)(Tomico and Garcia,2011),共建故事法也使用用户过去的体验来触发用户展望未来。然而,在共建故事法中,用户过去的经验和未来的愿景是紧密相连的。用户以其过去体验的具体事件为基础,建立使用这些设计概念之后其日常生活的设想。虽然上述方法生成关于用户场景及其潜在需求的信息,但共建故事法可以提取基于场景信息以支持设计概念的反馈意见。

在敏化阶段,共建故事法抽取用户过去的体验记录,同时使用类似显式访谈(explicitation interviewing)的对话方法(Light,2006);然而,除了该技术之外,该方法还使用场景和提示材料来促进对话。我们认为,要求用户对几种不同的观点进行比较可能会产生富有成果的描述,就跟在焦点剧团法(focus troupe)(Salvador and Howells,1998)和逆反法(contravision)(Mancini et al.,2010)中所做的一样。与这些方法不同,我们要求用户比较他们过去的体验和他们预想的体验,并详细说明他们在每一次体验中都会喜欢哪些方面。最后,与上面列出的其他方法相比,共建故事法预期会花费更少的时间和精力,即对于单个研讨最长在45~60分钟。为定性研究寻找参与者通常是具有挑战性的,需要 1 小时的时间,当然不必半天或更多,可能会更容易说服人们参与。

4 共建故事法案例:增强铁路站台等候列车的体验

设计案例中采用共建故事法,案例是设计师要开发一套设计概念,以增强铁路旅客在铁路站台上等待火车时的旅行体验。这是设计师收到的来自荷兰一家铁路公司的任务。该公司观察到,旅客在站台上的分布不是均匀的,分布倾向于集中在某些区域(通常靠近站台的入口)等候,这使得列车的某些车厢过于拥挤而其他车厢则相当空旷。该公司希望引导旅客在等待即将到来的火车时更均匀地分布在站台上,这样旅客就能更均匀地分布在火车车厢上,从而使火车旅行更加愉快。设计师想出了一个主意,即挨着站台的信息板放置一块发光提示牌,告诉站台上的旅客即将到来的火车车厢的拥挤情况。提示牌黑色意味着停在车站站台位置的车厢很满,提示牌一半亮着意味着车厢是半满的,而一个完全发光的提示牌表示车厢是空的(图 3)。

图 3 通过使用灯光牌告知人们火车车厢多满/多空

设计人员与火车旅客一起,采用共建故事法进行研讨,以了解旅客的当前行为及旅客如何感知和可能如何使用所提出的新系统。设计师在一对一的会议上与13位旅客交流。

会议开始于敏化阶段。在欢迎之后,旅客被邀请与设计师一起观看感人故事。这个感人的故事是关于一个旅客在劳累一天后走到火车站的故事。他希望能在火车上坐下来休息一下。故事结束了,故事的主角正在爬楼梯向站台走去。这个故事通过播放一个制作的有声动画视频展示出来(图4)。

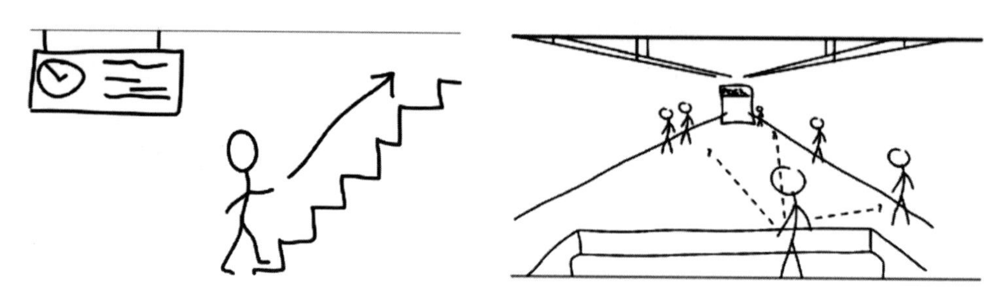

图4 敏化故事的剧照

故事结束后,旅客被问到他们是否见过这种情况,当故事主角在站台上等候火车时会发生什么。旅客被要求分享他们在火车站台上等待火车的真实生活经历。设计师准备了一个铁路平台的木制模型,在模型的一侧,安装了一些灯泡来表示发光提示板;另一边没有灯泡,代表了一个通用的火车站台。设计师使用模型的后一部分作为敏化阶段,并要求旅客在讲述他们的经验时使用模型。设计师在15~20分钟内从每个旅客引出2~3个不同的故事。

在预想阶段,旅客展示了一个想象的故事,以同样的方式呈现了这个概念。在这个故事中,主角进入火车站台,注意到信息板旁边的发光提示板。他记得车站安装的新的发光提示板可告知旅客即将到来的火车车厢的拥挤状况。他意识到靠近楼梯的灯板是暗的,这意味着那里的车厢是满的。然后他看到站台尾部的发光提示牌是完全发光的,他开始走到站台的尾部(图5)。故事结束后,参与者被问到故事中他们喜欢什么,不喜欢什么。然后,他们被要求挑选一个他们在敏化阶段所讲述的故事,并想象一下,如果当时有这样一块发光板的话,故事将如何展开。他们被告知,发光板可以提供他们想要的任何信息,并且这些信息可以按照他们想要的任何方式进行显示。设计师调试模型,让灯泡那一面指向参与者,并要求参与者在讲述故事时使用模型(图6)。

设计师把会议录了下来,将对话转录给参与者,并进行广泛的定性分析。

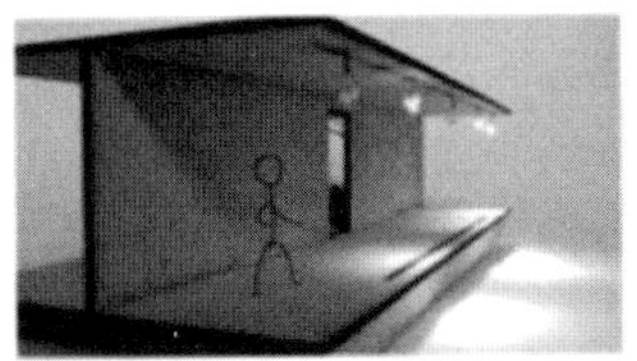

图 5　想象故事的剧照

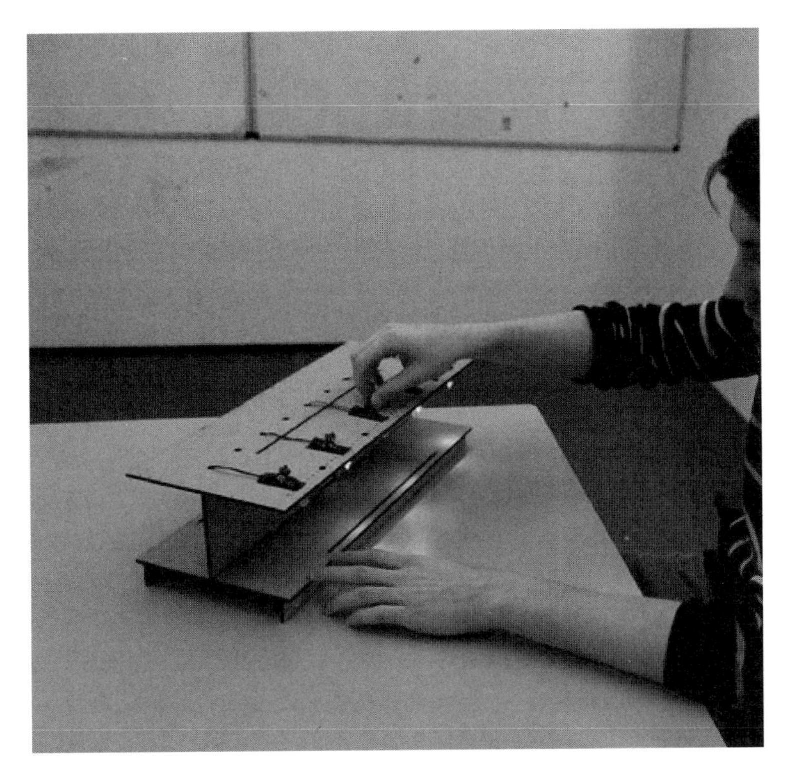

图 6　一个旅客边讲故事边用模型进行模仿

在设计师完成这项研究后，共建故事法也要求设计师反思其设计体验：他在会议过程中如准备会议、会议中及会后体会到了方法有哪些不同。

设计师说，准备会议上没有花费他太多的时间，他花了很多时间建造模型并把灯泡放在模型上。一旦模型准备好，他很快就创建了故事。他在故事板中使用手工制作的草图，在想象的故事中使用了模型的照片。他建议设计师不要花太多时间去想象故事。他说："故事主要是传达你的想法和你想谈论的，而不是它看起来如何。事实上，如果故事的画面不完美会更好，不完美的画面正好为旅客提供了解释所希望呈现东西的空间。”

设计师说,该方法的原理——知道第一阶段是关于过去的经验,第二阶段是预想使用概念之后的场景——帮助他和旅客保持谈话的内容聚焦。他说:“首先向旅客展示感人的故事,帮助他们往前走,让他们进入故事,谈论他们自己及他们的行为。如果我马上介绍这个概念,他们可能会对此犹豫不决。”共建故事法还帮助设计师对所有旅客重复相同结构的操作,得到的结果不相上下。此外,该设计师指出在研讨中使用的不同元素——故事和木制模型——提高了旅客对研讨的兴趣。他认为旅客享受这样的研讨会,因为一些会议持续时间比计划更长而旅客似乎并不在意。

设计师说,旅客的反馈指出了一些事情值得注意,这些事情是他没有意识到,或意识到了但是低估了它们的重要性。他发现旅客的反馈和建议非常鼓舞人心,他也根据反馈和建议做出了一些设计决策。例如,反馈信息指出虽然人们对火车车厢的满或空的指示是非常肯定的,但是只知道车厢是否很满或很空对人们来说是不够的,他们想知道有多少个座位,是一等座位还是二等座位。此外,旅客还希望信息不仅要考虑即将到来的火车车厢的满或者空的程度,还要考虑有多少人在站台上等候火车。设计师补充说,旅客所讲述的故事也有助于在类似铁路公司这些利益相关者之间建立对旅客群体和使用场景的认识。设计师在与一些利益相关者讨论时,就使用与另一些旅客的故事。这些故事有助于创造一个共同的形象供所有利益相关者分享。

5 应用共建故事法的实用指南

根据我们使用该方法的经验和其他设计师的经验,我们为将来可能想要使用该方法的设计师准备了以下几条指导原则。

5.1 准备前

- 在开始准备该方法的材料之前,先了解用户群体和正在设计的使用场景。
- 明确学习目标和期望从用户身上学到的东西。

5.2 准备

- 在准备场景时,要记住用户可以对场景中的任何细节进行评论,因此要尽量避免讨论细节,除非这些细节的反馈很受用户欢迎。

- 准备动人的故事,这样用户就可以感同身受,并沉浸其中。结合用户群体的已知特征和态度,以及与场景相关的一般情感有助于用户理解故事。
- 确保动人的故事没有描述设计师自己对当前使用环境的看法,但要提高用户对当前场景的兴趣,这样当故事结束时,设计师可以让用户描述用户过去在同样场景下的体验。例如,如果设计师对设计会议的场景感兴趣,动人的故事可以描述主人公如何为会议做好准备,故事的结束是主角走进会议室。
- 准备一个幻想的故事,以便用户能够理解这个故事背后的概念。请注意,故事不是导向性的,并没有试图说服用户说,所提出的概念就一定是最好的。
- 选择合适的媒介来展示你的故事。我们建议制作低逼真的故事板,并将它们呈现为带有声音的一页一页的动画,这样用户可以舒适地观看故事,而不是去阅读所写的文本。
- 准备一些提示材料,这样用户就不难和它们一起工作。从现有的材料开始,比从零开始去回想他们过去的体验或预想未来的情景要容易。

5.3 敏化阶段

- 设计师在用户阅读/观看设计师创建的第一个故事板之后,询问用户是否熟悉这种情况,对故事中的哪些方面似曾相识。
- 引出具体的真实生活体验。通过询问用户上次经历过这种情况或第一次,或者当用户感到最沮丧或最快乐的时候,让用户专心于特定的具体的场景。
- 让用户把场景解释得很生动,这可以通过询问如下一些问题达到,如他在哪里、背景是什么、他是谁、和谁在一起、他在做什么、他为什么如此沮丧,以及为什么他很高兴(还有想知道的可能感兴趣的其他细节)等。
- 记录多次体验。用户记得的第一次体验可能不是最有趣的,因为他也习惯了这个研讨过程。此外,谈论一种情况可能会让用户回忆起对设计师来说更有趣的另一种情况。
- 询问用户在每一种情况下喜欢和不喜欢什么。唤起用户的情感及情感的深层原因。
- 注意用户所说的体验及他所说的事。设计师可能需要参考这些信息,在预想阶段和会议结束时,比较过去的体验与预想的体验。写下记忆中的关键字,可以释放记忆的压力,但是不要做太多的笔记以免打断谈话的节奏。

5.4 预想阶段

- 在用户看了第二个故事板之后,问他对这个问题的看法。这个故事对他来说是熟悉的吗?他对这个设计概念有什么看法?他喜欢什么概念,不喜欢什么概念?
- 请用户想象一下,如果他在敏化阶段讲述的情况中有了这个概念,情况会是怎样的。询问用户情况会如何不同(好的或坏的)。
- 如果需要,帮助用户回忆他在敏化阶段所讲述的故事的细节。
- 注意倾听用户的意见,以不做预感、不带偏见、不做判断和/或不框定用户的意见。
- 重复用户在第一阶段告诉设计师的每一种情况。
- 注意用户所说的情况及他说的事。设计师可能需要参考这些信息比较过去的体验和预想的体验。如果需要,再次记下记忆的关键字,但是要避免做太多的笔记打断谈话。
- 请用户比较他过去的体验和预想的体验。询问用户在每一种情况下欣赏什么。在每一种情况下,他关心或不喜欢的是什么?相对于其他情况而言,每种情况增加的价值是什么?与其他情况相比,每种情况都有哪些不利因素?总的来说,他更喜欢哪种情况,为什么?或者用户在什么情况下喜欢这样的概念,在什么情况下看不到这种价值?
- 如果用户制作草图,你可以把过去的场景和设想的场景放在一起,以便讨论过去的场景和预想的场景,因为场景是用户告诉你的故事的占位符。如果没有这样的材料,设计师可以用他记录的东西来提示用户。设计师可以提醒用户一些事,如说:“你在给我讲这个故事的时候也谈到了。”
- 感谢用户,结束会议。

6 结　论

本文提出了共建故事法,旨在唤起用户对设计概念在未来生活中所具有的附加价值的向往。本文分享了开发共建故事法的动机,并描述了共建故事法的流程。本文讨论了共建故事法与其他设计研究方法和技术的关系,并分享了一个应用该方法的设计实例。根据我们的经验,该方法与现有方法相比有一定的优点。首先,共建故事法唤起了用户对过去具体体验的回忆,这些体验本身就是对设计过程有价值的信息;共建故事法利用这些体验,通过将设想的活动连接到具体的使用环境中去,帮助用户设想这些设计概念如何与他未来的生活相契合。这样的观点,有助于用户在具体的、特定的个人生活环境下,评估概念的价值,并提供深刻、个性化、有根据的反馈,而不是进行泛泛的概括。其次,共建故事法综合了很多用户共同的故事。共同故事有两个主要优点,其一,共同故事帮助设计师获得与用户的情感共鸣;其二,共同故事很容易被记住和交流,因此它们在设计团队成员之间建立了共同的想象。最后,共建故事法所用的时间相对较少,在这段时间里,也提供了对用户的深刻理解。特别是,这个方法在敏化阶段是相当有效的,因为用户可以在 20 分钟内说出 2 ~ 3 个具体的体验,并回忆起一些有趣的轶事。

共建故事法也体现在如何应对一个具体的挑战上。有人认为,基于对话的设计研究方法的结果在很大程度上取决于主持人的技能。这个论点也与当前的方法有关。然而,如果没有适当的方法支持,熟练的主持人也不能产生好的结果。我们认为,共建故事法的过程可以帮助设计师促进与用户的研讨,如感人故事触发用户谈论其过去的经历,并且使这些经历明确地帮助用户想象未来。总之,根据我们对共建故事法的实践经验,我们认为它有助于在相对较少的时间内,得到特定设计概念的深度反馈信息。

参 考 文 献

Atasoy B, Martens J-B (2011) Crafting user experiences by incorporating dramaturgical techniques of storytelling. In: Procedings of the second conference on creativity and innovation in design. ACM, New York, pp 91-102. doi: 10.1145/2079216.2079230.

Atasoy B, Martens JBOS (2016) STORYPLY: designing for user experiences using storycraft. In: Markopoulos P, Martens JB, Malins J, Coninx K, Liapis A (eds) Collaboration in creative design. Methods and tools. Springer, New York.

Bijl-Brouwer M, Boess S, Harkema C (2011). What do we know about product use? A technique to share use-related knowledge in design teams. Presented at the IASDR 2011 4th international congress of international association of societies of design research, Delft, The Netherlands. Retrieved from http://doc.utwente.nl/82017/.

Boyatzis RE (1998) Transforming qualitative information: thematic analysis and code development. Sage, Thousand Oaks.

Braun V, Clarke V (2006) Using thematic analysis in psychology. Qual Res Psychol 3(2): 77-101. doi: 10.1191/1478088706qp063oa.

Dindler C, Iversen OS (2007) Fictional inquiry—design collaboration in a shared narrative space. CoDesign 3(4):213-234. doi:10.1080/15710880701500187.

Howard S, Carroll J, Murphy J, Peck J(2002). Using "endowed props" in scenario-based design. In: Proceedings of the second Nordic conference on human-computer interaction. ACM, New York, pp 1-10. doi:10.1145/572020.572022.

Kankainen A, Vaajakallio K, Kantola V, Mattelmäki T(2012) Storytelling group-a co-design method for service design. Behav Inform Technol 31(3):221-230. doi:10.1080/0144929X.2011.563794.

Light A(2006) Adding method to meaning: a technique for exploring peoples' experience with technology. Behav Inform Technol 25(2):175-187. doi:10.1080/01449290500331172.

Mancini C, Rogers Y, Bandara AK, Coe T, Jedrzejczyk L, Joinson AN, Nuseibeh B(2010) Contravision: exploring users' reactions to futuristic technology. In Proceedings of the SIGCHI conference on human factors in computing systems. ACM, New York, pp 153-162. doi:10.1145/1753326.1753350.

Özçelik-Buskermolen D, Terken J, Eggen B (2012) Informing user experience design about users: insights from practice. In: CHI'12 extended abstracts on human factors in computing systems (CHI EA'12). ACM, New York, pp 1757-1762.

Quesenbery W, Brooks K(2011) Storytelling for user experience. Rosenfeld Media, New York.

Richards L(2005) Handling qualitative data: a practical guide. Sage, London/Thousand Oaks.

Salvador T, Howells K (1998) Focus troupe: using drama to create common context for new product concept end-user evaluations. In: CHI 98 conference summary on human factors in computing systems. ACM, New York, pp 251-252. doi:10.1145/286498.286734.

Sanders EBN(2000) Generative tools for codesigning. In: Scrivener SAR, Ball LJ, Woodcock A (eds) Collaborative design. Springer, London, pp 3-12.

Sanders EBN, Stappers PJ(2013) Convivial toolbox: generative research for the front end of design. BIS Publishers, Amsterdam.

Sleeswijk-Visser F, Stappers PJ, van der Lugt R, Sanders EB-N (2005) Contextmapping: experiences from practice. CoDesign 1(2):119-149. doi:10.1080/15710880500135987.

Taylor-Powell E, Renner M (2003) Analyzing qualitative data. University of Wisconsin-extension, cooperative extension, Madison.

Tomico O, Garcia I(2011). Designers and stakeholders defining design opportunities "in situ" through co-reflection. In Participatory innovation conference. Presented at the participatory innovation conference, Sønderborg, Denmark, pp 58-64.

Verganti R(2009) Design-driven innovation. Changing the rules of competition by radically innovating what things mean. Harvard Business Press, Boston.

idAnimate——支持动画设计的概念设计

哈维尔·奎韦多-费尔南德斯,让-伯纳德·马滕斯

摘要 创建动画是一个复杂的活动,通常需要专家参与,特别是需要在时间压力下获得结果时。动画可能和许多不同的场景相关,因此动画一个有趣的用法是,更多的人使用动画来表达关于时变现象的想法。多触点设备创造了重新设计现有应用和用户界面的机会,因此开始出现使用手势交互的新类动画创作工具。它大多专注于特定的应用,如卡通和木偶动画。本文介绍了 idAnimate,一个用来在多触点设备上勾画动画轮廓的低保真度通用动画创作系统。idAnimate 可以通过用户自然手势操作对象,idAnimate 记录手势的轨迹和转换点,并通过这些轨迹和转换点构建动画。

1 简　　介

在设计过程的早期阶段,设计师需要明确地表达他们的想法,以便在设计团队和外部利益相关者中进行可视化、共享和讨论。创建足够多的可视化任务可能是烦琐和费时的,特别是当设计概念包含动态元素时,如用户交互或时变行为,创作更为麻烦。现有构建原型的工具如 Axure(2015)或 InVision(2015)等,需要用户付出大量的努力和不同程度的承诺才能使用,而静态草图传递的信息太有限。idAnimate 可以帮助设计师,通过快速创建一个简单而直观的动画草图来弥补这一差距,使设计师能够快速展示他们的概念,甚至包括动态方面的概念。由于有了 idAnimate,设计师可以减少设计过程的早期阶段所需的迭代工作量,不需要昂贵的原型工具,就可以快速地实现动画的可视化、共享和讨论。本文介绍了 idAnimate,讨论了它与现有设计工具的关系,并介绍了一个在实际设计场景中使用 idAnimate 的案例。

2 概　　述

idAnimate 是 iPad 设备的一个应用程序,可以帮助设计师勾勒出交互式产品和服务(idAnimate-iPad 动画草图工具;Quevedo-Fernández and Martens,2013)。设计师可以描述产品和服务的行为,以及用户如何通过动画与他们互动。

图 1 显示了如何在设计早期阶段使用 idAnimate 补充现有的设计工具。建立设计组件所需的工作量,随着工件的复杂性和用于创建它们的工具的复杂性的增加而增加,工具在整个设计阶段使用。idAnimate 在纸上画草图和动手制作线框模型之间引入了一种设计活动,设计师还可以毫不费力地通过它创作动画草图概念、行为和动态。将这个设计活动进行简化可能会触发设计师在提交特定解决方案之前,在可用的时间内执行更多次设计迭代。

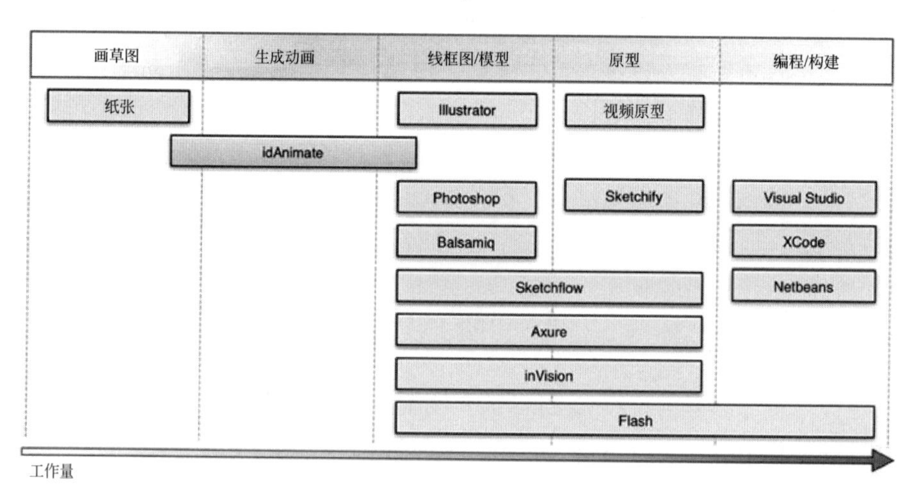

图 1　idAnimate 与现有设计工具和设计过程的关系

简而言之,idAnimate 给设计师提供了按时间顺序进行剪辑的能力,从而补充了纸质草图的不足。由于这些生动的动画传递了额外的信息,idAnimate 使利益相关者更容易有效地参与设计(Tversky and Bauer Morrison,2002),更容易讨论概念的动态性、收集反馈意见和快速修正想法。因此,idAnimate 专门用于以下方面。

- 增加在概念阶段,工件交换时所传达的信息;
- 提高对设计建议的认识和理解;
- 支持车间参与式设计,支持头脑风暴;

- 允许设计师更广泛地与广大的利益相关者,如营销人员和最终用户,进行沟通和讨论设计过程的早期阶段的概念;
- 在还没有得到高保真度原型的阶段,收集已有的见解和反馈信息;
- 在设计过程中,尽早地让最终用户参与,给他们提供容易得到和容易理解的建议的直观表达形式。

3 背　　景

在设计过程的早期阶段,当想法模糊和不精确的时候,设计师通常用纸质草图来探索他们的想象和表达他们的想法(Purcell and Gero,1998)。背后的原因是,纸质草图可以容易、快速和廉价地得到,纸质草图提供了一个非常灵活的表达媒介(Buxton,2007)。草图通常用于以下方面。

- 探索和拓展替代解决方案的空间。
- 传达设计理念。

毫不奇怪,纸质草图对于描述高度动态的概念是不理想的。这是因为要传达的大部分行为和与时间相关的方面,要么只剩下不明确的方面,要么是只能通过箭头和注释粗略描述(图 2)。这意味着对草图中传递的信息的理解,很大程度上依

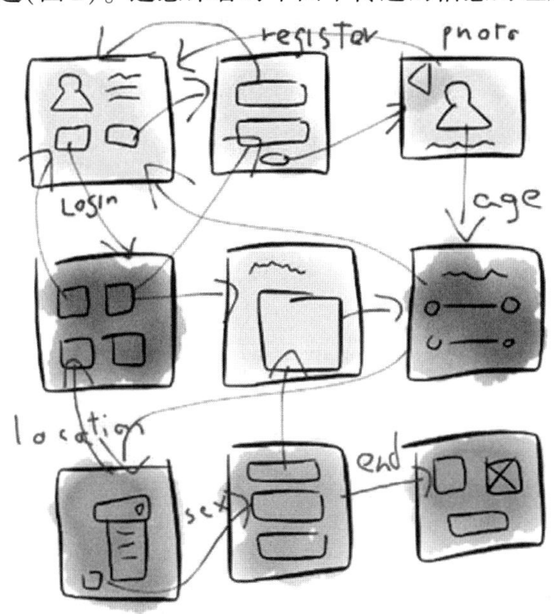

图 2　使用静态草图功能描述 Web 登记表格

赖于理解者的想象力(Stacey et al.,1999)。因此,草图可以引起误解和导致错误的概念,尤其是当它们被用来表达高度动态的概念时。

关于创造力和设计的理论支持一种想法,即通过反思创造性过程中产生的视觉组件而触发的思想,在很大程度上决定了设计过程的结果的质量(Schon,1986)。在本质上,在创造性活动期间使用的材料能够提高实践者的创造力,但也会限制实践者的创造力。因此,使用静态的纸质草图不能帮助设计师很好地预见意外事件,或者更一般地说,不能提供设计师充分探索解决方案的空间。因此,使用探索高度动态的概念的解决方案的空间,可能会产生不完整的设计解决方案;通过纸质草图来传递依赖于时间的行为,可能会发生错误。因此,纸质草图通常仅在设计过程的早期阶段,在时间有限的情况下使用。使用高保真度原型和模型工具可以解决上述大部分问题。然而,创建这样的工件通常是耗时和昂贵的(Buxton,2007)。因此,高保真度原型主要用于设计过程的后期阶段,即已经承诺某一解决方案时。

创建或修改高保真度原型通常需要一套技能,设计团队中只有一部分人拥有这种技能,这限制了团队其他成员提供输入的可能性,因为他们不具备修改或改正该原型所需的技术性技巧。因此,设计团队发现自己需要一种工具以超越纸质草图的表达能力,即要扩大纸质草图。然而,使用这种工具来创建这种新形式的静态草图时,所用的成本和时间不能显著增加,否则在设计过程的早期阶段使用它们的门槛将会太高。

我们认为用类似素描的方式来创建动画是比较有趣的,这种方式对探索和沟通动态方面的概念显得更有效。为了更具体地研究和测试这一思想,我们设计并建立了 idAnimate。

4　相关工作:计算机支持的动画创作系统

动画创作是一项烦琐而复杂的活动,需要大量的时间来学习和掌握。idAnimate 的目标是使这个过程容易入手也容易学习。多年来,人们已经以类似的方式开发了多个计算机支持的动画创作系统。为了解计算机支持的动画创作系统的现状,本文选择了几个相关的系统进行描述。

多年来,在计算机的帮助下,许多不同的方法用于支持动画的创作。Baecker(1969)提出 Genesys 系统,这是第一个计算机动画创作系统。Genesys 系统允许动画师绘制一个物体,并借助手写笔动态地改变视觉对象的位置、方向和形状。Genesys 之后,又有很多新的动画技术被开发出来。

就跟翻书一样,GIF 动画在 20 世纪 90 年代流行起来,部分原因是它们可以很容易地以数字方式分发。20 世纪 90 年代中期,Macromedia 提出了 Flash 系统(Curtis,2000)和 Director 系统,这两个系统推广了关键帧技术,其中动画师只需创建两个关键帧,系统自动在其间插入其余帧。Flash 可能是目前使用最广泛的动画创作系统。然而,Flash 显然是对熟练的动画师非常有用,但对全新(不经常使用 Flash)的用户而言,Flash 并没有很好地解决问题。学习 Flash 不简单,创建动画需要相当长的时间,一般来说,结果的质量对于 ID 动画的设计过程的早期阶段来说,没有必要那么高(Ozcelik-Buskermolen and Terken,2012)。

一些更新一点的系统专注于开发对没有经验的用户而言更自然、更直观的技术。两个具体的案例如下:①基于 2D 图形草图的 3D 图形动画(Davis et al.,2003);②描绘人物的动作(Thorne et al.,2004)。虽然非专家动画师可以使用这样的工具,但它们提供了被调整到特定应用程序的交互机制,即连接字符的运动,因此不一定适合于通用的动画制作。

从通用动画的角度来看,更有趣的是 Moscovich 和 Hughes(2004)描述的 Moscovich 运动示例技术。这种技术允许用户在屏幕上拖动物体,而系统记录位置轨迹作为时间的函数,这种方法已经被广泛应用于动画工具,其目标用户是新手动画师,如 K-Sketch(Davis et al.,2008)、Sketch-n-Stretch(Sohn and Choy,2012),或 Sketchify(Obrenovic and Martens,2011)等系统。Sketchify 主要用于快速创建具有不同传感器的实时输入的系统原型,因此它的界面过于深奥和复杂,难以快速制作动画。

idAnimate 工具与 K-Sketch 和 Sketch-n-Stretch 方法具有相似性,它通过对对象位置、方向和大小进行跟踪,采用运动示例技术来扩展运动。扩展到多点触控设备(特别是 iPad)可能会加速动画过程,因为用户可以一次而不是连续地转换多个属性(参见动画技术部分中的细节)。多点触摸设备的另一个优点是,多个用户具有在一个动画上进行合作的潜力,尽管这种想法的全部潜力只可能出现在多点触摸屏上,而这些触摸屏的尺寸比我们在当前案例研究中使用的 iPad 大一些。

Ceylant 和 Capin 公司开发了一种用于 3D 网格动画工具(3D Meshes)(Duygu and Tolga,2009)的多点触摸界面,通过手指对视觉对象进行变形和重整,产生物体的运动感觉,这与 Takayama 和 Igarashi(2007)用于操作 2D 的字符形状的多点触摸技术相似。这两种技术有一些共同的特征,它们都支持多触摸屏摸界面,主要用于专业化的字符动画。据我们所知,与 idAnimate 最相似的现有工具是 Toontastic(Russell,2010)和 Photopuppet HD(Cooke,2012),Toontastic 和 Photopuppet HD 也使用多点触摸手势来创建动画。后一种工具主要用于专业演播室中的卡通动画,因为它提供了许多复杂和专用的功能,而 Toontastic 有一个非常具体的应用领域,即儿童讲故事。

5 idAnimate 工具

本节具体描述 idAnimate 的功能性和非功能性需求。这些要求是通过设计师主动的访谈和研讨收集的[①]。

5.1 设计目标和非功能需求

idAnimate 是一个动画创作工具,旨在支持创造、发现和创新,它的设计灵感来自由 Shneiderman(2000)和 Resnicks 等(2005)制定的设计指南。这些设计指南帮助设计师将素描类动画的一般目标映射到更具体的设计目标中,这些设计目标也可以在随后的验证研究中得到验证。

(1)低门槛

为了使无经验的动画师容易掌握动画创建过程,该工具的使用门槛应该非常低。这意味着新手用户,包括那些第一次使用该工具的用户,应该能够以最少的指导创建简单的动画。

(2)速度

该工具应该允许用户快速创建动画。理想情况下,创建动画的成本应该与创建静态草图的成本相似,这样就可以很容易地使用该工具来替换其他动画工具。

(3)支持研究

该工具应该允许用户尝试不同的备选方案和示例,并且应该允许用户很容易回溯到过去的情况。

(4)灵活性和应用广泛性

该工具不应将其用户的想法限制在预定义的几种模式或者规定的场景内。理想情况下,在动画可以描述的合理边界内,该工具应该允许大多数用户描述他们能想到的大多数想法。

(5)可达性

该工具应被尽可能多的人使用,并在尽可能多的情况下使用。

① 译者注:此句原文放在 5.1 节的(7)Requirements 之后,似有误,调整至此。

(6)简单性

除了具有较低的门槛之外,该工具在使用一段较长的时间后,还能让人感觉到简单和直观。除了提供一组广泛的高度可配置的特征外,该工具应该只提供那些必不可少的能实现目标的灵活的结果。

5.2 功能要求

1)视觉对象创建——用户应能创建视觉对象,这是可以在动画中使用的图像,这些对象可以是专门为项目创建的,也可以是从现有数据库里导入的。这些对象包括如下几项。

草图——用户应该能够在动画工具上做简单的草图。

照片/图片——真实物体或纸质草图及视觉材料。这可以用相机设备拍摄照片,或从相机胶卷中检索现有图片来实现。

互联网搜索——应该可以在互联网上搜索图像档案库,并很容易地将选定的图像导入到应用程序。

对象库——idAnimate 应该提供对保存和可重用的对象库(或目录)的访问。该工具应该包括预先安装一系列的库对象,而用户应该能够下载并安装其他对象的库,称为库包(library packs)。用户应该能够创建对象的自定义库,如从用户的台式计算机(自定义包)中可用的图像集开始。

从外部工具导入——应该能够与外部工具,如 Papers(53Paper),交换可视化对象。更具体地说,idAnimate 应该提供无缝集成外部草图工具,来创建视觉对象的机制。

2)动画。用户应该能够渲染作为动画的一部分的视觉对象。

对象变换——视觉对象随时间、位置和大小的变化应该易于创建、存储和修改。

物体外观——视觉对象可以有一个或多个视觉外观。视觉外观是对象在某一特定时间看起来的样子。例如,代表灯泡的物体可以有两个视觉外观,一个代表关灯,另一个代表开灯。

3)故事板——用户应该能够创建具有动画功能的故事板。动画故事板由多个动画草图组成,每个动画草图包括代表性图像、文本解释和序列号。

4)粗略的外观和感觉——idAnimate 产生的动画应该有一个粗略的外观和感觉,即表达它们在自然状态下没有任何修饰的存在这样一个事实。例如,将草图功能并入 idAnimate 中。

5)共享——用户应该能够通过多种机制共享 idAnimate 创建的项目。这包括通过电子邮件和 Facebook 等社交网络进行共享。

项目文件——用户应该能够共享项目文件(以 idAnimate 格式),并且可以在其他 iPad 设备上打开、查看和/或编辑文件(类似于共享 Word 文档)。

电影——idAnimate 应该能够将其动画转换成具有标准的、公认格式的电影。用户应该能够导出和分享这样的电影。电影不是项目文件,不能修改,但它们可以放在一个网站或者 PPT 演示文稿里。

idAnimate. net 公共画廊——用户可能会对与其他 idAnimate 用户分享某些项目感兴趣(如 idAnimate. net 公共画廊),因此要支持一个社区用户的开发。

6)学习——idAnimate 的应用指南应该包含在程序的功能之内,以帮助用户学习如何最有效地使用该工具。

示例——idAnimate 应该提供一系列实例,用来说明工具的不同特征。

视频教程——idAnimate 应提供视频教程,显示用户如何使用可用的功能。

5.3 设计原理

平板设备被选择作为平台来承载动画工具。素描和收集图像是动画的核心,这使我们考虑到将个人电脑作为替代设备,特别是那些具有手写笔或手指输入方法并有内嵌相机用来拍摄环境照片的设备。

个人电脑,包括笔记本电脑,由于其大小和形状因素,会影响可访问性,而平板电脑则更轻更便携。此外,平板设备可以是非常个人和私密的,同时它们也可以很容易地被共享,甚至可以支持同时交互。多点触摸技术还提供了一些有趣的机会,以减少复杂性和提高动画任务的可用性。

5.4 工具组织

用工具制作的文件称为动画草图。动画草图包含一个或多个视觉元素称为动画对象。

idAnimate 支持动画草图及动画故事板(图 3),动画故事板是由多个动画草图组成的。该工具包括项目浏览器(图 4),其中用户可以创建、导入、导出或共享动画(作为视频或项目文件)。

可以将不同来源的可视元素导入应用程序中,包括电子邮件中的附件、由互联网搜索(Bing、谷歌或 Flickr 图像)生成的图像、内置相机拍摄的照片(如果设备有

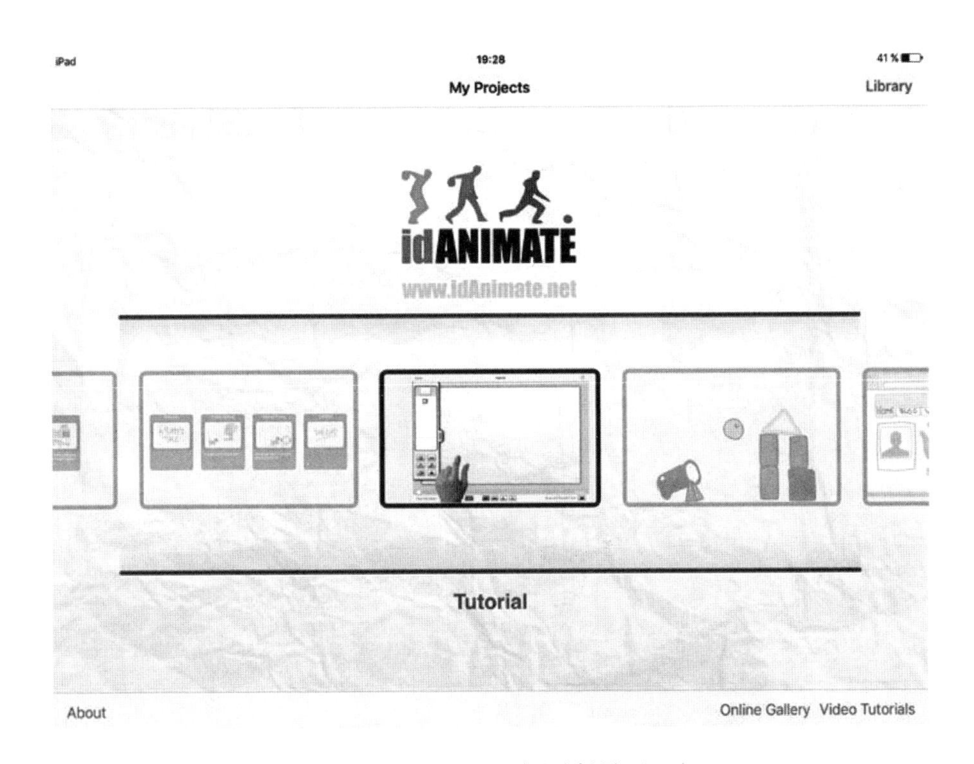

图 3　idAnimate 项目选择界面

(a) idAnimate草图编辑器　　(b) 动画故事板编辑器

图 4　idAnimate 编辑器

的话）或用户库里已有的图像。该工具还包括一个简单的草图应用程序，它可以用来创建新的可视对象，或者修改现有的对象。

动画编辑器见图5。标记1显示当前动画中包含的对象列表,通过修改列表中对象的顺序,对象可以往前或往后移动。标记2显示用于添加新对象,编辑与对象相关联的图像,以及复制、检查、删除或清空所选对象的动画的控件。标记3显示动画控件,包括时间条及播放、暂停、记录和倒带按钮。标记4显示画布,其中显示对象并与用户交互以定义动画。标记5显示对象检查器,它允许用户进行以下工作:①在对象可以显示的不同图像之间切换;②管理可被变换的对象的几何属性;③指定对象是可见的或不可见的。

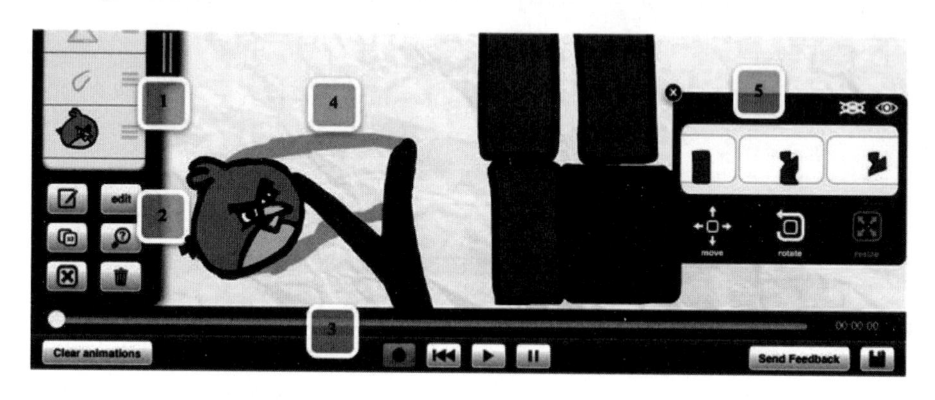

图5　idAnimate用于渲染动画游戏概念(愤怒的小鸟)

标记1显示对象列表,标记2显示对象上的可能操作,标记3显示记录和回放控件,标记4显示画布,标记5显示对象检查器。

5.5　实例转换动画技术

实例转换技术是多点触摸设备的Moscovich运动示例技术的扩展。本质上,它允许用户使用多点触摸表面自由操作对象,同时记录对象的位置、大小和方向随时间变化的数据。

动画素描由一个或多个视觉元素组成,称为动画对象。动画对象是一个位置、大小和方向都可变的区域,可以在任何情况下显示一组可能的图像中的一个,其中图像通常反映相关对象的状态。这样,物体只需改变其视觉外观,就能实现物体的移动、旋转和缩放。

5.5.1　通过手势转换

多点触摸手势是直观定义动画对象转换的关键。普遍接受的多点触摸手势,多点触控手势通常被认为是高度直观的,因为它是通过指尖直接操控对象,这有效地将手指运动映射为系统控制对象的几何参数。

由于 idAnimate 多点触摸技术符合习惯,它应该是容易学习和易于使用的。如前所述,除了专注和吸引人之外,多点触控手势可能更快,因为可以同时应用三种不同的转换(旋转、移动和缩放)。

用户必须从场景中可用对象列表中选择对象,然后对它进行动画化操作。使用两个手指,用户可以在单个动作中同时转换(移动)、旋转和缩放选定的对象(图6)。在记录时,在设备上执行的所有转换,都以动画开始时间为起点进行注释并打上时间标记。当用户开始记录动作时,显示 3 秒倒计时以给用户准备手和手指位置的时间。

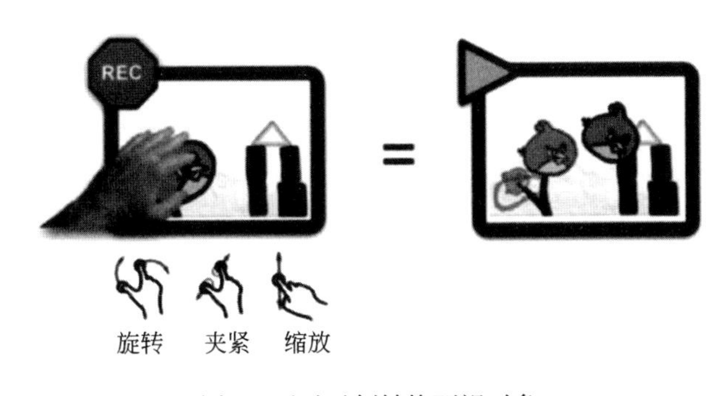

图 6　通过示例转换可视对象

用户在系统记录更改的同时旋转、夹紧和缩放对象,并在稍后的阶段可以更改和重放。

由于平板显示器的尺寸(对角线为 9.7 英寸,1 英寸=2.54 厘米)限制了小对象的显示,因此为了提供对小对象的触摸控制,需要将对象在显示器上进行放大,然后在触摸设备屏幕上的任何地方都可以进行交互。因此,当选择对象时,整个屏幕上的触摸被映射到所选对象的属性,然后在整个屏幕上进行交互。这样,用户就不会看不见所选的对象,并且能够更精确地定义动画。然而,这种设计选择的结果是,目前不可能同时激活两个或多个对象,这是涉及由多个用户同时操作大型多点触摸设备时需要重新考虑的功能。

5.5.2　同步与合并

复杂动画是通过向现有动画添加新的对象转换来实现的。为了协调不同对象的动画,我们使用回放记录技术(record-while-playback technique)。用户可以重放先前创建的动画,同时可以在其他对象上应用新的转换。这些先前的动画也被重新记录、标记时间并与现有动画同步。

如果用户对之前动画的对象进行渲染,则从用户交互的时刻起,所有以前的对象转换都将被覆盖。因此,用户可以轻松和直观地精炼或重做对象的部分动画,而不损害较早的部分。

5.5.3 状态

用户可以动态地改变与视觉对象相关联的图像。为了改变状态,用户可以重放动画并在播放期间从菜单中选择所需的状态及要显示的图像。状态的变化被记录下来,并与动画的其余部分都标上时间。另一种方法是在记录时不改变状态,但在动画停止时改变状态,这样时间充裕、精度也高。具体来说,用户可以导航到时间线上的特定点并从那个时间点起选择要显示的期望状态。

动画状态切换状态之后界面的外观可以改变,如改变从红色到绿色的光的颜色、屏幕上显示的文本或字符的不同表达式。翻页动画可以很容易地以这种方式构建。

6 用 idAnimate 支持设计过程的早期阶段

为了说明 idAnimate 如何用于上述目的,本文将介绍一个案例,利用它来生成一个示范性设计概要的设计解决方案。

实例:加油站智能手机支付系统

我们假设的设计概念是采用移动设备实现加油站支付,并且假设该概念具有以下特征。

- 使用移动设备(如智能手机)进行支付;
- 支付初始化依赖邻近性,即使移动设备靠近支付物;
- 在智能手机上完成产品类型(气体类型)、填充量(体积或金钱)的选择;
- 需要在气体泵送装置和智能手机上确认付款。

(1)idAnimate 展示准备

1)收集材料。

动画和故事板通常由三个核心元素组成:①情境发生的地点或环境;②涉及的对象或道具;③执行交互的角色(这个角色通常以某种形式与技术系统对话)。

建议 idAnimate 用户创建概念时,先收集与要说明的概念相关的图像集合。这可以通过多种方式来完成:在内置的画板上绘制草图、在单独的计算机上准备PNG图像集、通过iPad内置相机拍摄照片,或者从互联网源中提取图像。

在我们的具体实例中,我们将iPad(53Paper)的特定草图应用程序与idAnimate动画制作相结合,以创建视觉元素。

2)地点。

地点构成了产品、用户和交互的设置与背景。虽然它是动画中的一个可选元素,但在特定的位置摆放进行交互通常有助于更好地理解事物如何发生和为什么发生(图7)。

图7　一个加油站的草图

3)(多个)对象。

道具是故事中具有关联性的对象,角色主要与之进行交互。

本文的特定案例所选择的道具是智能手机、汽油和汽油泵屏幕及用于移动设备上的应用程序的用户界面元素的集合(图8)。

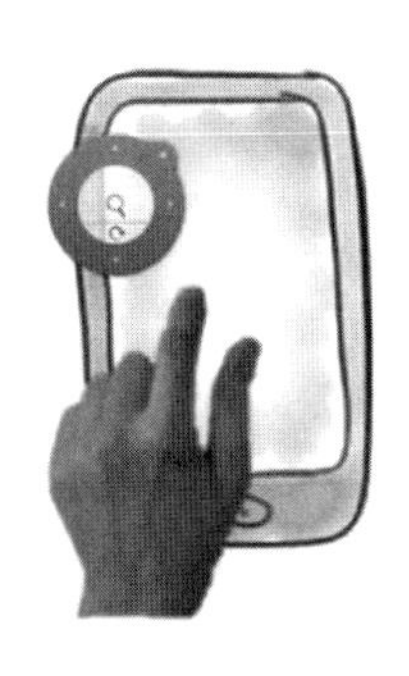

(a) 一只手(角色)与移动设备(道具)的交互

(b) 加油站泵的显示屏

图8　移动设备与加油站泵显示屏的交互过程

4)(多个)人物。

人物、环境和道具是动画设计中不可或缺的角色。人物将执行与对象的交互,触发产品的行为和反应。在本文案例中,角色是智能手机设备的用户的一只手(图8)。

(2)场景设置

1)修饰对象。

建立场景的第一步是修饰先前创建的元素。由于本文案例中的草图会用在不同的应用中,我们将通过从设备图像库导出和导入的方法将草图加载到程序中,这样两个应用程序可以共享草图。

为此我们选择 idAnimate 中的“创建新对象”,并通过选择导入按钮将需要的草图导入其中。

2)放置对象。

在屏幕的左侧,我们可以找到渲染编辑器(图9),它允许用户在数字画布上随时选择对象,对象可以移动、缩放或旋转。用户定义动画中所有对象的初始位置,然后对每个对象都重复这些操作。此外,用户可以定义对象的分层顺序,在对象选择器内交换对象的位置。

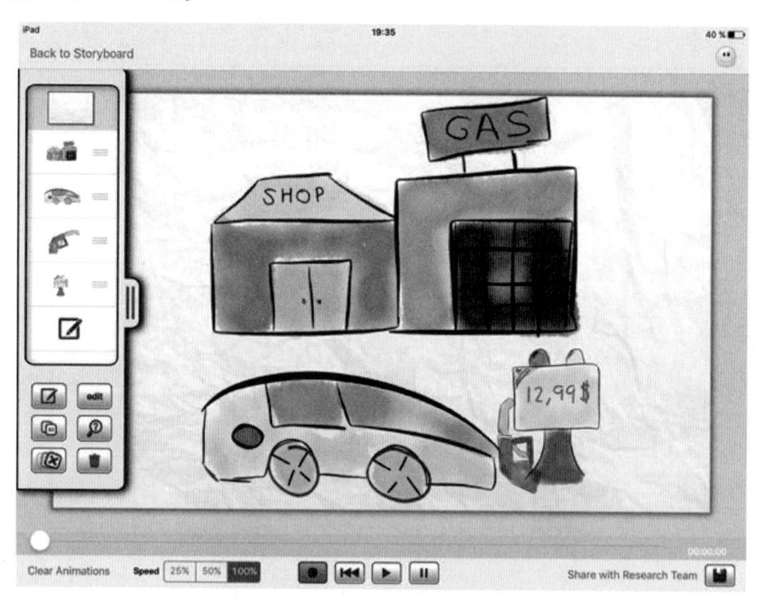

图9 idAnimate 的渲染编辑器

在 idAnimate 中探索加油站支付系统的概念。

3)定义动作。

万事俱备,可以开始定义动作如何发展变化了,即通过渲染所选对象来实现。方法很简单:首先,从渲染编辑器中选择想要渲染的对象,然后点击记录按钮。设置倒计时显示,给用户时间执行这个动作。在选定的对象上执行的任何动作和变换,将被记录为动画的一部分,直到用户决定停止录制为止。在此过程中同时播放其他对象的运动,这样当发现新的运动时用户可以通过重放动画中的每个对象来记录这个新运动,用户也可以同步不同对象的运动。

案例中,交互是由手机靠近汽油泵屏幕开始的。当两个元素都足够接近时,手机屏幕显示选择产品类型和填写数量的界面,油泵打开橙色灯。一旦记录了汽油泵的运动,我们就可以开始定义人物如何与用户界面交互,选择产品类型和填写数量。这样做之后,我们可以通过用户界面来显示汽油被泵入汽车油箱中时会发生什么,直到加油结束。

4)定义多重视觉外观。

对象可以具有多种视觉外观(图 10),即可以用多种图像来代表视觉状态。将视觉外观视为不同的服装,就像可以改变两个状态的灯泡(开或关)或一个字符有两种不同的字体。如图 9 所示,草图编辑器帮助用户像使用半透明笔记本一样,创建这些不同的外观。

图 10　一个角色的多种草图外观

在动画编辑器中，用户可以实时地从某一时刻开始，选择想要显示的视觉外观。这里通过图 11 所示的对象检查器实现选择。通过在有内容的视觉外观和没有内容的空视觉外观之间进行切换，用户可以在动画过程中隐藏和显示对象。

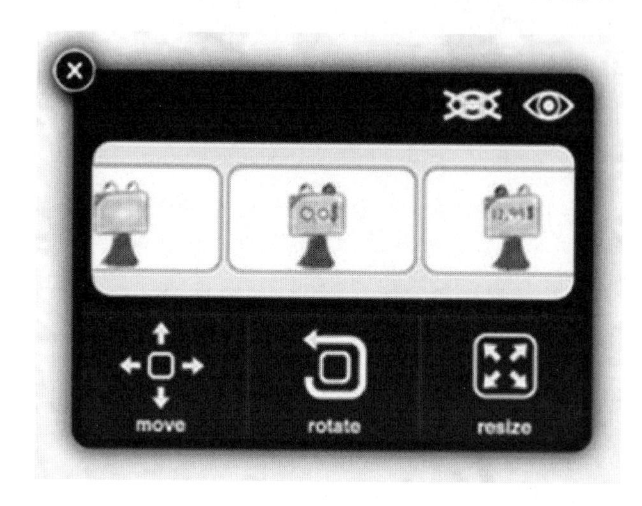

图 11　对象检查器

允许用户从一个特定时刻开始选择显示的外观

5）创建替代场景。

一旦有了一个初步的动画，我们就很容易通过小的变化来实现替代方案或使用案例。在汽油没有全加满之前，把屏幕推到汽油前会发生什么？如果油箱提前满了会发生什么？系统怎么显示错误，或应对不同的环境变化？为了了解这些变化的效果，用户可以复制这个项目，然后可以迅速对它做出相应的改变。

（3）故事板

idAnimate 的故事（图 12）由文本字幕动画序列组成。故事板可以用来说明一个多场景的故事，或更详细地显示特定的元素。在本文这个具体案例中，将所有的元素同时放在屏幕上的话会让屏幕变得过于杂乱。本文将 idAnimate 故事分为 4 个不同的动画以改善这种杂乱的状况。第 1 个动画显示车到达加油站，司机将油枪放进油箱口，屏幕改变状态。第 2 个动画和第 3 个动画说明司机、智能手机显示及汽油泵加油量之间的交互并确认付款界面。第 4 个动画显示汽车离开加油站。

跟动画一样，idAnimate 可以通过复制故事板来创建修改后的用户场景。

图 12　详细说明加油泵场景下不同步骤的故事板

(4)动画分享与讨论

一旦动画或故事板已经建立,它们就可以与团队成员共享。团队成员不仅仅能看到这些动画,还可以提出修改的思路,快速创建和共享新的概念或场景。

此外,idAnimate 还可以导出成小视频,嵌入 PPT 文档中或在 Facebook 分享这些视频。

7　结　　论

绘制动画的工具可以帮助设计师缩小草图和设计原型之间的差距。本文展示了如何在设计过程的早期阶段使用 idAnimate 工具以增强设计师的创造性,并使他们能够随时将想法传达给其他设计师或者外部利益相关者(如最终用户),以收集反馈意见和收集输入信息以进行下一次设计迭代。为了做到这一点,设计师可以使用 idAnimate 来快速绘制用户界面、场景和故事板以产生设计概念,讨论并不断了解其在最后的用户体验中的含义。

在哪里查找附加信息

idAnimate 研究版可以在官方网站(http://www.idanimate.net)或者 Apple ® App Store™免费下载。可以直接连接网站,或者直接在 iPad 设备上的 Apple ® App Store™里搜索“idanimate”关键字。idanimate.net 网站还包括一系列的视频教程,有助于用户了解该工具的基本功能,以及其他一些更先进的功能。

参 考 文 献

Axure(2015) Axure prototyping tool. http://www.axure.com. Accessed July 2015.

Baecker RM (1969) Picture-driven animation. In: Proceedings of the May 14-16, 1969, spring joint computer conference- AFIPS'69, ACM, New York, 273-288. doi: 10. 1145/1476793. 1476838.

Buxton W (2007) Sketching user experiences: getting the design right and the right design, 1st edn. Morgan Kaufmann, Amsterdam/Boston. ISBN 000-0123740371.

Cooke M(2012) PhotoPuppet HD iOS application. In: Apple App Store. https://itunes. apple. com/us/app/photopuppet-hd/id421738553? mt=8. Accessed June 2013.

Curtis H(2000) Flash Web Design: the art of motion graphics. New Riders Publishing, Indianapolis. ISBN 978-0735708969.

Davis J, Agrawala M, Chuang E et al(2003) A sketching interface for articulated figure animation. In: Proceedings of the 2003 ACM SIGGRAPH/Eurographics symposium on computer animation. Eurographics Association Aire-la-Ville, Switzerland, Switzerland © 2003, pp 320-328.

Davis RC, Colwell B, Landay JA (2008) K-Sketch: a "Kinetic" sketch pad for novice animators. In: Conference on human factors in computing systems, 2008. Copyright 2008 ACM 978-1-60558-011-1/08/04.

Duygu C, Tolga Ç(2009) A multi-touch interface for 3D mesh animation. Bilkent University, http://citeseerx. ist. psu. edu/viewdoc/summary? doi=10. 1. 1. 369. 9740.

idAnimate-An animation sketching tool for iPad. http://idanimate. net. Accessed July 2015.

InVision(2015) InVision App. http://www. invisionapp. com. Accessed July 2015.

Moscovich J, Hughes JF (2004) Animation sketching: an approach to accessible animation. Technical Report CS 04-03. Computer Science Department, Brown University, Providence.

Obrenovic Ž, Martens J-B(2011) Sketching interactive systems with sketchify. ACM Trans Comput Hum Interact18 (1), Article 4 (May 2011): 38. doi: 10. 1145/1959022. 1959026http://doi. acm. org/10. 1145/1959022. 1959026.

Ozcelik-Buskermolen D, Terken J(2012) Co-constructing stories. In: Proceedings of the 12th participatory design conference: exploratory papers, workshop descriptions, industry cases-vol 2-PDC'12. ACM Press, New York, p 33.

Paper by FiftyThree. https://www. fiftythree. com/paper. Accessed 28 Sept 2014.

Purcell AT, Gero JS(1998) Drawings and the design process. Des Stud 19(4): 389-430. doi: 10. 1016/S0142-694X(98)00015-5.

Quevedo-Fernández J, Martens J-B (2013) idAnimate: a general-purpose animation sketching tool for multi-touch devices. In: CONTENT 2013, 5th international conference on creative content technologies, IARIA, 38-47.

Resnick M, Myers B, Nakakoji K et al(2005) Design principles for tools to support creative thinking. National Science Foundation workshop on Creativity Support Tools. Washington DC. http://repository. cmu. edu/isr/816/.

Russell A(2010) ToonTastic: a global storytelling network for kids, by kids. In: Proceedings of the 4th international conference on Tangible, embedded, and embodied interaction (TEI'10). ACM, New

York, pp 271-274. doi:10. 1145/1709886. 1709942.

Schon D (1986) The reflective practitioner- How proffesionals think in action. Basic Books, New York. ISBN 978-0465068784.

Shneiderman B(2000) Creating creativity: user interfaces for supporting innovation. ACM Trans Comput Hum Interact 7(1):114-138. ACM, New York. doi:10. 1145/344949. 345077.

Sohn E, Choy YC (2012) Sketch- n- stretch: sketching animations using cutouts. IEEE Comput Graph Appl 32(3):59,69. doi:10. 1109/MCG. 2010. 106.

Stacey, Claudia ME, McFadzean J(1999) Sketch interpretation in design communication. In: Proceedings of the 12th international conference on Engineering Design. University of Munich, Munich, 923-928.

Takayama K, Igarashi T(2007) 2d animation authoring system with FTIR multi- touch table. Interactive Tokyo. http://www-ui. is. s. u-tokyo. ac. jp/en/projects/.

Thorne M, Burke D, van de Panne M(2004) Motion doodles. ACM transactions on graphics(TOG). In: Proceedings of ACM SIGGRAPH 2004, vol 23(3), August 2004. ACM, New York, pp 424-431.

Tversky B, Bauer Morrison. (2002) Animation: can it facilitate? Int J Hum Comput Stud:247-262. doi: 10. 1006/ijhc. 1017. Elsevier Science.

利用视频进行早期交互设计

帕诺斯·马科普洛斯

摘要　本文讨论了如何在设计过程的早期阶段使用视频来进行交互的原型设计,视频原型的优点和局限性,以及与其他早期原型设计方法相比较的优缺点。本文沿着该方法在人机交互(human computer interaction,HCI)领域的引入和发展轨迹,讨论了视频如何帮助设计过程中的利益相关者,尤其是用户;讨论了一系列技术、方法选择,给未来视频设计原型创作者提供了实用建议,并举例说明。

1　介　　绍

20世纪电影开始时,从其最早的第一步开始,电影摄影师就用特效来代表未来的或想象中的技术。一位早期的法国电影摄影师乔治·梅里爱,在他1902年的一部电影《月球之旅》(*Le Voyage dans la Lune*)中,首次尝试了几种特效技术,包括停止动作、叠加图像、延时拍摄等。随着特效技术的迅速发展,使用特效技术的电影往往会取得票房上的巨大成功,如著名的1933年电影《金刚》,影片中使用了3D模型动画。视频技术和计算机图形学已经使这些技术在电影产业之外被广泛地推广和应用,因此它们现在可以卓有成效地应用于技术设计的场景中,甚至不需要为电影制作而进行专门的训练。

在一段时间内,视频已经成功地用来代表想象中的交互技术。20世纪80年代初,帝国理工学院的罗伯特·斯彭斯(Robert Spence)利用视频创造性地引入了双焦点显示的概念(Spence and Apperley,1982),这在当时是一个新的、难以实现的信息可视化技术,其中的双焦点显示使用一个简单的卷轴纸完成。当时更精巧和昂贵的技术有,苹果公司(Dubberly and Mitsch,1992)的种子知识导航器(seminal Knowledge Navigator)和Sun Microsystems公司的星火(Starfire)(Tognazzini,1994),每一种都代表了几代交互设计师和HCI研究者所研究的交互式计算的企业愿景,即采用视频作为未来的交互技术不仅是对思维的实证,其本身也是一种实用的技术。

到目前为止,视频原型已经成为表示设计概念的流行媒介,主要是因为它能够实现交互的可视化,同时规避技术实现上的挑战。本文讨论了视频是如何实现这一目的的;视频建立在 HCI 领域的一些开创性著作的描述的基础上,这有助于该技术的成熟和普及。Vertelney(1989)在一个简短的文章中介绍了视频原型制作,该文章是一篇关于交互设计师的专业公报。Mackay 和 Fayard(1999)、Mackay 等(2000)及 McCurdy 等(2006)编纂了视频原型的方法学知识,并将这些研究和教学的成果,发表在重要的国际会议上。

本文为还不熟悉视频原型的设计师介绍了视频原型设计技术,基于实践经验和方法学研究,提出了如何创建和使用视频原型进行交互设计的指导原则。第 2 节介绍视频原型方法,并将其作为设计表现的形式,展示其优点和缺点;提供了视频原型技术的简单指南,作为资源提供给希望应用这种方法的设计师和研究人员。最后,本文讨论了方法论的应用问题,并提供了相关研究和更多文献指南。

2 什么是视频原型?

视频原型是一段通常不超过几分钟的短片,它代表了一个使用场景,说明一个或多个用户如何与设想的系统进行交互。传统的和更典型的呈现应用场景的方式是文本而不是视频,视频原型是描述一种想象中的理想系统的简短故事,通过视频有利于实现目标或体验系统。

文本场景被广泛地用于捕获用户需求。它们是一个非常灵活和易于获取的设计表达媒介,因此被广泛用于交互设计(Cooper et al.,2014;Rosson and Carroll,2002)和产品设计(Suri and Marsh,2000)。文本可以由设计团队编写,甚至可以与用户协作,用草图或故事板来说明。

在视频中显示场景使我们能够生动地可视化一个尚不存在或尚未实现的设想的系统。视频原型(有时也被称为视频场景)采用动画技术、特效等电影技术来构建设计原型,如下所述。视频可以非常逼真地显示人物与组件的互动、与纸质模型或粗糙道具的交互,只需要这些组件、模型、道具与所设计的技术基本相似。视频显示用户的活动和/与系统的交互随着时间的推移而展开,有些原型特征对于静态媒体(如草图和故事板)来说很困难,有时也很乏味,但通过现场拍摄视频,可以很容易地展示人物在其预期的物理和社会背景下进行交互的过程。

展示细节的程度、生产视频原型的质量和成本等的变化幅度可能很大。一个极端是设计师可能会用简单的角色扮演或一些低技术含量的道具操控来表现他们的设计意图。另一种极端情况下,设计师可能会精心制作昂贵且具有精巧情节的视频原型,以显示预期设计的几个不同方面,让观众陶醉其中。

最典型的视频原型是视频短片(视频通常小于10分钟),在预期的系统建成之前,这些视频短片在早期设计中被用来作为交互的表现形式和预期的用户体验。本文不是关于现有技术如何拍摄的演示,也不是构建炫酷产品来可视化未来的想象,尽管这两种视频的使用都与视频原型有很多相似之处。重要的是,视频原型的制作者,一般被认为是一个设计师而不是电影制作人,所以电影制作技能不是设计师必需的技能或是假设的前提条件。

3 为什么使用和为什么不使用视频来表示设计概念?

设计师有各种各样的媒介来表现早期的设计理念。视频的主要比较对象是文本场景、图纸、纸质模型和故事板,它们的生产成本很低、要求灵活,是非常简单且非常容易得到的材料。当做得好时,早期的媒介表达将设计师和观众的注意力引导到概念或设计挑战最本质的方面,而对工程和工程相关细节考虑较少。然而,静态媒体常常难以表示交互性及系统交互行为的动态方面的特性。视频有助于克服这一缺点,因为它能够捕捉动态事件,在一个非常精细的颗粒度上流畅地描绘用户行为和(表面上)系统的响应;它可以通过对话和非言语行为(例如面部表情、空间关系、人物之间的眼神和简短对话等)简洁而巧妙地突出交互的动态性,它为捕捉和传达物理的和社会的背景所做的努力,较文本描述要简洁得多。

与线框原型和软件原型等技术原型相比,视频原型制作起来更快、更便宜,最重要的是,视频原型不需要特殊的训练就能学会使用。这使得除了设计师和工程师之外,最终用户也能够以参与式设计方式,参与创建视频原型。事实上,像麦凯这样的作家一直在提倡使用这种方法(Mackay and Fayard,1999)。视频原型的另一个优点是,视频原型可以灵活地应用于设计过程的不同阶段。在设计阶段的最早期,视频原型可以与非常粗糙的纸质原型或低技术含量的物理模型相结合,而在设计阶段的后期,视频原型可以和功能原型同步。

Vertelney(1989)列举了视频之所以有用的几个原因,这些原因至今仍然成立。

- 视频可以提供全方位的视觉表达;从粗略的视频草图到高度精练和可信的视频产品。
- 视频草图使设计师、客户和最终用户能够通过可视化界面看见想法,并在设计过程中尽早获得反馈,从而减少设计后期变更所带来的成本。
- 界面设计师可以在相同的时间内形成许多设计方案,从中可以找到一个最合适的设计来实现。

- 界面设计师不必编写软件来构造用户界面原型。
- 视频原型可以通过具体界面技术来实现,即使这些技术现在还不存在,视频原型也可以模拟真实系统的机制,而不必实际构建相应的系统。

Vertelney 还指出了一些必须注意的视频原型的缺点。首先,她认为视频原型很难改变或操纵,视频原型产品需要提前精心策划。也许 25 年后的今天视频很容易被创建和编辑,所以在某种程度上,这个问题在未来是能够被克服的;然而现在,良好的规划和准备对于制作一个更好和更有效的视频原型而言,还是必需的。另一个比 20 世纪 80 年代更具说服力的论点如下。

- 有时最好直接在目标环境中构建原型,如使用软件原型工具。

虽然今天人们使用的具体的软件工具与她写作时的软件工具不同,但软件原型已经变得越来越容易和大众化。当要展示某种重要的具体外观和感觉时,当需要表达某种信息的架构或者视觉设计时,软件原型工具可能确实是首选的好用的工具。但是,视频原型可以更好地表达所设想的使用场景。在许多情况下,甚至可以将软件原型工具和视频原型结合起来,从而实现强强联合。

Vertelney(1989)还指出了其他一些缺点。

- 视频可能误导用户相信他们看到的是最后完成的产品原型,使用户很难区分一个可视化的设计概念和一个正在工作的计算机系统。
- 用户不能测试视频原型。

最后两点是要牢记的重要注意事项。一方面,可能在利益相关者之间产生难以实现的期望,或者用户可能在不知不觉中被误导。另一方面,虽然用户不能从视频原型那里获得预期的一手的用户体验,用户无法对原型进行实际测试,但是对征求用户关于设计方面的反馈意见而言,视频原型还是有价值的,如获得关于功能性、与场景的匹配程度等方面的反馈。如何获得反馈的问题在下节讲视频原型方法论时还要涉及。

此外,视频的制作和观看都很有趣,这有助于活跃设计研讨的气氛,给设计团队注入激情,并明确研讨方向,也可以是一个有趣和富有创造性的团队活动;视频对于说服管理者和利益相关者是非常有用的;更为重要的是,视频的价值已经在工业环境下得到了证明。

4 创建视频原型

4.1 开始

创建视频原型不需要大量的设备。如今,民用数字摄像机拍摄的视频质量已经非常令人满意了;甚至入门级智能手机都能提供足够的视频捕捉功能来支持基本的视频原型。可以说,设备越简单,就越能专注于设计概念的最小表示,这些概念可以快速地创建、查看和讨论,一旦不再需要也可以立刻删除。

记录和加入简单的电影片段可以生动形象地可视化一段设想的交互序列。物体在捕获的画面之间移动、注释或扩展,这些画面是在停止运动时一张一张拍摄得到的,当这些画面运动起来之后,就形成了人与物的交互及交互是时间连续的这种错觉,动态画面毫不费力地传达不同事件之间的动作反应及因果关系。

一个简单的视频原型是设计师根据一个预定义的脚本进行录制的,如录制一张纸或泡沫原型的视频。通过录制视频,产品原型走进了生活,设计师在拍摄画面之间可以对原型进行设计、操纵或修改。附加的优点是,整个交互过程可以以预定的速度呈现,甚至在预期的场景中呈现,使得视频原型作为一种表现工具,比在用户面前使纸质原型"活"起来的动画工具更有效。跟纸质原型一样,图画、故事板或静止图片也可以连续地在视频上显示。所有这些材料都来自生活,可以通过口述或字幕解释,也可以通过专门的数字化工具插入视频,或者当人们希望快速得到一个并不精确的原型时可以写到笔记本上,并将笔记本上的记录与它们提到的交互动作一起拍摄。

Vertelney(1989)列举了创建视频原型的几种可能方式。

- 将故事板上的画作为连续的帧转换为视频。
- 在相机前面操作剪纸,以提供互动的幻觉。
- 在照相机前操纵道具或物体。
- 人物在没有渲染的屏幕上交互,会产生与整个系统交互的错觉。
- 用纸张来模拟交互组件,可以增强屏幕的渲染效果。
- 对物理对象的投影,即使投在纸板上,都能显示出一种完全嵌入互动的错觉。

这些20世纪80年代中期非常简单的技术,今天仍然是有效的和有价值的。数字视频编辑设备可以通过编辑视频和将静止图像直接插入视频片段中来创建这样"活"的效果,因此使用数字视频编辑设备可以在电影提供的场景中,对假想的交互应用进行高分辨率的渲染(图1)。

Vertelney列出的几点集中在渲染图形用户界面,这是那个时代主导的交互范式。然而,当考虑当代的手机和其无处不在的应用时,视频作为原型媒介的优势更为引人注目,其中深刻的屏幕内容、使用场景和其他多种模式的交互手段是比较重要的。例如,视频原型——智能电灯开关。当人物表演或讲述灯光明显被控制的互动时,人们可以把灯打开或关上,如"天花板上的传感器跟踪人的动作,当人进入房间时把灯打开,当人进入走廊后把灯关掉"。

图 1 “远距离沉浸”项目界面

该项目探讨了如何利用全息图像来支持几个未来功能,从而支持同事之间流畅和偶然的互动,如倾听和加入谈话,通过物体之间的相近关系、周边感知和眼神接触等引起人们的注意。在比利时安特卫普阿尔卡特朗讯实验室,该视频将作为未来研究和开发工作的愿景(字幕:赫贾尔·德·霍伊维尔)。

还有两种创建视频原型的有趣方式可以给 Vertelney 的说法增加 2 点。

- 角色扮演:用户或设计师可以是视频的演员,使用预先创建的道具和模型来扮演交互场景,如 Laurel(2003)、Ylirisku 和 Buur(2007)。
- 蓝色或绿色屏幕效果:人物在蓝色或绿色屏幕前拍摄,然后在这个蓝色或者绿色的底色上可以用一段视频脚本来展示设想的系统操作,脚本也可以表示部分对象(如屏幕)所期望的交互内容(Halskov and Nielsen,2006)。

练习:用手机上的相机创建一个简单的视频原型。演示语音输入如何在你身边的常规设备上工作。

4.2 在场景中显示动作

通常,在预期的使用场景下拍摄,或者在拍摄比较容易或比较便宜的地方模拟使用场景进行拍摄,是一个较好的选择。要做到的一点是,拍摄从“建立镜头”开始,如在拍摄镜头之前,用广角镜头或摄像机的平移运动来显示物理位置,然后注意人物和他们与系统的交互。例如,在 Starfire 视频中,预期动作的时间是通过显示人物在10年后的会议旗帜下走动而巧妙地确立的(Tognazzini,1994)。

除了在视觉上表现场景之外,还可以使用字幕或叙述来告知观众动作何时会发生、在哪里发生、那里之前发生过什么,以及角色的目标是什么。特别是对于设想未来技术的项目来说,传达设计师设计目标的时间范围是至关重要的,如“现在是2025年,詹妮在办公室开始新的一天”。即使视频原型当时是在设计师的工作室或隔壁办公室拍摄的,叙事或字幕也可以提供一个参考框架,它可以引导观众,消除疑虑,将注意力调整到设计师想要强调的视频原型中来。

练习:考虑使用“云”在设备之间共享应用的情况——解释两个设备如何通过对话中的叙述共享数据。你认为怎么做最有效?

4.3 对话、独白与叙述

音轨是视频原型制造商最强大的工具之一。

- 人物可以自发地口头表达他们的想法,来描述和解释视频中不可见或不清晰的动作,如“让我们选择天气报告选项”。
- 人物可以说出语音命令,随后显示他们想要的效果来模拟语音输入。
- 讲述人可以描述拍摄互动的背景,或者可以解释人物应该知道或打算做什么。
- 伴随交互的评论可以解释系统预设的内部工作原理,引导观众理解系统的输出,甚至在评论中添加一些视频脚本无法单独表达的信息。

后面的评论可以由一个站在摄影机后面的团队成员来现场录制,或者把评论录制成像一根在“朗读”的柱子。当不容易找到讲述人时,将文本转换为语音的转换软件就可以派上用场了。

短消息和字幕,对于完成上面列出的所有建议是一个非常有用的选择。然而,短消息和字幕必须要尽量少地使用,因为文字表达的冗长的解释可能会使人厌烦,并分散观众对所显示的交互的注意力。

一个比讲述和声音更微妙但是需要更多准备的方法是把设计理念的解释嵌入人物所说的话中。这就产生了一个更自然、更愉快的结果。Tognazzini(1994)反对通过人物独白来解释互动:这么做很容易,但是看起来很乏味。将这些信息编入人物之间的脚本对话可以更自然(参见下面要讨论的Vista原型的例子,Wichary et al.,2005);在必要的情况下,字幕和叙述可以支持对话。

4.4 道具

各种道具都是有用的。其中一个最通用的道具是贴纸,它可以贴在物体的顶部,以便用户看得清楚消息;它们可以一张一张地堆叠在一起,以使交互对话的连续状态可以可视化;可以直接放置在可用的物理对象和道具上,以明确显示对象支持什么样的交互。例如,纸箱上的一张贴纸上写着"触摸敏感表面",就是要求观众在观看动作时不要有疑虑,并在观看动作时重新对纸箱这个道具打标签。

人们对制作物理道具的关注可以有所不同。它们可以非常精心地制作,以显示产品的机械性能(参见本书中的纸板模型一文)。在另一个极端是,角色扮演的道具可以是随手就可得到的任何物体,道具角色通过动作和对话隐式地获得、非常明确地贴上贴纸指明或者通过字幕和评论进行声明。

人们在制作道具上的重视程度,取决于预期的观众反馈和视频原型的目的。在头脑风暴中,一个角色扮演只要有一些与预期的物理形式和交互性相似的可用道具就足够了。为了与更广泛的观众进行交流,或从用户那里获得反馈意见,需要更多关注用户的理解跟设想是否一致,这时视频场景更可信。

4.5 表演

在视频原型中不需要有表演天赋或者表演方面的训练。在笔者的经验中,大多数设计师很容易完成所需要的角色扮演,并且很享受这样做。在某些情况下,当用户与设计师非常不同时,如为儿童设计,这时可能需要招募目标用户组的代表作为演员,或者使用不需要演员的视频原型技术,如拍摄剪纸动画或物理模型。例如,Ylirisku 和 Buur(2007)说明了使用玩具小人作为道具,为未来的厨房用具表演视频场景。素描剪切纸、粘贴图形或黏土模型等,同样可以用于此目的。

4.6 情节与幽默

Tognazzini(1994)提到 Starfire 视频时倡导视频应该揭示问题。一般情况下对一个场景的设计,如果仅仅阅读其文本场景描述时,得到的视频场景是非常平淡的,无法传达场景准确的信息(观众甚至可能失去关注聚焦点)。曲折的情节和糟糕的人物形象可能更会引起观众的注意。在 Starfire 视频中,主角是一位高管,她与一位不守规矩的同事竞争,这位同事从她那里盗窃了一笔交易。通过使用预想的系统,她反击并获得她应得的成功,而整个交互性视频无缝地表现为故事的一部分,增加了幽默元素,使观众观看起来很愉快,视频表现的社交互动也不显得生硬。

视频可以是有趣的,但幽默和情节应谨慎使用,以避免从真正想要传达的信息那里分散观众注意力。使用幽默的一个很好的案例是 Vista 视频原型(Wichary et al.,2005),Vista 视频原型的特色如下:一个典型的初学者的错误往往是过度关注情节,并过分渲染它,而牺牲了需要展示的设计理念。在最坏的情况下,幽默可能会导致视频成为“肥皂剧”或喜剧。如果没有一些制作视频原型的经验,最好还是保守地使用情节和幽默。

4.7 显示设计交互

视频原型的制作过程,往往就是向设计师展示他们尚未考虑到的设计方面。例如,当拍摄共享数据的共享机制时,人们可能意识到他们忽略了应该向用户提供哪些反馈,或者诸如访问控制之类的次要任务还没有考虑清楚。

Mackay 和 Fayard(1999)建议故事板作为视频设计的第一个版本,但是设计师仍可能只关注那些想得到的比较重要的交互步骤。

考虑到 Starfire 原型的制作,Tognazzini(1994)提出了视频制作在接口优先原则下的交互设计和测试指导原则:“在电影中看到的大部分交互的建立和测试要分开进行,以确保它们能正常工作。”这一准则尤其适用于更高预算的产品,它们具有沟通和说服的任务,而不只是在设计师之间对早期设计理念进行外化和共享。与任何其他媒介一样,视频原型随着迭代的增加而改进,因此人们可以制作非常粗糙的原型,用来外化和讨论设计想法,然后再设计和制作更为精致和详细的交互设计。在使用视频来鼓励最终用户参与或举办设计研讨时,不需要遵循该指导原则,因为在这两种情况下速度和自由联想是关键。

4.8 拍摄不可能的电影?

Tognazzini(1994)指出,在项目规定的时间内想通过拍摄视频实现交互是不可能的。人工智能可以完美地用于电影制作,通过人工智能技术人物可以轻松地实现复杂的交互目标。人工智能技术对于设计过程的各个阶段都适用,许多好玩的、遥远的甚至是不可能的想法对于人工智能技术而言都可以实现。用视频来表现这些交互,可以和头脑风暴有效地结合起来(Mackay and Fayard,1999)。

视频擅长显示那些不可能的场景,就跟真的一样,人工智能技术这种能力虽然很强大但也是有害的。电影业已经令人信服地给我们展示了时间旅行和即时传送等不可能成为可能的场景。为了避免误导观众或者忽略关键的可行性问题,视频原型的创作者应该在拍摄之前仔细审查他们的视频或故事板,以说明所展示的功能是否在他们的时间范围内及在他们的项目范围内是可行的。

一些受限技术甚至还未解决的设计问题也可以用视频展示。在一段 Starfire 视频中,视频试图解释用户的错误输入(计算机视觉软件,试图识别一块放错位置的三明治)。视频暗示了一种可能的错误,如一个人私人时间的隐私被另一个人看到了(参见 Tognazzini,1994,以进行更广泛的讨论)。在视频中显示出"出错"或者对显示的内容施加限制,有助于清楚地表达技术的本质及所做出的选择,还可以引发对一些相当微妙问题的讨论,如隐私、监控、资金等。

4.9 容易犯的一些错误及如何避免

在视频原型设计中,设计师扮演电影导演和演员的角色。这可能是有趣和有价值的,但从电影制片人的角度来看错误是不可避免的。照相机使用不当的典型事例,如移动相机过多和太快、过度放大和缩小、逆光或者光线不好的条件下拍摄等,会立即引起观众注意并可现场纠正。

声音质量是视频原型容易出错的另一个方面。通常设计师依靠内置在数码相机中的麦克风来捕捉音频。这会导致拍摄过程中演员远离相机时听不到声音或者捕捉到如风吹过麦克风的噪声。投资一个外置麦克风会有所帮助,但许多情况下,这可以通过简单地重新考虑演员和相机的位置来克服。

一个不太明显的错误是教学视频原型制作的方法不对,如演员经常面向摄像机解释想象中的系统是如何工作的,这样的视频跟电视上的烹饪节目或电影片场一样。

产品设计和视频制作之间的交互是非常重要的;如果原型是为了收集关于低层次交互的反馈意见,那么原型交互必须在拍摄之前进行设计和测试,至少要经过彻底的检查才能开始制作。通过检查,设计师才能在制作视频原型的过程中注意到交互问题,否则,如果使用静态的原型介质(如文本、草图和故事板)设计师就会忘记交互问题。

4.10 编辑

编辑是视频原型的重要组成部分。最初的视频原型是非常粗糙的,如播放粘贴在一起的小视频片段,或显示一个简单的断续运动的动画,但可以说明预期的概念。因此,一些画面不可避免地要被移除,而另外一些画面或者照片要插入视频,以清楚地显示一些特定细节或者另一种拍摄角度。

编辑和添加视觉效果会消耗大量的时间,但是可以有效地实现交互的可视化;使用通用的视频编辑软件可以使视频原型看起来很专业,并且可以加快拍摄的速度。

有很多工具可用于编辑视频,学习使用一款专业的视频编辑软件,对设计师来说是非常值得的投资(如流行的 Adobe PrimePro 和 Adobe After Effects)。简单的视频原型可以用免费的和简单的软件来制作,对初学者而言,免费软件入门的门槛也很低(如 Microsoft Movie Maker)。对于开始制作视频原型的设计师来说,从基础的视频编辑软件开始是值得的,这允许他们专注于设计和制作视频,而不是花太多精力去学习复杂的软件和精巧的视频编辑。

4.11 隐形设计

另一种使用视频来表示设计概念并触发来自利益相关者的反馈的方法是"隐形设计"或"阻碍影院"(obstructed theater)。在这种情况下,实际的系统设计不在视频剪辑中显示,视频着重于人如何与系统交互及如何体验系统。它的目的是吸引观众对一类技术的更普遍的考虑,而不是任何特定的技术的实际应用。Briggs 等(2012)制作的视频不仅是幽默的,也是让人记忆深刻并引发讨论的。这项技术也被有效地用在儿童参与设计期间征求他们的设计思想(Read et al.,2010)。这种方法的特点是,要求演员执行与使用产品相关的动作,而不实际操作任何看得见摸得着的实体对象(Buur et al.,2004);这种方法让设计师注意用户必须用手做什么,从而鼓励设计师设计出相关的动作和手势。

4.12 叙事剧照

一段名为"打折扣"的视频原型由一些精心导演和拍摄的照片组成。这些照片可以依次放在幻灯片中,为人物添加叙述,甚至配音。结果可以非常类似视频原型,且只花一小部分成本。如果视频原型是为了引发观众对设计产品的作用的辩论,这种"打折扣"方法就足够了。

5　视频原型在设计过程中的作用

视频原型在设计过程中可以应用于多种目的:它可以是一个过程的最终输出,目的是预想未来的技术;可以传达一个愿景;可以是一个中间产品,以增加对问题域及用户需求的理解。

视频原型的易用性使设计过程民主化,使用户和其他利益相关者能够积极参与原型设计。因此,视频原型已被视为实现参与式设计过程的基本手段(Mackay and Fayard,1999)。用户可以在设计项目目标的工作环境或日常生活的实际环境中表演他们的想法,用户甚至可以按照这个想法行动,如 Ylirisku 和 Buur(2007)所举的一个维护工作者的例子,例子中在一个维护的场景里即兴找到了设计方案。

视频的本质是“扔掉”原型:视频不能演化成最终的系统,跟一个软件原型的改进不同,视频可以鼓励实验和过度承诺。如果需要,视频可以花相对较少的精力和成本来制作,这意味着视频不限制设计过程。设计过程中,人们可以随时决定探索不同的设计问题;当然,在做出的设计决策很少,并且需要对设计空间进行更广泛的探索的时候,视频是最有用的。

作为一个强大的交流媒介,视频可以帮助设计团队的成员形成和共享他们所设计的东西的准确理解。视频与正式的模型或规范文档不同,那些文档一般是冗长乏味的八股文,一些读者可能忽略或误解文档的内容。而视频原型的观众只需花很少的精力就能获得对设计师正在设计的概念的共同理解。

视频具有传播性和影响力,这意味着它可以使设计团队将注意力集中在视频突出的问题上,忽略那些被覆盖或没有显示出来的问题。例如,Batalas 等(2012)的案例中,对最初的设计想法的本质而言并不重要的几个信息管理的问题被交互设计人员忽略了,但其实视频原型是捕捉到了这些问题的,不过没有引起重视,直到在软件开发过程中必须做出决定的时候这个问题最终爆发(图 2)。

5.1　用视频进行评估

视频原型最常见和最有价值的用途之一,是获得用户和其他利益相关者的反馈信息。视频可以作为面试、小组讨论甚至焦点小组的发端。视频在对设计概念进行用户评估时可以采取多种方式,甚至可以通过远程在线征求用户的反馈。一个简单的做法是,将一些利益相关者集中在一起,设计师介绍视频然后让用户喊停视频的播放,设计师从而发现用户对什么感兴趣及这些信息将来如何发挥应用,并

图 2　报警(Siren)视频原型

通过参与者的偶遇来可视化病毒的信息传递。视频使人们的注意力从初始化和维护文档之类的问题中移开,这些问题在软件开发开始之前一直被忽视。

基于此讨论可能出现的新问题。

设计师想知道的是用户并不能直接和预想的概念进行直接交互那用户如何抓住视频所表达的设计概念。这个问题扩展开来,设计师可能会怀疑用户的反馈信息对设计概念是否真的有用,因为用户从未在现实生活中使用这样的设计概念,也没有使用过概念的原型。这些问题引发了一个对比研究,即从预先观察视频原型的观众那里获得的反馈信息,与产品完成之后参与产品测试的参与者那里得到的信息,比较一下到底哪个信息更具有可用性。观众可以根据需要多次播放视频,并对所展示的设计概念的潜在有用性和易用性进行调查。Zwinderman 等(2013)的研究基于计算机视觉的移动应用(Google Goggles),这种研究当时对用户而言还是新的和不熟悉的,采用的是同一个应用中的逆向工程视频原型。这里,逆向工程意味着,视频原型是事后制作的,用于表示实际系统的主要用途,设计师站在相机前面,操纵屏幕内容,拍摄图纸来模拟与 Google Goggles 的实际交互(图 3)。

Bajracharya 等(2013)基于实验室的用户评估场景感知系统,研究了远程家庭成员对反向工程视频原型的反馈信息。在 Zwinderman 等和 Bajracharya 等的研究中,没有发现重大差异或不一致,表明基于视频原型的评估结果是可靠的。视频似乎更多地关注用户体验的场景方面和技术的作用方面,而可用性测试似乎更注重

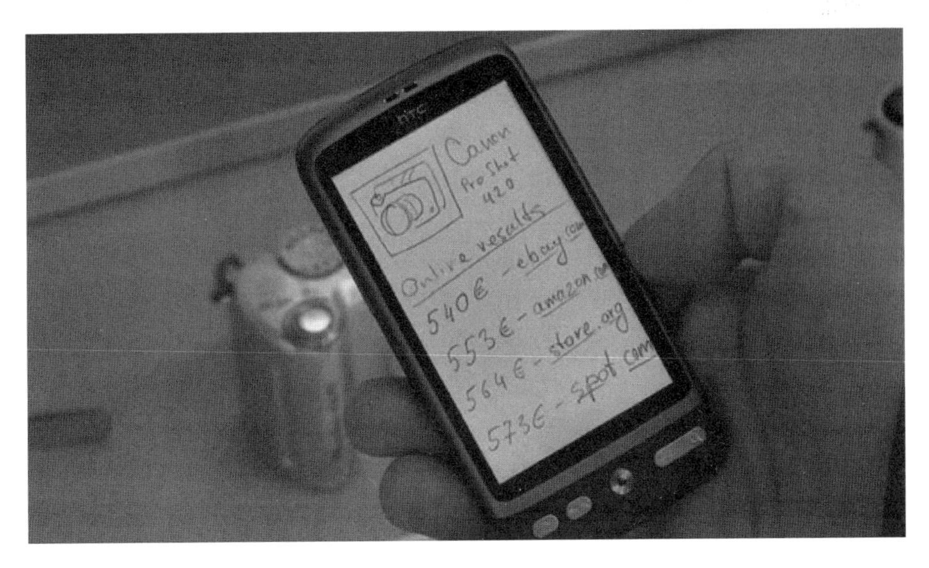

图 3　基于视觉应用的逆向工程视频原型

原型将一个实际的手机与用户界面的手绘草图结合在一起，给人一种应用程序尚未实际开发的印象。

学习性和易用性方面。

5.2　原型保真与视频

设计师在创建一个视频原型时面临的一个选择是，如何确定视频原型作为交互原型的保真度。原型保真度是一个被广泛研究和争论的概念，它指设计原型与预期的最终系统或产品的相似程度（Virzi，1989）。低保真度原型（如纸质原型）可以是粗略的或不完整的，并且经常用于设计的早期阶段（Rudd et al.，1996）。高保真度原型更逼真地模拟预期产品或系统的某些方面，并且通常提供更精细的视觉设计。保真度的概念可以涉及原型的不同方面，如外观、功能、交互性甚至使用的数据模型等（McCurdy et al.，2006）。例如，手绘草图和线框模型通常属于视觉保真维度的低端，它们只给出系统功能的基本指示，甚至使用人为数据而不是实际数据，拉低了保真度在这两方面的评分。

低保真度原型的一个明显优点是它比高保真度原型占用的时间和资源少。这种效率有助于探索，并可能使设计师更容易放弃不成功的想法以探索新的想法。一个广为人知的信念是，低保真度原型有助于从征求来的用户反馈中抽出设计理念的本质，而不是被表面细节所误导（Virzi et al.，1996）。另一方面，高保真度原型可能在模拟复杂的系统或需要物理操作的系统方面更为成功,并且可以被认为比低保真度原型更“专业”或“有吸引力”。这样的印象在推销产品或想法给管理层或顾客时尤其重要。

对于视频原型而言保真度的概念在应用上可以划分为两个层次:第一个层次是关于人物在电影中使用的系统或产品的表示,这种情况下对于保真度的一般讨论可以直接采用。第二个层次适用于拍摄的技术和质量范畴,需要特别讨论,如视频是现场拍摄的吗?是真正的用户还是专业演员参与的?产品质量如何?

设计师面临的选择是多方面的,人们可能期望在原型保真度与视频原型保真度的应用质量上进行折中。关于这一课题的研究很少,下面就一些相关的研究进行简要讨论。

最近 Dhillon 等(2011)比较两个想象的说服系统的视频原型,以鼓励人们使用楼梯;这两个原型在拍摄的保真度方面有所不同。使用 RFID 技术,步进俱乐部系统(Stepper's Club System,SCS)能够识别公司员工,并根据他们的喜好动态调整楼梯的氛围(照明和音乐)。通过爬楼梯,员工可以赚取积分,用积分换取零食和咖啡。SCS 还包括每个楼层的公共展示区和网络应用。公开展示区将显示用户相对于其他雇员的排名,并且 Web 应用将提供更详细的分析结果并展示详细的统计、评分和排名。

低保真度视频在桌面上拍摄,使用与高保真度视频相同的设备。图 4 中的草图描绘了在高保真度视频中的拍摄场景。两位研究人员正在把这些草图一页一个地换掉,摆弄这些草图,视频中看得见他们的手,甚至给演示文稿增添了一种好玩的气氛,强调了设计表现的粗略性质。这种方法比断续运动动画技术或尝试拍出更高质量的视频,来得快速更容易(图 4)。

一个由两名学员组成的团队花了大约 32 小时的工作量来准备、拍摄和编辑一段高保真度视频原型,并花了大约 12 小时制作了一段低保真度视频原型。

对在线观看这两个视频的人的反馈信息进行比较,但是从一个或另一个观看者可以获得的评论量没有多少差异,这两个问题的数量将有助于识别设计概念,这两个视频的建议,甚至会引起观众对设计方法的关注。相比于表演的视频原型,观众在视觉上更喜欢传统的卡通原型。

总的来说,这些研究似乎表明,从用户在实际工作系统的可用性测试得到的反馈信息,和从观看视频原型的观看者得到的反馈信息,两者之间所期望的差异是非常少也非常小的。在最初的测试中,两种情况在用户反馈方面的数量和内容上的差异比较大,这虽然是可以预料的,但是也可以给一个非常简单的解释。所有这些媒介,只有当熟练的设计师使用时才能成功地传达设计师的意图并吸引用户注意

图4　为步进俱乐部录视频并编辑动画(Dhillon et al. ,2001)

到适当的和最有趣的设计问题。一个差劲的原型的标志是将观众的注意力转移到设计师想要传达的问题之外。对观众注意力所代表的原型保真度的研究结果表明,在设计的早期阶段视频原型的制作更简单也更高效,而且支持原型迭代和探索新的概念。

6　两个指导性案例

本节讨论了两个设计项目,介绍如何应用视频建立原型,项目由埃因霍芬理工大学研究生完成,是他们在交互设计中的训练的一部分。第一,Wichary 等(2005)认为考虑到 Vista 的设计,一个系统要支持工作场所的社会互动。第二个叫作 Behand(Caballero et al.,2010),重点在于发明新的基于手势的移动设备交互技术。

这两个项目的成果已经出版,读者可以在相关出版物中找到更多的信息(Wichary et al.,2005;Caballero et al.,2010)。这里的讨论仅限于视频原型的作用和两个设计团队对该方法创造性的用法。这两个项目遵循非常不同的设计过程;Vista 遵循一个完整的设计循环,从用户研究开始,识别需求,并以现场部署工作系统作为结束。BeHand 是探索一种新的交互技术,它完全靠视频来作为原型媒介。

6.1 Vista 视频原型

Vista 视频原型是由 5 名设计师组成的团队开发的一项为期 12 周的项目,他们研究了技术如何支持办公人员之间的非正式互动。视频原型是项目概念设计阶段的主要交付物,其次是软件实现、实验室评估和现场测试。原型本身花了大约一个星期的时间。

制作原型的目的如下。

- 评估预期用户是否理解并欣赏该概念。
- 支持与项目利益相关者的沟通,包括预期的用户和工程师。

在用户需求阶段,电影的剧本是基于两个人物场景准备的。场景是人物工作地的咖啡角落,如果三个人与 Vista 交互也归结为两两之间的交流。设计师有意集中展示 Vista 的整体概念、角色等而不是特定的交互细节。Vista 可以被称为"边走边用",即将互动过程公开展示出来,可以帮助人们在工作场所开始非正式的交流,和了解"工程师"的各种机缘巧合。虽然重点不是在低级别的交互,这是经过慎重思考过的,并作为视频的特点呈现出来,如用颜色对不同类别的信息进行编码、画面的转换再用动画方法,以及采用不同的操作模式(如对同事的信息可以采用随意浏览和直接搜索两种方式)等。

为了拍摄,Vista 由一个独立的(传统的)白板来模拟,白板放置在办公楼大厅的咖啡自动售货机旁边。软件原型的动画脚本放在白板上,使用 Adobe PrimeLe Pro 视频效果软件对脚本进行编辑。

人物角色都是设计师扮演的;对话和字幕为动作提供了场景,而短片则以简单的情节让观众一致感兴趣。它不仅仅是拍摄一个想象中的系统来详细展示它的特性,它的特点在于如何将一些"绿色"的具有季节性工作性质的新员工招募到一些项目中。Vista 添加了一些幽默元素,但这些元素被小心地平衡到一种微妙的状态,以避免从设计概念上分散观众注意力。

该视频的目的是说服客户进一步理解这一概念并在实质上支持 Vista;通过 Vista 实施几年中整个概念从实施环节和低层交互的细节中看,该视频很好地抽象出了设计概念并进行了合适的描述(图 5)。

6.2 BeHand 视频原型

在 BeHand 视频原型中,视频原型的使用场景和 Vista 是不同的(Caballero

图 5　新员工与系统交互

找出同事的信息；在拍摄期间，设计师在白板前表演他的交互过程，
界面动画在后期进行编辑（Wichary et al. ,2005）。

et al. ,2010），这个视频原型旨在探索和说明未来智能手机基于手势的交互技术。BeHand 项目由 3 名研究生设计师组成的团队承担，他们工作了 10 周，终于探索出来他们理想中的交互技术。该项目从交互设计的角度探讨了手势交互的可能性和挑战，不考虑任何技术可行性和实施的问题。

预想的交互技术是智能手机相机记录手在智能手机后面的空间中的移动，并将手势的图像叠加在屏幕上显示的虚拟场景中。这会引出一系列典型的交互任务，如图 2 所示的草图、3D 操作等。

从视频原型的角度来看，BeHand 视频原型制作得非常有趣。首先设计实际交互，然后创建假设屏幕内容的动画。该视频原型是通过演员表演制作的，演员在智能手机后面反复做手势，让智能手机工作在重放模式（非交互模式）时进行拍摄（图 6）。

图 6　Behand 视频界面

表演者在智能手机后面进行的动作出现在视频画面上，作为对虚拟物体的基于手势的操控（Caballero et al. ,2010）。

7　结　　论

在本节中讨论的基本技术可以有无穷的变化和组合，以创建有趣的视频原型，这些视频原型是设计的有效沟通和探索的工具。制作这样的视频原型，正在成为交互设计师的标准技能之一，他们发现自己经常扮演演员、操作员或导演的角色。虽然与电影制作和电影编辑的亲密接触，有助于制作高标准的视频原型，但交互设计师应该能够为设计目标创造最简单的视频原型。

作为在设计过程中使用的媒介，视频原型的生产相对便宜，并且可以将设计思想传递给利益相关者获得反馈信息，或者简单地外化/表示设计思想以促进下一步开发的宝贵工具。

虽然这里有很多东西可以在视频上展示，但本文专注捕捉设计思想或概念的本质，坚持基本的原型原理（Lim et al.,2008）：“找到一个满足明确要求的概念表达方式，以最简单的形式筛选设计师关注的设计本质而不曲解对整体的理解。”这一原理贯穿整个视频原型的使用过程：视频原型的整个生产和使用是由设计过程所需要的一系列因素驱动的，包括产品迭代需求、用户和其他利益相关者的参与及不要过早对技术细节进行承诺等。

还没有对视频原型创作者进行指导的硬性的和快速的原则——前面已经讨论

过一些方法上的选择,但是在交互设计过程中,设计师还有很多发挥的空间,以探索视频原型这个媒体的新用途。相关的研究正在逐步为设计师提供一些方法指导原则,特别是不同的视频原型方法对观众和他们给出的反馈信息的影响。随着处理视频技术变得越来越便宜和有效,交互设计师应该更多地使用视频技术,找到自己的方法,并将这些方法嵌入设计过程中。

致谢 非常感谢雅各布·比尔为本文的早期版本提供关键反馈信息。感谢以下 USI 项目的研究生、设计师、实习生,他们的视频创作让本文生色:赫尔扬·范德海维尔的远程视频沉浸。尼科斯·巴塔拉斯、哈瑟德·布鲁克曼、安妮米克·范德伦、伊莲·黄、多米妮卡·特鲁扬斯卡、瓦妮莎·瓦基里和纳塔利亚·沃伊纳罗夫斯卡亚的警笛视频原型。卢斯·卡巴雷罗、玛丽亚·梅嫩德斯、瓦伦蒂娜·奥基亚利尼的 BeHand 视频。马尔钦·维切利、露西·古纳万、内莱·范登恩德、卡林·霍尔茨伯格·努德伦德的 Vista 视频原型。马泰斯·齐德曼、润泽·伦泽尔、阿扎德·希尔扎德、尼克·丘普里亚诺夫、格伦·沃根、毕永·张的护目镜原型。

延伸阅读

希望了解视频原型设计的设计师,可以阅读 Ylirisku 和 Buur(2007)的《交互式设计中的视频应用》(*Using Video in Interaction Design*),是大有裨益的。这本书涵盖了两个方面,即在设计研究期间使用视频和使用视频作为设计表现形式。它涵盖了实践和理论方面,将读者引入定性研究的认识论问题及视频在实地工作中的使用,并通过大量的短视频来解释书中展示的这些技术。

在视频上捕捉人类活动可以帮助设计师理解场景的时间结构或者人与人之间的社交互动。Jordan 和 Henderson(1995)的《交互分析实验室》(*Interaction Analysis Laboratory*)是一个结构化的协同观察过程,设计团队可以应用于分析类似的时间序列画面。这种方法的一种类似游戏的变体是动作拼字游戏(Buur et al.,2014),游戏中设计师把他们的观察结果写在卡片上,然后设计师像拼字游戏一样重新组织这些卡片,卡片内容连接起来表示视频上所显示活动的按时间顺序的物理特征。

Tognazzini(1994)关于星火视频制作的叙述和思考是引人入胜的和有趣的,可以边阅读边看书中提到的种子视频生产过程,还是免费在线的。

视频作为一种媒介,提出了若干伦理挑战。Mackay(1995)将关于设计视频的伦理方面的讨论扩展到了视频原型之外,是设计人员开始从事视频工作之前,必然列到他的阅读列表中。

参考文献

Bajracharya P, Mamagkaki T, Pozdnyakova A, Da FS Pereira MV, Zavialova T, de Zeeuw T, Dadlani P, Markopoulos P(2013) How does user feedback to video prototypes compare to that obtained in a home simulation laboratory? In: Distributed ambient pervasive interaction. Springer, Berlin/New York, pp 195-204.

Batalas N, Bruikman H, Van Drunen A, Huang H, Turzynska D, Vakili V, Voynarovskaya N, Markopoulos P(2012) On the use of video prototyping in designing ambient user experiences. In: Ambient intelligence. Springer, Berlin/New York, pp 403-408.

Briggs P, Blythe M, Vines J, Lindsay S, Dunphy P, Nicholson J, Green D, Kitson J, Monk A, Olivier P (2012) Invisible design: exploring insights and ideas through ambiguous film scenarios. In: Proceedings of the designing interactive system conference. ACM, New York, pp 534-543.

Buur J, Jensen MV, Djajadiningrat T(2004) Hands-only scenarios and video action walls: novel methods for tangible user interaction design. In: Proceedings of the 5th conference on designing interactive system processes, practice, methods and techniques. ACM, New York, pp 185-192.

Buur J, Caglio A, Jensen LC(2014) Human actions made tangible: analysing the temporal organization of activities. In: Proceedings of the 2014 conference on designing interactive system. ACM, New York, pp 1065-1073.

Caballero ML, Chang T-R, Menéndez M, Occhialini V(2010) Behand: augmented virtuality gestural interaction for mobile phones. In: Proceedings of the 12th internationalconference on human computer interaction with mobile devices and services. ACM, New York, pp 451-454.

Cooper A, Reimann R, Cronin D, Noessel C(2014) About face: the essentials of interaction design. Wiley, Indianapolis.

Dhillon B, Banach P, Kocielnik R, Emparanza JP, Politis I, Pączewska A, Markopoulos P(2011) Visual fidelity of video prototypes and user feedback: a case study. In: Proceedings of the 25th BCS conference human-computer Interaction. British Computer Society, pp 139-144.

Dubberly H, Mitsch D(1992) Knowledge navigator. In: ACM conference in human factors in computing systems CHI'92 special video program: conference on human factors in computing systems.

Halskov K, Nielsen R(2006) Virtual video prototyping. Hum-Comput Interact 21: 199-233.

Jordan B, Henderson A(1995) Interaction analysis: foundations and practice. J Learn Sci 4: 39-103.

Laurel B(2003) Design research: methods and perspectives. MIT Press, Cambridge, MA.

Lim Y-K, Stolterman E, Tenenberg J(2008) The anatomy of prototypes: prototypes as filters, prototypes as manifestations of design ideas. ACM Trans Comput-Hum Interact TOCHI 15: 7.

Mackay WE(1995) Ethics, lies and videotape. In: Proceedings of the SIGCHI conference on human factors in computer system. ACM Press/Addison-Wesley Publishing Co, New York, pp 138-145.

Mackay WE, Fayard AL(1999) Video brainstorming and prototyping: techniques for participatory design. In: CHI99 extended abstract on human factors in computer system. ACM, New York, pp 118-119.

Mackay WE, Ratzer AV, Janecek P (2000) Video artifacts for design: bridging the gap between abstraction and detail. In: Proceedings 3rd conferece on designing interactive system: processes, practices, methods, techniques. ACM, New York, pp 72-82.

McCurdy M, Connors C, Pyrzak G, Kanefsky B, Vera A (2006) Breaking the fidelity barrier: an examination of our current characterization of prototypes and an example of a mixed- fidelity success. In: Proceedings of the SIGCHI conference on human factors in computer system. ACM, New York, pp 1233-1242.

Read JC, Fitton D, Mazzone E (2010) Using obstructed theatre with child designers to convey requirements. In: CHI10 extended abstract on human factors in computer system. ACM, New York, pp 4063-4068.

Rosson MB, Carroll JM (2002) Usability engineering: scenario-based development of humancomputer interaction. Morgan Kaufmann, San Francisco.

Rudd J, Stern K, Isensee S (1996) Low vs. high-fidelity prototyping debate. Interactions 3:76-85.

Spence R, Apperley M (1982) Data base navigation: an office environment for the professional. Behav Inf Technol 1:43-54.

Suri JF, Marsh M (2000) Scenario building as an ergonomics method in consumer product design. Appl Ergon 31:151-157.

Tognazzini B (1994) The "Starfire" video prototype project: a case history. In: Proceedings of the SIGCHI conference on human factors in computer system. ACM, New York, pp 99-105.

Vertelney L (1989) Using video to prototype user interfaces. ACM SIGCHI Bull 21:57-61.

Virzi RA (1989) What can you learn from a low-fidelity prototype? In: Proceedings of the human factors and ergonomics society annual meeting. Sage, London, pp 224-228.

Virzi RA, Sokolov JL, Karis D (1996) Usability problem identification using both low- and highfidelity prototypes. In: Proceedings of the SIGCHI conference on human factors in computer system. ACM, New York, pp 236-243.

Wichary M, Gunawan L, Van den Ende N, Hjortzberg- Nordlund Q, Matysiak A, Janssen R, Sun X (2005) Vista: interactive coffee- corner display. In: CHI05 extended abstract on human factors in computer system. ACM, New York, pp 1062-1077.

Ylirisku SP, Buur J (2007) Designing with video: focusing the user- centred design process. Springer Science & Business Media, London.

Zwinderman M, Leenheer R, Shirzad A, Chupriyanov N, Veugen G, Zhang B, Markopoulos P (2013) Using video prototypes for evaluating design concepts with users: a comparison to usability testing. In: Human- computer interaction- INTERACT 2013. Springer, Berlin/New York, pp 774-781.

第四部分

早期设计中的创造与协同工具

早期创造性设计合作:当前实践综述

保罗·贝尔穆德斯,萨拉·琼斯

摘要 为了深入了解在早期的设计活动中,如何更好地促进创造性的合作,本文进行了调查和一些访谈,以了解这一领域现在的做法。本文的一个主要目的是审查目前的工具和技术如何支持设计中的协同创新与解决问题;对早期设计活动进行整体描述,研究工具运行的环境及工具和技术在早期设计中所起的作用。

1 背　　景

目前人们对创造力的理解大多来自对不同专业的创造性实践者的研究。

许多学术研究也试图在特定学科、产业或环境中定义创造力模型(Brophy,2001;Coughlan and Johnson,2008;Howard et al.,2008;Zhu,2011)。这些创造性模型的范围从描述非常具体的情况和环境中的创造力,到更一般和更广泛的范围。这些创造力模型的其他形式,已经被用来描述创造性过程的认知和组织方面的机理。

创造力模型的好坏与重视创造性过程中的不同类型的相互作用具有很大的关系。这种作用可能表现为一个工具(或外部的"人工制品"),或人与人之间的互动。这里,"互动"被描述为心理创造力和身体表征之间的联系(Coughlan and Johnson,2009)。这一特定的研究结果是对互动相互作用进行分类,如"生产互动"、"结构互动"和"纵向互动",这些互动可能会或可能不会以线性或按时间顺序的方式发生(Coughlan and Johnson,2009)。

"生产互动"可能是一种产生新想法的交互类型,也可能是所产生想法的视觉或物理表现(Coughlan and Johnson,2009)。这些类型的交互常常依赖想法迅速和自发的表现。特别是在视觉艺术中,素描经常被用作思想产生和探索的模式(Sedivy and Johnson,1999)。这种类型的草图在思想产生的早期阶段往往是快速、自发和灵活的。根据“生产互动”得到的想法,就可以识别、探索和提炼早期的想法,所有这些过程都可能在短时间内一气呵成(Sedivy and Johnson,1999)。

速度和自发是“生产互动”产生和应用的关键因素,因此其所使用的工具必须是简单好用的。研究表明,唾手可得或“无处不在”的工具是早期创造性过程(Coughlan and Johnson,2008)中表达思想的关键,最近的研究也表明,诸如笔和纸之类的模拟工具,由于它们的易用性和即时性,通常是优先选用的工具(Coughlan and Johnson,2008)。然而研究表明,虽然从业者优先使用模拟工具来表达早期想法,但他们也认识到如果采用数字技术还是具有潜在“组织优势”的(Coughlan and Johnson,2008)。

无论是通过模拟或数字技术,在设计的早期阶段,最重要的是对素材的拾取(保存)、组织和再利用,和(或)使用的或者产生的新想法(Coughlan and Johnson,2009)。创造实践者不断记录他们的思想及思想产生的过程作为他们生活中普遍和永恒的主题,这已然是一种倾向(Coughlan and Johnson,2009)。研究表明,即使在想法能够数字化并且数字化很容易的情况下,在想法产生过程中使用物理道具还是很有意义的(Geyer et al.,2011)。然而,使用数字工具比使用物理工具好的一个地方是,文献中提到的,有助于超越距离的限制,在很多人之间共享思想,并且这个共享过程不受时间限制(Geyer et al.,2011;Gumienny et al.,2013)。

探索和提炼思想是创造力的一个方面,另一方面,反思的力量也是任何创造性过程必不可少的一个关键要素。创造性的反思被描述为一种内在的精神“对话”,在对话过程中,反思对思想和目标进行总结,并且反思可能迭代好几次(Casakin and Kreitler,2011)。反思也可以用更加具有物理可操作性的方式进行。设计师可以多次绘制草图,以探索思想大的变化和微妙的变化(Coughlan and Johnson,2008)。这个过程通常包括一定程度的设计师自我对话,其中设计师将所产生的变化与先前版本、原始目标或期望得到的预想模型进行比较。

创造性反思的行为也可以在“结构互动”中找到。在当前创造性协作实践的回顾场景下,“结构互动”的范畴是相互关联的。“结构互动”被定义为专注创造性反思的“自我反省的成分”,并且是一个创造性过程的形成、评价和进化的整体(Coughlan and Johnson,2009)。将现有的创造性过程进行整合,理论上可以产生新的原创过程(和工具),这反过来又产生新的创新想法(Coughlan and Johnson,2009)。

创造性过程的另一个共同特点是在同龄人之间分享思想。同辈人之间的协作可以采取多种不同的形式,并且可以以多种方式组织参与者参加。不断发现的自发非正式的个人之间的互动对于同地点协同工作流程是不可或缺的。研究表明,组织创造力和生产力通常依赖非正式的合作,研究还建议在协作环境中为创造力开发的数字工具应该考虑到这一点(Bellotti and Bly,1996)。促进或阻碍非正式合作的环境的其他方面,如工作空间接近度、噪声、可用会议空间和社会动态,也可能很重要(Bellotti and Bly,1996)。

与其他参与者或潜在合作者建立概念的意识是促进非正式合作不可或缺的一个关键因素(Bellotti and Bly,1996;Gutwin et al.,2008)。例如,这种意识可能是对同事能力的认识,或者是对项目或任务状态的认识。这种合作意识可以进一步扩展到对工具、物理制品甚至环境(如空会议室)的可用性的认识。对这些不同的要素的意识越深刻,越有助于非正式的合作和沟通,从业者也更容易发起自发和非正式的合作。

本文描述了创造性过程的研究方法及研究结果。本文试图调查还有哪些问题,对设计师的实践工作,跟上述方面一样重要。

2 研究问题与方法

研究的目的是了解合作实践现状及早期创造性设计的现状,以确定研究中观察到的实践现状(2013 年秋天),是否和现有文献描述的现状一致。这项研究试图确定,随着技术的快速推进,第 1 节所报道的早期研究里开展的情况,实际上是否确实在向前推进。

这项研究从一项在线调查开始,其中 37 名实习设计师做出了回应。在这 37 人中,23 人在英国,7 人在美国,7 人在其他地方,包括加拿大、法国、印度、秘鲁和马来西亚。受访者中 7 人年龄在 30 岁以下,14 人年龄在 30 ~ 39 岁,14 人年龄在 40 ~ 49 岁,2 人年龄在 50 ~ 59 岁。在经验方面,7 人的设计相对较新,有 2 年或更少一些的设计经验,11 人有 2 ~ 5 年设计经验,5 人有 6 ~ 10 年设计经验,其余 14 人都有超过 10 年的设计经验。受访者将他们的专业分别定义为用户体验设计、网页设计、工业设计、市场营销、商品化、视频制作、动态影像、平面设计、建筑、美容,2 位定义自己为发明家和艺术家。所有受访者都参与了某种形式的创造性协作,97% 的受访者称自己参与了现场的创造性协作,而 57% 的受访者将自己描述为个人创造性项目的合作者。

调查之后,进行了 8 个面对面采访,每个采访持续约 1 小时,受访者同意参加,总共 4 男 4 女。表 1 显示了这些受访者参与的设计类型、工作职称及组织类型。

表1　参与调查人员

参与者	工作职称	设计类型	组织类型
P1	副设计总监	产品设计	企业
P2	研究员	用户体验	企业
P3	研究生	应用创造力	大学
P4	交互设计师	用户体验	企业
P5	博士后	研究	大学
P6	用户体验师	用户体验	企业
P7	交互设计师	用户体验	非政府组织(NGO)
P8	互联网设计师	互联网设计	企业

访谈以半结构化文本的对话形式进行。对创造性实践者之间的共同活动(和现有技能)的过程和方法研究,采用自回归分析,以对实践者参与的当前活动进行进一步分析。受访者被要求反思他们在协作场景环境下的创作过程和体验。访谈的基本轮廓集中在探索每个受访者创造性过程早期阶段的具体细节。在这些访谈中感兴趣的主要方面是:何时、何地、如何及合作发生了什么。受访者还被问及在创作过程中使用的工具类型及他们希望使用的工具。关于工具,感兴趣的关键点是,要深入了解为什么某些工具在某些点被使用,以及它们所支持的相关功能(如协作)。受访者还被要求详细说明选择工具的过程及决定使用或不使用工具的关键因素。

访谈的最终焦点是在创造性过程的背景下思考活动如何展开。回顾以前的研究文献,大家一致认定访谈是创作过程的一个关键要素,访谈的结构安排,就要得到访谈对当前创新活动相关性的深刻见解。访谈旨在探讨这种反思在何时、何地、如何发生,以及它对创造力的影响。此外,要询问参加者进行过思考合作的可能实际案例,或者对想法有何评论。最后,再次要求参与者指出,支持这些反思活动所用的工具和技术。

转录访谈,并对转录文本进行专题分析。本文的其余部分介绍了调查和访谈获得的结果。其中,大部分都是用受访者的话来写的,目的是给人一种更直接的感觉,以了解从事这个领域工作的人对反思的感觉。

3　早期设计活动

本节展示发生在创造性设计的早期阶段的各种形式的合作,以及设计师参与的不同类型的合作活动和过程。

3.1 合作

如前所述，所有受访者都参与了某种形式的创造性合作，无论是作为他们自己的工作还是个人项目的一部分。设计中的协作价值也被许多受访者所认可。合作经常被认为是创造性过程的一个组成部分，它具有产生更大范围新想法的潜力及促进更有效解决问题的潜力。

在调查中，设计师通常与不同规模的团队合作：13 人说他们只与平均 1 ~ 2 人的团队合作；18 人说他们和 3 ~ 5 人的团队一起工作，4 人说他们与 6 ~ 10 人的团队合作，2 人说他们与超过 10 人的团队合作。受访者描述合作的发生经常具有许多不同的形式，发生的环境也各不相同。合作活动可以表达为正式的结构化事件，也有即兴、非结构化事件。图 1 显示参与结构化协作过程更多一些，非正式和自发协作的受访者也有一定的比例。

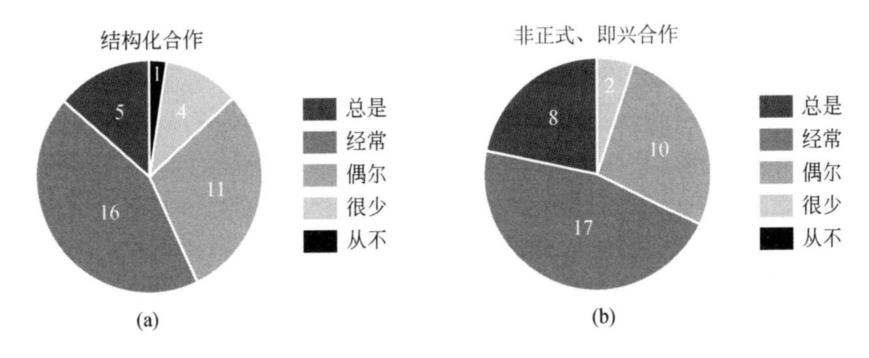

图 1　参与结构化和非正式合作调查的人数

本节首先描述协作中所必需的沟通是如何发生的，然后研究以何种方式进行非正式的、更正式的或结构化的协作。

(1) 直接交流

直接交流方式的受访者，经常描述他们与其他人的合作发生在同一空间，同时，一边交谈，一边在共享平面（白板或纸）上勾画东西，以产生想法或解决问题。这种与设计师在同一地点同时工作的合作行为，是一种开放和自发的沟通方式，被许多受访者认为是他们创造性合作的一个关键因素，尤其是在项目的早期阶段。

许多受访者把这种合作描述成他们工作方式的一部分。受访者 P1 更认为这种合作是他的业务的基础。这种合作的一个关键，是允许每个人同时产生自己的想法,从而对整个合作做出贡献,这样也能够直接与他人进行交流。这种类型的想法同时产生和沟通交流,在很多环境和条件下都适用。

P2 描述了远程和就地同步协作之间的差异:“如果他们不在同一个房间,你就不能了解那个环境下对协作做出贡献的所有东西。就像你画你的东西,我画我的东西,你再做你的事,我再做我的事,大家各不相干。不是每个人都喜欢那样,你在这个角落,我在地板上,我们似乎在说话,就像说‘哦,这很有趣’,不痛不痒。远程最大的问题是缺乏一个共享的空间”。访谈中,与其他人进行即时互动和回应的能力,一直被强调为合作中最有价值的方面之一。此外,受访者认为,缺乏即时性和直接的互动,是远程协作的关键问题之一,另外,还可能缺乏支持远程的技术。

(2)非正式自发合作

许多受访的设计师提到非正式合作的自发性质,以及它发生的规律。由于能够分享想法和得到来自同行的直接反馈,这种方式经常被认为是创造性过程中的重要部分。正如 P6 所言,“有很多自发的汇聚和想法”。

可以被分类为“非正式”的协作类型,是一些几乎没有规划的情况,非正式自发合作能够在广泛的环境中发生,并且经常是所占用的基础设施最少,或者对技术的要求最低。能够描述的主要要求是要就地分享想法。

非正式合作经常被描述为由一个问题或者一个初始的想法引入。正如一位受访者 P7 描述的那样:“每当我们有一个想法,我们就去做。我们会得到简短的……并且找出问题所在。然后我们试着去讨论。我会说:我们去拿些纸做吧。我的同事就坐在我旁边,所以很简单。”这进一步证实了这种协作,不依赖结构化事件和环境,并且可以以不可预测的方式发生。

有许多不同的因素可能影响非正式合作的实现。物理环境一直被认为是促进或抑制这种合作的一个因素。例如,受访者经常说,物理位置和同辈靠近,才可以促进共享思想和各种合作。受访者 P7 评论说,“我们坐在一起。这就是一种能说‘你觉得这个怎么样?’的氛围”;另一位受访者 P2 确信,“我坐在设计团队的中心……所以我们总是有很多边在交谈”。

要看得见或者感觉到有哪些同事在现场,位置靠近就很重要。这再次允许合作以更自发、无计划的方式发生。例如,受访者 P8 描述:“我们坐在一张长桌子上。我只需站起来,看着他们工作,或者他们不是 100% 忙,我会……轻轻拍拍他们的肩膀说:‘马丁,有 1 分钟时间吗?’”

(3)结构化协作

正式或更结构化的协作事件经常被描述为是必要的,以便构成一个项目的框架,并设定项目目标。虽然这类合作事件的细节在受访者中有所不同,但一些更正式的合作经常被认为是设计和解决问题的早期阶段的必要部分。

一些受访者谈到非正式自发合作和更结构化协作之间的转换,以及技术工具在促进这种转换中的作用。特别是,受访者 P4 谈到了召集整个项目团队参加启动会议,尤其当一些项目成员在不同的地点时使用网络会议工具的情景:“启动(kick-off)会议可能是很多人参与的;甚至可以在线参与[网络会议工具]……我通常会说 15 ~20 个人……如果人们说‘我没有被列入,所以我不会贡献’,那就太晚了。这一切都是为了把人们聚在一起……只有这样每个人才知道正在发生什么。”

受访者 P4 还说明了正式合作事件如何消除进一步协作的障碍。当前阶段新人员的加入可以促进项目参与者之间的进一步合作,也给那些之前进来的参与者一个新的共同的工作起点。

3.2 创新活动与过程

许多研究发现,那些被视为最有效的、硕果累累的创新活动,往往是使用的工具最简单和最容易的活动,这些创新活动就地取材,很少有技术元素的支持。去掉组织、环境、工具或设备障碍等因素,从受访者反复的描述中可以得出,最简单的创新活动在设计早期阶段生成想法是最有效的。

(1)想法的产生与表现

想法的表达通常包括用笔开始描述想法的这个行为,无论是视觉上还是文字上的行为。表达早期想法的过程通常被称为“探索性”活动,活动中概念的细节逐渐被描述和建立起来。与表达想法相关的活动通常被认为是开发和发展原创想法的最好方式,也是触发新想法产生的过程。

想法表达的本质是将个体(或群体)大脑从繁杂的记忆想法或者可视化想法中解放出来,允许探索者将他们的创造性能量转向探索其他想法,或进一步开发初始概念的细节。这将极大地促进发散思维,因为探索者能够更好地发展完全无关的和完全不同的思维路径。

另外,在协作环境中概念的初始表达尤其重要;在协作环境中开发共享的理解和共同的心理可视化又是最困难的。在这种情况下,共享概念的表达经常被用作概念进一步生成或想法演进的基石。在研究中,最初的表达潜在解决方案的行为,经常被认为具有激发创造力并可能导致更多创新想法的能力。正如受访者 P6 所解释的:“这不一定是思维方式,而是一群人一起思考。‘这儿有问题,我们去找块黑板吧,我们到墙边上去吧,我们写写。’把事情放下,总归是有用的……因为它激发了别人的想法。”正如这句话说明的,在这个早期阶段,这些活动的关键功能不是开发一个完全成形的解决方案或设计,而是快速探索可能性。受访者 P7 概述了类似的方法,他谈到使用协作草图来共同产生一个想法,“然后我们会花上几天到一个星期,试图把我们被要求做的事情抽象出来。我们会想出一些草图。我们会坐几个小时。由我们中的一个人开始,只是随意画些东西。然后另一个人会接着这个想法,并改变它”。

把想法画出来和表现出来的关键目标,是从这个练习中得到一些看得见摸得着的结果,这些结果可以在以后的阶段中使用和引用。还应注意,虽然“草图”经常被称为早期设计的理想结果,但也经常采用其他的概念表示方法,如列表或一沓子贴纸。

所有这些早期的“草图”最常见的属性是,出发点往往都用“模拟”工具而不是因为没有数字工具,如笔、纸、标记或白板。在这种情况下采用模拟工具很自然,因为模拟工具的物质材料通常很容易与人互动。在就地协作环境中,与人互动尤其重要,需要快速地表达和共享想法。

(2)捕捉想法与想法再利用

对先前生成想法的捕获和再利用可以采取许多不同的形式,可以包括一些简单的东西,如创建和引用物质材料,或者将早期构思活动中出现的东西生成数字文件,然后不断完善这个数字文件。

无论是在调查中还是在访谈中,许多设计师都提到如何捕获合作草图研讨中的输出物,如前面所描述的问题。受访者 P1 解释说:“很多时候,如果我们在讨论和创造东西,就有人进行分类或做图表,这些事情只是总结我们所看到的方面。这做起来一般都很容易……你在谈话,有人在活页上记录,记录关键的东西和画草图,然后把它挂在墙上。”

这种“记笔记”(或记录)是一种常见的现象。然而,从访谈中也发现了一个倾向,虽然模拟工具(如笔、纸和贴纸)对于捕捉当下的想法来说是很棒的,但用它们产生想法时仍然有必要加入数字化工具元素。正如受访者 P6 所描述的:“我们无论怎样使用一张贴纸来得到想法,最后还是需要将它数字化。”

在研究过程中出现的一个问题是,在他们所处的情境或环境之外,引用物质材料通常是与物质相关的问题,特别是初始场景是相互协作的情况下。许多情况下物质材料可能不适合于群体评论,这取决于材料大小和形式(如在草图簿的边缘上画的草图,就不适合提交到小组讨论)。对物质材料进行个别审查时,如果物体还没有以某种方式数字化,审查人就必须拿得到它并且呈现在同一位置上才有可能审查。即使是一个便携的物体,如一张写满想法的大纸片,由于纸片的大小和格式的限制,审查纸片使用的环境也是有限的。

思想产生的背景往往是理解需要审查的重要方面。受访者经常说他们不仅仅要了解如何捕获想法,还要了解构思想法的背景因素。“对我们来说,我个人回到那个空间,看到墙上的东西,就具有积极的效果。因为它把我带回到之前的整个过程中”(受访者 P6)。在有关研讨工作坊中对产生的想法进行数字记录中,受访者 P5 也表达了类似的情绪,“……你在努力回放的是东西的画面,但你不一定同时看到了整个过程”。

需要对想法进行数字化,在某些情况下是对环境数字化,是开展创造性过程的一个始终如一的要求。有几个受访者的做法是,通过很简单的拍照来描述这些想法的数字化结果,“我们使用的是智能手机摄像头。这就是我们数字化的方式,它很好用……我们是非常低调的。有手机就行,不需要什么技术”(受访者 P1);有人解释说,尽管照片不是完美的方式,但它们比基于文本数字化的想法好得多,因为至少照片捕捉到了一些环境信息,“当你要捕捉这些想法时,你就拍张照片。当你不断这么做的时候,你就会捕捉到更多的东西,然后在上面写点什么并发送一封电子邮件,告诉对方发生了什么。如此,你会一点一点地获得环境信息”(受访者 P6)。

在所有受访者中,智能手机相机的使用是一致的。许多受访者指出,智能手机的简单性和普遍性是其经常被使用的关键因素。选择智能手机常常不是因为它比其他数字捕获工具优越,而是因为它是大家都有的设备,合作中的大多数人能随手可得,且使用起来没有任何困难。

(3)反思

在研究的访谈阶段,参与者经常把活动描述为他们自己的创造性过程的一部分,这类活动可以归类为反思。他们描述了各种各样的活动,发生在各种氛围和环境中,所有描述都是为了重新思考以前的想法。这一系列活动和环境包括有计划的正式回顾、自发的和非正式的协作回顾、泛泛背景讨论、漫无目的的讨论,所有这些构成了反思的形式。

讨论的最常见的反思形式之一,是对以前的草图或笔记进行集中回顾。这通常被描述为一种非正式的个人回顾行为,主要依赖通过笔记簿或数字设备(如智能电话)重温记录,这种行为在各种各样的情况下(如在上下班的公交车上)都可能发生。

许多被采访的设计师描述了,反思如何自然而然地成为他们创作过程的背景活动的一部分。正如受访者 P5 所解释的,“如果你在一个项目上工作,你很难控制何时在思考它,何时在反思它。有些时候,一些随机元素会触发你头脑中背后的东西。然后你会坐在那里思考一会儿”。用同样的方式,受访者 P7 解释说,“你不能只是打开或关掉它。你要回到家里,你要在大脑里想一想,‘哦,这又怎么样呢,那又怎么样呢?’,然后最好一直这么想”。

这种漫无目的的反思是创造力的一个相同特征,并且常常会导致新的想法产生。要不断引用信息和观点的背景处理,不断提醒受访者采访的主题,但不要去控制或影响他们的思绪。受访者通常也非常重视想法的背景处理,处理基于过去的经验和它对将要产生的创造性结果的影响。

一个常见的能随时随地进行反思的做法是,随身携带一个纸质笔记本。大多数受访者提到使用笔记本,或者如受访者 P7 描述的某些情况,“自从我开始做用户体验工作,我总是随身携带一个小笔记本。我以前总是这么做,但现在我喜欢在上面乱涂乱画。因为很多时候,我发现自己想出了一个很好的主意,然后很快忘记了。真烦人。所以,现在你知道,如果我正在思考一些特别的事情,有些东西此时此刻就冒出来了,或者是从某个地方冒出来了,那么我会说‘哦,那是个好主意’,然后我会把它勾画下来”。

笔记本的使用被认为是记录新想法的有效方式,也是支持反思的工具。浏览一本充满各种关联在一起的想法的笔记本,可以是一种有价值的思考形式,其中想法和思考的顺序也可以帮助浏览人重新构建想法产生的环境。

受访者描述了在这种类型的反思活动中会同时使用模拟和数字工具。受访者 P3 在描述她对用非数字工具进行反思的偏好时,还提供了一些关于如何通过反思进一步发展想法的见解:“这些天,我用计算机做了好多事,为了研究,为了拿到项目,为了[使用视频会议产品]……对于电子邮件,对于每件事,我发现能坐下来而身边没有任何数字工具,然后写下想法,成为一件让人放松的事情。反思有助于我搞清楚一些想法”。因此,除了描述选择模拟工具而不选数字工具而进行反思的原因外,受访者 P3 似乎正在创造的另一个关键认识是反思如何帮助厘清和发展早期概念的种子。

最后,一个受访者(P1)提到了一个合作反思的过程,在与一个小团体一起工作的过程中,在物理工具的帮助下,以物理的方式共同回顾和不断重复想法与目标:“所以,如果你在谈话,就有人在活页纸上写写画画,然后把画出来的东西挂在墙上。问题是,当你往前走时你就会遇到一堵墙,然后可以返回来看看讨论的问题,开始寻找关联,你可能会半途而废……我们会回头看看,也许会发现那些我们认为很有价值,但是我们不想去掉的东西。这就是行进中的对话,它是一种能够回顾你已经做过的事情的方法。”这是一个非常好的案例,说明在一个非结构化的协作环境中可以发生群体反思,也可以在一个更正式的结构化环境中发生群体反思。

4 支持早期设计

本节所述的各种元素结合在一起似乎对支持早期阶段设计或者创造性地解决问题特别有效。这些支持元素也是我们研究中的设计师正在从事的工作,范围从交互质量,或工具的交互类型,到环境特性或媒体(Rhodes,1961)特性等。

4.1 交互质量

设计师与工具之间交互的本性一般关注如下两个主题。

(1)即时性

即时性是访谈中经常出现的主题,它被描述为,对早期设计中支持创意和协作的一系列活动产生影响。即时性在早期创造阶段中的重要性,体现为许多不同的方式。易用性、熟练性、技能要求、可达性和响应性等,都是与即时性相关的特征。这些即时性特征经常被描述为通过使用设计工具得到的创造性关键因素,并且在一定程度上,也是与使用环境交互的关键因素。

易用性以前被认为是一个重要因素,如 Sedivy 和 Johnson(1999)报告的一个访谈主题,如何评论一个多模态思考的草图工具的优点,就看它是否能无须考虑如何进入这个工具,就能直接执行动作。在研究中受访者还评论了他们对工具(即笔和纸)使用的熟悉程度,使一个工具使用起来更容易,也就是说,单就工具使用这一点可以做到使用的时候不需要思考。无须多想就能立即使用的工具,其对激发创造力特别有用,也能提高生产力和效率。

这种易用性也与技能要求有关。如果一个工具使用时需要很多基础知识、专业知识或技能培训,则能够立即使用的障碍就越大。这些障碍是受访者说的,对于新的数字工具也许培训才是一个主要障碍。

即时性是另一个重要因素,需要工具随时可用以记录不经意出现的想法,如在反思或非正式合作期间出现的想法。受访者 P4 给出一个案例,案例描述一个设计师需要某种工具以记录一个想法的场景,“随身拿着……一沓子纸有时感觉不自然,因为写满字的这一沓纸就像复印机印出来似的,就像在说‘啊,不,我们要赶快把它们分开’。所以,不在计划之内的事就很忙乱,你知道的”。

在这种情况下,即时性直接关系到工具的可用性和可访问性。在有非计划需求的情况下,工具能够立即使用,是自发创造力的关键。这对于创造性合作更为重要,如果所需工具一开始就不可用,会导致及时收集的信息无法分享和讨论。

一个重要的问题是无论使用什么工具都应该快速上手,并且工具的使用不应该打断设计师的创造性过程。受访者 P1 描述,许多数字速写工具具有固有的延迟的缺点,“如果我有设计师的水平画一幅素描,想想这个场景。数字工具有时延问题,所以你的输入和你的设备响应之间并不同步。你知道[平板电脑]和[智能手机]很棒,因为它们不是一般的数字工具。但是,你真要开始做笔记和写东西的话……无论什么数字工具总是有一点点滞后,这会置工具于死地”。

响应性这个要素经常被认为是当前技术的一个主要问题。工具在应用中产生的任何类型的延迟,都会将用户的注意力集中到他们正在使用的工具上,而不是他们试图完成的活动上。

(2)灵活性

与即时性密切相关的创造性设计工具的一个不可少的特征是灵活性。灵活性是 Guilford(1957)提出的三个关键因素之一(其他两个是流畅性和独创性),可以表征发散思维能力,而发散思维能力是创造性文献中的一个重要主题。有人认为,使用高度灵活性的开发工具,不太可能“破坏思维和行动的流动”(Edmonds et al., 2005)。这与前面提到的关于即时性的研究结果非常相似。

最近的研究还表明,创意从业者经常以即兴的方式工作,而他们使用的工具应该支持这一点(Gumienny et al.,2013;Hoeben and Stappers,2005)。这一点在一位受访者 P1 的陈述中得到支持和解释,“你必须灵活。因为作为一个设计师,你的大脑本身就需要非常灵活……因为你开始与意想不到的事物建立联系,就是新的、真正有价值的东西的来源”。

这种灵活思维的概念允许工具使用者在发散思维中更有效地产生想法,而不被锁定在发展类似想法的线性思维中。灵活的发散思维提高了创造性思维从与一个想法、一种思维方式相关的创造性,跳跃到另一种思维方式的可能性,这种思维方式可能只是与第一个想法沾边,但从此产生了一个可能的新想法。

以前研究工作的一个明显特征是将创造性设计与灵活的工作环境联系起来(Bellotti and Bly,1996),当访谈者谈到移动周围的东西来配置他们的工作空间时,就构造了一个灵活的工作环境。具有固定基础设施的环境,如交互式表单或壁挂式设备,在灵活性方面可能是有问题的。这种灵活性的缺乏,可以以各种负面的方式表现出来。例如,使用一个具有交互式桌面的数字桌面,可能会导致一个更加僵硬的环境,人们可能要坐在桌子周围的座位上静止不动。这可能会抑制个体间的互动和协作的类型(Fernaeus and Tholander,2006)。此外,桌面的物理尺寸有限,可能只允许数量非常有限的用户使用(Geyer et al.,2011)。

与灵活性相关的在灵活性的访谈和调查中出现了很多次的另一个主题是可携

带性,或者东西是否可以在周围移动。如果一个设备或工具不是便携式的,只能在一个特殊的房间里使用,那么它不适合支持上述的自发和非正式协作,它的任何使用都需要额外的管理工作来规划和协调。

有几个受访者解释了在创造性设计活动中,移动粘贴便条是多么有用。受访者 P5 解释说:“它具有超级灵活性,你只需把东西拿起来、移走它、贴上去、再放下,这就是它工作得很好的原因。”

受访者 P1 进一步阐述了小型模拟设计件的可携带性或可移动性是如何积极影响非正式合作的:“我的意思是它是真实的,便条都打印出来了,有很多粘贴便条、很多纸张,内容是……这些东西真的是可动的,你可以坐在办公桌旁,在你工作的时候把这些贴在墙上,其他团队可能会过来对你说‘你刚才说的是这个想法吗?’”

受访者提到的跟灵活性有关的其他问题是关于一些数字工具受限的问题,如它们的表现形式不好(如提供的屏幕很小)需要专门的设备,以及与其他工具的兼容性等。这些是提到的数字工具的主要潜在缺点。

4.2 环境

在支持早期设计中出现的重要物理环境的特征如下。

(1)个体空间

在协作的环境中,面对面的交流在想法的发展中尤其重要。然而,即使是在合作过程中,代表特定想法的行为仍然是一种个人行为,由个体表现出来。当设计师被问及他们在哪里和如何才具有创造性(或产生创造性想法)时,个人工作空间是他们强调的创造力的一个组成部分。

个人工作空间的概念,似乎包括一些个人信息空间的概念,如一个人单独在火车上,在笔记本上涂写东西。例如,“我真的用我的笔记本,它就一直和我在一起”(受访者 P3)。这种个人空间允许设计师创造性地发展想法,而不必担心在分享想法之前,个人空间拥有者的想法被同行指指点点。

其他人则谈到了在与其他人分享和发展想法之前,最初的创造性工作是如何在个人设计师的头脑中发生的。例如,受访者 P3 解释了说,“如果是一个人的事,我认为创造性确实发生在非常早期的阶段。但它只发生在我自己身上……我可能需要找些人来帮我弄清楚我在想什么”。

这可能是协同环境中,还能允许单个工作空间的更重要的因素。虽然个人通常会有个人的精神创造空间来得到想法和发展想法,但这对个人空间的存在也有促进作用,这能保证思想表达和思考可以只发生在个体层面。允许这样的空间存在,可以消除一些评估忧虑,并提供一个更安全、无风险的空间,使得探索更具创造性。

(2)公共空间

正如之前提到的也是在我们采访中经常提到的,与非正式合作相关的是公共空间,公共空间是非正式合作能促进合作发生的环境。这种空间的基本要求几乎没有,如受访者 P1 描述的情形:“我们走到外面,坐在长凳上,开始讨论。”受访者 P4 的说法:“如果这是一个真正的大问题……那么,我们走进一个房间,如会议室,或者有白板和白板笔这些东西的地方。我们会把事情弄清楚的”。

三位受访者提到合作的空间应该是舒适的。受访者 P3 描述了她最喜欢的一个合作空间,既灵活又舒适:“这个空间也有沙发和垫子,你可以移动它们。这是一个合作的好地方。我们确实充分利用了这个空间,在那里会面,感觉很舒服,那里也是一个讨论想法的好地方”。

另外,受访者 P2 描述了用于合作的两种公共空间的使用,如咖啡店这种公共空间,以及她自己公司的办公室里还有一些专用的公共空间,“事实上很多人到这里(咖啡店)来。我们也有开放的空间,我们可以在那里坐下来。我们还有更小的房间。小房间里有舒适的椅子还有一面白色的墙板,我们可以在墙板上写写画画。更多的封闭空间避免分散注意力”。

关于公共空间的偏好和使用的描述上具有很大差异。在某种程度上,这个差异也是有价值的。一位受访者描述了舒适的具有基本设施的协作空间,但强调了繁忙的公共空间更经常被用来作为协作空间。这些公共空间可能会“分散注意力”,它们似乎专门提供各种不同的环境,以激发创造力。

受访者 P2 描述了她的工作环境:“开放计划,我们都坐在一起。就像个小团体。我们身后有白板可以写可以画。我们还有一面玻璃墙,我们可以在玻璃上画画,也可以在玻璃上贴便条。是的,很酷。”受访者 P1 还描述了如何在公共空间写东西才是对分享想法有用的:“是的,你想要看到那个无形的想法,你希望能够在人们面前抓住它,和大家一起分享……我们用模拟的方式来做。你知道,能够用整面墙来描绘一个想法和一个思维过程是不可思议的。”

这两段文字突出了公共空间最重要的属性之一,即公共可见性。这种公共可见性允许创造性协作的结果在协作期间和之后都易于共享。持续的思维可见性,可以刺激进一步的创造性,也有助于进一步的思考。

(3)持久线索

研究发现,支持创造性协作的可能方式之一,是通过对早期工作的研究发现协作可以持续的原因,这些原因可以使人们对正在进行的项目有共同的理解和思考。虽然已经讨论了非正式协作和公共空间相关的问题,但这一部分更多地关注持续线索的优点,从而使人们在协同设计过程中,不断想起之前产生的想法。

非正式协作和公共空间是持续原因的潜在关键因素,因为它们已经融入早期的想法中(有时是以一种被动的不经意的方式发生的)。这些早期的想法可以以主动的方式或被动的方式来共享或思考,也可以采用直接的或间接的方式来共享或思考,所有这些方式都可以使由早期创造性协作产生的作品(数字或模拟)持续地显现出来。

在许多情况下,受访者表示希望回去看看非正式合作的场景,他们在那里产生了很多想法。这被认为是激发新的创造性的一种方式。在描述这一点时,受访者P1 谈到,要使一个项目持续下去,那么,把白板当作捕获想法的模拟画板,以及不引人注目的手工作品,都可能是非常有用的手段。在谈到有关设计会议的输出时,他解释说:“我们让那些制品正面朝外,人们可以瞥它们一眼……是的,理想的情况是你把它们拿出来。因为这些东西在眼前,你的大脑一直在工作,这些东西是个参考。虽然这种让看不让拿的方式非常特殊,但它似乎是有效的。”在这种情况下,人工制品正面朝外并显示出早期的构思,制品使思想得以持久保存,其中既有专注的思索也有被动的反思。

最后,受访者 P7 描述了他如何使用持续展示的竞赛式设计,来塑造他们的想法并发展合作:“我把每一件东西画出来,然后我把画挂起来。我自己就有 4 个设计,每一个设计都用类似白色胶带的线分开……我可以让人们过来,说‘我不喜欢那个’或者‘这是个好主意’。”

这表明较早的创造性结果的持久性和可达性还可以进一步刺激正在进行的协作。合作者参与即兴谈话(非正式合作)的便利性,对于一个创造性的企业来说是非常有价值的。

5　早期设计工具

在整个采访过程中,许多受访者描述了他们如何使用某些工具,来进行当前的创造性合作。先前被认为是创造性协作早期活动的关键主题及主题所处的环境,也可以与这些工具及这些工具所扮演的角色相关联。在本节中,我们描述了当前研究人员使用的数字和非数字工具(模拟)的优点与缺点,以支持主题在这些环境中开展的设计活动。

在回顾所使用的各种工具的优点和缺点时,很明显,非数字工具在创造性协作中具有非常重要的作用。为了研究在设计的早期阶段使用模拟工具和数字工具的受访者的比例,我们以“何时出现最初想法”为标题进行调查和图示分析结果。从前几节的采访调查和图2的数字我们可以看到,在早期阶段非数字工具比数字工具的使用更普遍。然而,大约50%的受访者也提到,类似笔和纸这样的工具对于长时间捕捉想法并进行分享,是有局限的。

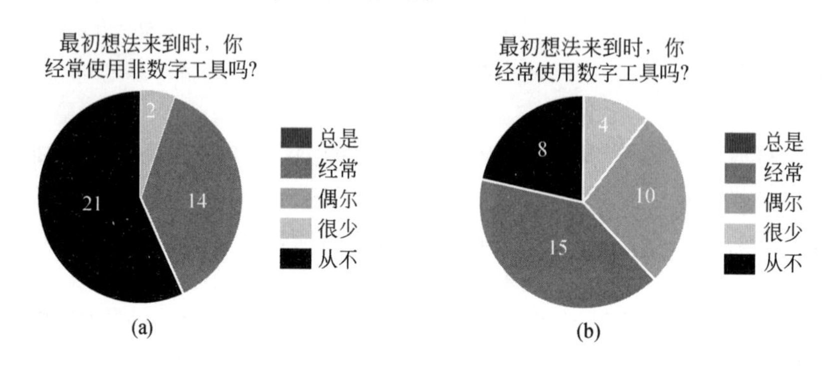

图2 “何时出现最初想法”的受访者使用工具的情况

几乎所有的受访者都谈到在公共空间写东西的重要性,有趣的是,他们仍然是使用简单的非数字工具如白板和笔来完成的。例如,受访者P4描述了“我们办公室里有一个房间,房间里只有一块白板。房间内鸦雀无声,你可以随意涂鸦”。再如,受访者P6说的,“我们的白板都很大,大白板放在轮子上。白板给我们足够大的空间去随意涂鸦和尝试新的想法”。

约25%的受访者提到非数字工具与数字工具相比,其优势之一就是灵活性,和我们谈话的一位受访者P5解释如下:“纸张,或任何性质的模拟的东西,对于(车间人员)来说都是非常灵活的。对工具所做的限制和规定很少,我认为更少的是先入为主的偏见。我认为要求人们立即以数字方式工作,可能会更明确地表明对他们将要做的工作是有规定的。”

上面的评论提供了关于非数字工具如何支持灵活性和即时性的见解。例如,“涂鸦一切”的能力意味着灵活性和即时性达到了一定的高度。由于非数字工具工作的环境天生就是自由的,所以可以用各种各样的方式来表达思想(灵活性),并且这样自由表达的好处是即时的和可达的。此外,非数字工具的担符性与环境相结合后,可以反过来支持直接交流,多人之间的直接交流可以同时有多种方式,如伴随着画草图。

此外,非数字工具的物理和触觉性质,是个体表达和协作交互的关键因素(Geyer et al.,2011)。大约1/3的受访者认为这是非数字工具的优势。以前的工作已经表明,非数字工具物理上的担符性很好,但与数字工具未必交互得很好。例如,物理工具的触觉性质可以得到看不见听不到的反馈意见,这对数字工具而言是不存在的。一个实例是,使用铅笔或标记在纸上施加的压力,可能会给用户一个关于画条线有多粗多细的反馈信息,而不需要亲眼看见那条线(Treadaway,2007)。

目前,非数字设备和数字设备之间的关键差异之一与先前讨论的“即时性”有关。几乎 50% 的受访者称,使用速度快是非数字工具的优点,而使用速度慢则是数字工具的缺点。受访者还引用了流畅性损失这个指标作为一些数字工具的缺点。受访者 P4 报告说,团队中每个人都需要能够使用相同的工具而不需要花费额外的精力去学习,这意味着不管是谁,都可以使用技术上可能不太适合某项任务的工具,因为每个人都能随意使用它们显得不专业。

6 位受访者特别提到熟悉性和易用性是非数字工具的优点,而使用困难或受学习曲线的限制是数字工具的缺点。另外,2 名受访者特别评论了与一些数字工具相关的令人讨厌的学习曲线。关于平板电脑与智能手机上的草图和笔记,受访者 P1 评论说:“做这种事情有一条很大的学习曲线。”受访者 P7 抱怨说,有时候“我花更多的时间学习工具而不是实际工作”。

即时性也被认为是一个远程合作的问题。大约 1/3 的受访者认为,通过数字技术支持远程交流和协作的能力是数字工具的优势,但是将在同一时间同一地点的合作替换为在不同地点的分布式合作,为此所耗费的巨大精力是数字工具的一个显著缺点。正如受访者 P1 所描述的,“……你得到的视频通常不是每个人在房间里都亲眼所见的,分辨率也不是那么好,而且还有延迟的问题”。

受访者 P4 有类似的评论:“我们发现,通过在线电话会议系统的确难以实现敏捷(Agile)开发及跟敏捷相关的东西。沟通真的很难。即使你可以看到一切东西,人们互相交谈,但人们不觉得他们是其中的一部分,有时网络又有问题,总是有一些东西出问题。”受访者 P4 的评论也指出了与使用数字工具相关的固有困难,数字工具很难支持直接沟通。

受访者 P2 还描述了数字工具是如何限制沟通交流活动的:“但是,当你在使用数字工具做某事时,你只能做一件事,而不能快速地绘出多幅草图……”由于相关技术的原因只能做“一件事”,这不仅限制了即时性和灵活性,还进一步说明了在协作环境中使用数字工具的固有困难,其中多个人之间的多个活动对创造性的流畅性又是至关重要的。

然而,数字工具的主要优点之一是捕获多人协作活动的结果,并使结果数字化。数字化结果可以存储、组织、存档、共享和文档化,可以从数字化结果中捕捉想法,可以跟踪项目过程中想法的变化,这一点被大约 1/3 的受访者引用,被认为是在创造性的协作过程中使用数字工具的最显著的好处。相反,这也被描述为非数字工具的缺点,非数字工具不容易共享、存储笨拙,还可能丢失。

用数字的方式收集想法仍然存在困难,因为这依赖于对数字系统的良好组织。当非数字工具依赖用户的组织努力(即归档系统和偏好)时,数字工具需要更多附加的数字系统设计元素,才能使所捕获的想法得以重用。

然而,通过数字工具捕捉的想法可以有效地促进创造性反思。其中一位受访者 P8 采用了数字方法来反省自己:"我在电话里看到了这张便条。哦,我只是谈话的时候随便想想……当我回家后我会说'哦,确实有点有趣的事情'……然后我会再把它记录在平板电脑上。然后,我偶尔会看一眼。"她还描述了如何通过数字设备(如电话)持续不断地为她提供反思的便利:"我会在火车上或会议后拿出电话,这里一张纸都没有。我只想快速记下我刚才想到的什么事情。都是些小小的思维火花。实际上我曾经尝试过使用录音,但录音不行。"

上述描述指出了支持反思是数字设备的潜在优势之一(以及其他创造性活动),因为数字设备无处不在,所以可以允许更广泛地开展活动。如果已经用于一个项目的设备(如电话)还可以支持其他多种活动,对创新活动而言,这个数字工具就可以支持更大程度的灵活性和即时性。然而,设计师们所做的协作性、创造性工作是复杂的,正如受访者 P2 所解释的:"技术和协作工具的问题在于,你要做的每一件事情都有很多件关联的事情,而不是只有一件……通常这些工具是孤立地设计的,只能用来解决一个问题,而得不到整个问题的解决。"

6 总　　结

本文的研究已经证实,目前的实践依赖一些相互关联的因素,潜在地增加了创造性协作的有效性和效率。

受访者发现,识别各种形式的合作,对他们目前的创作过程来说是不可或缺的。此外,无论是受访者使用的工具的质量(如即时性)还是环境的元素(如单个空间),虽然它们只是设计师所用工具和工作环境的一种基本属性,但被认为对创新过程的结果有积极的影响。在先前的研究中已经确定了本研究中存在的许多主题,但这些主题之间的相互关联特征以前没有进行过有效的探索。例如,本文的研究说明了一些讨论的主题之间的依赖性的一个事实是,虽然非正式协作已被确认为创造性协作的一个关键元素,但是在概念表示、捕获和再利用中,工具的灵活性和即时性也是一个关键因素,这样才能在给定环境之下,促进创造性的产生。受访者 P2 描述了情景,如何"……最有创造力的合作发生在我身边的人身上,在那里,从谈话的一个侧面你就会产生一个非正式的想法,然后你就开始谈论这个想法,如果有趣,你开始勾画它的样子”。在这个案例中,合作依赖于公共空间,它支持即时的、灵活的、非正式的合作,从而得到一个想法的表达(草图想法),这又依赖于工具的即时性(又叫可达性、易用性和输出的即时性)。这个案例还展示了即时性和灵活性是支持多方面创造性协作的基本属性。

此外,正如过去的研究所强调的,创造性实践者之间的合作是由非常简单的低技术含量的工具支持的,如粘贴便条、彩色铅笔、草稿纸、磁带等(Zhu,2011)。我们的研究证实了这些发现,但也揭示了设计师如何越来越多地发现数字工具的作用,如智能手机相机、视频会议软件和电子邮件,以支持他们的工作。一些更常用的数字工具(如智能手机)的优势之一是它们的普遍性,这反映了这些非数字工具的可用性和可达性。

在早期的创造性协作中,不同类型的工具的组合是使用非数字工具和数字工具的独特优势进行互补以提高工具的有效性。例如,非数字工具非常适合在协作环境中的快速、自发的概念表示。受访者评论说,使用素描本得到想法,然后将素描页扫描或者拍照,就可以分享产生的想法。数字化工具,如智能手机,则经常被用来捕捉素描的结果。在这种情况下,数字工具可能有助于在更灵活的环境中共享、思索或再利用原始想法(如坐在咖啡馆里翻看智能手机上的图片)。

这些数字记录的共享,主要是通过电子邮件等基本技术解决方案来完成的。目前,所产生的信息和数字资产的组织仍然是一个挑战,并可能限制对这些想法的初始表达的有效审查和再利用。与会者谈到,在大型和可能复杂的存储系统中,快速查找和再利用特定的数字资产是有困难的。现有的数字系统(软件和数字文件存储系统),被设计用于管理创造性结果,如从创造性协作的早期阶段产生的想法,这些系统还有很大的改进空间。数字系统强大的存储和归档信息能力,常常与这些系统的可用性和所存储的信息的可访问性不匹配。

数字工具的另一个真正的优点是它们支持远程协作的能力,尽管设计师清楚,不在一个地方的活动没有同时同地的协作活动那么好组织。然而,使用数字工具是有风险的,包括缺乏即时性和灵活性、有可能破坏个人和合作团队的创造的流畅性,以及不支持现在非常流行的非正式的自发的协作。此外,数字工具在使用中涉及的技术开销(即启动、维护、培训等)是其在早期创造性协作中使用的障碍。

总之,尽管在现有文献中看到的许多关键主题仍然与当前设计师的工作非常相关,并且非数字工具似乎仍然是一些活动的首选,如快速和自发的协作与概念表示,但似乎也有一个微妙的但无法抵挡的趋势,就是设计师越来越多地转向使用数字工具,尤其是那些简单和无处不在的工具,包括带摄像头的智能手机、视频会议软件和电子邮件等,这也反映了数字工具的一些重要的交互性能在提升,如即时性和灵活性,而这些性能长期以来一直是非数字工具的长项。

参考文献

Bellotti V,Bly S(1996)Walking away from the desktop computer:distributed collaboration and mobility in a product design team. In:Ackerman MS(ed)Proceedings of the 1996 ACM conference on computer supported cooperative work(CSCW '96). ACM,New York,pp 209-218.

Brophy DR(2001)Comparing the attributes,activities,and performance of divergent,convergent,and combination thinkers. Creat Res J(1040-0419)13(3-4):439.

Casakin H,Kreitler S(2011)The cognitive profile of creativity in design. Think Skills Creat6(3):159-168.

Coughlan T,Johnson P(2008)Idea management in creative lives. In:CHI '08 extended abstracts on human factors in computing systems(CHI EA '08). ACM,New York,pp 3081-3086.

Coughlan T,Johnson P(2009)Understanding productive,structural and longitudinal interactions in the design of tools for creative activities. In:Proceedings of the seventh ACM conference on creativity and cognition(C&C '09). ACM,New York,pp 155-164.

Edmonds EA,Weakley A,Candy L,Fell M,Knott R,Pauletto S(2005)The studio as laboratory:combining creative practice and digital technology research. Int J Hum Comput Stud 63(4-5):452-481.

Fernaeus Y,Tholander J(2006)Finding design qualities in a tangible programming space. In:Grinter R,Rodden T,Aoki P,Cutrell ED,Jeffries R,Olson G(eds)Proceedings of the SIGCHIconference on human factors in computing systems(CHI '06). ACM,New York,pp 447-456.

Geyer F,Pfeil U,Höchtl A,Budzinski J,Reiterer H(2011)Designing reality based interfaces for creative group work. In:Proceedings of the 8th ACM conference on creativity and cognition(C&C '11). ACM,New York,pp 165-174.

Guilford JP(1957)Creative abilities in the arts. Psychol Rev 64(2):110.

Gumienny R,Gericke L,Wenzel M,Meinel C(2013)Supporting creative collaboration in.

globally distributed companies. In:Proceedings of the 2013 conference on computer supported cooperative work(CSCW '13). ACM,New York,pp 995-1007.

Gutwin C,Greenberg S,Blum R,Dyck J,Tee K,McEwan G(2008)Supporting informal collaboration in shared-workspace groupware. J UCS 14(9):1411-1434.

Hoeben A,Stappers PJ(2005)Direct talkback in computer supported tools for the conceptual stage of design. Knowl-Based Syst 18(8):407-413.

Howard TJ,Culley SJ,Dekoninck E(2008)Describing the creative design process by the integration of engineering design and cognitive psychology literature. Des Stud 29(2):160-180.

Rhodes M(1961)An analysis of creativity. The Phi Delta Kappan 42(7):305-310.

Sedivy J, Johnson H (1999) Supporting creative work tasks: the potential of multimodal tools to support sketching. In: Proceedings of the 3rd conference on creativity \& cognition (C\&C '99). ACM, New York, pp 42-49.

Treadaway C (2007) Using empathy to research creativity: collaborative investigations into distributed digital textile art and design practice. In: Proceedings of the 6th ACM SIGCHI conference on creativity \& cognition (C\&C '07). ACM, New York, pp 63-72.

Zhu L (2011) Cultivating collaborative design: design for evolution. In: Procedings of the second conference on creativity and innovation in design (DESIRE '11). ACM, New York, pp 255-266.

使用 Bright Sparks 软件工具进行创新设计

詹姆斯·洛克比,尼尔·梅登

摘要 本文描述的 Bright Sparks 是一款基于 Web 的软件工具,采用了类似名人堂一样的创新技术,并提供了一个开源版本。在总结了手工使用该技术的经验之后,本文报告了通过实践收集的编码知识,以便在创新过程中更有效地使用虚构人物。该编码知识嵌入新的基于 Web 的软件工具中,自动支持名人堂技术。Bright Sparks 已被开发出来,以满足产品和概念设计师的需求。本文以设计师对这个工具应用的第一次评估及该软件工具的未来扩展开发的研究报告作为结束。

1 早期设计中的创造性思维

创造性思维是早期设计活动的核心。英国设计委员会(United Kingdom's Design Council)将设计定义为塑造想法,这个想法是对用户或客户具有实用性和吸引力的主题,设计可以被描述为将创造性部署到具体的终端产品上(Design Council,2011)。设计是一种创造性的和以用户为中心的解决问题的方法,它跨越了不同的行业,从艺术和设计到工程和建筑。因此,创造力需要产生新的想法,设计可以将那些对用户或者客户实用和有吸引力的命题塑造出来。

2001~2010 年十年间,为了设计过程更具创意,设计思维已公认为一种实践活动。设计思维是一个以人为中心的创新过程,包括观察、协作、快速学习、概念可视化和快速原型设计,所有这些都与业务分析活动同时进行(Lockwood,2010)。设计思维已经成功地应用于设计新的工作场所、消费产品甚至品牌的项目。然而,对设计思维过程的一种主要批评是,创造性地解决问题的组织缺乏对创造性技术如何正确应用的说明。事实上,我们观察到越来越多的设计思维和创造性问题解决之间是脱节的,由此我们认为,需要新的技术和工具来连接这些创造性组织。在我们先前报道的工作中,Maiden 等(2004,2007)、Zachos 和 Maiden(2008)已经明确地和成功地使用了创造性技术。也就是说,他们的成功大部分是在资源充足、需求时间较长的过程中取得的。

最近的一个挑战是,将创造性技术有效地集成到更短的、不断迭代的敏捷开发方法和项目中。我们已经报道了相关案例研究(Hollis and Maiden,2013),描述了在敏捷项目中,在不超过 1 小时的短期研讨会上,如何有选择地使用创造性技术并开发适合这些研讨的具有创造力的技术池。这些技术包括一个去除约束条件触发器,该触发器打开一个解决方案空间,按照给定质量指标直接得到具有创造性的解决方案;还包括一个桌面演练系统,设计师可以比对着物理模型进行新的仿真设计。这些技术中有一种是从 Michalko(2006)的名人堂技术衍生而来的。

名人堂技术提供具有任务角色的创造性问题解决器,以导引对创新想法空间的探索,所谓指导是指如何让像玛格丽特·撒切尔这样的公众人物来解决问题。在英国广播公司全球节目(BBC Worldwide)的一个敏捷项目中,我们成功地应用了一系列名人堂技术。这种随机明星(random stars)技术的设计是通过在不同的时间从不同的方面提出正确的问题,从而激发创造性思维。它是从名人堂(Michalko,2006)改编到电视节目的领域以增加节目的趣味性,并和一个组织及其人员产生联系。主持人选择了 14 档节目并以他们的主要人物为代表,如 *Little Britain* 的微姬·波拉德、*The Apprentice* 的艾伦·休格和 *Top Gear* 的主持人,然后将每个人的照片打印出来,裁剪好,装进一个袋子。参与者使用袋子里的角色来产生新的设计思想(Hollis and Maiden,2013)。

也就是说,节目尽管成功了,但由于缺乏对该技术的软件支持,在英国广播公司全球节目中,除了这一个敏捷项目,推广采用随机明星技术是不可能的。该技术的使用依赖于节目主持人,他要去检索和选择相关人物,然后指导设计师和利益相关者在研讨中使用这些人物角色。这就出现了一个机会,可以对该技术和它的使用场景进行整理,然后使随机明星技术成为一个基于 Web 的新软件工具项目①。

本文将报告一款新的基于 web 的软件工具——Bright Sparks,Bright Sparks 由早期版本的随机明星技术、Michalko(2006)的名人堂技术发展而来;介绍 Bright Sparks 这一技术的清晰描述及如何使用这个技术的条款;介绍 Bright Sparks 如何作为一个支持工具来传递新的创造力。本章第 2 ~ 6 节将详细地描述名人堂技术的起源、该技术当前的演化和使用,以及该技术的规则扩展。之后本文介绍了 Bright Sparks 软件本身,我们新的、公开发行的基于 Web 的工具,使用灵感为基础

---

① 这个新工具已经作为欧盟资助项目 FP7 COLLAGE 的一部分开发完成,项目详情参见 http://projectcollage.eu。

的搜索技术,给不同背景的设计师提供一个增强版本的名人堂技术。最后,本文介绍了一些设计师第一次使用该软件工具进行的设计验证,并将验证结果持续地集成到设计思维过程中。

2 名人堂技术的起源

原来的名人堂技术的出发点,是通过模仿著名人物和相关人物如诺贝尔奖得主、前总统或非凡艺术家的思维模式,给问题解决者提供支持。该技术适用于求解开放问答的非结构化问题。这是一个简单而有效的技术,让问题解决者探求一些名人的想法,应用那些知名人物说过的话来引起创造性思维,这些话来自书籍、报纸、杂志和其他媒体。它还建议使用网络搜索,其中问题解决者使用他们正在试图解决的问题的主要动词来找适当的引文,如最小化某事或改进某事。Vázquez(2013)列出了名人堂技术的一系列行动,现总结如下。

1)确定团队要解决的挑战,选择一些名人扮演顾问。从网上选择适当的句子。例如,鲁珀特·默多克如何用他不妥协的风格和获取生意的方式来解决你的问题?

2)从互联网上的著名人物那里寻求解决这个挑战——这种情况下的鲁珀特·默多克。团队使用网络搜索的结果,搜索可以告诉你对鲁珀特·默多克的理解,然后应用这个理解来解决问题。

3)把不同人物的新引语重复练习几次。三位名人、两句话(六段引文)是一个很好的基本组合,可以确保产生新的和具有创造性的想法。

因此,本文把名人堂技术视为支持 Boden(1990)探索性创造力概念的一种技术。名人堂技术用来搜索一个或者多个预定义的搜索空间,容易发现这些搜索空间中部分或者全部解决方案的可能性。每一个名人都描述了搜索空间的一个子集,通过预先定义的关联关系将这些名人的想法联系在一起,关联关系是由一些众所周知的事件得到的。这些名人的语言风格和人物特征为问题解决者提供了简单的搜索规则,用这些特征来搜索可以发现新的想法。

正如 Hollis 和 Maiden(2013)报道的,我们在创造性设计的早期研讨中,成功地使用了随机明星版本的名人堂技术。这些研讨会及会上每次使用该技术时,都需要一个主持人来引导利益相关者使用该技术,并向利益相关者提供一组预先选择的人物角色。这些角色的选定一般基于主持人的领域知识和他发现的人物与设计挑战之间的关系。在研讨会期间,每个人物只用一张简单的照片来表示,这一张通常是标志性的人物照片。没有名称、文字或其他内容提交给设计利益相关者。

为了弥补这种信息的缺乏,主持人会先鼓励利益相关者,作为一个群体,讨论所有的人物角色,认识他们并开始探索他们的固有的特征跟设计挑战之间的关系。

英国广播公司全球节目敏捷工作室报道的照片,描绘了英国广播公司电视节目中的虚构人物,这些人物被选为在研讨中使用的角色,因为大家都熟悉这些人物(Hollis and Maiden,2013)。因此,在设计过程的相应阶段,每个角色被设计为与使用这个角色的利益相关者具有一定程度的共同点。敏捷研讨会在短短 20 分钟内生成了 10 个新需求,如捕捉用户对节目或角色情绪的反应能力、允许用户指出他们所仰慕的人物等,让名人堂技术成为鼓励更多社会包容的工具。

第二张照片描绘了来自瑞典的一位名人,用他来训练在斯德哥尔摩的一大群顾问,训练中他使用名人堂技术作为培训研讨的一部分。在这里,由于名人和顾问之间很陌生,因此选择的顾问小组要具有更一般的代表性,以突出主持人和顾问小组的不同之处。这个研讨会发现了一个问题,即在创造性设计过程中使用人物角色时(在场的人竟然都没有从照片中认出瑞典女星英格丽 · 褒曼),主持人需要深入介绍这个人并给这个人取名字。

总而言之,根据我们的经验,名人堂技术是一种有效的创造性思维技术,但只有设计师和利益相关者不断使用这项技术,这项技术对人的便利性和专业技巧才会随时间发展起来。在设计项目中并不总是需要这些资源和专长的。因此,我们试图开发一个版本的名人堂技术,更广泛地支持设计师和利益相关者且不需要主持人的参与。我们了解并整理出名人堂技术的要求及其用途,并在一个新的基于 Web 的软件工具 Bright Sparks 中实现。Bright Sparks 工具及其开发,我们在后面的两个部分中进行描述。

3 Bright Sparks 软件工具的条目化知识

Bright Sparks 实现的是名人堂技术的一个改编版本,允许问题解决者探索知名人物(无论是虚构的还是真实的),以及他们更极端的性格和特征,他们如何解决一个具体的问题。改编版本不像原来的名人堂技术,它不使用引文,而是用在创造性的设计任务中,将具有创造性的线索应用到人物角色上。

本文试图将这个技术条目化,以提供一个简单有效的基于 Web 的软件工具,用户不用准备或者只需很少准备就会使用。我们的目的是,在准备名人人物角色或促进创作的过程中不需要人的参与。

因此,为了开发基于 Web 的软件工具,本文对如何有效使用名人堂技术的知识进行外部化和条目化。我们在未经报道的硕士课程教学、培训教程和客户的商业项目中广泛而成功地应用了名人堂技术。然而,这种成功的使用需要扩展那些已经出版过的技术说明,以克服人们在使用该技术时所遇到的常见问题和误解。因此,我们反复地反思、外部化、分享如何用好名人堂技术的知识,以实现这些外部化的知识的条目化,并在新的基于 Web 的软件工具中实现这些代码。整理出来的结果是两种类型的知识,第一种是在创造性问题解决过程中,人物角色所呈现出的信息类型的知识,第二种是用来提示关于角色的创造性思维线索的知识。我们将对每种类型知识进行报告。

3.1 关于人物的条目化知识

在创造性问题解决过程中,我们认为以下关于每个角色的信息是很重要的。

1)人物的姓名和照片,如乔纳森·艾夫(Jonathan Ive)。

2)人物的角色,如产品设计师。

3)定义人物角色的重要特征,用不到 100 个词来描述,如他相信材料的重要性,并使其成为设计过程的一部分。

4)更广泛的角色类型,以实现角色分类。类别包括设计和每个人物角色。

早期的名人堂技术经验表明,许多人无法从照片中认出名人,无论是真实的还是虚构的,所以我们整理了每个人物的名字和照片。例如,前面提到的英格丽·褒曼就是一个很好的例子。此外,人们通常对人物的角色或典型特征没有足够的了解,因此在研讨中,主持人常常需要用简单的口头描述来补充每个人物的姓名和照片。相反,我们不选择含有人物角色的视频内容,原因有两个,第一个是找不到合适的在线视频资料(这种资料不是对所有的人物角色都合适);第二个担心是不能侵犯网上得到的资料的版权。最后,在准备创造性的工作研讨会时,经常要有预先定义的角色类别,如角色名称和国籍,以确保创造性问题解决者熟悉。

在之前使用的名人堂技术中,使用的每个角色的信息都采用上述结构进行整理。此外,我们使用这些信息类型来提供一个简单的模板指导搜索,以及管理要包含在工具中的新角色的信息。

3.2 关于创造性线索的知识条目化

类似地,我们在创造性设计任务中,将四种不同类型的编码线索与人物角色一起使用。名人堂技术的一个常见问题是,创造性问题解决者在解决问题过程中需要一些特定的解题方向,以指导他们使用关于角色的知识。仅仅依靠想象这个角色在这个过程中的作用是不够的。必须要有角色模板,由此得出的四种角色类型的结构化线索如下。

1)作为利益相关者的角色:想象角色是设计过程中的利益相关者,并探索利益相关者有什么样的需求,以及将贡献什么样的知识。

2)作为产品或服务模型的角色:想象角色具有产品或服务应有的特性和/或品质。

3)作为有情感的可以激发灵感的角色:想象角色是设计过程中情感参与的来源,并唤起设计师和其他利益相关者的不同情感。

4)组合这些人物角色以产生新人物角色:想象角色与另一角色相结合,以产生新的特征和品质的组合,然后可以为产品或者服务提供新角色,如利益相关者角色、灵感角色或作用模型角色。

从这些类型中,我们整理了大量具体的创意线索,可以应用到大多数人物角色上,以指导创造性思维。这些整理出来的具体线索如表 1 所示。

表 1　整理出来的基于 Web 的 Bright Sparks 的具体创造性线索

整理设计师作为利益相关者角色的线索时,一般指导设计师提出以下问题:
想象一下这个人就是你的客户。产品或服务需要什么样的额外特征或品质?
如果这个人加入你的项目团队怎么办? 这个人会想出什么新点子和概念?
把自己放在利益相关者的位置上。你能想象他们的需求吗? 这些需求是什么?
在你的位置上,这个人会做什么? 把你的想法最大化
这个利益相关者让你想到了谁? 他们是类似的还是相反的? 想象一下,那个人就是你的客户,那个人想要从你身上得到什么?
这个人有朋友或同事吗? 你希望他的朋友或者同事能想出什么新的想法和概念?
把这个人想要得到的东西反过来再做一遍
想象一下你为项目负责人面试这个人。你预测这个人想要什么?
设计师作为产品或服务模型的角色,整理出一般引导性问题如下:
这个人最显著的能力是什么? 你能把这些能力植入产品或服务中吗?
这个人最重要的力量是什么? 你能把这个力量合并到你的产品或服务中吗?
这个人最出名的是什么? 想象一下你的客户也因此而出名。你会怎么做才能让这样的客户开心?
这个人最不吸引人的特征是什么? 想象一下你有这样的特点。你需要什么?
这个人有什么优点? 在思考新的想法时使用这些优点吗?
这个人有什么缺点? 想想新的想法,可以利用某人或某事的这些缺点

续表

这个人是怎么出名的或变得臭名昭著的？你的项目能走同样的路吗,同样出名或者籍籍无名？如果是这样,你会怎么做？
列出这个人的5个最重要的属性。这些属性能依次成为你的新产品或服务的属性吗？
这个人来自哪里？那里的人们想要什么？
打扮成一个化装舞会的人,你会有什么感觉？这种感觉会如何改变你的需求和欲望？
这个人有名言吗？大声说出来。有什么新的想法？
在什么环境下你会遇到这个人？在这个环境中,可能触发什么新的想法？假装像那个人一样。模仿他们。这让你感觉如何？扮演这个人能产生什么新想法？
你的团队中谁跟这个人最亲近？让他们扮演你项目中的角色
这个人有什么价值？设计你的产品或服务,使之具有这些价值
这个人让你感觉到什么样的情绪？利用这些情绪去思考新的想法
作为情感人物,根据以下整理的线索,指导设计师：
想象一下你的新产品或服务就像那多愁善感的人。它有什么品质？
将人物角色组合在一起生成新的人物角色时整理出如下线索,指导设计师提出以下问题：
想象人物和另一个人相遇。你认为他们会产生什么样的想法？
把这个人和另一个人结合成一个单独的角色。产品或服务需要什么样的品质？
如果其他人也要加入你的项目作为设计顾问呢？这些人会想出什么新点子和概念？
把这个人和另一个人结合成一个单独的角色。你能想象他们的需求吗？这些需求可能是什么？

回到我们以前的例子,整理的知识不仅包括乔纳森·艾夫的名字、角色和定义的特征,还包括对创造性问题解决者明确的想象指导,即想象一下,如果乔纳森·艾夫加入他们的项目团队,他会考虑得到什么新的想法和概念;如果这个产品是乔纳森·艾夫,将乔纳森·艾夫融入他们的产品或服务中,想象产品或服务的质量是什么。我们的目的是开发一个不需要真人主持人的软件工具。因此,整理的知识要被应用于开发Bright Sparks,这是一款新的基于Web的软件工具,可用于创造性地解决问题。

4 基于Web的软件工具Bright Sparks

对Bright Sparks软件工具的一个重要要求是,确保创造性问题解决者可以成功地使用名人堂创造性技术,而不需要任何外部人工干预和技术指导。因此,条目化的知识被嵌入软件工具中,以期达到这一要求。另一个重要要求是,在没有耗时的外部人为干预的情况下发现这些新的人物角色及与这些角色相关的知识。因此,该工具是开发利用了一种基于灵感的新的创造性搜索技术,这种技术是在之前的拼贴项目(COLLAGE project)中开发出来的。

创造性问题解决可以被描述为在一个巨大的部分或完整的解决方案空间中的信息搜索和思想发现的过程(Boden,1990)。新的计算机搜索技术已经升级为支持对互联网上可用的大型信息空间的创造性搜索。例如,Combinformatio 是一种基于网络的搜索工具,用于支持对搜索查询和结果的创造性引导(Kerne et al.,2008),CRUISE 也是一种搜索工具,用于支持对不同互联网和社交媒体资源的灵感搜索,并且我们已经开发了计算术语消歧和查询扩展机制,以便在诸如阿尔茨海默病患者的护理任务中执行创造性搜索任务(Maiden et al.,2013)。所有这些工具都被证明能够为创造性问题解决提供有效的支持。因此,我们利用一种基于 Web 的搜索方式设计 Bright Sparks,可以找到能引发创造性思维的人物角色的新信息。

Bright Sparks 的软件架构如图 1 所示。在支持创造性问题解决的过程中,该架构将基于人物角色的认知搜索任务从一般的人物信息处理任务中分离出来,主要出于两个原因。第一个原因是,人物角色和他们的信息,独立于人们正在创造性解决的任何具体问题,如与乔纳森 · 艾夫相关的条目化知识可以应用于一系列设计问题。因此,该架构包括一个关于人物角色的知识库,并对其进行管理,以指导创造性解决问题。第二个原因是,经验表明,加工过的人物角色知识,比从互联网检索到的未加处理的信息,对于指导创造性解决问题的任务而言,有效性更高。维护人物角色知识库,对其进行搜索、收集、加工然后发布给用户以创造性地解决问题,可以预期提高创造性解决问题的能力。当前版本的人物角色知识库,已经编纂并稳定地收集了 213 个不同的虚构人物和真实人物角色的知识。此外,如果用户需要更多动态的基于认知的搜索形式,还有其他软件工具可供 Bright Sparks 使用。

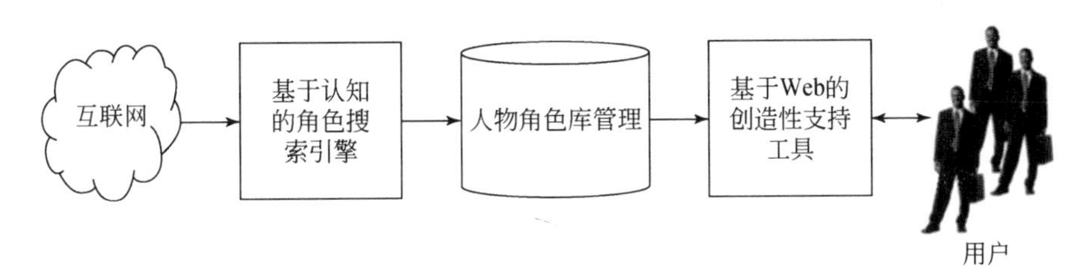

图 1 基于 Web 的软件工具 Bright Sparks 的软件架构

Bright Sparks 的设计和实施,可以支持有关人物角色的信息进行轻松愉快地探索,这是其成为有效的创造性问题解决工具的必要前提条件(Greene,2002)。设计时假设用户已经识别出一个需要创造性解决的问题,因此软件不对问题识别提供明确的支持。使用 Bright Sparks 时,问题解决者只是要求工具在按下按钮时一次只检索出一个随机人物的条目化知识,选择其中一个任务进行创造性思考,然后以创造性线索的形式,使用这些整理过的知识来指导创造性问题解决。使用这些条目化的知识线索,一直持续到问题解决者找完人物角色的所有创造性潜在可能性,然后用户可以请求工具检索新的角色。按下一个按钮,就有关于人物角色的新的创意线索搜出来。

图 2 是 Bright Sparks 创造性问题解决网页,展示的是乔纳森 · 艾夫的信息。网页呈现每个人物存储的结构化知识:姓名、角色、类型和特征及图片。页面分为两部分,左侧呈现被检索人物,以及该人物可以修改的特征,而右侧展示了与页面左侧对应的当前人物的实例化创造性线索。

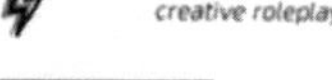

图 2 乔纳森 · 艾夫的创造性解决问题 Bright Sparks 网页

该网页为用户提供以下简单易用的使用特征,所有这些特征见图 2 的描述。

- 新角色:随机检索新角色。由于这种简单易用的特性,如果选择的人物不合适,只要重复按下按钮,选择的人物角色就跳过去了。
- 新火花:寻找一个可以应用到当前人物身上的新的创意线索。一个新的线索出现在列表的顶部,列表最下面的线索从列表中消失。这个功能允许用户对每个线索开展工作,直到没有更多的新线索可用为止。
- 先前的线索:按照产生的顺序回溯一组创造性线索,以便能够探索先前产生的线索。

- 通过 Web 了解更多关于角色的内容：点击链接就打开一个新的浏览器窗口或标签页进入一个新的谷歌搜索框，这个搜索框包含一个预先定义的搜索查询，有所选角色的名称和角色等信息。人物角色包含在搜索标准中，以删除搜索结果中包含不相关的名字的结果。
- PDF：在新的浏览器窗口或标签页中生成人物角色的 PDF 版本。Web 工具是只读的，用户要永久记录会话结果就需要一份 PDF 的输出结果文件，包括人物角色特征、图片和创造性线索等。用户可以通过浏览器保存和下载这个 PDF 文件。

此外，图 3 显示了其他人物角色的信息和创造性线索，这是 Bright Sparks 网页可以呈现给创造性问题解决者的内容。图中的前两个人物 Mata Hari 和 Alice Liddell 是真实和虚构人物的很好的例子，可以广泛用于创造性问题解决过程中。另外两个人物角色 Rem Koolhaas 和 Jakub Dvorsky 代表了从人物角色库中检索和编排的人物角色，以为合作设计项目的设计师提供明确的支持，并与我们的欧盟拼贴项目（EU COLLAGE project）中的设计伙伴进行合作。用 Rem Koolhaas 和 Jakub Dvorsky 当设计师角色来指导创造性问题解决的条目化知识包括：想象 Rem Koolhaas 的五个最重要特征，并将每一个特征都修改为新产品或服务的特征，并想象 Rem Koolhaas 和 Salvador Dali 见面的场景，想象一下这两个人物一起进行设计，可能会产生什么样的新创意。

(a) Mata Hari

MindMup Want More? Help

New Persona

Books

ALICE LIDDELL

Heroine and dreamer from Alice's Adventures in Wonderland.

PDF

Characteristics

A daydreamer, she has an insatiable curiosity and values honesty and respect. Confident in her social position and education, she attempts to understand the strange fantasy world she finds herself in. Surrounded by Wonderland's nonsensical rules her fundamental believes are challenged at every turn.

Learn more about Alice Liddell via the Web >>

New Spark

Think about how *Alice Liddell* would go about your design challenge...

Creative clues

- Where does Alice Liddell come from? What do people from there tend to want?
- What if Alice Liddell joins your project team? What new ideas and concepts will Alice Liddell come up with?
- How did Alice Liddell become famous or infamous? Can your project follow the same route to fame or infamy? If so, what would you do?

(b) Alice Liddell

MindMup Want More? Help

New Persona

Design

REM KOOLHAAS

Dutch architect and architectural theorist.

Characteristics

Koolhaus has designed buildings all over the world, and written books on the development of urban life. His interest in urban living informs his work, and many of his buildings try to balance the needs of the building's primary users with the needs of the city and the people who live in it. He writes a lot about the speed of urbanisation and the impossibility of architecture to keep up with the pace of cutural change - by the time a building is finished it's already out of date.

Learn more about Rem Koolhaas via the Web >>

New Spark

Think about how *Rem Koolhaas* would go about your design challenge...

Creative clues

- List the 5 most important attributes of Rem Koolhaas. Take each one in turn. Can it be modified to be an attribute of your new product or service?
- Imagine Rem Koolhaas and Salvador Dali meet. What kinds of ideas might you expect the two of them to generate?
- Imagine that your new product or service is like Rem Koolhaas. What qualities would it have?

(c) Rem Koolhaas

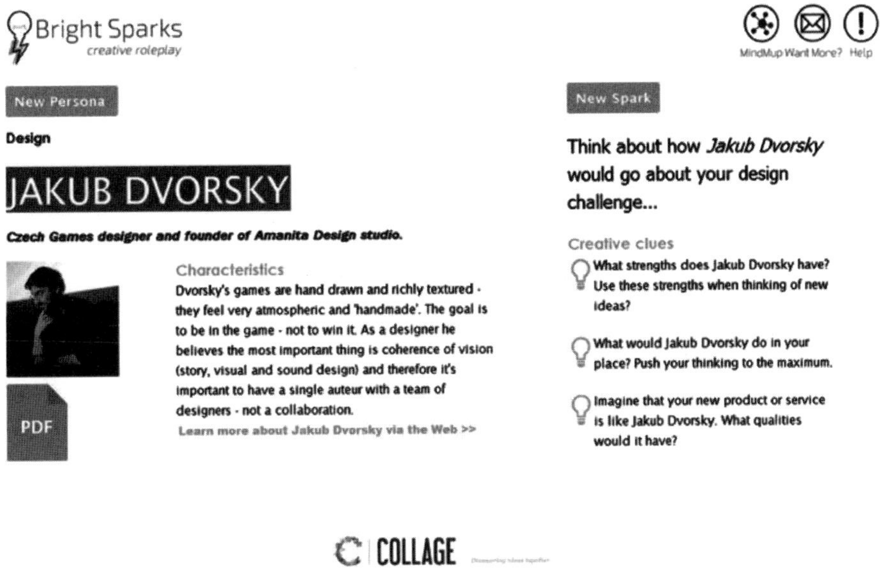

(d) Jakub Dvorsky

图 3　创造性解决问题中展示不同的人物和创造性线索的 Bright Sparks 网页

图 4 演示了 Bright Sparks 如何支持用户探索关于当前人物的更多信息,并生成有关人物的会话的永久记录。该图的顶部,显示了关于这个人物的所有条目化知识的 PDF 打印格式,用户可能希望从该工具的创造性会话中获取 PDF 文件,并且该图的底部,显示了在乔纳森·艾夫的新窗口中生成的典型的谷歌搜索结果。

当前版本的 Bright Sparks 可以为设计师提供直接的支持,它收集和整理了征得利益相关者同意的 40 个设计师的知识条目,这些利益相关者被列在表 2 中,表 2 反映了对荷兰设计师的偏爱,许多现在设计师的利益相关者都来自这个国家。

Bright Sparks 已被开发为一个简单的只读的 Web 软件工具,它没有用户管理或密码保护,以最大限度地提高其在设计师和其他创造性问题解决者处的接受程度。我们设想了 Bright Sparks 各种各样的使用环境,从在移动设备上的个人使用到大型研讨会中的协作使用,在大型研讨会中每个人物被投影到大屏幕上,以引导利益相关者群体产生更大的创造性思维。因此,使用 Bright Sparks 生成的新想法,可以被记录为移动设备上的音频文件、在创意工作室中的纸质文件及计算设备上

COLLAGE

Jonathan Ive

Apple's VP of design, Sir Jony Ive leads a team of hardware and software designers and runs Apple's innovation lab. He credit's Apple's success to their way of working in small focused teams without hierarchy. By remaining focused on what's imporatant they can eradicate anything irrelevant. He also believes in the importance of materials and making as part of the design process - not something that happens at the end when the 'design' is finished.

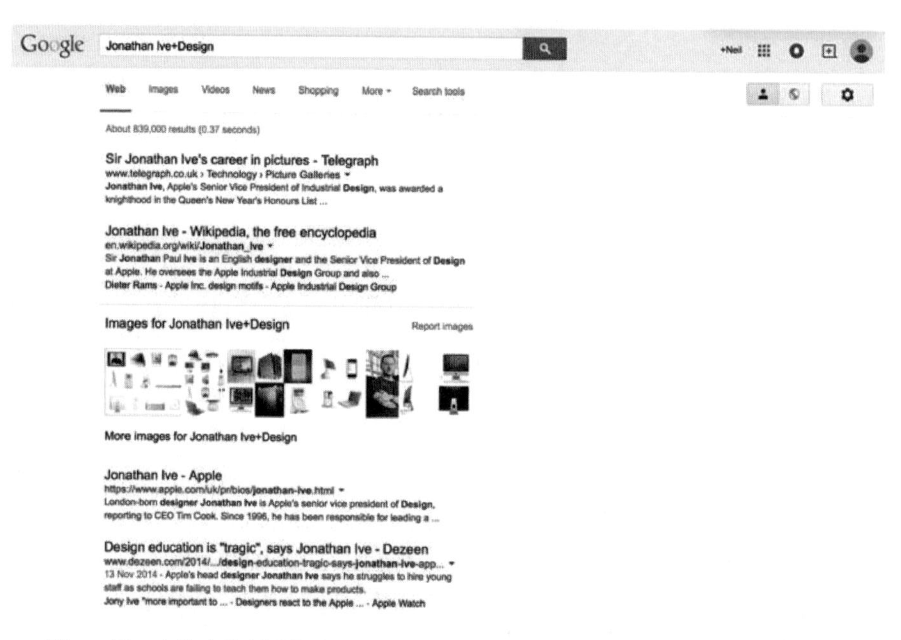

图4　用于存储人物创造性会话和相关谷歌搜索的永久知识的 Bright Sparks 网页

的数字文件,而 Bright Sparks 已经开发出对所有这些文件形式的支持。然而,我们认识到,一些用户希望数字支持的想法记录与数字支持的想法生成相结合,因此,Bright Sparks 已经扩展了与 MindMup 的链接,MindMup 是一个开源的思维导图软件工具。

表 2　在 Bright Sparks 软件工具中按照当前预定义的设计师利益相关者所编纂的知识

史蒂夫·乔布斯 (企业家和发明家)	达安·罗斯福 (艺术家和创新者)	菲利普·斯塔克 (设计师)	乔纳森·艾夫 (产品设计师)
马塞尔·万德斯 (设计师)	安东·寇班 (摄影师和电影导演)	雅各布·德沃尔斯基 (游戏设计师)	里特·维尔德 (设计师和建筑师)
蒂姆·布朗 (设计与设计思维者)	科恩兄弟 (电影导演)	克瑞斯汀·迈恩德斯马 (艺术家和设计师)	文森特·梵高 (艺术家)
达利 (艺术家)	威廉·吉斯本 (家具设计)	安东尼·高迪 (建筑师)	雷姆·库哈斯 (建筑师)
迪克·布鲁纳 (作家和插画师)	瓦西里·康定斯基 (艺术家)	达米安·赫斯特 (艺术家)	奥拉维尔·埃利亚松 (艺术家)
利亚·布切利 (设计师和工程师)	克里斯托 (艺术家)	理查德·塞拉 (雕塑家)	维姆·克劳威尔 (平面设计师)
艾瑞克·卡尔 (平面设计师和插图画家)	杰夫·昆斯 (艺术家)	费普·威斯顿多普 (插图画家)	海拉·容格里斯 (产品设计师)
伊莎贝尔·贝尔纳特 (编舞)	蒙德里安 (艺术家)	马滕·巴斯 (家具设计师)	三宅一生 (时装设计师)
维克多与罗尔夫 (时装设计师)	班克西 (街头艺人)	弗雷德·德·拉·布雷托尼埃 (时装设计师)	弗朗茨·马克 (艺术家)
贝恩德和希拉·贝彻 (艺术家摄影师)	阿纳·雅各布森 (建筑师与设计师)	迪特·拉姆斯 (产品设计师)	

5　基于 Web 的软件工具 Bright Sparks 的初步评价

我们对基于 Web 的 Bright Sparks 进行了成长性评价,以预知其未来的设计方向和实施重点。评估的目的是,识别工具的功能和技术在运行中的问题,并且在他们的工作场景中发现用户的需求并捕获未来对工具进行修改的建议。总共有 6 名具有设计经验的参与者提供了对软件工具的反馈意见。

所有的参与者都报告说这个工具很容易使用,如评价其有一个“清晰的界面”、“一眼就知道了,它总是一样的”、“自动化的、易用的”和“人物角色、简单性、线索、流动得很快”。与此相反,另外一些参与者表达了对检索到的人物呈现方式的关切,如“一些人物出名,并不是因为他们具有共同的知识,实际上人们不认可他们的知识”,以及“……即使一个人不知道这个人物对任务的理解是有帮助的,这可能是一个很好的触发人物角色的技术”。那就是说,大多数参与者承认他们可以简单地跳过他们不知道的人物角色,因为 Bright Sparks 最初就是这样设计的。一些参与者报告说,随机检索的人物角色并不总是他们想要的,如“也许要分类:社会、物理,于是你可以根据你的心理定位选择,虽然随机检索也是有趣的”。

Bright Sparks 的目标之一是消除对人的引导的需要,一些参与者提供了关于工具的自动指导特征的反馈。一些参与者报告说,Bright Sparks“技术更容易使用,即不必考虑自己的角色——就害怕页面空空的”,以及“这是使用该技术的一种快速方式,意味着你不必独自思考”。然而,在使用 Bright Sparks 的便利性方面,意见是有分歧的。对于那些熟悉名人堂技术的人来说,便利性并不被认为是必要的;而对于那些不熟悉该技术的人而言需要一些指导。为了响应这个反馈,我们添加了一个带有帮助信息和用户指令的分开的弹出窗口,来解决这个问题。特别是,评估探讨了整理的条目化线索的有效性,以指导使用每个人物产生创造性的想法。总的来说,这些线索是有用的,如“是的,我发现这些问题有帮助,刺激好玩。没有立即显得重复乏味”、“线索,让事情更容易开始”、“我认为它们真的很好,即使不是所有的都用得上,但我们总能找到其中一些有用”和“是的,虽然你不全用,但它对于开始思考还是有帮助的”。也就是说,参与者提出的一些改进的要求还是要引起重视,特别是“一些线索和一些重复的线索”和“线索太快重复。线索最好不要在刚刚展示之后就重复。线索在好多轮之后再重复是没问题的”。因此,Bright Sparks 的设计要避免每个检索人物的线索重复。

总而言之,Bright Sparks 的第一次评价结果为设计师在创造性思维中的有效性提供了证据,但也揭示了这个工具向用户呈现条目化知识的一些问题。因此,我们目前正在扩展工具的特性,如允许用户从诸如设计师和超级英雄等人物角色的事先定义好的类别中选择,以及添加简单的搜索功能,以便用户可以得到特定角色的信息。

6 结论和进一步评价

本文报告了一款新的基于 Web 的软件工具 Bright Sparks,以及关于它的设计、实现和首次评估,它可以被设计师和其他人用来支持发散的创造性思维。特别是开发的软件工具采用名人堂这一创造力技术,可供人们不需要人的引导或借用其他资源,就可以使用。

因此,我们相信,Bright Sparks 软件工具有可能对设计思维做出新的和重要的贡献。设计思维的重点是快速学习、发散概念生成和快速原型生成,同时与业务分析一起进行,我们相信,Bright Sparks 可以被设计师和主要的利益相关者在设计过程中有效地使用。特别是,Bright Sparks 的使用可以确认设计思维过程中明确地使用了一种创造性技术，从而弥合本文开始时报告的创造性研究和设计思维过程之间日益增加的鸿沟。

致谢 这项工作得到了欧盟资助的 FP7 项目 318536 的支持。

参 考 文 献

Boden MA(1990)The creative mind. Abacus, Routledge, London/New York.

Design Council(2011)Design for innovation: facts, figures and practical plans for growth. Available via http://www.designcouncil.org.uk/. Accessed 29 Oct 2015.

Greene SL(2002)Characteristics of applications that support creativity. Commun ACM 45(10): 100-104.

Hollis B, Maiden NAM(2013)Extending agile processes with creativity techniques. IEEE Softw 30(5): 78-84.

Kerne A, Koh E, Smith SM, Webb A, Dworaczyk B(2008)CombinFormation: mixed- initiative composition of image and text surrogates promotes information discovery. ACM Trans Inf Sys(TOIS) 27(1): 1-45.

Lockwood T(2010)Design thinking: Integrating innovation, customer experience and brand value. Allworth Press, New York.

Maiden N, Robertson S, Gizikis A(2004)Provoking creativity: imagine what your requirements could be like. IEEE Softw 21(5): 68-75.

Maiden NAM, Ncube C, Robertson S(2007)Can requirements be creative? Experiences with an enhanced air space management system. In: Proceedings of the 29th international conference on software engineering(ICSE 2007). IEEE Computer Society, Washington, DC, pp 632-641.

Maiden NAM, D'Souza S, Jones S, Muller L, Panesse L, Pitts K, Prilla M, Pudney K, Rose M, Turner I, Zachos K(2013)Computing technologies for reflective and creative care for people with dementia. Commun ACM 56(11): 60-67.

Michalko M(2006)Thinkertoys: A handbook of creative- thinking techniques, 2nd edn. Ten Speed Press, Berkeley.

MindMup. https://www.mindmup.com/#m:new. Accessed 29 Oct 2015.

Vázquez F(2013)Hall of fame. http://hailtothecreativity.wordpress.com/2013/03/14/hall- offame/. Accessed 29 Oct 2015.

Zachos K, Maiden NAM(2008)Inventing requirements from software: an empirical investigation with web services. In: Proceedings 16th IEEE international conference on requirements engineering, IEEE Computer Society Press, pp 145-154.

从真实到虚拟：用设计的思维开发提升软件

朱利安·马林斯，菲奥纳·麦基弗

摘要 人们都有最喜欢最熟悉的应用软件，也有最不喜欢的软件，人们会发现有些软件是令人沮丧和难以使用的。本文讨论如何应用基于设计思维的方法学方法，通过对应用软件及其后续设计的有效性评估，来识别开发机会。本文回顾了设计思维的概念，为后续的讨论提供一个讨论框架。许多我们认为理应好用的软件，其设计思想有两个，其一是把计算机当成一台比加法机器复杂不了多少的机器，其二是试图用数字形式对真实世界进行虚拟的模拟。随着软件应用试图包含的特性越来越多，一些过去成熟的应用程序现在开始撕裂，它们不能满足人们当前的需求。本文思考的方式是对真实世界进行拷问，以确定软件开发和软件接口的新机会和新方法。它考虑应该使用什么标准来评估软件应用的有效性。本文认为设计思维是一种可以预知开发过程的方法。

1 简　　介

本节的论述起点是，许多当今最常用的应用软件都具有显著的设计缺陷，这些缺陷要么是因为软件没有充分认识到终端用户的需求，要么是因为它们变得太复杂和笨拙。本文阐述了两种考察软件的方式，一种是一些日常情况下就可以为新软件的开发提供基本线索的方式，另一种是改进现有软件的方式。为了解决软件可用性问题，我们采用了设计思维的方法。

“设计思维”是大约10年前（2000年）开始流行的，得益于Tim Brown及其他一些人在IDEO设计咨询公司的工作（Brown，2008，2009；Kelley and Litman，2001）。然而，它已经存在了相当长的时间（Cross，1999；Johansson-Sköldberg et al.，2013；Kimbell，2011），并且已经有很多关于它的描述，一种认为它是一种商业管理方法（Martin，2009；Wylant，2008），另一种批评意见认为它以一种“烟雾和镜子”的形式迷惑客户(Badke-Schaub et al.,2010;Collopy,2009;Malins and Gulari,2013;Nussbaum,2011)。尽管存在这样的争议,但有许多与设计思维过程相关的文档化方法可以有效地应用于识别新机会和新解决方案,这些新机会和新解决方案可以用于开发新软件。

设计思维依赖于认知方法,这需要通过对问题或问题的初始起点进行反思性的框架重构开始。设计思维需要具有整体的视角,从尽可能多的来源整合信息和观点。它的特点是专注于以人为中心,一般采用基于视觉方法的经验方法论。在本质上,设计思维通常是协作的和多学科的。"设计思想家"的心理定位必须允许歧义存在,允许处理复杂的或似是而非的问题,而这些问题可能没有固定的解决方案,这种类型的问题有时被称为"邪恶的问题"(Rittel and Webber,1973;Buchanan,1992)。设计思想家需要不断体验并具有挑战现有设计思想的意愿,同时保持对个人未来需求的关注。图 1 为设计思维过程的概览。

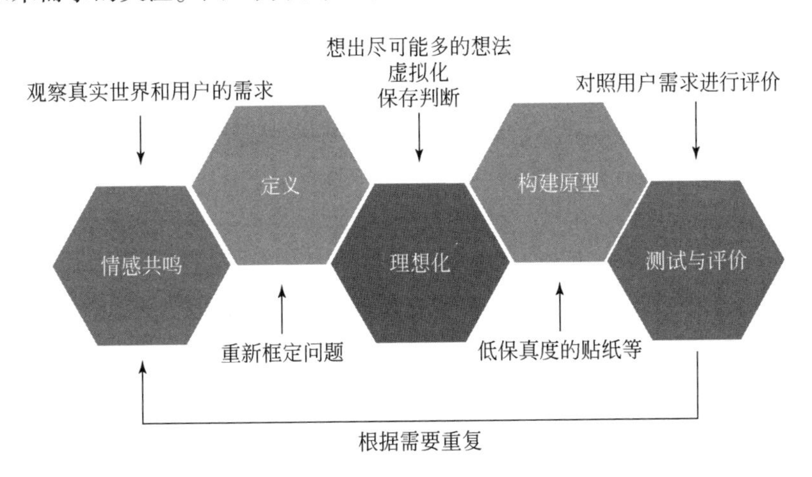

图 1　设计思维过程概览

改编自斯坦福大学设计学校的"设计思维中的虚拟速成课程",详情可参考 http://dschool. stanford. edu/dgift/。

在图 1 中的每个阶段可以应用一些方法和技术,而思维过程作为一个整体,为软件设计师提供识别新应用机会的路线图及它们随后的开发和实现,也为本文提供了一个有用的方法论架构。

2　第 1 步:情感共鸣——理解用户需求

设计思维需要设计师与最终用户产生情感共鸣,以便通过咨询或观察的过程来了解他们的特定需求。许多设计思维技术广泛用于洞察用户需求。这些思维技术包括使用移情图，它首先归功于史葛·马修斯与戴夫·格雷的 Dachis 集团（Curedale，2012），以及类似于如客户行程映射的技术（Schneider and Stickdorn，2011）。移情图是一个模板，可以在白板上绘制，并使用贴纸标签完成。它试图帮助设计团队了解他们的产品设计的用户的背景和动机。行程映射可以包括真实的行程，在行程中记录发生特定事件场合的触发点。在这些时间或空间的触发点上主导的情绪被记录下来，如在任何行程或体验中，我们都有可能会感到困惑或焦虑的事件。设计师通过比较多张行程图并记录不同用户对同一个行程的不同印象，这些情感的特别触发点就突出来了，这为设计改进提供焦点。图 2 显示了一个行程图，说明了去看病的过程。在过程中，注意到用户在特定触点上的情绪反应，如用户在预约、与接待员交谈时的情况等。

图 2 手画行程图

行程图成功地突出了用户焦虑的点，在这些点上通过设计思维的展开来重新设想和重新设计用户体验从而缓解用户的焦虑。

另一种被称为“移情模型”的方法，直接模拟复杂的个体需求。这可能需要如蒙上眼睛或穿上活动套装的做法，人为地限制运动范围以模拟老年人或其他一些有身体障碍的人(Malins and McDonagh,2008)。移情方法使我们能够在密切观察人类行为的基础上,开发对用户需求的理解。这涉及如何找到一些方法,使得设计师不仅可以观察真实世界中发生的事情,还可以通过模拟特定用户的需求来对需求进行深入研究。

将用户分类,如按照给定情况下的经验水平进行分类,允许设计团队处理和理解对于该组而言特定的需求和问题。一类用户包括新手或最新的用户。一类用户是一个之前从未接触过给定情况的个体,因此设计师解决所有问题的方法都是不断询问用户为了实现目标而必须采取的步骤。设计师采用这种心理定位,通过软件来完成任务,就好像他们以前从未使用过类似的软件一样。例如,第一个任务可能是打开一台计算机并与之交互。熟悉的用户知道如何打开计算机及如何打开应用程序。相比之下,新用户可能很难找到"开"的开关,并且在设备启动后立即糊涂了。新用户可以记录如何使用他们个人计算机上的开始菜单或使用苹果的浮动条的过程,但是乍一看这些任务并不是很清楚。隐含的或者没有帮助作用的信息在我们的个人计算机上是很普遍的。大卫·波格在他题为"简单销售"[①]的TED演讲中引用了一个使用户困惑的案例,他通过反复键入"错误11"来试图响应计算机的问题。当服务平台问他为什么这样做时,他回答说:"错误信息告诉我'键入错误11'!"有趣的是,这个故事强调了我们可以多么容易和草率地得到对用户理解程度的假定。

当最新的用户继续使用软件时,当前界面的缺点对于专家观察者来说是显而易见的,同时,设计改进的想法和机会也是显而易见的。通过使用观察技术、行程映射、移情映射和移情建模,软件设计师可以开始识别改进机会,就跟我们处理日常事务一样。这可以包括日常任务和现有软件的使用。当用于观察每天的活动时,这些技术开始对开发的领域提出建议。这些建议可以是围绕信息共享和通信、导航或人机接口展开的。

设计思想家总是在日常生活中寻找情境,这会引发一些小挫折或问题。用户通常会自然地对这些挫折习以为常。然而,对于设计思想家来说,它们代表着重要的创新机遇。我们熟悉的每一天任务,都为计算机支持的应用提供了新的机会。例如,在机场的行李传送带上找到你的行李可能会引发一个问题,"有没有容易追踪和匹配行李主人的方法呢?"像许多想法一样,对你而言似乎是原创的想法,其他人已经做出了类似的观察,结果产生了一个基于使用射频识别芯片的新产品[②]。

① 更多相关信息请参见 https://www.ted.com/talks/david_pogue_says_simplicity_sells?language=en。

② 更多相关信息请参见 http://www.trakdot.com/en。

这样的芯片可以使您的行李与您的手机进行通信。另一个常见的问题是,很多人可能会在你正要离开房子的时候把钥匙丢了。随着嵌入技术中的生物特征变得越来越普遍,也许将来我们会使用智能手表来定位我们的钥匙——当然,钥匙本身可能成为过去的事情。这个概念依赖于无处不在的计算或"物联网"(Weiser,1991)不断增加的现象。设计思想家的目标,是将每一个问题转化为潜在的创新机会。

与此相关的是,使用情景或讲故事的方法是一种更强大的设计思维方法(Curedale,2012)。有许多类型的场景化方法可以是基于实际经验的,也可以是完全基于想象的。通过考虑个人每天面临的任务,我们可以开始识别创新的可能性。下面的虚构场景说明了这种方法是如何工作的。

"弗雷德生命中的一天"

弗雷德被他的数字闹钟吵醒了。他起床去洗手间。弗雷德的健康怎样?智能厕所告诉弗雷德,他的饮食需要更多的纤维,他还需要减掉几磅。弗雷德离开家工作去了。当他的个人电子身份随着皮下芯片移动时,他的房子就锁上了——不需要钥匙或现金。弗雷德现在有太多的信息了。软件是如何获取他需要的信息的?随着时间的推移,他的偏好已经被存储在他的个人云上,而基于案例的推理算法开始定制他的具体数据需求。弗雷德的虚拟空间围绕着他延伸,帮助他与他认识的人或可能分享共同利益的人互动。当他走路的时候,他的环境计算开始调整附近的电子广告牌上的广告以反映他的要求。他的皮下芯片使他能够与环境互动。当他走近时,门开了,他的办公楼欢迎他,并打开他的电脑系统。他的工作环境符合他的具体要求……①

探索这个虚拟世界使我们能够探索不同的可能性并设想新的应用。正如一些人对这种情况做出积极反应,而其他人可能会感到震惊,认为这是对隐私的严重侵犯。答案可能是另一个应用程序,允许用户在与虚拟世界连接时可以实现更多的控制,或者干脆不连接虚拟世界,如 Warwick 等(2003)的研究所展示的那样。将这种讲故事的想法作为认知的源泉已经促进了一些重要的软件开发。最著名的是,科幻小说 *Snow Crash* 参与了谷歌的 Google Earth、Second Life 及其他一些概念的开发(Stephenson,2003),早期的赛博朋克小说 *Neuromancer* 由 Gibson(1984)收录,并将"赛博空间"这一术语带入了我们的主流语言。赛博空间的引用也对当前互联网的形式产生了影响。

---

① 这些思想基于现实,参考 Twyford 开发案例 VIP(the versatilei nteractive pan):http://news.bbc.co.uk/1/hi/health/1433904.stm。

扩展这一思路,人们可能会问"我们目前缺少什么应用软件?"扩展正常感觉范围的应用可能值得考虑。随着人口老龄化,这一点特别令人感兴趣。我们期待软件来补充我们现有的感官,帮助我们记住我们遗忘的东西,以预见我们的需要,或者如通过使用声学信息来补充我们的视觉的不完善。

我们今天最熟悉的许多应用软件,都是试图产生一个现实世界过程的数字模型。例如,文字处理器最初是用来取代电子打字机的,而电子打字机又是基于手工打字机的;表单是为了模仿簿记实践而开发的,而计算机辅助设计软件是从技术制图的领域发展而来的。所有这些应用软件所使用的术语和语言,都是直接借用它们现实世界的用法。文字处理器仍然是指"剪切和粘贴",字体大小以"点"的大小来衡量,而"行距"这个词,从手工排版至今仍然被用来描述线条之间的空间。软件开发人员经常利用这些遗留的术语和想法,来帮助用户在旧系统和新技术之间进行转换,或者在真实世界和虚拟世界之间进行转换。这有时被称为拟物化。接口的设计通常包括使用拟物化方法,它引用了许多较老的术语来帮助用户对界面产生熟悉的感觉。熟悉的界面一直是许多很受欢迎的应用程序和设备的标准特征(Page,2014)。视觉的拟物化通常在动作上是相似的,如在音乐软件中直接使用拨号盘和滑块来模仿声音混合台。也可以利用数字相机上的机械式快门声等来实现听觉拟物化。拟物化现象并不局限于应用软件的开发。许多我们最满意的技术,都是从使用早期设备的术语开始的。例如,汽车使用"马力"来描述引擎容量,数字收音机有时用"拨号盘"进行频率调整,电子书可以提供翻页的动画。书籍和电子书就为这一现象提供了一些明显的例子:可以说,电子书如果不参考其真实世界的对手的情况,其开发可能是完全不同的(Cope and Philips,2006)。例如,速读软件(如 www. spreeder. com)单次呈现单词的方式,跟传统的按页面布局呈现文字的方式就不同。这个软件表明,速读实际上是一个更有效的方式来显示基于文本的信息,即屏幕阅读的方式,但对电子书的读者而言,这不是一个标准的好用的选择。

这个初始阶段被称为移情,主要关注理解用户的需求和识别开发的机会。下面介绍如何使用这一初步研究来定义一组新应用程序的规范。

3 第2步:定义——反思性重构

最终用户一直是开发新软件解决方案的重要灵感来源,这被称为以用户为中心的设计(Norman and Draper,1986;Norman,2002)。然而,这种方法也有局限性。最终用户可以告诉你当前在应用程序中工作得怎么样,他们喜欢什么,不喜欢什么,但可能无法告诉你未来的可能性及还不存在的任何事情。以用户为中心的设计在提供软件演化发展的可能性方面特别有用,但当涉及完全依赖于新事物的突破性创新,或更常见的来自不同领域的技术再融合时,以用户为中心的设计是不太有帮助的。

定义要解决的问题,其中一个重要步骤是对问题和设计事项的反思性重塑:这可能是设计思维过程中最关键的步骤之一。许多前期的设计问题的表达方式都是以预先确定最终结果的形式表达出来的。提醒人们重新设计最初的设计目标的重要性的一个例子是由美国航空航天局的一个虚构的故事提供的,这个故事说的是美国航空航天局委托开发一支可以在太空中写字的“笔”,结果花费数百万美元来开发这样一个东西。与此同时,苏联简简单单地用一支铅笔在太空中写字就解决了同样的问题。避免使用“笔”这个术语而用更有帮助的“用笔”这个术语来重塑这个问题,也许会节省很多时间和花费。这一轶事说明,在考虑任何类型的设计问题时不要将预先决定解决方案的术语包含进来是多么重要。

计算机科学家普拉纳夫·米斯特里提供了一个很好的案例,说明构建问题框架的重要性,乍一看构建问题框架很简单,但它可以充分发挥人的想象力。在题为“六感技术的惊人潜力”[①]的 TED 演讲中,普拉纳夫·米斯特里问我们如何与我们周围的世界更直接地互动。普拉纳夫·米斯特里设想写一张便条,让它立刻出现在他的电脑上,或者仅仅用手拿着一张照片来模拟照相机的取景器。普拉纳夫·米斯特里的方法强调了要用随手可得的东西作为现有的技术来模仿新设备。这种低保真度原型的使用,在设计思维方法中由来已久。在软件术语中,这意味着在与最终用户一起工作时,要使用粘贴便条、卡片和视觉原型,才能问出在设计问题产生的方式中,可能早就已经存在的一些假设。

这种方法对软件开发还是有局限性的。例如,随着软件的发展,原始规范中增加了新的功能时,软件变得像一个已经被很多他人侵占的建筑,而压根不考虑设计、建筑或规划规则,结果可能是不稳定的和混乱的。在开发的软件中,菜单结构会变得越来越少,导致导航的解决方案更复杂和更困难。图 3 所示微软 Word 的截图说明所有工具栏同时显示时的复杂性和视觉混乱程度。应用程序已经开发了多年,随着不断更新换代和不断迭代,最终需要大幅度增加计算机内存和处理能力来运行应用程序。此外,软件包本身变得不那么直观,因此需要专门的课程来教人

① 更多相关信息请参见 http://www.ted.com/talks/pranav_mistry_the_thrilling_potential_of_sixthsense_technology? language=en。

们如何使用软件——如欧洲计算机驾驶执照基金会(European Computer Driving Licence Foundation)为希望成为微软办公应用专家的用户提供课程。

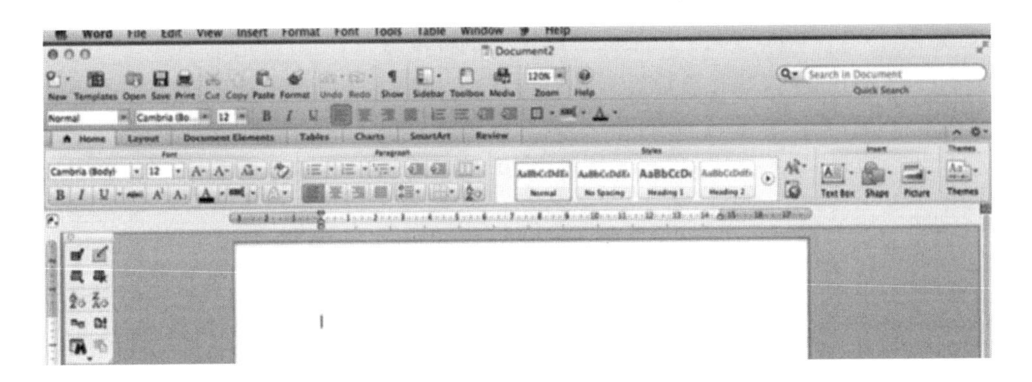

图 3　微软 Word 屏幕截图,显示所有工具栏构成“视觉混乱”

用于设计应用程序的底层隐喻可以对应用程序的开发、呈现和使用产生深远的影响。我们可以应用这个想法来设想新的隐喻,并用这些隐喻来探索界面思想:我们可以从大自然中选择一个符号如树的结构,它可以暗示信息的根、主干、分支和果实等。同样,也可以选择一个人造隐喻如建筑,暗示有房间、地板、地下室和服务等。后一个隐喻也开始提出一个更为立体的观点,这与我们习惯的二维视角不同。探索这些想法,可以提出非常不同的界面形式。

由于“桌面”和“窗口”的隐喻已经占据了如此长时间的界面设计,引入替代界面所涉及的商业风险,可能是令人望而却步的:大公司可能不愿意开发那些意味着从画草图开始的激进的界面选择。然而,这可能仍然是基于开放式创新方法的创新机会,这意味着软件可以在完全开发之前先投入应用,前提是软件可以免费下载给那些热衷于持续努力和不断提供反馈意见的个人。谷歌 Chromium OS 项目就是按照这些原则运行的。

现实世界是一个三维空间,我们通常在里面毫不费力地移动,利用我们所有的感官进行导航。然而,在虚拟世界中,我们通常被限制在二维视图上。这种二维视图对新软件的设计有着强大的影响,就像计算机的矩形屏幕一样。WIMP 接口(窗口、图标、鼠标、指针)倾向于预先确定开发软件的特定方式,然而,新的交互形式,如物理手势和语音命令,正开始为新的应用开辟机会,使我们能够超越传统隐喻的限制。软件和硬件制造商 Oblong Industries 公司,正试图通过开发基于手势的接口来改变行业现状。微软公司的 Xbox Kinect① 还让我们看到了另外一些很有前途的交互技术。

设计最困难的一种方式是没有约束。设计师必须处理的限制越多,设计过程就越清晰,因为解决方案可以根据明确定义的标准进行评估。例如,为具体目的而设计的应用程序,或执行具体任务的应用程序,可以帮助人们聚焦解决方案。极端用户(即具有具体要求或需求的用户)为设计师提供了一组明确的约束集合。虽然这些约束最初对设计过程很有挑战性,但是解决方案可能在极端用户所施加的约束之外还有更广泛的应用。例如,设计一个为全盲者服务的导航系统就会施加一些非常严格的限制。然而,一旦问题得到解决,所得到的导航系统可以解决任何用户都会发现的重要问题:刚开始开发的具体领域的设计,可能具有更广泛的应用。同样的原则适用于极端环境如太空探索或南极石油开采。这些挑战性的解决方案,可以在日常生活中得到大量应用。这种极端要求、需求和情况可以成为创新的强大驱动力。

设计思维过程的想法,要求软件开发人员定义他们正在试图开发的是什么,仔细识别设计之前就知道的不合适解决方案的标准。开发基于用户需求的规范,使得在开发软件时更容易评估软件。定义了问题后,下一步就是生成尽可能多的解决方案。

4 第3步:理想化——发散思维

有相当数量的设计方法致力于扩展想法的数量,有时被称为"发散思维",或者作为设计过程的"发散"阶段(Design Council,2007)。标准方法包括头脑风暴法、思维导图法和其他"协同学"方法(Curedale,2012)。

除了标准方法之外,另一个非常有用的想法来源是借鉴自然系统,被称为仿生学。它是一种成功用于创新软件应用的方法。例如,蚂蚁的觅食行为,已经被用于处理非常庞大的数据集合的新算法的开发。蚁群优化算法有助于优化一个特定的目标的最佳路线,它基于概率技术来解决计算问题,可以通过图来减少对最佳路径的搜索次数。它是被称为元启发式的一系列算法的一部分,由 Dorigo(1992)提出。

发散思维还有一个思想来源是基于对现实生活的直接观察。例如,当观察到大量手术后并发症是程序操作失误和人为错误的结果之后,由英国的医院引入了

① 更多相关信息请参见 http://research.microsoft.com/en-us/projects/lightspace。

新的检查表系统(World Health Organisation,2009;Birkmeyer,2010)。这个创新的检查表系统目前还是一个基于纸张的解决方案,但它已经具有能够显著减少术后并发症的效果。这个案例表明,基于一组观察结果识别问题,然后开发一个解决方案并对方案进行评估,整个过程是有效的。将检查表检查的过程开发成软件应用程序需要进一步的努力。对真实世界的解决方案建立可视化版本,可能产生一个有效的软件应用程序。下节更详细地介绍原型的形式。

5 第4步:构建原型

有三种主要的构建原型方法:①快速或低保真度原型方法,主要用于设计过程的早期阶段;②迭代原型方法,可以使用软件开发工具;③进化原型方法,在现有应用程序基础上进行进一步开发而建立原型(Beaudouin-Lafon and Mackay,2003)。虽然图1中展示的原型设计是设计思维过程中的一个单独步骤,但在实践中,原型设计与构思阶段相结合,使用低保真度原型作为想法产生和明确的方法。在软件设计中,低保真度原型可以采用极其简单的材料,如剪纸、便利贴或手绘故事板,以表示用户在应用程序中或者网站上用户操作的过程。重点是使用草图技术或软件,如使用Axure来模拟应用程序的基本功能,尽量延迟实际编程的时间,直到构思出问题和解决方案的适当图片。

为了保证文章的成功,规则是把想法与评价分开:换句话说,保留判断的独立性。现在我们考虑如何通过测试与评价的过程来实现判断的准确性。

6 第5步:测试与评价

我们应该用什么标准来评估新的软件应用程序呢?一个建议是新的应用程序应该设计得足够直观,这样就不需要用户在使用之前看参考手册,更不用参加特殊的培训课程。这就要求软件设计师提供对最终用户有意义的隐喻,并使用目标用户群熟悉的语言和术语。一种更有效的方法可能是,允许用户自己定制界面的元素,如菜单中使用的术语,以满足他们的业务需要,并匹配他们自己的界面需求。

由于平台不断学习我们的偏好,如iTunes和Amazon,用户已经习惯于那些能够提供基于用户偏好分析的软件。重要的是认识到个人有不同的认知思维风格,将直接影响他们如何应用软件的方式(Kirton,2004)。这可能涉及,如用列表结构为偏好线性思维风格的用户呈现信息,或者以地图或网络的形式呈现,有利于偏好整体思维方式的用户。开发能够学习我们个人思维风格的应用程序,有助于以个性化的方式过滤和呈现信息,亦是软件设计中顺理成章的下一步。

如果开发了不适应最终用户的需求,往往是因为没有在一个产品成熟之前制定标准。一旦约定成为一个行业标准,要对它进行设计改进就变得越来越难。一个案例是 QWERTY 标准键盘布局,最初是为手动打字机设计的,是为了减缓打字员手指疲劳而开发的,这样安排的按键不会纠结在一起(Noyes,1983)。然而,这种布局是如此完善,几乎已经不可能取代(Noyes,1998)。同样重要的是避免反直观的行为,如将文件拖动到 Mac 系统上的垃圾箱的图标,本来是为了弹出光盘,或者使用“开始”菜单关闭个人电脑。触摸屏是一场交互的革命,触摸屏的广泛使用说明,存在更直观的方式与软件交互,我们已经习惯的那些操作方式可能都有替代方法。

还有一种常用的软件评估方法被称为“认知演练”方法(Rieman et al.,1995)。基于对用户开展具体任务的系统观察,认知演练既可以通过检查表来完成,更直接的方式就是采用就近观察。首先,用户设置一个具体的任务,如启动一个新项目。然后,用户在界面中搜索可用的动作,如交互元素或按钮,然后选择一个可能允许他们完成任务的动作。最后,用户执行所选择的动作,并根据需要多次重复这些步骤直到达到所需的目标。演练记录了每一步骤的有效性。演练技术的一种变化方式是利用眼动跟踪技术①,它提供了用户如何与应用程序相关联的定性和定量的数据。

7 结　　论

本文介绍了设计思维的概念,作为一种方法来识别每天对真实世界进行观察发现的机会。这样的观察可以刺激构建低保真度原型,这又可以用来构建新的平台。当开发新的应用程序时,能够批判性地重构初始的设计问题是非常重要的,它是考虑合适的解决方案、避免过度使用可能影响结果的术语时非常关键的一步。作为重建过程的一部分,使用替代的隐喻来探索想法及使用场景来探索想法,也被当成一种替代方法进行了描述,这为应用软件的开发找到了新的起点。软件的增量开发导致过于复杂和难以使用的应用程序。一些解决方案成功了,反而又成为这种成功的牺牲品:随着一些软件成为行业标准,重大的改变变得更加难以实施。开发既简单又有效的软件仍然极具挑战性。观察现实世界,对每天发生的异常情

① 更多相关信息请参见 http://www. mirametrix. com/products。

况和轻微的挫折所带来的机遇保持足够的敏感性,给我们带来新的创新机会。设计思维的应用及它所强调的早期原型设计和以人为中心的设计价值,对未来的软件开发人员有很大的帮助。设计思维面临的挑战是,如何运用设计思维的方法来发现新的机会以开发出有效的应用程序,这些应用程序能够对我们的生活产生重大影响;开发直观的界面,可以在没有使用手册或特殊培训的情况下进行导航;允许最终用户控制信息呈现给他们的方式。

参考文献

Badke-Schaub P,Roozenburg N,Cardoso C(2010)Design thinking:a paradigm on its way from dilution to meaninglessness. In:Proceedings of the 8th design thinking research symposium. pp 39-49.

Beaudouin-Lafon M,Mackay WE(2003)Chapter 52:prototyping tools and techniques. In:Sears A, Jacko JA(eds)Human computer interaction-development process. CRC Press,Boca Raton FL,pp 122-142.

Birkmeyer JD(2010)Strategies for improving surgical quality—checklists and beyond. N Engl J Med 363:1963-1965.

Brown T(2008)Design thinking. Harv Bus Rev 86(6):84-92.

Brown T(2009)Change by design:how design thinking can transform organizations and inspire innovation. Harper Collins,New York.

Buchanan R(1992)Wicked problems in design thinking. Des Issues 8(2):5-21.

Collopy F(2009)Thinking about design thinking. FastCo. Design. http://www.fastcompany.com/1306636/thinking-about-design-thinking. Accessed 19 Feb 15.

Cope B,Phillips A(2006)The future of the book in the digital age. Chandos Publishing,Oxford.

Cross N(1999)Natural intelligence in design. Des Stud 20:25-39From the Real to the Virtual: Developing Improved Software Using Design Thinking 349.

Curedale R(2012)Design methods 1 : 200 ways to apply design thinking. Design Community College Inc,California.

Design Council(2007)Eleven lessons:managing design in eleven global companies. Design Council, London.

Dorigo M(1992)Optimization,learning and natural algorithms(in Italian). PhD,thesis,Dipartimento di Elettronica,Politecnico di Milano,Milan,Italy.

Gibson W(1984)Neuromancer. Berkeley Publications Group,New York.

Johansson-Sköldberg U,Woodilla J,Çetinkaya M(2013)Design thinking:past,present and possible futures. Creat Innov Manag 22(2):121-146.

Kelley T,Litman J(2001)The art of innovation:lessons in creativity from IDEO,America's leading design firm. HarperCollinsBusiness,London.

Kimbell L(2011) Rethinking design thinking: Part I. Des Cult 3(3):285-306.

Kirton MJ(2004) Adaption-innovation: in the context of diversity and change. Routledge, Hove.

Malins JP, Gulari MN(2013) Effective approaches for innovation support for SMEs. Swed Des Res 2 (13):32-39.

Malins J, McDonagh D(2008) A grand day out: empathic approaches to design. In: Engineering and product design education conference. ETSEIB, Universitat Politècnica de Catalunya, Barcelona, Spain, 4-5 September.

Martin RL (2009) The design of business: why design thinking is the next competitive advantage. Harvard Business Press, Boston.

Norman DA(2002) The design of everyday things. Basic Books, New York.

Norman DA, Draper SW (1986) User- centered system design. Laurence Erlbaum Associates Inc., Hillsdale NJ.

Noyes J(1983) The QWERTY keyboard: a review. Int J Man Mach Stud 18(3):265-281.

Noyes J(1998) QWERTY-the immortal keyboard. Comput Control Eng J 9(3):117-122.

Nussbaum B(2011) Design thinking is a failed experiment: so, what's next? . FastCo Design. http://www.fastcodesign.com/1663558/design-thinking-is-a-failed-experiment-so-whats-next.

Page T(2014) Skeuomorphism or flat design: future directions in mobile device user interface(UI) design education. Int J Mob Learn Organ 8(2):130-142.

Rieman J, Franzke M, Redmiles D(1995) Usability evaluation with the cognitive walkthrough. In: Proceedings of the Conference companion on human factors in computing systems. ACM Press, Denver CO, pp 387-388.

Rittel HWJ, Webber MM(1973) Dilemmas in a general theory of planning. Policy Sci 4:14.

Schneider J, Stickdorn M(2011) This is service design thinking: basics, tools, cases. BIS Publishers, Amsterdam.

Stephenson N(2003) Snow Crash. Bantam Books, New York.

Warwick K, Gasson M, Hutt B, Goodhew I, Kyberd P, Andrews B, Shad A(2003) The application of implant technology for cybernetic systems. Arch Neurol 60(10):1369-1373.

Weiser M(1991) The computer for the 21st century. Sci Am 265(3):94-104.

World Health Organisation(2009) Surgical safety checklist. WHO, Geneva.

Wylant B(2008) Design thinking and the experience of innovation. Des Issues 24:3-14.

设计与数据:团队设计信息产品的策略

马蒂亚斯·丰克

摘要 本文旨在将数据和信息链接到创造性设计之中,着眼于在数据设计的早期阶段进行的协同过程。本文的目标是,在一个巨大的空间里,厘清设计和数据之间的关系。这个关系是设计团队应对数据设计挑战的指南。同时,设计是数据和信息可视化领域涉及的关键学科之一(Moere and Purchase,2011)。首先,本文介绍了数据、信息和设计共同涉及的思想和概念。本文视用户和设计师为主要利益相关者,并考虑设计信息的目的。在介绍之后,我们首先关注协同数据设计实践中所必需的设计工件。其次,本文关注数据与设计的结合意味着什么,以及数据在数据设计过程中的潜在作用。本文概述了一般设计过程中的方法和手段,以应对早期的设计挑战。最后,本文附有一张注释书目来指导进一步阅读。本文以一个案例贯穿始终,有助于读者加深对真实信息产品的理解。本文案例将更多的理论阐述与具体设计案例的应用水平联系起来。

1 简 介

设计通常意味着相信直觉和对审美、外观与感受的感知,或者产品刺激的情感。人们不断追求设计机会,特别是在设计的早期阶段。因此,设计师不仅要依赖于用户研究和人类学研究,还要依靠直觉找到设计的问题。

因此,我们需要用设计实现的目标如下:①有效地将收集的、感知的或观察到的数据转换成信息,而不丢失重要的数据内涵,如意义、连接、真实性;②通过交互手段,在复杂性、可理解性和易用性之间达成平衡;③允许由少数核心原则指导设计过程,这样引导出良好设计的可信度更高。

随着数据的参与,游戏规则就发生了改变(Bigelow et al.,2014)。因此,数据是非常特殊的,在某种意义上,数据可以作为设计过程的一个组成部分。数据也可能是设计的主题,这是本文主要聚焦的方面:信息产品如交互式数据可视化、可穿戴健康监测器和移动应用程序,以传送关于日常生活的数据。在无处不在的“大数据”时代,甚至有更多的嵌入式数据收集实践,我们需要找到将原始数据转化为有意义的设计的方式,即“信息产品”的设计方法。除此之外,使用数据设计本身就是一个复杂的领域。因此,在本文中我们面临三个主要的挑战。

1)数据的形态和物质性:数据本质上是无形的和短暂的。它不能被改变和修改。它很容易过期,但仍然有用。

2)意义和元数据:数据通过场景化、连接和关联来获得意义。这些是处理和标注的结果。

3)范围和框架:可用于设计的数据,数据量大,质量参差不齐。特别是现在,在数据设计中,设计师可以根据实际问题来确定范围和框架。

在应对这三大挑战时,本文提供了清晰的设计工件和过程阶段的指导。本文将重点介绍信息产品,即对设计工件的数据打包,将这种表达方式嵌入数据的最终用户的场景中。因此,本文中涉及的两个主要利益相关者是相互关联的:在一个设计团队里,最终用户和设计师各自代表一个潜在偏向技术或偏向企业的利益相关者。本文将重点关注信息产品所代表的数据和信息的意义,并突出数据对设计团队的影响。

作为本文的一般说明,一个案例贯穿本文各节,并且将随着本文内容的发展而发展。在每节之后,通过设计案例连接上下文,以及做出相应的解释:个人可穿戴设备如何以最小的代价对用户现在的场景数据进行不同层次的可视化。这是因为我们对信息的需求,随着语境的不同而大不相同。例如,运动时,我们对心率感兴趣。然而,当工作时,我们可能更感兴趣的是一些可以减轻身体压力或者可以帮助休息的小动作。Qualica 这个概念是为变化的世界中的用户专门设计的,其中可视化媒体和交流活动越来越成为他们现实生活的主要内容,并以复杂的方式展开。因此,这个概念利用场景来实现最小可视化,而不是显示数字、图表或图标可视化内容。

本质上,图 1 的 Qualica 是一种将已有数据、现场场景信息通过实时数据处理,用最小的可视化代价实现和可穿戴设备交互的信息产品。为了更好地说明设计过程,假设本案例中的早期设计阶段包含几个不同的角色,这就分离了用户的不同关注点,如技术专家对生物信号数据和外部 API 的关注;工业设计师不仅要设计设备的形式和相互作用,还要设计围绕这一点的服务;移动 APP 的开发人员要负责 Qualica 的伴随 APP 的开发。随着本文的展开,我们将看到案例是如何演变的。本文所有与该案例有关的插图摘自佩皮恩·芬斯的硕士论文(Fens,2014)。

(a) 工作

(b) 运动

图 1　两个不同场景中 Qualica 的物理信息产品

在接下来的部分中,数据被当作素材引入设计,并且作为具有潜在意义的材料被引入设计。然而,数据设计特别是以团队形式进行的数据设计是具有挑战性的。第 2 节介绍了信息产品,并阐述了信息产品的不同使用场景对设计的影响(探索和交流)。第 3 节着重于数据设计过程中涉及的工件,特别强调关注点和设计信息的分离。第 4 节详细描述设计过程,该过程将工件和设计过程不同阶段之间的关系绘制出来。

2　从数据到信息产品

设计需要的数据?数据是一种什么奇怪的成分[①],以至于今天到处都是,但难以掌握,也往往难以理解?与其他“材料”不同,数据是一种抽象的、动态的、没有延展性的资源,因此需要特别关注。数据可以视为时间和空间上的意义颗粒。

在整个设计过程中,数据和信息的需求,有一个从刚开始的探索到更清晰的沟通的转变过程。在后期阶段,设计师知道能够期望从数据和信息源中得到什么。设计师已经熟悉这些数据,并且发现了进一步设计中的一些有趣的和有价值的东西。因此,设计师对数据的价值需要不断培养和强调,并为信息产品的最终设计服务。

① 本文中,“数据”这个词主要以单数形式使用。详细讨论见 Borgman(2015)。

2.1 数据作为素材

围绕着我们的现实越来越多地以数据的形式被获取。因此,数据已成为公众熟悉的也可能是让人恐惧的明确的资源。但数据到底是什么呢?

根据 Ackoff(1989)的说法,数据、信息、知识和智慧以分层的方式联系在一起。数据为基础层,可以导出信息。此外,人们对信息进行处理从而获得知识,并在某些点上将知识转化为智慧。然而,Tuomi(1999)的观点表明,数据是基础,也是 4 个挑战中最灵活多变的。数据只是信息的一种表现形式,是因为机器的需要而优化的形式,它可以以原始数据或经过处理的形式出现。数据通常是经验数据,也就是说,从正式的实验或研究中收集的数据,或者来自现场的真实数据。原始数据通常被认为是丰富的和真实的,但对于高层次的设计活动而言是不可用的。因此,数据思想的重点是,数据是一个抽象的概念,并且常常来自现实世界。一些作者甚至提出,capta 这个术语是对通常称为数据的术语 data 的更准确的描述,即对现实的一种带有某种定见的理解(Drucker,2011)。自然,人们对数据和信息有很多看法。因此,本文将在余下的 2.2 ~ 2.3 节中使用以下解释:数据由机器处理;信息由人类处理;“信息导致变化。如果没有变化,那就不是信息”(克劳德 · 香农)。

2.2 材料的意义

将来有趣的不是关于数据本身,而是关于数据的意义。

——艾伦 · 凯

用数据设计的挑战显然是传达意义,将那些触动我们和带来变化的抽象的符号翻译为具有语义的表达形式。当把数据作为设计的素材时,人们需要思考设计过程中数据的意义及数据需要处理到什么程度。同时,数据对用户的意义是什么?数据设计是否需要一个探索性的设计,以扩展关于一个领域、一个设计主题或者仅仅是关于现实的知识?设计是否需要通过数据来表现行为,如告知、影响、参与和激发?设计师负责给材料数据赋予意义,这通常表现为上下文信息、关系链接的形式,或者简单地对数据表中得到的内容进行解释。设计师需要考虑一个事实,即透明度和诚实是相关的。透明度代表原始数据集或数据源与内容的接近程度,而诚实意味着一幅简化的原始图像仍然能代表真实的问题,能真实地传达最初捕获的要点(Hullman and Diakopoulos,2011)。在大多数数据设计项目中,经常会出现原始数据的原始视图丢失的情况。因此，当视图制作者把最后的丰富多彩的结果呈现给客户时，这些信息就占据了那些丢失了的信息的位置。因此，本文建议人们时不时地要往回看，并思考为什么人们需要把一部分数据引入设计中。此外，人们还要考虑，为什么用户需要知道一些事情：设计师是在解决一个问题吗，还是在对一个(潜在的)数据集进行探索，这个探索能直接或间接地解决未来的问题吗？

2.3 信息产品

信息产品当今无处不在，但很少被定义或被视为最终用户使用的产品，它以用户友好的方式对信息进行处理，可以很容易地与用户进行交流，并且提供丰富的交互体验。我们越来越多地能够捕捉到这样的信息产品，如从现场的设备中或者与之相连的服务中。过去，计算机无法获得比实际执行任务所需要的信息更多的信息。随着智能手机和其他智能设备的引入，人们接受了嵌入式传感器可以获取比实际需要数据更多的数据这一事实。因此，本文得出的结论是，每一个新的传感器创造一个新的商业机会，成功的核心是对传感器的信息设计。这也意味着我们越来越多地可以在我们为产品收集的每一个数据点上有所作为。

(1)设计探索

信息产品的最终用户场景往往更多地倾向于用户可以从与产品的交流中学习更多东西，而不是探索更多的未知。然而，也的确有最终用户的探索场景。一个案例是，对于 2011 年 3 月福岛核泄漏事故之后[①]接近于实时的原始数据，基于地图的核辐射数据可视化只是简单地在空间信息上进行了扩展或者进行了场景化处理，但是世界各地的数据专家都能从中获得深刻的理解。当用户(消费者和专业人士)需要通过相对有限的接口访问大量潜在的多样性信息时，探索性信息产品是有用的。根据 Heer 和 Shneiderman(2012)的研究，设计师所采用的常用技术如下。

- 选择(如检索隐藏于上下文信息中的时间或空间上的精确点)。
- 过滤(减少时空上显示的数据量；排除或包括数据选项)。
- 缩放(减小视图中的显示空间，增加每个位置的数据点，并改变抽象级别)。
- 导航或浏览(显示已有的目录或搜索术语的目录)。
- 增强(数据项与外部信息或元数据进行动态链接)。

---

① http://blog.safecast.org/maps/[2014-12-31]。

这种探索性设计的共同期望是,随着复杂性的增加,可以获得其他好处。这样的好处包括真实性和较少的潜在偏见、更高的数据灵活性,以及对数据项之间的复杂关系、数据集和外部信息之间的复杂关系的更好的观察。一个探索性的观点也意味着元数据和它的来源,在用户界面中被公开和可以得到。因此,这可以提供另一层次的信息,即手头数据是如何收集、处理和操作的。因此,它提供一个透视的视角,来认识数据的整理、理解和解释。

(2)交流与影响的设计

如果在探索性的研究中较少使用数据,而在交流和激励行动中较多使用数据,结果会怎样? 有关这种情况的很好的案例,来源于个人健康和活动跟踪设备(Fens and Funk,2014)、公共媒体中的数据可视化的案例及其他一些设计的案例。这些设计中,从数据源访问数据并将数据转化为具有丰富上下文的及可视化更好的表达方式,这需要观察者感觉到设计的吸引力才行,这样的数据设计经常聚焦于观察者。由于各种原因,它排除了其他用户的数据。此外,一个探索性的研究应该包括数据排他性这一点,良好的交流性设计可以吸引更多的观众。好的交流性设计公开了一些跟潜在隐私不相关的信息,强调了集体的和与观众相关的数据视角。

一个核心问题是,数据如何引导人采取行动。这个问题引入了可行动知识的概念。可行动的知识并非沉默的知识,或注定要被遗忘的知识,而是很有用的知识,往往导致直接的行动。同时,问题延伸到有说服性设计,包括表面上有声誉的动机或论证,即来自可信来源的数据。然而,这种模式的许多应用缺乏可信性,因为从数据收集到表示的链条在许多地方被打破和被模糊了。

(3)案例

从信息产品的实例来看,本案例的设计缺乏探索性但具有更多的交互性。因此,从外部数据源(如 Web 上的活动流)感知或提取的数据未被完全公开,而是通过简单的物理显示的方式,以聚集和高度浓缩的方式呈现。显示器是一个多色的 LED 显示屏,它作为休闲配饰包裹在可穿戴设备里面。虽然这可能会导致用户侧的探索行为,但是其主要用意是为了收集信息并获得启发,并且激励行为的改变(向更健康和更敏锐的方向改变)。

也有一个伴随 APP 可以连接到可穿戴设备上,并允许浏览收集的数据,探索历史痕迹,或者缩放场景中的细节。图 2 标出了该应用程序的几个截屏,这使用户更好地理解在 Qualica 设计中所使用的丰富的多层数据基础。当 Qualica 将身体活动与工作统计相关联时,如桌面应用那样,用户可能产生要去查看这样的模式的冲动。这个 APP 及其更具探索性的使用场景并不是本文其余部分讨论的重点,详情可以从 Fens(2014)的论文中得到。

图 2　Qualica 的伴随 APP,覆盖个人健康领域中的一些更具探索性的使用场景

在介绍了信息产品之后,接下来的部分重点介绍这些产品的创建(过程),从数据设计过程的工件开始。

3　数据设计所用的工件

第2节中提出将数据放在金字塔的底部,顶部是智慧,这对用户或消费者而言可以获得对数据和信息的一般理解,这个金字塔结构是足够的。然而,对于数据设计师而言金字塔结构是远远不够的,因为设计师不是独立工作的。因此,建立对数据和信息的不同理解是必要的。我们需要分离设计和基础信息,以允许不同的数据利益相关者之间的合作,并支持设计早期阶段的想法产生过程,其中对可用信息的表达方式要求是中性的。对于在同一时间内要进行快速原型和快周期的迭代而言,信息表达方式要求足够灵活。结果,该信息也需要以清楚的方式,将数据源和数据平台的处理分离开来,数据处理是设计师最后花费大部分时间的地方。最后,关注点的分离是一种将潜在的单一的整个实体分割成更小部分的方法,更小部分的工作可以在协作环境中由不同的专家完成。

这些考虑导致在设计场景中对数据和信息产生了新的理解,它们作为一种分层结构,将设计的基础设施、设计信息和设计本身垂直地整合在一起(图3)。将工程原理应用到设计过程之中这听起来是一个具有相当技术性的甚至有点乐观的说法,但这是一个重要的强制功能。建筑师 Alexander(1964)研究早些时候关于成功的设计是如何展开时指出,成功是实验、迭代、犯错和失败的结果。设计信息是这种重复适应过程和数据设计的“风化”过程的成长土壤。设计信息是一个安全的中间地带,有助于快速探索和迭代的速度。同时,它也限制了那些失去方向、没有动能、没有驱动力的尝试。

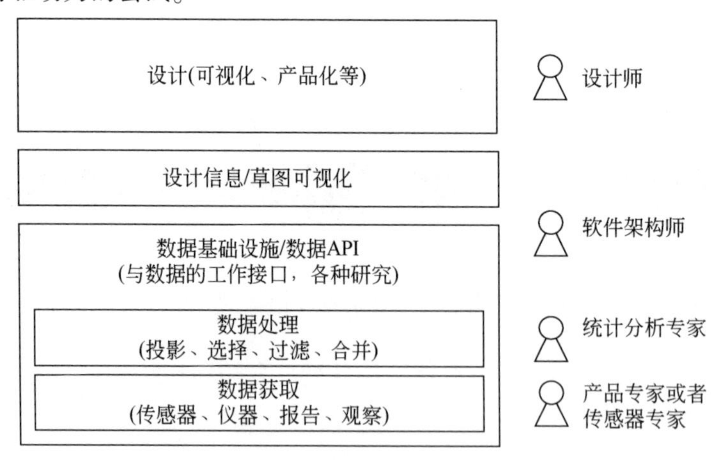

图3　数据设计层和相关专家的关系概览图

图3左侧所示是数据基础设施,它封装了获取和处理数据的手段,并提供了与数据的接口。设计信息是将基础设施的数据转换为一个视图或一种表示,这些视图或表示可以在设计过程中,作为数据意义的完整表达进行引用。最后,设计是一个完成数据打包的过程,设计过程允许与基础数据源进行有限且有意义的交互。

图3的右侧描述了一些专家角色(无论如何都无法详尽),他们可以在一个协同设计团队里一起工作。虽然所有专家都要在一定程度上参与各个不同层面的合作,但角色边上的方框里还是显示了他们的主要专长和职责。图3清晰地表明,良好的沟通交流,意味着不同专业和背景之间的交流。图3所描述的划分成层的设计工件,可以促进这种交流,详细解释如下所示。

3.1 数据基础设施,从源头数据和原始数据到加工的数据

用数据设计天然地意味着收集、整理和准备关于设计、数据和相关信息的材料,以满足设计过程各部分的要求。这很难。数据素材与实体素材的不同在于,它的采集往往决定了它的价值。数据的数值非常重要,所以在数据采集时要采用合适的方法保证数据的有效性,在数据分析时需要保持分析的一致性,因此数据的采集在一开始的时候就要按照清晰的方法进行。同时,数据的语义和意义,以及它们与其他信息及其他因素的结合,决定了数据的价值及价值贬值的程度。根据其后来的用途,数据可以随着时间的推移降低价值或者增加价值。例如,跟竞争优势相连的数据很快就会失去数据的价值(参见高频股票交易或秘密甜点配方的泄密)。然而,如果用作证据,数据的价值立刻就增加很多(参见专利以前的工艺或法庭审判中的证据)。正确处理数据需要很多直觉,这往往又导致一个误解的陷阱,因为“有趣”并不总是等同于“有价值”。

(1)数据采集

不管设计最终是否包含一个特定的数据集,数据源本质上是接触用户现实世界的接触点。数据可以通过测量或观察从现实中抽取出来,如使用技术手段测量来自环境的数据(温度、辐射、噪声水平等),或者通过使用人类观察和对现实的理解提取数据。这些一般方法提供了不同类型的数据。因此,它们可以根据需要单独或一起使用。有时,利用测量方法得到的数据更有效或更准确。但有时,人类思维对于观察、报告或理解所需要的数据是至关重要的。

建立应对数据源挑战的总体框架,可以满足更多技术设计的要求:人们可以通过产品来测量用户的什么?是他们的环境、他们的经验及他们的意图、需求和期望吗?人们可以越来越多地从现场设备及与之相连的服务中获取用户的数据。此外,

数据的两个主要领域引起了设计师的兴趣:①关于一般用户、目标用户和用户环境的数据;②关于他们使用和体验的产品的数据。因此,本文将重点关注这两类数据,第一类数据归结为对信息产品的设计很感兴趣,第二类数据归结为对处理数据手段感兴趣,处理数据手段可以更好地洞察产品的(潜在)用户并为客户调整和定制设计内容。

有很多方法可以通过数据处理来降低数据的价值,同时也存在一个简单的事实,即很少的数据也能真实地表达现实。本文可以对数据概括出这些方面的一般质量标准,这对设计是有用的。这些标准如下。

1)可用性。

数据源不仅仅要在需要采集的时候可用,也要在以后可用。这是做数据参考需要的,或者仅仅是为了更新先前采集的数据集。现成的数据,对于迭代设计过程、建立对数据基础设施和设计信息的支持是必不可少的。

2)相关性。

数据源需要可信、有效和真实,从它们推导出来的任何东西都被认为是相互关联的和有意义的。随着时间推移的数据关联性很重要,因为某种程度上数据很容易就过时了或“冷却”了,导致数据对某些应用的相关性较低。

3)场景。

数据源跟特定的场景相关,因此需要以某种方式采集这些场景数据,作为后续的数据参考或者丰富未来的信息。因此,只有具有足够丰富的场景信息,数据才能“落地”。脱离了场景的数据变得更加抽象,需要添加一些场景信息才能重建数据的意义。

4)准确性。

准确度是真实性和精确性的结合(根据 ISO57 25-1)(Feinberg,1995)。真实性指的是测量值或数据点离物理真实值有多远,而精度本质上决定了样本的分布。低精度可以是很紧凑的数据点产生的(高精度),或者由物理真实(真实性)的距离产生的,反之亦然。由于技术和存储上的限制,采样数据意味着对真实拍摄快照(图 4)。因此,这就自动带来低精度。

5)隐私。

数据确实可以侵入一个人的隐私,具有泄露或显示个人信息和亲密信息的潜力。隐私问题实际上是数据场景化的问题,如人的可识别的细节。例如,没有任何场景,“102 000”肯定不会触及任何人的隐私。然而,“102 000”这个数字在“某乔 2013 年的税前收入,以欧元计,生活在……”语境下,无论是真的还是假的,都能在现实中创造出一种扎根于数据的强大力量。隐私在设计数据中值得特别关注。处理隐私敏感信息的方法涉及要保持与场景化数据的一致性。这样的隐私处理方法在处理数据时要做到准确,不允许出现任何低级错误。

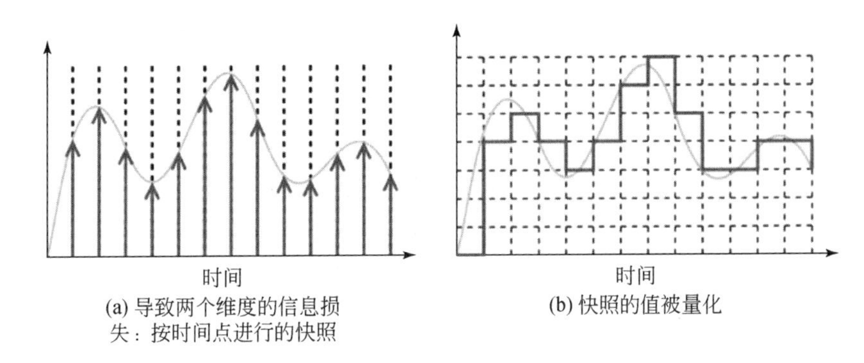

(a) 导致两个维度的信息损失：按时间点进行的快照

(b) 快照的值被量化

图 4　将连续(模拟)信号转换为离散(数字)表示
http://en. wikipedia. org/wiki/Discrete-time_signal[2014-12-31]。

当谈论质量时,人们假定质量的各个方面都应该被最大化。但实际未必是这样。当设计数据时,质量需要平衡,而不是全部都是最大化。例如,人们确实重视隐私,但如果他们放弃部分隐私能得到利益的话,他们也愿意妥协。一个案例是 Facebook 和其他社交网络证明了这一点:用户自愿地公开他们的私密的、个人的甚至亲密的信息,来获得社交互动、可见性和感知状态。另一个案例是呈现的信息的准确性。现代传感器提供非常精确的数据,信号处理的应用可以从中受益匪浅。然而,人们可以观察到,当代的数据可视化给出的精确信息要少很多。这是因为精确信息根本就不需要,甚至被认为有害和分散注意力。

此外,数据还有更多方面的特性,如所有权、存储、安全和治理,这些特性与企业数据、自我量化数据及环境数据都有某种程度的联系。但是,这些都超出了本文的范围。

如何从这样的数据源收集数据远不是一个技术问题,但很大程度上取决于设计中我们感兴趣的数据的领域。最好识别和开发数据源,这些数据源可以稳定地和毫不费力地承载着数据。然而,这是因为"新鲜度"往往决定了数据源在这个设计空间的相关性和意义。

有时,这种不断生成的新鲜数据被称为"在线"数据,并且经常强调其连通性的本质。然而,"在线"数据作为一个概念导致"离线"数据,即数据离开了相关的时间场景就会变成陈旧的数据。在线数据和离线数据都会带来技术上的挑战。例如,在线数据需要连接性、实时处理和频繁更新视觉展示,这些视觉展示需要面向变化的数据来专门设计。离线数据需要存储,离线数据可能更丰富,并且可能需要更加丰富的上下文,因为它没有时效性。

通常,人们喜欢从源头、粒度大小和语义等方面选择(在线)数据收集。此外,数据采集过程中的变化,会导致数据整体的变化,人们可能需要等待一些时间直到能够处理这些新的数据为止。

(2)数据分析处理

将在线或离线的原始数据变成处理过的信息,往往要经过一条漫长的曲折的道路。数据处理需要专家引导和促进,才能了解什么样的数据源是正确的,数据才能揭示我们体验到的真实。然而,在分析数据时,可以观察到不同的处理模式。

- 向下:试图了解数据在现实中的根源,数据来自何处及它意味着什么。
- 向上:试图理解如何抽象,才能有助于概括,或者与共同的知识和交互相连。
- 数据集之间的连接:试图理解同一数据源或真实数据(现象)之间的模式和关联。
- 超越数据集的连接:试图了解数据如何与数据之外的其他信息关联。

这些分析视角与对数据里面到底有什么的质疑分析有关。同时,这些分析也不时地质疑我们的感知。数据分析的一个错误可能是对数据集分析的偏见,被称为辛普森悖论。辛普森悖论本质上是说聚集在一起的统计数字会如何误导我们。当所有数据组合在一起时,在数据整体的某一部分出现的模式不会在数据的其他部分出现。对于常识性的分析,统计数字知道得更清楚一些(Blyth,1972)。

数据处理链条中的所有步骤决定了它的后期价值。着眼于早期设计过程的合作性质,数据收集和分析开始是一种手工活动,逐渐才出现在传感器、应用程序编程接口(application)、信号处理和数据分析领域的专家们的深度参与。然而,从原始数据到处理过的信息这个流程,在设计过程的后期阶段,期望应该是高度自动化的(见下一个部分的重点)。因此,数据源和数据基础设施表面上提供的接口之间几乎就是直接的联系。如果数据源是多个用户的主观答案,并且是其他定性源头的情感描述,那么最好是与自动生成的“模拟”数据一起采集,或者从更大的历史数据体中开始采集。

自动化是关键,但不是要付出像建筑的刚性要求那样巨大的代价。设计师想要的是流畅和最新的数据。此外,设计师还考虑改变数据源的灵活性,改变数据处理的方式,并在需要时直接与数据源交互同时也需要准确处理需求数据。因此,对于现有的静态数据集,自动化数据处理是很容易做到的。但对于动态数据集,特别是在还没拿到数据的情况下,自动化的数据处理就有点困难。此外,离线数据和在线数据在采集上也有区别。离线数据一旦被获取就将保持不变,而不管在数据集合里进行过什么样的分析。

(3)数据接口

在设计信息的最后一步,还属于工程范畴的处理过的信息要提供给设计师使用。这可能是和文件、文件夹捆绑的数据集,或者是在线上可以持续获得的技术接口中的数据,也就是说,接口在任何时间点都提供新的数据。这些接口通常被称为API。API是外部世界可以从应用程序中提供或接收的数据通道。外部世界可能需要提供授权凭证才能进入API,但一旦获得授权,数据检索的大门就打开了。

对于数据而言,这样的接口在Web信息系统的领域中是很常见的。如今,互联网巨头们,向那些能够利用他们的知识和服务的开发者开放他们庞大的数据存储库。这对开发者有好处,但也有成本。特别是当不支付服务或访问时,开发人员将自己锁定在API提供者的特定生态系统中出不来。因此,离开互联网巨头们营造的温暖巢穴可能不那么容易。

不过,了解大公司如何打开其数据缓存库是很有意思的。当然,信息是经过预处理和精心设计的,以适应多种应用场景。确切地说,是数据生态系统创造了人们现在所谓的创业经济,数据生态系统就是一个快速发展和高度通用化的公司网络,这些公司是基于通用技术和信息技术的开发而连接在一起的。此外,人们可以将数据生态系统转化为数据设计项目的较小的场景。数据生态系统传递数据的需要是通过从数据源开始建立和处理信息接口来完成的。同时,我们可以拥有一个丰富的数据环境为快速成型和快速实验服务。

对数据的要求是什么?数据要求是开放的、结构化的、一致的和场景化的。格式化方法包括逗号分隔值(CSV)文件、电子表格(如Excel表格)、数据库(MySQL、SQLite等及其管理接口),或专用API连接远程服务器,通过对内部数据库的查询,直接提供可用的格式固定的信息。

这些接口不仅需要一直有效,还需要有充分的文件记录。源代码、解释、示例、教程、模板和更正式的代码或API文档,可以帮助设计师创建他们的主要的数据设计工件,即设计信息。

(4)案例

本案例具有不同层次上的数据源,这些数据源都给最终用户贡献在线或者离线的数据,用户看得见这些数据也可以与之交流。数据包括:身体信号(图5)、与工作相关的日志数据(如桌面应用程序的使用)、环境信息(天气、气候等)、来自社交网络的社会数据,以及和当前活动场景有关的数据(如跑步、工作、吃饭等)。这些数据中的某一些会以一定频度在某个时间点主动开放给外部访问,开放的信息内容与可视化的当前状态相关。因此,这些数据被归类为在线数据。在图6中,这些在线数据可以在底部一个一个地被找到。也有离线数据,但离线数据查询较少,对实时状态的可视化更新没有贡献。因此,它们的数据更加稳定和不易挥发,并且它提供了场景和活动的更一般的图像。

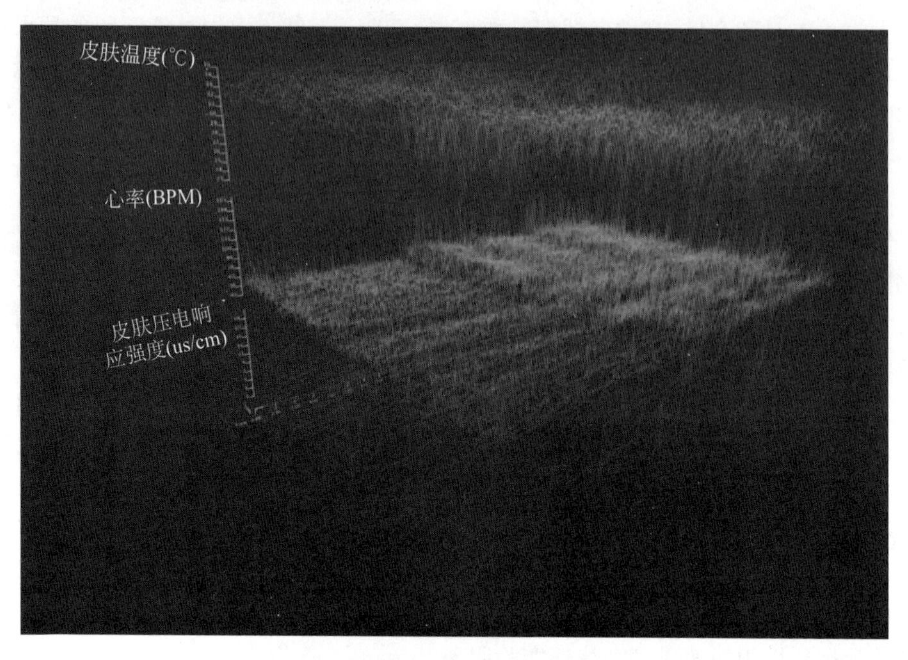

图5　身体活动数据的3D可视化处理

这张心率、皮肤压电响应强度和皮肤温度的可视化整体图,对于观察斑点模式、趋势和相关性的"大图"是有用的。

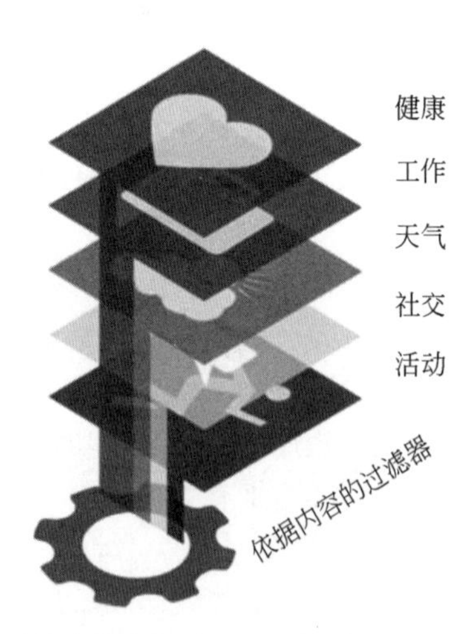

图6　对补充数据源和上下文信息进行可视化分层

来自这些数据源的数据都要处理,如对时间进行归一化,或者对数据进行格式变换。对于一些数据源如天气数据或者社交活动流数据,可以通过 API 从互联网上取得在线数据。这些数据源将需要额外的基础设施进行处理,之后才能供后续阶段使用。对于可穿戴设备,数据提取可能是困难的,或至少是烦琐的。一般只有从数据基础设施中才能获得和应用相关的数据样本。我们的目标是让所有数据,通过各种渠道进行编程访问,并尽可能保证数据是“新鲜”的。

3.2 设计信息

设计师的一个特质是对素材保持高度的即时性响应。开发数据的及时性不仅仅意味着对数据起源和它属于什么环境有深刻的了解,还要能够直观地将特定的数据和信息关联在一起正常工作。通常,设计师倾向于提高即时性技术(Megens et al.,2013)。随着时间的推移,设计师甚至可以开发“数据嗅觉”,这是一种能感知数据集最有趣方面的直觉能力。作为(部分)受益人,设计师有多少种定义?如今,建立和塑造自己的工具集是设计师的一个基本技能,这个技能甚至在你开始设计之前就要具备。

然而,作为一个从数据进行设计的初学者,很容易直接从数据源或处理过的数据开始进行设计。此外,人们可能已经设想了数据设计的最终形式,并渴望继续走下去实现最终结果。成功攀登珠穆朗玛峰只需一次尝试,但谁能抓得住这一次的机会呢?相反,如果在每一个地方都搭建一个营地,就可以尝试最后的登顶。如此,在不可预见的事件发生的情况下,这也便于沿路返回。对于数据设计的尝试也是如此。设计师需要一个可以进行探索的数据大本营,在这里设计师总是能对手边的数据提供一种很好的表达方式,一种虽然粗糙但适应性强的可视化图景及往下进行数据钻探的手段。设计师还需要有办法能走回去,并根据实际情况检查他们的工作,重新评估或计算总体数据。设计信息连同文件化的方法一起,有助于沿路留下面包屑,让我们从一个死胡同里安全返回。

在协作数据设计过程中要强调不同利益相关者之间的沟通。因此,协作数据设计是一件由团队成员共同创作的艺术品,是创造性决策过程的基础(Kozlova,2011)。

回到离线和在线数据的想法,离线数据有助于建立在时间和空间上对数据的广泛的整体认识,还可以搜索数据集内的模式和隐藏的关联关系。离线数据的分析可以采用工具获取,如商业化的 Microsoft Excel 表格工具或 TabLeAW、RAW 甚至 MATLAB 等专用工具。工具的选择取决于人们对工具的熟悉程度,和人们对动态数据的完全理解所达到的自由程度,以及数据以轻松和流畅的方式所揭示的其最有趣的方面。因此,可以在互联网上找到几个可以很好地可视化看全图的工具①。

对于在线数据,其即时性通常更有趣。当从不同传感器传进来某些特定的值时,发生了什么事? 极端情况是什么? 其他信息如何丰富对给定数据的认识? 在这些情况下,数据分析可能是一个手工完成的数据可视化过程,这种手工作业符合人们的个性需求,并随着时间的推移而增长。许多开发人员和设计师过去都尝试过自制软件工具,并保持对这套工具的使用手册、资源和技术更新的支持,这样使他们能够快速、直观地工作。我们的目标是对数据也建立这样的手工工具。

(1)设计行为数据

就像几乎每一个设计过程开始时一样,总有一个问题要被问道:我们为谁设计,他们的需求和期望是什么? 在处理数据可视化方面,非专业和专业用户之间是存在差异的(Quispel and Maes,2014)。然而,即使是可视化的制造者自己,也是在设计和数据的场景中要考虑的一个有趣的小组。虽然上述问题可以帮助设计师建立对产品构思的框架,但这个方法有一个固有的对角色理想化的自然倾向,这可能是误导性的。还有另一种方式:关于用户意图、需求、期望和行为的数据,可以帮助我们形成一个更实际的认识,这种认识有助于我们弄清楚为谁设计、他们有什么和他们需要什么,以及人们对未来设计的期待是什么(Sprague and Tory,2012;Brehmer et al.,2014)。这是对收集数据的探索性使用,随着时间的推移,这会为设计的用户不断提供更准确的视图。

支持设计过程中的探索、设计及验证的数据,它所需要的适当的数据源,能够将用户行为、潜在需求及期望的正常的场景化数据抽取出来。用户行为数据可以从现在的早期原型设备和之后的产品中导出来,而场景化信息可以通过问卷调查、访谈和其他定性的用户研究方法观察得到。不同类型数据的组合,导致设计出的数据设计工具可以最优地支持现在数据驱动的设计过程(Funk,2011)。

随后,基于行为设计方法与其他数据驱动的设计方法也有联系,如在医疗领域中基于例证的设计方法(Evans,2010;Codinhoto,2013)和统计假设测试(如“A/B测试”)。此外,基于行为设计方法还涉及更一般的对比测试方法(Fogg et al.,2001;Kohavi et al.,2009),但超出本文的研究范围。

(2)示例

再看一个案例,案例设计信息的目的是在设计空间中做出更好的决策,这些设

① 一个案例:http://keshif.me/demo/VisTools[2015-9-5]。

计空间充满了敏感的可选项,并且通过数据接口可以获得大量不同的数据源。案例中开发了如图 7 所示的接口,以给出与所有身体相关的数据源的概貌。它允许人们方便地浏览和选择数据源,并且还可以在场景信息的时间点上进行比较和标注,这对设计过程的后期阶段是有帮助的。这个接口可以从数据视角来使用(朝向注释给出的场景),反之亦然,可从注释的场景出发设计底层的“硬件数据”。基于设计信息平台,设计师可以探索用户界面设计的不同方向。例如,可以探索一种更具交互性和有限信息的产品概念,如在一种探索性概念的变种之后,探索针对不同类型最终用户的产品概念。

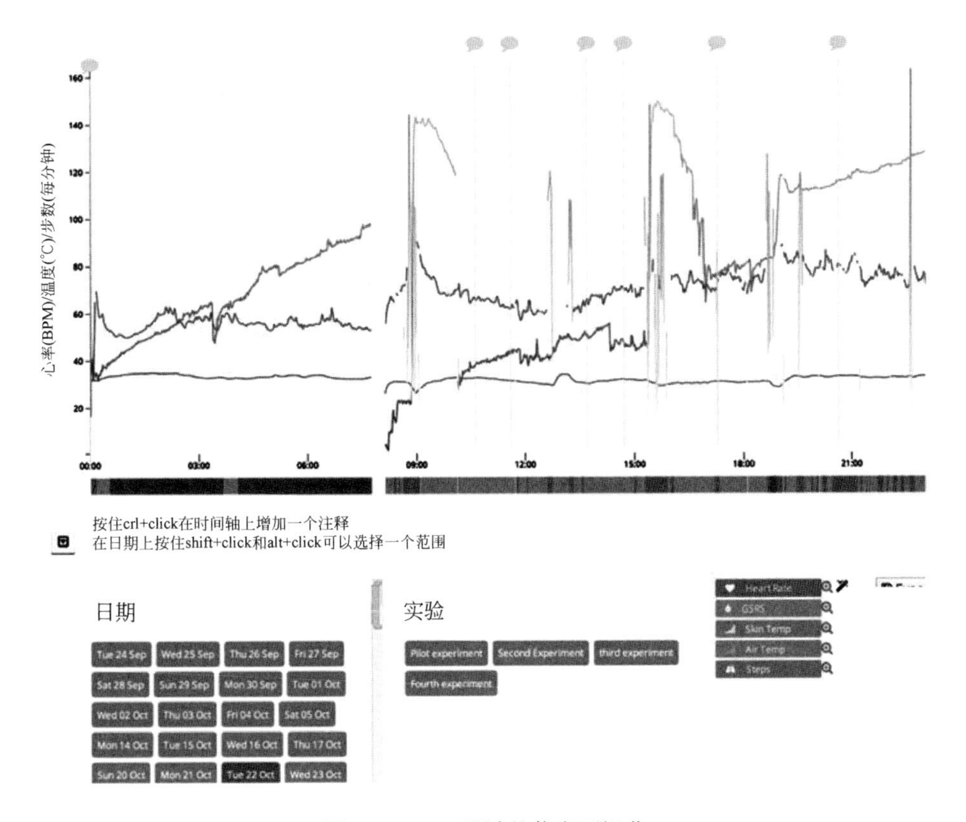

图 7　Qualica 设计的信息可视化

一个粗糙的数据可视化图,提供在数据处理过程中对数据进行选择、过滤、清洗和注释的交互控制。

(3)设计信息在设计工具中的泛化

设计信息是一种场景信息丰富的数据或信息的封装,它以明确的用户为基础。当我们从设计产品的最终用户转向设计师和制造者时,在构思、概念化、设计及验证设计的过程中,数据当然也是有用的。虽然设计信息和它的用户界面对设计项目来说非常具体,但是它还是可以被概括为具有可重用的数据“工作平台”,它使得接入处理步骤、数据操作工具和可视化等过程变得很容易。实例是交互式复杂数据的可视化,如过程图和映射数据。其他包括信息服务、专业仪表盘和其他分析业务工具,即特殊的领域工具。

在手工艺中有一种传统,即手艺人经常需要创造不存在的工具,或改变工具来适应他们自己的实践需要或特殊用途。设计师获得数据后也需要接受这个想法。数据是复杂的和高度场景敏感的,需要深刻理解和定制工具,才可能适当地处理好数据。

3.3 设计产品

因此,从精心安排的设计过程中实现的设计产品和设计信息相比,显得少,但同时也显得多。说设计产品内容少,是指最终设计通常会减少或者浓缩给定的设计信息,以得到一个清洁的和优化(视觉)的数据表示,它完美地体现了数据的可理解性、体验和易用性。说设计产品内容多,是指设计的场景化和根源是在用户的现实中而不是设计师的现实中实现的。在表达、动态可视化物理表达上考虑语义含义,可以使信息和用户场景对应起来。例如,设计师可以将讲故事的方法(Kosara and Mackinlay,2013),作为介绍设计范围的手段,将呈现的信息与用户的真实(Chuah and Roth,2003)对齐,并用强有力的叙述来捕捉他们的注意力和想法。

因此,设计师利用设计信息的丰富性来优化设计,并在第4节提到的三层结构中循环迭代。

4 设计过程

现在已经知道如何区分技术领域、数据基础设施、设计空间、设计信息和设计本身,本文转向创建信息产品的第二个视图。这一视图涉及使用数据进行设计的实际过程。有两个关键点需要注意。首先,将设计信息作为一层是必要的,从后往前看,这对于协作支持、沟通交流、快速推进和稳定设计过程等都是至关重要的。然而,过程需要快速推进。其次,在数据基础设施或平台还没成熟之前,投入太多的工程努力是应该避免的,因为平台经常会改变。沿着这个设计过程往前走,当然就是一个古老的工程问题的变种:通过改进一个系统而不引入太多技术壁垒,来实现泛化与结构之间,以及灵活性和适应性之间的良好平衡①。

因此,本文将从引导阶段开始详细说明数据设计过程的不同阶段(图8)。

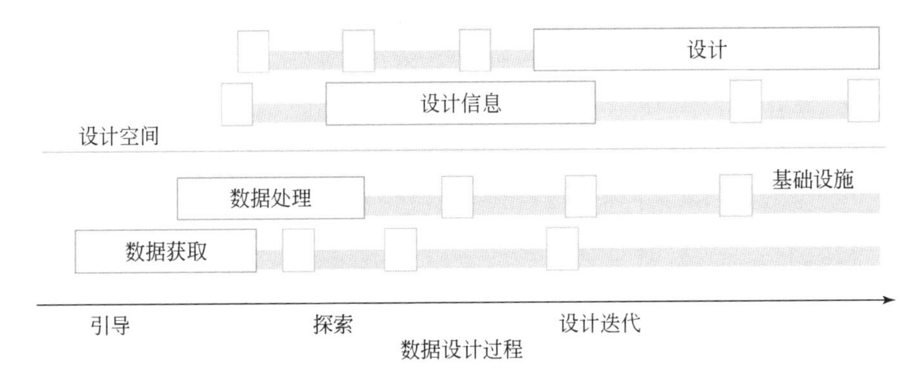

图8　数据设计过程的三个阶段:引导、探索和设计迭代

4.1　引导

引导设计过程是比较简单的,引导人要求所有人都参与活动、提出问题、讨论原则。对引导的一个建议是,让每个人总结他们对项目的看法(为什么项目是相关的、有趣的和有价值的?)、他们的专长(是什么让他们坐到一起?)及他们的输入。此外,每个人都应该能够迅速抓住数据所面临的问题。在考虑问题范围的时候不应仅从问题本身出发,人们应该考虑一个潜在的设计应该长成什么样子。在数据方面,重要的是了解数据的一些初始信息,如哪些数据源是可用的,数据是如何产生和结构化的,哪些技术包含这些数据,哪些工具可以用于对数据的分析?然后引导人还要问,人们对数据的假设是什么呢?数据是事实上真实的、有潜在的偏见的还是过于简单了的?即使人们不认为所有这些问题都是相关的,用户也可能会怀疑问题之间的相关性,这一点很重要。

在数据设计过程概述(图8)中,引导阶段由数据获取、数据分析和数据处理几个部分组成。然而,引导阶段主要是要使用正确的工具加快设计速度,并合作开发一个共同的交流通道——从数据到设计及从设计到数据。引导阶段是一个发散阶段,用来展开数据的各个大的方面和小的细节。

① http://c2.com/cgi/wiki?TechnicalDebt[2014-12-31]。

示例

案例中的引导阶段可能意味着设计团队中的生物信号专家将对可能的传感器进行简短的概述,这些传感器可以以每 5s 一个样本的速率传送数据,而不消耗太多的功率,并且对于小的可穿戴设计来说也不过于臃肿。同时,设计师会发现相关的研究,将传感器数据和诸如觉醒、放松状态甚至疾病之类的身体现象相联系。此外,设计师将从相关应用中搜索到案例,并被激发出灵感(图 9)。

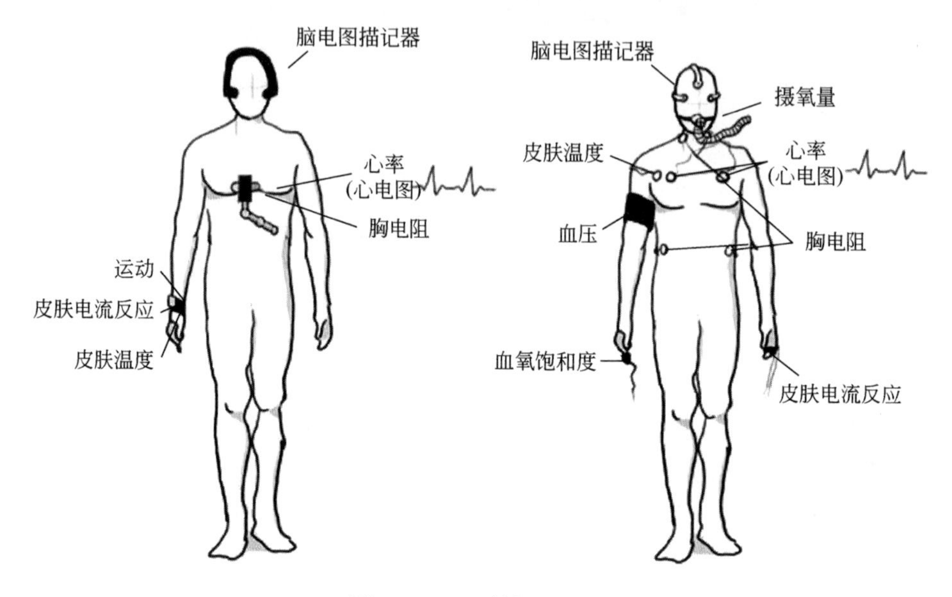

图 9　Qualica 数据源概图

4.2　探索

设计师在设计中探索数据时,经常会遇到一个鸡与蛋的问题。在数据丰富但不能立即访问,即数据不可直接使用的情况下,设计师面对的问题是,数据能提供什么? 同时,设计师需要问的是,设计需要什么? 如果涉及人数不止一个,这个问题还可以进一步展开。然而,设计师需要对数据和元数据进行共享、解释、批判性评价和讨论。在协作团队中,如果没有持续的交流手段,这个探讨的过程就很容易陷入停顿。

采样:采样的一个策略是从对数据本身进行开放性研究开始的。如果还不清楚数据是否能帮助我们设计,或者不明确哪些方面的数据将是最相关和有用的,那么从数据样本开始采样的过程策略,就是要先打破数据→数据这个循环。因此,这个循环是数据探索过程的一颗种子。这样的循环种子是从几个(随机选择的)数据源中提取的数据的小片段整合起来的。它很小,我们可以很容易地管理它,同时,它也足够大,我们可以评估所选择的数据源是否有利于进一步的探索。在循序渐进的过程中,我们可以穷尽可用的数据源,并确定它们对应对设计挑战的价值。这不是一项容易的任务,但随着时间的推移,就会发展出越来越浓的数据的气味,引导我们朝着更直观的数据探索方向前进。一旦这一步完成了,我们克服困难的速度就会越来越快。

启示:探索的另一种策略是不直接从数据采样开始,而是将设计挑战作为探索数据源的引子,这些引子可以或明或暗地给设计过程以提示。一个有趣的方法是,利用广泛使用的激发灵感的素材,来识别类似或相关的设计,这将反过来告知所有设计团队成员(尤其是专业技术更强的团队成员),团队可能在数据中正在寻找什么。如果这个策略不起作用,就改变视觉范式,或改变可能会限制团队的可视化图景。

比较采样和启发这两种探索策略,两者都有共同点,即它们都被用来打破潜在的停滞不前的过程,目标是获得动力,并与设计团队一起向前迈进。数据导致的瘫痪是设计中一件不值得尝试的事情,但它一直在发生。当一个人沿着这个过程走下去,记录选择和做出的决定是值得的。因此,团队可以在需要时,退回去再看看先前的想法和决定。

下一步是简短地描述数据源传递的是什么、什么时候传递及传递的质量,由此完成设计信息的构建。特别是对于难以获取、隐私相关、保护或稀少的信息,设计信息可能意味着在第一阶段就要协同分析数据源,并构建一些假数据的模型,该模型模拟真实数据但不揭示真相。

示例

在案例中,探索是基于设备内的传感器和互联网上的一些开源 API 的信息进行的。可以咨询不同的利益相关者,如企业专家或领域专家,以更好地了解潜在的市场契合度。利益相关者一起在一本工作记录本中记录这些起点,并以一个简短的草图来结束会议,其中包括潜在的数据源的“风景画”、使用场景和连接可视化,即设计空间(图 10)。

在下面的探索阶段,设计师决定采用第一种方法,这种方法依赖于身体信号数据并将其连接到桌面记录应用程序,桌面记录应用程序由一个桌面日志系统来主

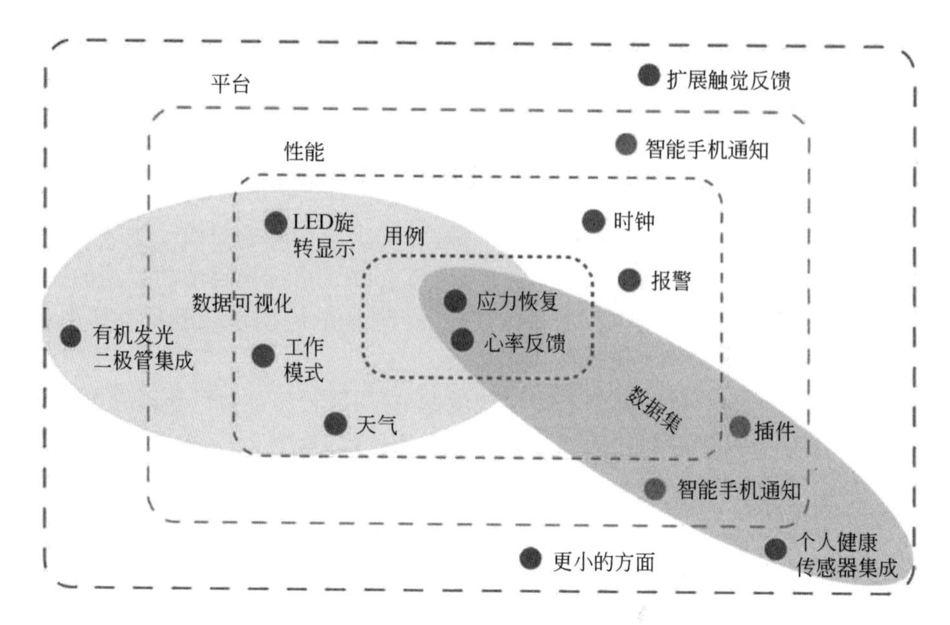

图 10　Qulica 设计空间轮廓图

动启动。传感器数据每 5 秒更新一次。因此，通过使用 40 秒(8 个样本)时间窗口的平均值，设计师发现反应时间和有用活动信息之间具有良好的平衡。然而，发现模式是困难的，因为产生数据的主体的样本不够大。应用程序数据被导出，并映射到不同类型的应用程序和计算机使用场景中，如工作、娱乐、交流等。

基于这一探索阶段，设计团队决定继续对活动进行粗略分类以作为场景可视化的参考，而不是追求与身体信号数据的不可靠的相关性。

4.3　设计迭代

在设计迭代这一点上，一旦建立了基础设施和设计信息，并且对它进行了探索，就可以在设计信息和设计之间不断变化的迭代过程中，向更加传统的设计过程倾斜。剩下的挑战基本上是如何给出设计信息的框架，使目标用户和用户期望的体验之间实现最佳匹配。设计信息需要在用户场景中继续优化和测试，在与场景信息的交互上，要有一定的自由度。

示例

假设数据的接口正确，从探索中也获得了启示，设计师就可以开始设计可穿戴界面的第一个功能原型。因此,所有的设计团队,都需要一张快速画出的处理过程的草图,以便更好地理解可视化过程。草图比使用硬件和 LED 快得多,尽管设计团队可以很快地使用 Arduino 板来实现原型。图 11 显示了对应用场景而言最简洁的几种可视化模式。左列显示了一行 LED 表现的静态信息,如进度条、刻度和活动的分类情况。中间和右列显示动画如何指示具体的场景或不存在的场景。

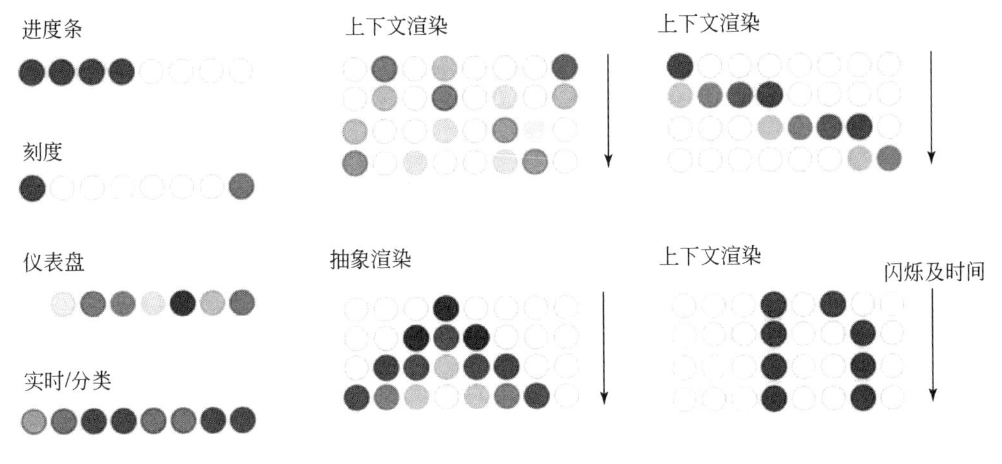

图 11　设计迭代和最小可视化

设计迭代得益于能快速访问设计信息,并且如果需要,设计迭代还需要改变数据收集和处理的功能。图 8 显示了设计信息如何有效地将设计从数据收集和直接访问数据源的这些功能中分离出去,从而防止在整个过程中产生不必要的复杂性。

5　结　　论

人们在本文中看到的不仅仅是对数据设计的早期步骤的概述,还有一些可以用来指导人们的方法以防止偏离最初的设计目标。在这方面最重要的一条经验是,相信自己对数据和数据集属性的直觉,同时,质疑每一个动作。然而,一方面,数据和信息是如此丰富,但事与愿违的是,我们往往倾向于忘记数据特殊的正面的特点,同时又看不到这些表达物质的数据所隐藏的缺陷。另一方面,要以正确的方式表达意义和元数据。数据通过场景化、连接和关联来获得意义。本文强调设计信息对于范围和框架的效用,因为可用于设计的数据在数量和质量上都是无穷无尽的。特别是现在,范围和框架是数据设计中会实际碰到的问题。因此,在设计过程中支持一组清晰的设计组件,对设计是有帮助的。

虽然本文主要集中在设计信息产品,把设计信息产品划分为与物理交互设计有千丝万缕联系的范畴,虽然这个信息交互设计严重依赖数据和信息,但数据设计工具可以以更强大的重用和泛化的能力以统一的方式进行精心设计。本文也是为了平衡当前对“平面”图形信息可视化的过分强调。围绕数据的潜在设计空间,比平面设计空间要大。数据的潜在设计空间将延伸到物理产品、应用程序、服务和系统等,这些产品都以一种可以理解的、丰富的、富有表现力的方式来给人们传达信息。没有设计,这种传达是不可能发生的。

示例

设计师在具有丰富的设计信息和一些想法后可以开始输入数据的动态可视化。设计遵循自然进化的法则,从简单地用颜色表示不同状态开始到整个视图的比较,以突出显示自己的状态和社交网络对用户的差异。图 12 所示的设计,从显示几个值演变为显示更多的场景信息,它从社交网络中添加文本和图标,然后返回到简化的图形“提示”。最后的设计迭代是由几个小点组成的最小的可视化图,随着时间的推移,不断发光,并慢慢形成一些图形。到此,设计的早期阶段结束,设计进入由几个潜在用户进行评估的阶段。

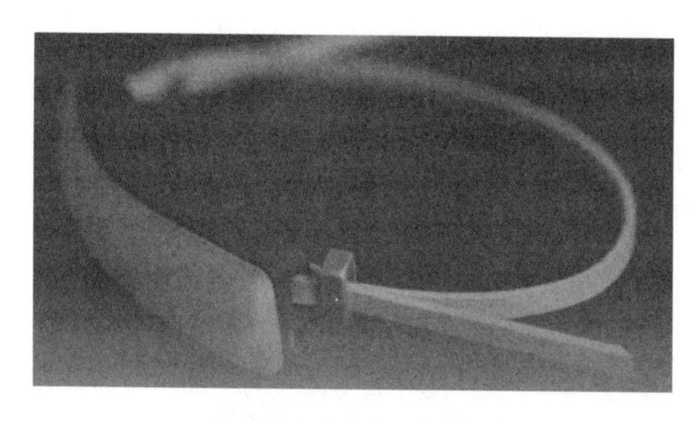

图 12　Qulica:最终产品样式

致谢　贯穿本文的案例是佩皮恩 · 芬斯(Fens,2014;Fens and Funk,2014)的硕士毕业项目,由作者在 2013/2014 年指导完成。如果没有这些材料,本文将很难阅读和理解。因此,我们非常感谢他的贡献。

延伸阅读

下面简要介绍进一步阅读的几个方向。最近有大量关于数据可视化的书籍,我们在这里介绍其中的一些。首先,纯数据和信息可视化,在爱德华·塔夫特的书中有很好的介绍,爱德华·塔夫特是一个向读者提供有效信息表达的早期倡导者。你会发现他(直言不讳)直接反对在演示文稿中掩盖数据或信息的任何噪音。此外,他自己离设计很近,他用自己的方法从数据实践者的视角理解和质疑可视化的需求。他从 *Envisioning Information*(《设想信息》)(Tufte,1990)开始写作,后续是 *Visual Explanations:Images and Quantities,Evidence and Narrative*(《视觉解释:图像和数量,以及证据和叙事》)(Tufte,1997)。更多的关于信息可视化的观点可以参考 *Information Visualization*(《信息可视化交互设计》)(Spence,2001),以及 *Information Visualization:Perception for Design*(《信息可视化:设计感知》)(Ware,2012)。

其次,最近有一些关于设计可视化和与数据交互的书籍,如 *Functional Art Infographics and visualization and Exploration*(《功能艺术:信息图形和可视化的介绍》)(Cairo,2012),*Now You See It*(《现在你看》)(Few,2009),或者 *Raw Data:Inforgaphic Designers' Sketchbooks*(《原始数据——信息图形设计师的草图书》)(Heller and Landers,2014)。后一本书不仅展示了已完成的设计,而且还着眼于幕后,展示了将数据巧妙地转化为可视化的方法。因此,一个非常实用的指南是 *Designing Data Visualizations:Representing Informational Relationships*(《设计数据可视化》)(Iliinsky and Steele,2011)。对于 D3 的介绍,作为当前最流行的用于 Web 可视化的工具包,强烈推荐 *Interactive Data Visualization for the Web*(《互联网交互式数据可视化》)(Murray,2013)。

其他相关学科,如生成艺术也可以激发灵感。然而,*Generative Gestaltung*(《生成性设计》)(Groß et al.,2009)或 *Design by Numbers*(《数字设计》)(Maeda,2001)是很好的入门书。在新闻和媒体中可视化技术的使用不断增长。然而,它们不是本文的重点。不幸的是,迄今为止很少有关于物理可视化(Fens and Funk,2014)的工作。此外,多模态信息产品,也是本文描述的目标,一张有趣的物理可视化列表可以在这里找到:http://dataphys. org/list/。

关于数据可视化领域目前正在进行的更高一级的阅读,有 3 个与可视化主题相关的重要会议:IEEE VIS、ACM SigGrand 和 Visualized(non-academic)conference[可视化(非学术)会议]。还有一个相关的期刊,*ACM Transactions on Visualization and Computer Graphics*(《关于可视化和计算机图形学的 ACM 事务》),该期刊发表了 *Mental Models,Visual Reasoning and Interaction in Information Visualization*(《信息可视化中的心理模型、视觉推理和交互》)等文章(Liu and Stasko,2010),值得一读。如果想获得学术性不那么强和更实用的数据设计资源,Twitter 和不同的网站上有一个活跃的社区。因此,请务必查看 http://www. datastori. es、www. visualization. org 和 http://blog. visual. ly。

数据可视化和接口的协作,主要是指这些接口和产品的协同使用,而不是它们的设计或开发。然而,从合作可视化应用研究(设计)必须面对的挑战来看,仍有一些例外。这些例外越来越远离协同可视化和可视化分析,而朝向协同设计发展了(Heer et al.,2008;Isenberg et al.,2011)。

综合推理、心理学和统计学方面的文献,一个完全不同的领域产生了。*Everyday Irrationality*(《日常不合理行为》)(Dawes,2001)被推荐用于获得人们如何体验信息和解释信息的一般轮廓(通常以他们喜欢的形式呈现)。深入研究统计学和行为心理学,还有许多文献可供选择,如 *Becoming A Behavioral Science Researcher:A Guide to Producing Research That Matters*(《成为行为科学研究者:产生重要研究的指导》)(Kline,2008)或 *Straight Choices:The Psychology of Decision Making*(《直接选择:决策心理学》)(Newell et al.,2007)。

参考文献

Ackoff RL(1989)From data to wisdom. J Appl Syst Anal 16:3-9.

Alexander C(1964)Notes on the synthesis of form. Harvard University Press,Cambridge.

Bigelow A,Drucker S,Fisher D,Meyer M(2014)Reflections on how designers design with data. In:Proceedings of the 2014 international working conference on advanced visual interfaces- AVI'14. ACM Press,New York,pp 17-24.

Blyth CR(1972)On simpson's paradox and the sure- thing principle. J Am Stat Assoc 67:364-366. doi:10. 1080/01621459. 1972. 10482387.

Borgman CL(2015)Big data,little data,no data:scholarship in the networked world. MIT Press,Cambridge,MA.

Brehmer M,Carpendale S,Lee B,Tory M(2014)Pre- design empiricism for information visualization. In:Proceedings of the fifth workshop on beyond time errors novel evaluation methods for visualization-BELIV'14. ACM Press,New York,pp 147-151.

Cairo A(2012)Functional art-infographics and visualization and exploration. Peachpit Press,Berkeley.

Chuah MC,Roth SF(2003)Visualizing common ground,p 365. http://dl. acm. org/citation. cfm? id=939639.

Codinhoto R(2013)Evidence and design:an investigation of the use of evidence in the design of healthcare environments. The University of Salford.

Dawes RM(2001)Everyday irrationality:how pseudo- scientists,lunatics,and the rest of us systematically fail to think rationally. Westview Press,Boulder.

Drucker J(2011)Humanities approaches to graphical display. Digit Humanit Q 5:1-23.

Evans B(2010)Evidence-based design. Bringing world into cult. Comp Methodol Archit Art Des Sci 227-239.

Feinberg M (1995) Basics of interlaboratory studies: the trends in the new ISO 5725 standard edition. Trends Anal Chem 14:450-457. doi:10. 1016/0165-9936(95)93243-Z.

Fens P (2014) Personal visualization: a design research project on data visualisation and personal health. Eindhoven University of Technology.

Fens P, Funk M(2014) Personal health data: visualization modalities and their perceived values. In: Skala V(ed) Proceedings of the 22nd international conference on centre European computer graphics visualization and computer visualization 2014. Plsen, Chech, pp 339-344.

Few S(2009) Now you see it: simple visualization techniques for quantitative analysis. Analytics Press, Oakland.

Fogg BJ, Marshall J, Kameda T et al(2001) Web credibility research: a method for online experiments and early study results. In: CHI'01 extended abstracts on human factors computing systems, pp 295-296. http://dl. acm. org/citation. cfm? id=634242.

Funk M(2011) Model-driven design of self-observing products. Eindhoven University of Technology.

Groß B, Laub J, Lazzeroni C, Bohnacker H (2009) Generative gestaltung. Schmidt Hermann. Verlag, Mainz.

Heer J, Shneiderman B (2012) Interactive dynamics for visual analysis. Queue 10: 30. doi: 10. 1145/2133416. 2146416.

Heer J, Ham F, Carpendale S et al (2008) Information visualization. In: Creation and collaboration: engaging new audiences for information visualization, vol 4950, Lecture notesin computer science. Springer, Berlin/New York. doi:10. 1007/978-3-540-70956-5, http://link. springer. com/chapter/10. 1007/978-3-540-70956-5_5.

Heller S, Landers R(2014) Raw data: infographic designers' sketchbooks. Thames & Hudson, Limited, London.

Hullman J, Diakopoulos N(2011) Visualization rhetoric: framing effects in narrative visualization. IEEE Trans Vis Comput Graph 17:2231-2240. doi:10. 1109/TVCG. 2011. 255.

Iliinsky N, Steele J(2011) Designing data visualizations: representing informational relationships. O'Reilly Media, Inc, Sebastopol.

Isenberg P, Elmqvist N, Scholtz J et al (2011) Collaborative visualization: definition, challenges, and research agenda. Inf Vis 10:310-326. doi:10. 1177/1473871611412817.

Kline RB(2008) Becoming a behavioral science researcher: a guide to producing research that matters. Guilford Press, New York.

Kohavi R, Longbotham R, Sommerfield D, Henne RM(2009) Controlled experiments on the web: survey and practical guide. Data Min Knowl Discov 18:140-181. doi:10. 1007/s10618-008-0114-1.

Kosara R, Mackinlay J(2013) Storytelling: the next step for visualization. Comput(Long Beach Calif)

46:44-50. doi:10. 1109/MC. 2013. 36.

Kozlova K(2011) Visual histories of decision processes for creative collaboration. In: Proceedings of the 2011 annual conference on extended abstracts human factors in compututing systems- CHI EA' 11. ACM Press, New York, p 1045.

Liu Z, Stasko JT(2010) Mental models, visual reasoning and interaction in information visualization: a top-down perspective. IEEE Trans Vis Comput Graph 16:999-1008. doi:10. 1109/TVCG. 2010. 177.

Maeda J(2001) Design by numbers. MIT Press, Cambridge.

Megens C, Peeters MMR, Funk M et al(2013) New craftsmanship in industrial design towards a transformation economy. European Academy of Design(EAD), Gothenburg.

Moere AV, Purchase H(2011) On the role of design in information visualization. Inf Vis 10:356-371. doi:10. 1177/1473871611415996.

Murray S(2013) Interactive data visualization for the web. O' Reilly Media, Inc, Sebastopol.

Newell BR, Lagnado DA, Shanks DR (2007) Straight choices: the psychology of decision making. Psychology Press, Hove.

Quispel A, Maes A(2014) Would you prefer pie or cupcakes? Preferences for data visualization designs of professionals and laypeople in graphic design. J Vis Lang Comput 25: 107- 116. doi: 10. 1016/j. jvlc. 2013. 11. 007.

Spence R(2001) Information visualization, vol 1. Addison-Wesley, New York.

Sprague D, Tory M(2012) Exploring how and why people use visualizations in casual contexts: modeling user goals and regulated motivations. Inf Vis 11:106-123. doi:10. 1177/1473871 611433710.

Tufte ER(1990) Envisioning information, 4th edn. Graphics Press, Cheshire.

Tufte ER(1997) Visual explanations: images and quantities, evidence and narrative. Graphics Press, Cheshire.

Tuomi I(1999) Data is more than knowledge: implications of the reversed knowledge hierarchy for knowledge management and organizational memory. In: Proceedings of the 32nd annual Hawaii international conference on system sciences 1999. HICSS- 32. Abstract CD- ROM full paper IEEE Computer society, p 12.

Ware C(2012) Information visualization: perception for design. Morgan Kaufman, San Francisco.

在设计过程的创造性阶段解密设计师的IT需求

阿盖洛斯·利亚彼斯,米克·黑森,
朱丽亚·康托罗维奇,杰西·莫泽–阿卡特瑞

摘要 设计师经常面临复杂项目的挑战,其中问题空间是独特的、快速变化的,并且可用的信息是有限的。在这种情况下,需要将不同领域的专业知识结合起来。此外,在设计过程中的协作,对于实现有意义的和良好表现形式的解决方案是必不可少的。因此,设计师经常发现自己以电子邮件、素描和图像的形式,与一群不同背景的专家交换想法和思考,通过创造设计、开发和适当的实施等方式共同工作。本文特别关注同步和异步协作、团队动态性,以及对设计过程早期阶段的管理和监控等问题。总体目标是,在设计过程的早期阶段,识别分布式团队在远程协作时的本质特征和需求,并基于所识别的需求和工作流,提出一个原型环境。

1 简　　介

设计团队工作活动的多个层面的协作都可以由工具进行支持,包括交流、共享文档、交换图像、传输媒体文件、组织任务、时间跟踪、管理项目进度和监控团队成员的工作。技术本身创造机会,并施加限制和约束,同时试图对比、调解或加强团队成员之间的自然交流。然而,数字工具的设计不需要关注终端用户的需求,因此会阻碍设计师而不是帮助设计师实现手边的项目目标(Liapis,2008;Liapis et al.,2014;Malins et al.,2014)。协同技术面临最大的挑战在于,设计是一个社会过程。至关重要的是,建立一个理解问题的共同基础,即在探索问题和寻找解决问题的下一步路径时,确保定义是相互理解的,并且接受对场景的描述(Liapis,2014)。使用视频会议平台、在线共享存储库和其他数字通信手段,会比较容易实现所有团队成员之间的共同理解(Ozcelik et al.,2011)。然而,协作不仅仅是共享信息。为了理解协作这一具体技术的意义,本文把它定位在它所使用的社会领域的背景下

(通过思维映射来探索用户需求)(Ozcelik et al.,2011)。本文理解设计师和其他利益相关者之间的社会实践、权力关系和紧张点(通过思维导图来探索用户需求)。项目可能包括同一组织内、不同组织之间的交互,甚至包括项目组和协作方内部群体之间进行交互。此外,这些交互可能发生在地理空间上显著不同的地方——从同一房间、同一楼层、同一建筑物、同一城市到同一或不同国家,甚至可以跨越不同时区(Martens,2012)。

本文探讨了早期设计工作的本质,并重点讨论了协作和文档共享需求的问题,旨在确定在设计团队中分布式创意协作的本质特征。本文所报道的研究,结合了多种研究方法,如从用户角度分析现有工具;设计师对早期设计工作的调查和访谈,设计师使用的工具和方法,尤其强调协作方面的工具和方法;由英国和希腊主导的 8 个设计项目的案例分析研究;对支持早期设计的工具进行体验评估。

2 体验式设计会议

本节描述一些美术工具的现状,这些工具是目前设计师在设计过程的初始阶段所使用的。在每次体验活动中,评估具体工具,目的是确定改进点。体验评估的结果应该超越可用性评估,最终应该纳入原型环境的需求列表。

2.1 思维映射与头脑风暴工具

思维映射与头脑风暴工具用来创建概念、想法或其他信息片段之间的关系图。它们的流行用途包括项目规划、收集和组织想法、头脑风暴和演示——所有这些都是为了帮助解决问题、绘制资源和发现新的想法。为了证明思维映射的有效性,思维映射必须要具有以下特征(Martens,2012)。

- 面向关键词:思维映射的结构元素不是句子,而是关键词。
- 松散的语法和语义:关联是链接关键字之间唯一的关系。
- 高水平视图:思维映射的全貌一眼便知。
- 唤起:思维映射能唤起它所产生的画面的场景。
- 半结构化:思维映射可以有一个模板结构,但它可以根据需求增长分支,以捕捉半结构化访谈中的实时语言交流。

有多种工具可提供思维映射功能,其中大部分是 Web 应用程序,使得从任何 Web 浏览器上的任何地方都可以很容易地使用这些工具(Kung and Solvberg,1986)。基于对可用工具的广泛搜索,可以得出结论,在合作原型的环境下,产品设计师可能使用的最常用的工具是FreeMind、Coggle和WiseMapping这几种。

FreeMind:FreeMind是一款用java编写的一流的免费思维映射软件。最近的发展情况是,它有希望成为一个高生产率的工具。FreeMind的操作和导航比ManManager等商业产品更快,因为它具有一次点击"折叠/展开"和"跟随链接"操作。

Coggle:Coggle介绍一种新的头脑风暴和存储知识的方法,声称为用户提供了一个思维空间,它使人们通过自然而然的方式,而不是采用僵硬的计算机的方式来工作。Coggle是免费的,有适当的数据隐私安全机制,允许用户维护他们与其他合作者共享文件的控制权。

WiseMapping:WiseMapping是一款免费的基于web的思维导图编辑器,适用于个人和企业。该应用程序通过WiseMapping公共许可证版本1.0(WPL)授权,可以获得开源版本,并且可以下载到本地服务器上安装。除了编辑器,WiseMapping还为用户提供了一系列协作功能和导出/导入功能,允许用户将思维映射图传递给其他商业或免费应用程序。

2.2 草图和故事板工具

通过故事板,设计师将参与项目的用户体验的想法和目标,转化为视觉上可见的东西。这样,想法更容易让其他人理解,并给出建设性的反馈意见。PPT的故事板提供了一种功能,它以图形、文字、动画和其他特征将想法融进现实生活(Quevedo-Fernandez et al.,2013)。以下这些特性,是故事板工具必须支持的。

- 编辑和重用:设计师必须经常重新绘制没有改变的特征。为了避免这种重复绘制过程,需要将人工绘制转换为电子格式。
- 设计保存:草图可以被注释,但是设计师在未来并不容易找到这些注释,来确认当初为什么做出某个具体的设计决定。从事设计实践的人发现,设计草图的注释作为设计过程的日记,通常比草图本身对客户更有价值。
- 交互性:必须支持概念和用户之间的交互。为了能实际看到交互,设计师需要会"玩电脑",并演示几个草图以响应用户说出的行为。设计师需要的工具,能使他们自由地草绘粗略的设计思想,并通过与它们的交互来测试设计的效果。

旧的"格子纸和笔":有时候少就是多,代替网格化纸和笔可能比软件工程师想的要难。在纸上画草图可以让我们快速地看见设计,并看得见使用不同的内容结构、界面布局想法和交互方式的效果。

Sketch“设计师工具箱”:Sketch是一种界面设计应用程序,它越来越受欢迎,成为和PS图像处理软件和Illustrator等工具一样的意图建立工具。它的目的是专门为一系列设备和不同分辨率的屏幕设计出漂亮的用户界面。Sketch使用简单,学起来很快,并有许多其他的特点,使与它一起工作很有趣,如包括内置网格控制、链接样式和智能测量指导等。

Articulate Storyline(清晰故事线):是一款非常用户友好的工具,用于显示项目的总体结构,使得它很容易识别场景、信息流和页面(屏幕)之间的不同关系。此外,它允许用户使用带注释的截屏来更有效地交流他们的想法。

3D故事板:是一款对用户非常友好的工具,用于快速描绘和表达用户的想法。用户可以在所有方向上定位和旋转3D字符和对象,包括文本块和气泡对话框,在每一个镜头或场景中插入照片、添加注释甚至记录音频。

2.3 概念建模工具

术语概念模型可以用来指用户在心里的概念化过程完成之后形成的模型。概念模型代表人的意图或语义。从观察物理存在实现概念化,然后对概念进行建模,这是人类用来思考和解决问题的必要手段。概念是用来在以各种自然语言为基础的交流中传达语义的(Martens,2012)。概念本身可能映射到多个不同的语义,因此通常需要对概念进行明确的形式化表达,以便从几个不同的语义当中识别和定位想要的语义,以避免在概念模型中出现误解和混乱。在原型环境中,概念建模工具设想可以从不同的角度使用,服务于一系列应用,如从过程交互的概念到设计本体的概念建模。

Autodesk发明家:使用户能够创建他们设计的真实表示。清晰的视觉效果使得没有专家经验的利益相关者和客户也很容易理解工程图纸和设计的含义。该应用程序允许用户快速创建逼真的CAD渲染和动画,以向管理者传递想法、向制造商解释设计,设计师可以展示最好的解决方案说服客户,以满足客户的需求。

SOLIDWORKS:该平台提供了一个新的设计体验,专注于使用户能够在一个相互关联的和真正合作的环境中,创造新产品。SOLIDWORKS ® 概念设计和SOLIDWORKS工业设计解决方案(SOLIDWORKS ® Conceptual Design and SOLIDWORKS Industrial Design)帮助用户在提交详细的设计和制造之前,轻松地开发、评审和选择机械的概念和概念的样式。CAD的用户和非CAD用户一样,包括管理人员、设计团队领导和项目经理等,可以共享信息、参与设计过程,并容易地从任何源头、任何地方、任何设备上,累积数据,以更快地做出设计决策。

3 网络调查:合作实践

为了获得对设计实践、设计师的工具偏好,以及与其他设计师和团队成员协作的环境的更一般的见解,需要开展一次网络调查。该网络调查包含 32 个问题,并于 2013 年 12 月在网上发布。受访者通过不同的国际渠道受到邀请(即邮寄名单、社会平台),这些渠道包括设计从业者、设计学校、人机交互社区及网页设计从业人员等。

3.1 调查结果

调查结果共有 82 项响应;32 名女性和 50 名男性受访者参加了调查,受访者年龄在 21 ~56 岁及 56 岁以上。受访者来自 16 个不同的国家:58 名受访者居住在欧洲,其他受访者居住在美国、加拿大、澳大利亚和亚洲。受访者参与设计活动和/或管理工作,其设计的项目范围广泛,包括视觉/图形设计、工业设计、产品设计、车辆设计、用户界面设计、用户体验设计和交互设计等。

当询问在设计项目中交换信息的方法时,受访者提到了几种方法,包括实时面对面的会议、使用作战室/设计工作室、视频会议、电话会议、聊天/即时消息/社交媒体、电子邮件、维基/博客和基于云的文档共享服务。电子邮件是大多数受访者大部时间里或者经常使用的交换信息的方法。其次,大多数的受访者经常使用的方法是实时面对面的会议和基于云的文档共享服务。

受访中存在的问题可以区分为三种不同的情况:①个人创建的作品或文件;②合作创建的作品或文件;③使用作品或文件通知团队成员和其他参与设计的专业人员。其中一个问题是在三种情况下受访者使用的是什么类型的作品或文件。受访者使用的文件和作品很多,包括用户/可用性要求、思维映射方法、场景法、故事板、素描、演示和报告等。令人惊讶的是,我们看到每种情况下所使用的作品和文件之间的差别很小。另一个问题是问受访者在每种情况下所使用的媒体和设备的情况。使用最多的媒体和设备包括笔和纸、PC 和白板/翻页纸,受访者使用智能手机/平板电脑和相机的情况较少。同文献和作品的使用一样,媒体和设备的使用,在三种情况之间几乎没有差别。

此外,调查还探讨了合作与交流中所遇到的问题。在创建协同设计的情况下,报告中涉及的问题有交流问题及几乎相同数量的技术问题。在告知团队成员和参与设计项目的其他人的情况下,技术问题较少,大多数问题都是交流问题。问了受访者一个开放的问题,即他们在项目中必须处理的具体问题是什么。所提及的交流问题包括进展状态、远程交流和设计理解错误,而具体的技术问题包括版本控制/追溯更改、处于不同地方的人难以共同“创建”和进行“头脑风暴”,以及兼容性。

3.2 额外的见解

在半结构化面谈中采访了两名受访者,并从他们在网上调查的答案中,获得额外的见解。两名受访者都证实他们经常使用电子邮件。他们都解释说,这些方法的使用取决于项目中每一时刻所执行的任务类型。一位设计师提到,如果可能的话,他更喜欢面对面地交流来讨论设计理念和决策,而设计要素则通过电子邮件或基于云的文档共享功能与团队成员分享。另一位设计师解释说,他们经常合作和远程沟通。从这里可以推断出,他团队的人经常不得不选择面对面交流之外的工具。

考虑到在协同设计中遇到的困难,一位设计师提到技术问题通常比交流问题更容易解决。准确地说,沟通问题的风险迫使设计师有尽可能多的面对面的交流机会。

在访谈结束时,我们询问了受访者对协同设计工具的期待。一位设计师承认,支持设计团队内的沟通是最受期待的,而另一位设计师强调,他赞成在设计团队中加入对现有设计工具的协作和沟通支持的功能。

总之,以最优的和智能的方式支持设计师的最大挑战在于他们在具体时刻工作的情况(如个人创建的设计任务与远程协作)。避免在支持设计团队内部交流时产生问题似乎是一个重要的要求。

4 第二次网络调查:合作工具

第二次网络调查的目的是探索在设计过程的早期阶段,发生在不同设计活动之间的所产生的任何已有的关系,以及用于支持这些活动的工具。调查的重点是找出那些最常见和最流行的工具,可以用来支持设计师的协作任务,以及分布式协同设计团队在使用这些工具时所面临的挑战。在线调查是通过社交网络 LinkedIn(脸谱网)在荷兰的 12 个设计相关团体中发布的。在 2014 年 3 月的前 2 个星期,59 人(年龄大多是在 30~40 岁)做出了响应。该响应率对应于通过在线设计组达到的成员总数(40 632 人)而言,只占 0.0015%。在网络调查的 59 名受访者中,有

42 人目前在荷兰,4 人在捷克,3 人在芬兰,2 人在比利时,其余 8 人则是在澳大利亚、奥地利、中国、爱尔兰、意大利、墨西哥、泰国和美国。选择题可以有多个选项,大多数受访者表明,他们目前活跃的专业包括用户体验设计(32 人,占比 2%,下同)、交互设计(27,1%)、视觉/图形设计(27,1%)、工业设计(27,1%)、网页设计(11%,9%)或室内设计(11%,9%)。调查合作人数(包括他们自己)为 3 ~4 人(44,1%)、5 ~9 人(28,2%)、2 人(11,9%)、只有 1 人(即只有响应者)(10,2%)。其余和团队一起工作的人员都超过 9 人。受访者表示,他们与位于不同时区的团队成员合作(15,4%),其余还有同一房间内(32,7%)、同一楼层内(17,3%)、同一建筑物内(9,6%)、同一城市(15,4%)、同一国家(28,9%)、同一时区(7,7%)。

第二次调查结果显示,总体上,98. 3% 的受访者在工作中使用计算机,94. 9% 的受访者每天都使用互联网进行与工作有关的活动。这些数字表明,互联网通过其多样化的在线服务,正对支持设计师的工作起着积极的作用。对合作话题的仔细观察表明,82. 7% 的受访者在过去的 6 个月里,使用了几种在线协作工具来支持他们团队的工作。我们要求调查的受访者解释他们喜欢或不喜欢使用在线协作工具的原因。积极响应主要包括的属性和功能有易于使用、快速、同时编辑、多平台/多设备、从任何地方访问、拖拽功能、聊天、历史跟踪、共享、实时、一站式、评论、警报/通知等。

使用在线协作工具时仍有恼人的特性或不足的功能,这些负面响应包括需要复杂的用户账户设置、不稳定、缓慢、混乱、错误、不直观、创建冲突副本、复杂的用户界面、文档同时编辑时的相互干扰。此外,调查探讨了移动服务和团队协作之间的关系是什么。在第二次调查中,从移动应用中发现,91. 5% 的受访者拥有智能手机(44. 1% 苹果手机,40. 7% 安卓手机,6. 8% Windows 手机),52. 5% 的受访者拥有平板电脑(37. 3% iPad,13. 6% 安卓平板电脑)。91. 4% 的受访者使用智能手机或平板电脑进行工作(35. 5% 每天,25. 9% 一周几次)。

5　专业设计师访谈录

从调查参与者的总数来看,25 名受访者表示他们希望进一步参与研究,并提供了他们的联系信息。我们从网络调查中选择了 15 名受访者,以他们的设计专业化水平来覆盖所有不同的已有的专业知识。最后,只有 9 名设计师成功地参与了访谈,他们覆盖了以下设计师类型:UI 设计师、工业/产品设计师、工业设计专业学生、视觉和平面设计师、交互设计师、用户体验设计师、游戏设计师、工业用户体验设计师等。一系列访谈的结果表明,头脑风暴是最经常与其他团队成员或利益相关者一起使用的方法,通常在一个房间里进行,就写在一张纸上。设计师可以在Pinterest(照片分享网站)和/或共享文件夹里分享一些有趣的材料,这些东西可以作为灵感的来源。通常,设计师在创造性设计或想法产生阶段,没有使用特殊工具;然而,如果要使用工具的话,可供选择的工具包括 UX Pin、Axure、靛蓝工作室、Adobe Ideas、谷歌支持的思维映射工具,以及类似 53Paper 的草图工具。

设计师经常使用 Dropbox 和 Google Drive 来共享文档与各种多媒体文件,在一些涉密项目中,公共平台无法提供服务的情况下也经常使用局域网共享存储库。Pinterest 通常用于共享图像,特别是用于激发灵感的图像(字符库、场景库、UI 组件等),同时也使用 SVN、Bitbucket 或 SourceTree 这样的工具来共享代码库。最后,文件或文件的 URL 通常通过电子邮件进行共享。任务通常是在小组会议期间划分的,一个人(项目经理/组长)通常负责每个过程阶段的最终决定。用于分配任务和跟踪进度的工具包括 Trello、eambox 或 Excel 等。与其他团队成员进行面对面的会议不需要每天或每周都进行,一般每月出现 1 次即可。然而,组织会议的时间需要仔细确认,并且与任务组织过程密切相关。有些公司使用在线甘特图工具(如 ReReMeX)或共享日历来跟踪可用性和其他人的进度。公司使用各种工具进行通信,工具主要是 Skype、WhatsApp 和 Facebook,因为这些工具具有实时通信和即时响应的优点。对于非实时通信,电子邮件是向其他团队成员发送文档的标准方式。在紧急情况下,最好使用短信或电话进行沟通。与客户的通信主要是通过电子邮件和 Skype 进行,沟通时只要使用交互式原型或其他可交付物的 URL,就可以对这些交付物直接进行评论(在工具允许的情况下,如 Google Drive 文档中的注释等),或者间接进行评论(截图和写些标记等)。客户通常不与设计师每天进行交流——沟通时间通常是由团队领导或项目经理通过协调确定的,他们在将沟通信息传递给团队其他成员之前,对信息进行筛选、讨论和/或按优先次序排序等。面对面接触大多是设计团队的首选。

由于公司内部的网络安全策略问题,一个常见的问题是工具不能安装或者访问,或者这些工具不是很直观,很难让团队成员或者客户很快就学会使用它。由于无法直接使用一些在线评论功能的软件,因此通常这些涉密的问题解决起来都很不容易,如打印文档、给它们写评论、再次扫描重发等。这种问题的另一个案例是,人们同时对同一文件进行处理时,不知不觉地创建了有冲突的备份文件。另一个常见问题是将时间进度、任务和项目进度及时更新。最后但并非最不重要的一个问题是,使用的通信工具与工作环境无关的东西进行了联系,这通常会分散注意力。

6　协同设计环境的用户需求

这项调查揭示了一些有趣的现象,包括设计师和用户之间的合作方式,以及设计师与团队成员及其他参与设计项目的人的沟通方式。在这项研究的分析结束时,我们确定了一个机会列表,在讨论协作环境下的用户需求列表时,应该将其纳入讨论中。

1)仔细考虑设计团队执行哪些(协作)任务,设计项目中的哪些阶段可能得到工具的潜在支持。

2)需要一种工具来跟踪所有设计决策、项目进度等。

3)对于设计平台来说,考虑设计工具和交流工具之间的差异是很重要的。交流方式最好的选择可能是在包括一组(现有的)设计工具的同时也支持共同的通信信道来实现设计和交流之间的平衡。

4)合作平台最大的挑战不是技术问题,而是沟通问题。通过考虑合适的和智能的方式来支持设计团队内的沟通时,考虑设计环境的好坏,也有助于提高设计团队内部的协作效率。

令人惊讶的是,调查结果表明,社交媒体网站是最常用的支持协作的工具。第二个和第三个最常被引用的协作工具是即时通信工具和文件共享工具。在线编辑文档和集成协作平台也被广泛使用。电子邮件和任务跟踪(项目管理)服务是其他经常性用到的工具。虽然每个工具集群提供的核心功能不同(如社交媒体与即时通信),但这些工具集中的一些要么是相同功能的重复,要么具有相似特征。例如,Facebook 提供个人和群组即时消息,而谷歌文档(Google Docs)允许在线编辑文档,也包括与编辑文档的所有个人同时聊天的功能。关于具体工具的更详细的讨论,应该以场景和场景所采用的活动为中心。在特殊情况下,用户甚至可以使用一个工具来完成完全不同的任务,其中一些任务超越了工具当初设计的功能。

7　概念协作环境平台 COnCEPT

基于调查的结果,提出了一种支持早期设计协作的平台 COnCEPT(图 1)。COnCEPT 概念框架识别系统的高级组件,以及它们之间的关系。其目的是把注意力导向对系统适当抽象的关注,而不是去深入细节讨论(Liapis,2008;Liapis et al.,2014;Martens,2012)。

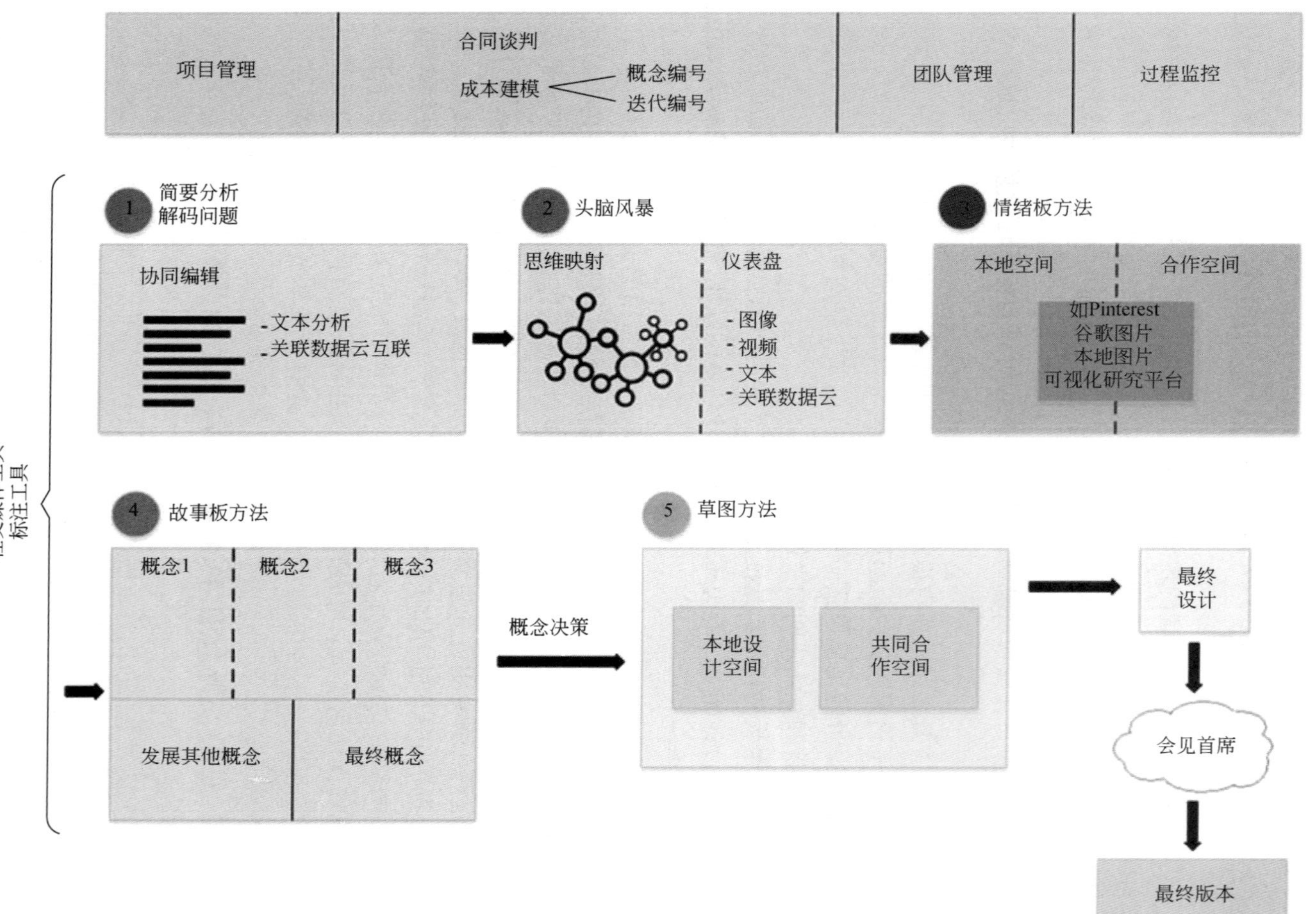

图1 高级别COnCEPT结构

COnCEPT 架构的设计和部署的目标，是以从调查和访谈的分析中识别出的设计师的需要为基础，来支持一系列的功能。设计项目部署的阶段包括创建新项目(描述基本项目要素，如设计概要、客户指定项目、要遵循的成本模型、合同细节、项目团队成员的选择、角色和任务分配)、现有项目管理、简要分析(通过思维映射及贴纸完成初始头脑风暴后进行)、构成情绪板(通过收集一组想法和素材)、构成故事板(考虑到现有的材料及过程中所需概念后增加一组设计概念)、形成概念草图，最后阶段是给客户呈现最终产品。在所有阶段中，适当地记录团队成员的活动，并具有适时添加注释的功能。在设计过程的每个阶段结束时，所产生的结果要传递给客户端以征求反馈意见、列举评论选项，以及对进入下一阶段的功能进行确认。工具之间具有松散的联系，工具通过一套基于动态语义的内容管理系统，无缝地集成和统一为一个整体，它使得产生的输出结果可以在不同的阶段进行传播，并可以根据任务需要，为项目的工作所用。这可以视为 COnCEPT 最引人注目的特征。

除了对设计团队使用的工具和交互实践进行调查之外，还进行了一项调查，以更好地了解专业设计师如何管理设计内容。调查中要求设计师提供更多的见解，如描述他们通常如何搜索内容以促进新产品的概念化(如使用关键字、自然语言、图像搜索等)、有哪些产生新思想的信息来源(如本地公司数据库、个人信息采集、互联网和特定的互联网站点)，以及内容有哪些性质，使得他们从中获得的关于设计活动的灵感最多(如图像、视频、文本文件等)。对所提供输入的详细分析表明，概念设计是一个知识密集的过程，设计人员经常依靠来自本地公司数据库的资源，如在先前设计过程中产生的文档或草图，以及各种外部信息。外部资源可以包括电子图书、图像、音乐、在线设计期刊和图像集，这些资源数据库包括 getty、flickr、co. design、yatzer、designboom、designobserver、pinterest。此外，如谷歌提供的那种通用搜索引擎，作为一种每天都要使用的信息源也被提及，但它能搜到的信息对产品设计的好坏帮助有限。从内容管理的角度来看，对其他团队成员使用的词汇的理解，是设计团队成员最常遇到的技术问题。

从这个庞大的分布式数据空间中找到相关信息通常既烦琐又费时，并且随着信息量的增加，挖掘相关关系往往成为一个很大的挑战。这需要先进的工具提供优雅的机制来组织各种异构数据内容，同时该工具能将其他相关的资源和概念连接起来。语义技术被证明是有益的，可以用来增强信息检索功能，或者增强执行有效的客户定制搜索的能力，实现包含在注释中的知识搜索，从而实现对异构内容的访问(Hollink，2006；Kobilarov et al.，2009；Carbone et al.，2010)。具有明确定义的语义注释规定了一套共同的词汇，并确保可用信息的互操作性支持设计团队间的知识共享和协作。

因此,语义标注、搜索和推荐等服务是所述协作环境的智能的构成部分,这些智能化手段对于从用户需求那里得出的软件功能是非常关键的。内容的标注允许从内容项中识别相关实体。语义标注使设计师能够创建语义丰富的内容元数据,为新产品概念服务,或者在产品设计的发现阶段通过搜索获得内容。增强的内容元数据,有助于在本地项目数据库和 Web 上的可用资源上,搜索定制的具体任务。一旦实体被识别出来,它们就可以自动关联,如在 Web 上打开链接数据源 Linked Data(http://linkeddata.org/)。至于搜索功能,可以考虑几种方法,一种是智能搜索,另一种是语义搜索。智能搜索利用已有的广泛使用的搜索引擎的智能,如谷歌搜索,以及由设计师使用的各种流行互联网站点提供的 API(如 Getty、Flickr、museum 等)。语义搜索,是在 RDF-JSON 元数据上执行的搜索,用于在项目空间或本地数据库中搜索材料。语义搜索首先要了解搜索的目的,然后才能决定是由用户提供的关键词或源自文档分析的关键词(如设计概要、草图、思维映射等)来扩展出其丰富的语义(由于使用信息抽取工具),还是直接采用语义元数据的内容描述进行搜索。两个搜索的结果都一起放在一个用户界面中以方便设计师使用。推荐即个性化搜索,是将用户的基本信息作为附加参数对搜索结果进行排序(如从特定网站/来源搜索灵感)。

8 结　　论

本文报道的调查结果揭示了一些有趣的认识,这是关于设计师和他们管理设计素材和支持工具的方式,以及设计师和团队成员及项目中其他参与设计的人之间进行协作和交流的方式。然后,根据调查和访谈的分析,本文确定了设计师的需求,定义了支持设计师协同工作的概念体系 COnCEPT 和功能。COnCEPT 是一个单机模式的基于 Web 的平台,旨在集成众多的协作工具,用于思维映射和头脑风暴、草图和故事板等;COnCEPT 也是概念建模工具,这将允许专业设计师在设计过程的早期就开展协作。COnCEPT 这样一个大规模的系统包含许多细微之处,该系统按照最大限度地发挥其对创意产业的好处进行全面优化,尤其是对产品设计师的关注进行优化。当涉及保密、信任、安全和知识产权时,必须特别注意文化和伦理问题,以帮助专业设计人员在提高创造力的同时保持清晰的头脑。

虽然很多商用工具、开源软件应用程序和平台都是单机的,如 IBM 和谷歌品牌产品、Livescribe 笔、eDrawings Professional、MARIX10,以及其他一些可用的(合作软件列表)工具,我们仍然缺乏协作工具,专注于为设计过程的概念/创意阶段和决策技术提供服务,能够提供知识管理和决策技术,具有产品设计评估和设计项目各个阶段的通用管理的可能性。

致谢 这项工作部分由欧盟在第 7 项框架计划下资助(ICT-2013. 81:创意领域下的技术和科学基金,由协议编号 FP7-ICT-2013-10-610725 的概念协同创新设计平台来实施)。调研由哈塞尔特大学和埃因霍芬理工大学分别实施。

参 考 文 献

Carbone F et al(2010)Enterprise 2. 0 and semantic technologies for open innovation support. Trends in applied intelligent systems. Lect Notes Comput Sci 6097(2010):18-27.

Exploring user requirements through mind mapping. http://www. change- vision. com/en/ExploringUserRequirementsThroughMindMapping_Letter. pdf.

Hollink L(2006) Semantic annotation for retrieval of visual resources. PhD thesis, Vrije Universiteit Amsterdam.

Kobilarov G et al (2009) Media meets semantic web- how the BBC uses DBpedia and linked data to make connections. The semantic web:research and applications. Lect Notes Comput Sci 5554(2009): 723-737.

Kung CH, Solvberg A(1986) Activity modeling and behavior modeling. In Ollie T, Sol H, Verrjin-Stuart A(eds) Proceedings of the IFIP WG 8. 1 working conference on comparative review of information systems design methodologies: improving the practice. North-Holland, Amsterdam, pp 145-171.

Liapis A(2008) Synergy: a prototype collaborative environment to support the conceptual stages of the design process. International conference on digital interactive media in entertainment and arts, submitted in DIMEA 2008, Athens, Greece, ACM Digital Library.

Liapis A (2014) Computer mediated collaborative design environments: methods and frameworks to integrate creative tools to support the early stages of the design process. LAMBERT Academic Publishing, Germany. ISBN:978-3-8465-0699-8, 2014.

Liapis A, Kantorovitch J, Malins J, Zafeiropoulos A, Haesen M, Gutierrez M, Funk M, Alcamtara J, Moore JP, Maciver F (2014) COnCEPT: developing intelligent information systems to support collaborative working across design teams. 9th international joint conference on software technologies, ICSOFT 2014, Vienna, Austria, 29-31 August, 2014.

Malins J, Liapis A, Markopoulos P, Laing R, Coninx K, Kantorovitch J, Didaskalou A, Maciver F(2014) Supporting the early stages of the product design process: using an integrated collaborative environment. 6th international conference on engineering and product design education conference, EPDE 2014, University of Twente, Enschede, The Netherlands, 4-5 September, 2014.

Martens, JB(2012) Statistics from an HCI perspective: Illmo- Interactive Log Likelihood Modeling. In:

Tortora G, Levialdi S, Tucci M(eds) Proceedings of the international working conference on advanced visual interfaces(AVI'12). ACM, New York, NY, USA, pp 382-385.

Ozcelik D, Quevedo-Fernandez J, Thalen J, Terken J(2011) Engaging users in the early phases of the design process: attitudes, concerns and challenges from industrial practice. In: Proceedings of the DPPI'11.

Quevedo-Fernandez J, Ozcelik D, Martens JBOS(2013) A user-centered-design perspective on systems to support co-located design collaboration. In: Proceedings of the HCI'13.

The list of collaborative software. https://en.wikipedia.org/wiki/List_of_collaborative_software. Accessed 8 Aug 2015.